U0906789

"十二五"国家重点图书出版规划项目

信息与计算科学丛书　78

扩散方程计算方法

袁光伟　盛志强　杭旭登
姚彦忠　常利娜　岳晶岩　著

科学出版社
北　京

内 容 简 介

本书介绍扩散方程的计算方法，重点介绍作者近十年来取得的研究进展．内容包括：扩散方程几类常见的有限体积格式；扭曲网格上具有保正性和保持离散极值原理的有限体积格式；非线性迭代方法和并行计算格式等．

本书可供理工科研究生及相关科技工作者阅读参考．

图书在版编目(CIP)数据

扩散方程计算方法/袁光伟等著．—北京：科学出版社，2015.11

(信息与计算科学丛书)

"十二五"国家重点图书出版规划项目

ISBN 978-7-03-046388-3

Ⅰ．①扩…　Ⅱ．①袁…　Ⅲ．①扩散方程—计算方法　Ⅳ．①O175.26

中国版本图书馆 CIP 数据核字 (2015) 第 274920 号

责任编辑：王丽平／责任校对：邹慧卿
责任印制：张　倩／封面设计：陈　敬

科学出版社出版
北京东黄城根北街 16 号
邮政编码：100717
http://www.sciencep.com

北京通州皇家印刷厂印刷

科学出版社发行　各地新华书店经销

*

2015 年 11 月第　一　版　开本：720 × 1000 1/16
2015 年 11 月第一次印刷　印张：18 1/4　彩插：2 页
字数：378 000

定价：128.00 元

(如有印装质量问题，我社负责调换)

《信息与计算科学丛书》序

20 世纪 70 年代末，由已故著名数学家冯康先生任主编、科学出版社出版了一套《计算方法丛书》，至今已逾 30 册. 这套丛书以介绍计算数学的前沿方向和科研成果为主旨，学术水平高、社会影响大，对计算数学的发展、学术交流及人才培养起到了重要的作用.

1998 年教育部进行学科调整，将计算数学及其应用软件、信息科学、运筹控制等专业合并，定名为“信息与计算科学专业”. 为适应新形势下学科发展的需要，科学出版社将《计算方法丛书》更名为《信息与计算科学丛书》，组建了新的编委会，并于 2004 年 9 月在北京召开了第一次会议，讨论并确定了丛书的宗旨、定位及方向等问题.

新的《信息与计算科学丛书》的宗旨是面向高等学校信息与计算科学专业的高年级学生、研究生以及从事这一行业的科技工作者，针对当前的学科前沿、介绍国内外优秀的科研成果. 强调科学性、系统性及学科交叉性，体现新的研究方向. 内容力求深入浅出，简明扼要.

原《计算方法丛书》的编委和编辑人员以及多位数学家曾为丛书的出版做出了大量工作，在学术界赢得了很好的声誉，在此表示衷心的感谢. 我们诚挚地希望大家一如既往地关心和支持新丛书的出版，以期为信息与计算科学在新世纪的发展起到积极的推动作用.

石钟慈

2005 年 7 月

前　言

扩散方程是工业制造、核反应堆、核废料存储 (沉积) 管理、地下水渗流、油藏模拟、大气物理、天体物理和等离子体物理等许多应用领域中一类重要的偏微分方程. 它既可描述介质质量扩散过程, 也可描述多介质非线性辐射流体力学问题中的能量传输过程. 其数值模拟涉及新能源开发和国家重大安全利益, 一直是国际科学与工程计算前沿领域中的研究重点.

实际的可压缩多介质辐射流体力学问题中出现具有极高密度比的物质界面, 其高置信度数值模拟对界面分辨精度的要求非常苛刻, 通常采用 Lagrange 坐标描述, 并采用基于物理过程分裂的方法进行数值求解. 当流体出现大变形, 导致 Lagrange 网格出现大变形, 甚至出现凹网格和翻转网格. 辐射扩散方程的离散和求解是在流体力学计算给出的大变形网格上进行的. 并且, 实际计算往往涉及复杂的物理区域, 用单一的结构网格难以给出很好的描述, 需要采用结构网格的拼接, 或者是非结构的网格, 一般不能简单采用正交网格剖分, 因此, 考虑非矩形的扭曲网格上的扩散方程离散是不可避免的. 这种复杂网格结合流体运动使得扩散方程的数值求解变得复杂, 特别是给具有间断系数扩散问题的数值求解带来很大困难.

Lagrange 流体力学计算中的热力学量通常定义在网格中心, 如采用节点中心型方法求解能量扩散方程, 那么与流体力学计算耦合求解时将出现困难, 需将物理量重映到单元中心. 为便于耦合求解, 扩散方程的基本未知量应为单元中心量. 实际计算表明单元中心型守恒格式往往比节点中心型格式具有更高的精度, 它可避免过多的数值耗散, 而节点中心型格式出现明显数值耗散. 因此, 为便于与流体力学 Lagrange 方法耦合计算, 需要重点研究单元中心型扩散格式.

辐射扩散计算在实际的辐射流体力学问题求解中占据重要地位, 其计算精度直接影响系统能量的传输、分配和交换, 是确保整个物理过程高精度模拟的关键. 因此, 对于大变形网格上间断系数扩散问题, 要求扩散计算格式是健壮高效的, 即要求数值解的精度不随网格不断变形而显著降低以致完全失真, 且可快速求解. 除了要求离散格式具有较高精度外, 还必须保持能量输运或质量扩散过程的守恒性, 并且还必须保持能量传输或质量扩散的方向是正确的, 避免非物理的数值振荡和计算出负, 从而保证数值解是在物理上有意义的解.

扩散方程离散的关键是对 (广义的) 梯度微分算子和散度微分算子的复合算子的离散. 复合算子为二阶算子, 比一阶偏微分方程离散的网格模板要大, 其离散设计较为复杂. 在扭曲网格上许多现有的离散格式的精度明显下降, 而且出现非物理振荡, 即使在正交网格上, 对隐式格式所形成的非线性代数方程组的求解也存在困难.

总之, 随着应用领域中精密化物理研究的深入, 对高效高置信度数值模拟提出了日益迫切的需求, 如何设计求解实际的多介质非线性扩散方程的高精度高效数值方法, 从而及时为重大实验的理论设计提供实用可靠的算法, 成为目前亟待解决的挑战性难题.

本书主要讨论扩散方程的单元中心型有限体积格式, 包括网格节点加权平均九点计算格式、网格中心与节点耦合的计算格式、保正格式、保持离散极值原理的格式和非负性修正算法, 以及非匹配网格上的守恒格式等. 并且, 还将介绍非线性扩散方程的非线性迭代方法, 包括 Picard 迭代、Picard-Newton 迭代, 以及时间步长控制方法. 最后, 将介绍并行格式的构造, 包括二阶精度无条件稳定的并行格式和守恒型并行格式等.

作者感谢国家出版基金和国家自然科学基金面上项目 (11171036, 11301033) 以及中国工程物理研究院科学技术基金重点项目 (2014A0202009) 的资助.

作 者

2015 年 10 月于北京

目　　录

第 1 章　扩散方程的有限体积格式简介

本章简要介绍几种常用的有限体积格式, 包括可允许网格上的有限体积格式、多点通量逼近方法、支撑算子方法、菱形格式和非线性格式等.

1.1　可允许网格上的有限体积格式

考虑如下二维扩散问题:

$$-\nabla\cdot(\kappa(x)\nabla u(x))=f(x),\qquad x\in\Omega, \tag{1.1}$$

$$u(x)=g(x),\qquad x\in\partial\Omega, \tag{1.2}$$

其中 Ω 为平面上的多边形区域, κ 为扩散系数, f 为源项.

下面介绍可允许网格上的离散格式. 首先给出可允许网格的定义.

定义 1.1.1 (可允许网格)　Ω 为 $\mathbf{R}^2$ 的有界多边形区域. Ω 的可允许有限体积网格为三元族 $(\mathcal{T},\mathcal{E},\mathcal{P})$, 其中 $\mathcal{T}$ 为一族"控制体积", 它们是 Ω 中有限个凸多边形, $\mathcal{E}$ 为 $\mathbf{R}^2$ 上一族包含于 $\bar{\Omega}$ 中的线段, $\mathcal{P}$ 为 $\bar{\Omega}$ 中的一族点. $(\mathcal{T},\mathcal{E},\mathcal{P})$ 具有如下性质:

(i) 所有控制体的并的闭包为 $\bar{\Omega}$,

(ii) 对任意 $K\in\mathcal{T}$, $\exists\mathcal{E}$ 的子集 $\mathcal{E}_K$ 使得 $\partial K=\bar{K}-K=\bigcup\limits_{\sigma\in\mathcal{E}_K}\bar{\sigma}$, 且 $\mathcal{E}=\bigcup\limits_{K\in\mathcal{T}}\mathcal{E}_K$,

(iii) 对任意 $(K,L)\in\mathcal{T}^2$, $K\neq L$, 或者 $\bar{K}\cap\bar{L}$ 的一维 Lebesgue 测度为 0, 或者对某个 $\sigma\in\mathcal{E}$, $\bar{K}\cap\bar{L}=\bar{\sigma}$, 记 $\sigma=K|L$,

(iv) $\mathcal{P}=(x_K)_{K\in\mathcal{T}}$ 使得 $x_K\in K$(对所有 $K\in\mathcal{T}$), x_K 称为单元 K 的中心, 如果 $\sigma=K|L$, 假定 $x_K\neq x_L$, 且通过 x_K 和 x_L 的直线 $\mathcal{D}_{K,L}$ 垂直于 $K|L$,

(v) 对任意 $\sigma\in\mathcal{E}$ 使得 $\sigma\subset\partial\Omega$, 记 K 为满足 $\sigma\in\mathcal{E}_K$ 的控制体, $\mathcal{D}_{K,\sigma}$ 为通过 x_K 且垂直于 σ 的直线, 那么假定 $\mathcal{D}_{K,\sigma}\cap\sigma\neq\varnothing$ 成立, 记 $y_\sigma=\mathcal{D}_{K,\sigma}\cap\sigma$.

从直观上来说, 可允许网格是这样一种网格剖分, 其相邻单元中心连线与公共边垂直. 例如 Voronoï 网格就是一种可允许网格.

记单元大小 $\mathrm{size}(\mathcal{T})=\sup\{\mathrm{diam}(K),K\in\mathcal{T}\}$. 对任意 $K\in\mathcal{T}$, $\sigma\in\mathcal{E}$, $m(K)$ 是 K 的二维 Lebesgue 测度 (面积), $m(\sigma)$ 为 σ 的一维 Lebesgue 测度 (长度). 内部边的集合记为 $\mathcal{E}_{\mathrm{int}}$, 边界边的集合记为 $\mathcal{E}_{\mathrm{ext}}$, 即 $\mathcal{E}_{\mathrm{int}}=\{\sigma\in\mathcal{E};\sigma\cap\partial\Omega=\varnothing\}$, $\mathcal{E}_{\mathrm{ext}}=\{\sigma\in\mathcal{E};\sigma\subset\partial\Omega\}$.

K 的邻域集记为 $\mathcal{N}(K)$, 即 $\mathcal{N}(K)=\{L\in\mathcal{T};\exists\sigma\in\mathcal{E}_K,\bar{\sigma}=\bar{K}\cap\bar{L}\}$.

如果 $\sigma = K|L$, 记 $d_\sigma = d_{K|L} = |x_K - x_L|, d_{K,\sigma}$ 为 $x_K y_\sigma$ 到 σ 的距离. 如果 $\sigma \in \mathcal{E}_K \cap \mathcal{E}_{\text{ext}}$, 记 $d_\sigma = |x_K - x_\sigma|$.

对任意 $\sigma \in \mathcal{E}$, 通过 σ 的"横截性"定义为 $\tau_\sigma = \dfrac{m(\sigma)}{d_\sigma}$.

现在给出问题 (1.1)–(1.2) 的有限体积格式. 记

$$f_K = \frac{1}{m(K)} \int_K f(x)dx, \quad \forall K \in \mathcal{T},$$

$(u_K)_{K \in \mathcal{T}}$ 为离散未知量, 对 $K \in \mathcal{T}$ 和 $\sigma \in \mathcal{E}_K$ 引入通量 $F_{K,\sigma}$.

对 $\sigma \in \mathcal{E}$, u 在 σ 上的逼近为 u_σ. 对 $K \in \mathcal{T}$, $\sigma \in \mathcal{E}_K$, 记 $n_{K,\sigma}$ 为 σ 上 K 的单位外法向量. 记 $v_{K,\sigma} = \displaystyle\int_\sigma \kappa \nabla u(x) \cdot n_{K,\sigma} d\gamma(x)$.

则可允许网格上的有限体积格式为

$$\sum_{\sigma \in \mathcal{E}_K} F_{K,\sigma} = m(K) f_K, \quad \forall K \in \mathcal{T},$$

其中

$$\begin{aligned} F_{K,\sigma} &= -\tau_{K|L}(u_L - u_K), \quad \forall \sigma \in \mathcal{E}_{\text{int}}, \sigma = K|L, \\ F_{K,\sigma} &= -\tau_\sigma(g(x_\sigma) - u_K), \quad \forall \sigma \in \mathcal{E}_{\text{ext}}, \sigma \in \mathcal{E}_K, \end{aligned}$$

这里 $F_{K,\sigma}$ 是 $v_{K,\sigma}$ 的一个逼近.

关于可允许网格上的有限体积格式, 可进一步参考文献 [1].

1.2 多点通量逼近方法

将 (1.1) 在一个给定的网格单元 K 上积分, 并利用 Green 公式, 可得

$$\sum_{i \in \partial K} f_i = \int_K f(x)dx,$$

其中单元 K 的第 i 条边上的法向通量为

$$f_i = -\int_i \kappa(x) \nabla u \cdot n ds, \tag{1.3}$$

这里 n 为单元 K 的第 i 条边上的单位外法向量.

通量 (1.3) 将由以下的多个单元中心值的线性组合来近似:

$$f_i \approx \sum_{j \subset J} t_{ij} u_j, \tag{1.4}$$

其中$\sum_{j\in J} t_{ij}=0$, 系数 t_{ij} 为传递系数, u_j 为单元 j 的中心值, 集合 J 依赖于网格. 对二维四边形网格, J 由 6 个单元的标号组成, 见图 1.1. 所得的方法称为多点通量逼近方法[2].

下面考虑表达式 (1.4) 中的传递系数的计算.

考虑图 1.1 中由实线所示的网格. 假设扩散系数在每个单元 (控制体) 上为常数, u 的值定义在单元中心. 通过连接单元中心和单元边的中点, 可以得到一个对偶网格, 见图 1.1 中虚线所示的网格. 有时为了区别起见将实线所示的网格称为主网格或基本网格. 对偶网格称为相互影响区域. 在二维情况, 对偶网格将网格边分为两部分, 每一个部分称为子边.

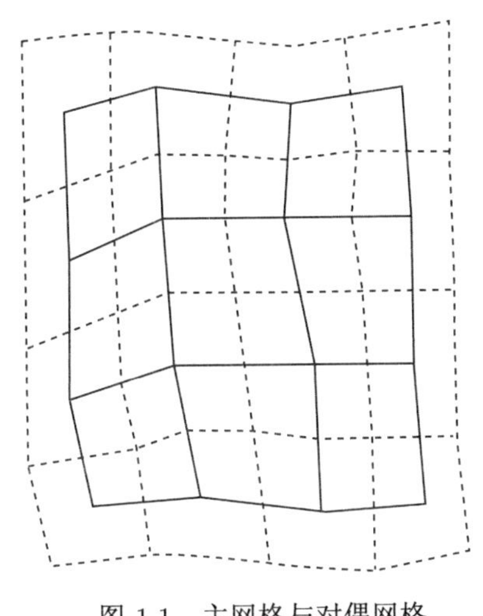

图 1.1 主网格与对偶网格

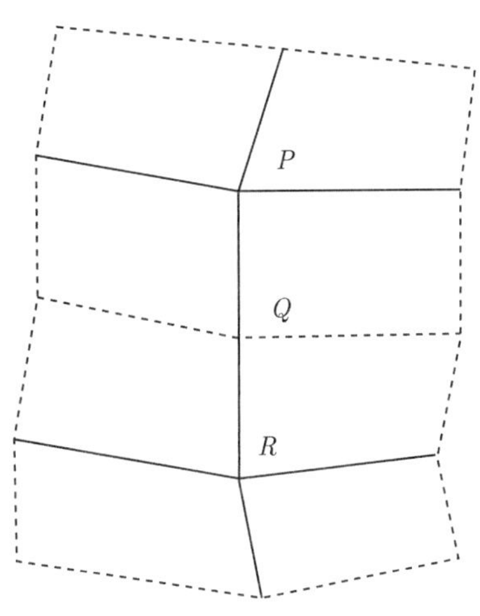

图 1.2 两个相互影响区域

多点通量逼近方法就是使得相互影响区域中的单元之间的局部影响决定所有子边的传递系数. 一旦所有子边上的传递系数都被确定, 则可以通过组合子边的贡献而得到单元边上的传递系数. 对图 1.2 所示的四边形网格, 子边 PQ 和 QR 构成单元边 PR. 一个单元边的传递系数来源于两个相邻的相互影响区域的贡献.

在一个相互影响区域内, 有以下条件成立: 越过子边的温度和通量连续. 假设在相互影响区域的每个单元上温度可通过线性函数描述. 然而, 不可能要求温度和通量在相互影响区域的所有子边上连续. 例如, 在 4 个单元中分别对温度作线性近似, 将导致 $4\times 3=12$ 个自由度. 在 4 条子边上的通量连续将给出 4 个条件, 在每条子边上的温度连续条件将给出 8 个条件. 另外, 线性函数必须考虑单元中心值, 这又将给出 4 个条件. 因此, 总共有 16 个条件和 12 个自由度. 为此, 只要求温度在每条边的中点连续. 在图 1.3 中, 边中点是指点 A, B, C 和 D. 从而对 12 个自由度只有 12 个条件. 以上给出的方法称为 O 方法. 还可以选择其他的连续性条件以及其他的连续点.

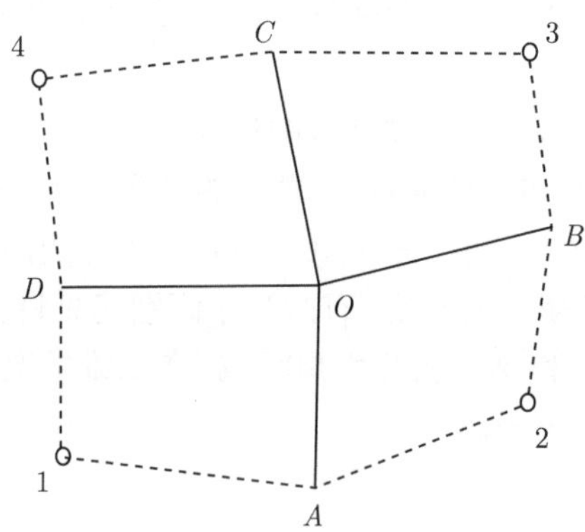

图 1.3　相互影响区域 (单元中心为 1, 2, 3, 4, 边中点为 A, B, C, D)

注意到传递系数仅仅依赖于网格几何和扩散系数, 从而传递系数的计算可以作为一个预处理提前计算.

在每个单元 j 上的扩散系数记为 κ_j. 为了计算子边上的通量的表达式

$$f_i = -n_i^{\mathrm{T}} \kappa_j \nabla U_j, \tag{1.5}$$

需要计算梯度 ∇U_j 和法向量 n_i, 该法向量的长度为所在子边的长度.

在每个单元 j 上, 假定温度 U_j 为线性函数, 从而可以写成

$$U_j(x) = \nabla U_j \cdot (x - x_{j_0}) + u_{j_0}, \tag{1.6}$$

其中 u_{j_0} 是在单元 j_0 的中心 x_{j_0} 处的值. 梯度可以方便地由单元 j 的子边上的连续点 $\bar{x}_{jk}$ 上的温度的值决定. 连续点和单元中心如图 1.4 所示.

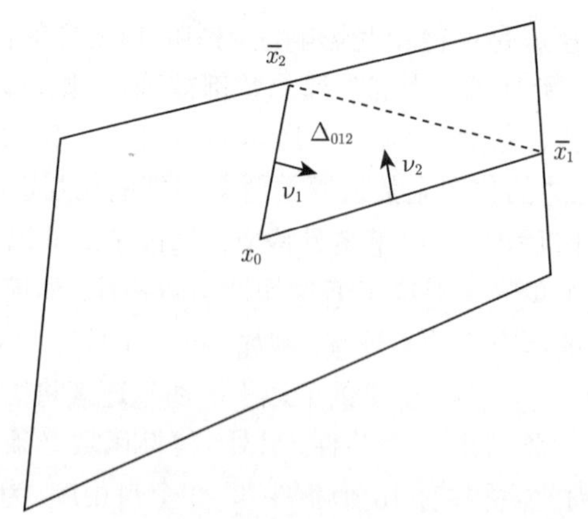

图 1.4　单元中心 $x_{j_0} = x_0$ 和连续点 $\bar{x}_i (i = 1, 2)$

下面将给出梯度 ∇U_j 的表达式.

在二维情形, 每个单元上的梯度 ∇U 由两个为常数的分量组成. 令 $\bar{u}_k = U(\bar{x}_k), k=1,2$, 则

$$\nabla U \cdot (\bar{x}_k - x_0) = \bar{u}_k - u_0, \quad k=1,2. \tag{1.7}$$

以上方程能改写为

$$X\nabla U = \begin{pmatrix} \bar{u}_1 - u_0 \\ \bar{u}_2 - u_0 \end{pmatrix}, \tag{1.8}$$

其中 X 为如下定义的矩阵:

$$X = \begin{pmatrix} (\bar{x}_1 - x_0)^{\mathrm{T}} \\ (\bar{x}_2 - x_0)^{\mathrm{T}} \end{pmatrix}.$$

引入以下旋转矩阵

$$R = \begin{pmatrix} 0 & 1 \\ -1 & 0 \end{pmatrix}.$$

则对任意一对二维向量 a 和 b, $a^{\mathrm{T}}Rb$ 表示 a 和 b 之间的叉乘, 从而 $a^{\mathrm{T}}Ra=0$.

X 的行列式为

$$T = \det X = (\bar{x}_1 - x_0)^{\mathrm{T}} R (\bar{x}_2 - x_0),$$

T 等于由点 $x_0, \bar{x}_1$ 和 $\bar{x}_2$ 所张成的三角形 $\triangle_{012}$ 面积的两倍 (向量 $\bar{x}_1 - x_0$ 和 $\bar{x}_2 - x_0$ 形成右手系).

为了得到 X^{-1} 的表达式, 引入向量 $\nu_i (i=1,2)$,

$$\nu_1 = R(\bar{x}_2 - x_0), \quad \nu_2 = -R(\bar{x}_1 - x_0).$$

向量 ν_i 是连接点 x_0 和 $\bar{x}_j (j \neq i)$ 的三角形 $\triangle_{012}$ 边的内法向量, 长度为此边的长度. 则有

$$X^{-1} = \frac{1}{T}[\nu_1, \nu_2].$$

从而

$$\nabla U = \frac{1}{T}\sum_{k=1}^{2} \nu_k (\bar{u}_k - u_0). \tag{1.9}$$

即在每个子单元中, 梯度 ∇U 按 2 个线性无关的方向进行分解. 利用方程 (1.5) 和 (1.9) 可得

$$f_i = \sum_{k=1}^{2} \omega_{ijk}(\bar{u}_{jk} - u_{j0}), \tag{1.10}$$

其中

$$\omega_{ijk} = -\frac{n_i^{\mathrm{T}} \kappa_j \nu_{jk}}{T_j}, \tag{1.11}$$

ω_{ijk} 定义在子边标号为 i, 单元标号为 j, 局部网格界面标号为 k 的相互影响区域上.

下面给出二维情形的连续性条件. 如图 1.3 所示, 在相互影响区域有 4 个单元, 4 条子边. 要求温度 u 在点 A, B, C, D 连续, 并记 $u(A) = \bar{u}_1$, $u(B) = \bar{u}_2$, $u(C) = \bar{u}_3$, $u(D) = \bar{u}_4$. 单元 j 的单元中心值记为 $u_j (1 \leqslant j \leqslant 4)$. 对每个子边 OA, OB, OC 和 OD, 利用方程 (1.10) 及以上单元中心值和单元边中点值的记号, 4 条子边上的通量连续条件可写为

$$\begin{aligned}
\omega_{111}(\bar{u}_1 - u_1) + \omega_{112}(\bar{u}_4 - u_1) &= \omega_{121}(\bar{u}_2 - u_2) + \omega_{122}(\bar{u}_1 - u_2), \\
\omega_{221}(\bar{u}_2 - u_2) + \omega_{222}(\bar{u}_1 - u_2) &= \omega_{231}(\bar{u}_3 - u_3) + \omega_{232}(\bar{u}_2 - u_3), \\
\omega_{331}(\bar{u}_3 - u_3) + \omega_{332}(\bar{u}_2 - u_3) &= \omega_{341}(\bar{u}_4 - u_4) + \omega_{342}(\bar{u}_3 - u_4), \\
\omega_{441}(\bar{u}_4 - u_4) + \omega_{442}(\bar{u}_3 - u_4) &= \omega_{411}(\bar{u}_1 - u_1) + \omega_{412}(\bar{u}_4 - u_1).
\end{aligned} \tag{1.12}$$

下面将用单元中心值 $u = [u_1, u_2, u_3, u_4]^{\mathrm{T}}$ 来表示单元边中点处的值 $v = [\bar{u}_1, \bar{u}_2, \bar{u}_3, \bar{u}_4]^{\mathrm{T}}$. 方程 (1.12) 中每个等式的左右两边分别给出了子边上的法向通量. 例如, 左边能写成 $Cv - Du$, 其中 C 和 D 为 4×4 的矩阵. 从而可以得到通过 4 条子边的通量

$$f = Cv - Du. \tag{1.13}$$

方程组 (1.12) 能写成如下的矩阵形式:

$$Av = Bu,$$

其中 A 和 B 为 4×4 的矩阵. 从而有

$$f = (CA^{-1}B - D)u.$$

每条子边上的传递系数通过下式定义:

$$f = Tu,$$

其中 4×4 的矩阵 $T=\{t_{ij}\}$ 是这个相互影响区域上的传递矩阵. 由以上两个方程就可以得到

$$T=CA^{-1}B-D. \tag{1.14}$$

方程 (1.14) 给出了在一个相互作用区域上的传递系数. 为了得到整个单元边的传递系数, 必须求解含有该条单元边的两个相互作用区域上的传递系数, 然后将子边上的通量相加即可. 这样遍历所有的相互作用区域, 并将子边上的通量组合起来就可以得到单元边上的离散通量表达式.

1.3 支撑算子方法

本节先介绍局部支撑算子方法, 然后再介绍有显式表达式的支撑算子方法 (参见文献 [3], [4]).

1.3.1 局部支撑算子方法

如图 1.5 所示, G_i 为单元 Ω_i 的中心, 标量 u_i 定义于单元中心.

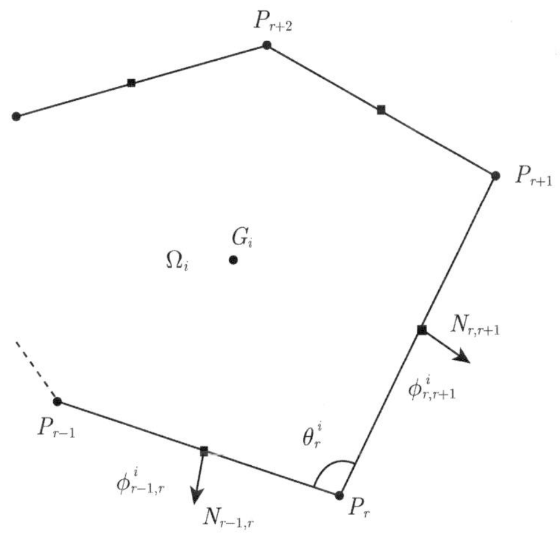

图 1.5 单元 Ω_i 上的记号

下面给出非标准意义下的内积公式. 考虑图 1.5 所示的与单元 Ω_i 的顶点 P_r 相关的角, 与该角相关联的通量向量用其相邻的两个边法向分量表示为

$$\Psi=(\Psi\cdot N_{r-1,r},\Psi\cdot N_{r,r+1})=(\Psi^i_{r-1,r},\Psi^i_{r,r+1}).$$

即用边法向分量 $\Psi^i_{r-1,r}$ 和 $\Psi^i_{r,r+1}$ 重构向量 $\Psi^i_r=(\Psi^{ix}_r,\Psi^{iy}_r)^{\mathrm{T}}$, 其中 $(\Psi^{ix}_r,\Psi^{iy}_r)^{\mathrm{T}}$ 为

直角坐标系下的向量. 将以上方程具体写出来就是

$$\Psi_r^{ix} N_{r-1,r}^x + \Psi_r^{iy} N_{r-1,r}^y = \Psi_{r-1,r}^i,$$
$$\Psi_r^{ix} N_{r,r+1}^x + \Psi_r^{iy} N_{r,r+1}^y = \Psi_{r,r+1}^i.$$

其中 $N_{r-1,r}^x$, $N_{r-1,r}^y$, $N_{r,r+1}^x$, $N_{r,r+1}^y$ 都为直角坐标系下的向量的分量. 以上线性方程组的行列式为 $\Delta_r^i = N_{r-1,r}^x N_{r,r+1}^y - N_{r-1,r}^y N_{r,r+1}^x$. 经过简单计算可得

$$\Delta_r^i = (N_{r-1,r} \times N_{r,r+1}) \cdot e_z = \sin\theta_r^i,$$

其中 θ_r^i 为单元 Ω_i 上顶点 P_r 处的内角 (图 1.5). 假设 $\Delta_r^i \neq 0$, 则以上的线性方程组存在唯一解. 引入矩阵 J_r^i:

$$J_r^i = \frac{1}{\Delta_r^i} \begin{pmatrix} N_{r,r+1}^y & -N_{r-1,r}^y \\ -N_{r,r+1}^x & N_{r-1,r}^x \end{pmatrix},$$

则线性方程组可以写为

$$\Psi_r^i = J_r^i \begin{pmatrix} \Psi_{r-1,r}^i \\ \Psi_{r,r+1}^i \end{pmatrix}.$$

从而, 可以通过使用向量 Ψ_r^i 和 Φ_r^i 的边法向分量, 表示出这两个向量之间的内积:

$$\langle \Psi_r^i \cdot \Phi_r^i \rangle = J_r^i \begin{pmatrix} \Psi_{r-1,r}^i \\ \Psi_{r,r+1}^i \end{pmatrix} \cdot J_r^i \begin{pmatrix} \Phi_{r-1,r}^i \\ \Phi_{r,r+1}^i \end{pmatrix} = (J_r^i)^{\mathrm{T}} J_r^i \begin{pmatrix} \Psi_{r-1,r}^i \\ \Psi_{r,r+1}^i \end{pmatrix} \cdot \begin{pmatrix} \Phi_{r-1,r}^i \\ \Phi_{r,r+1}^i \end{pmatrix},$$

其中上标 T 表示矩阵的转置. 引入矩阵 $T_r^i = (J_r^i)^{\mathrm{T}} J_r^i$, 通过简单计算可得

$$T_r^i = \frac{1}{\sin^2\theta_r^i} \begin{pmatrix} 1 & \cos\theta_r^i \\ \cos\theta_r^i & 1 \end{pmatrix}.$$

T_r^i 是在单元 Ω_i 上与顶点 P_r 相关的对称正定张量. 注意到, 当 $\theta_r^i = \dfrac{\pi}{2}$ 时, 该张量退化成单位张量. 从而, 向量 Ψ_r^i 和 Φ_r^i 之间的内积为

$$\langle \Psi_r^i \cdot \Phi_r^i \rangle = T_r^i \begin{pmatrix} \Psi_{r-1,r}^i \\ \Psi_{r,r+1}^i \end{pmatrix} \cdot \begin{pmatrix} \Phi_{r-1,r}^i \\ \Phi_{r,r+1}^i \end{pmatrix}. \tag{1.15}$$

对任意向量 $\Psi \in \mathbf{R}^2$ 和标量 u, 有以下等式:

$$\nabla \cdot (u\Psi) = u\nabla \cdot \Psi + \Psi \cdot \nabla u = u\nabla \cdot \Psi - \kappa^{-1}\Psi \cdot \Phi, \tag{1.16}$$

其中 κ^{-1} 为扩散系数的逆, $\Phi = -\kappa\nabla u$.

在单元 Ω_i 上积分等式 (1.16), 并利用 Green 公式, 可得单元 Ω_i 上的积分恒等式:

$$\int_{\Omega_i} \kappa^{-1}\Psi\cdot\Phi d\Omega = -\left[\int_{\partial\Omega_i} u\Psi\cdot N dl - \int_{\Omega_i} u\nabla\cdot\Psi d\Omega\right].$$

利用边中心未知量 $\bar{u}_{r,r+1}$ 和单元中心未知量 u_i 离散以上等式. 向量 Ψ 和 Φ 用它们的边法向分量 $\Psi^i_{r,r+1}, \Phi^i_{r,r+1}$ 表示. 将积分恒等式的右端离散后就可以得到

$$\int_{\partial\Omega_i} u\Psi\cdot N dl - \int_{\Omega_i} u\nabla\cdot\Psi d\Omega = \sum_{r=1}^{R(i)} L_{r,r+1}\Psi_{r,r+1}(\bar{u}_{r,r+1} - u_i),$$

其中的求和是对该单元的所有边求和, $R(i)$ 为 i 单元的边数. 对于积分恒等式的左端, 可以利用以下的方式离散,

$$\int_{\Omega_i} \kappa^{-1}\Psi\cdot\Phi d\Omega = \sum_{r=1}^{R(i)} \omega^i_r \kappa_i^{-1}\langle\Psi^i_r\cdot\Phi^i_r\rangle,$$

这里的求和是对该单元的所有顶点求和. 其中 $\omega^i_r > 0$ 是与顶点 P_r 相关的隅角面积. 要求以上方程在单元 Ω_i 上保持常数函数解, 从而, 隅角面积满足以下等式:

$$\sum_{r=1}^{R(i)} \omega^i_r = V_i, \tag{1.17}$$

其中 V_i 是单元 i 的面积. 可以选择不同的 ω^i_r, 但 ω^i_r 的选取将影响离散格式的精度.

引入内积的表达式就可以得到:

$$\sum_{r=1}^{R(i)} \frac{\omega^i_r}{\sin^2\theta^i_r}\kappa_i^{-1} \begin{pmatrix} 1 & -\cos\theta^i_r \\ -\cos\theta^i_r & 1 \end{pmatrix} \begin{pmatrix} \Psi^i_{r-1,r} \\ \Psi^i_{r,r+1} \end{pmatrix} \cdot \begin{pmatrix} \Phi^i_{r-1,r} \\ \Phi^i_{r,r+1} \end{pmatrix}$$

$$= -\sum_{r=1}^{R(i)} L_{r,r+1}\Psi^i_{r,r+1}(\bar{u}_{r,r+1} - u_i).$$

以上等式对任意 Ψ 成立, 因此可以取 $\Psi^i_{r,r+1} = 1$ 及 $\Psi^i_{k,k+1} = 0(k \neq r)$. 从而通量的法向分量是以下线性方程组的解:

$$\frac{\omega^i_r}{\sin^2\theta^i_r}(\cos\theta^i_r\Phi^i_{r-1,r} + \Phi^i_{r,r+1}) + \frac{\omega^i_{r+1}}{\sin^2\theta^i_{r+1}}(\Phi^i_{r,r+1} + \cos\theta^i_{r+1}\Phi^i_{r+1,r+2})$$
$$= -D_i L_{r,r+1}(\bar{u}_{r,r+1} - u_i), \quad r = 1,\cdots,R(i).$$

以上方程说明三条相邻的边 $[P_{r-1}, P_r]$, $[P_r, P_{r+1}]$ 和 $[P_{r+1}, P_{r+2}]$ 的法向分量是相关的. 例如, 对四边形网格得到的是关于通量法向分量的四个耦合的线性方程. 显然, 它未给出通量法向分量的显式表达式, 因而该方法同时拥有单元中心未知量和单元边中心未知量. 为保证未知量的个数等于方程的个数, 利用网格边上的法向通量连续这一条件, 从而得到一个封闭的方程组 (具体可见文献 [3]).

1.3.2 有通量表达式的支撑算子方法

上述局部支撑算子方法引入的是单元 Ω_i 上的积分恒等式, 未给出法向通量的显式表达式. 为了导出通量的显式离散表达式, 下面引入子网格上的积分恒等式[4].

单元 Ω_i 上的积分恒等式为

$$\int_{\Omega_i} \kappa^{-1}\Psi \cdot \Phi d\Omega = -\left[\int_{\partial\Omega_i} u\Psi \cdot N dl - \int_{\Omega_i} u\nabla \cdot \Psi d\Omega\right]. \tag{1.18}$$

满足以上等式的一个充分条件是在每个子区域 Ω_r^i 上满足它, 其中 Ω_r^i 是由单元 Ω_i 的中心 G_i 与单元边中点 $P_{r-\frac{1}{2}}$, $P_{r+\frac{1}{2}}$ 相连得到的两条边以及两条网格边 $P_{r-\frac{1}{2}}P_r$ 和 $P_rP_{r+\frac{1}{2}}$ 所形成的 (图 1.6). 因而要求以下子单元上的积分恒等式成立:

$$\int_{\Omega_r^i} \kappa^{-1}\Psi \cdot \Phi d\Omega = -\left[\int_{\partial\Omega_r^i} u\Psi \cdot N dl - \int_{\Omega_r^i} u\nabla \cdot \Psi d\Omega\right]. \tag{1.19}$$

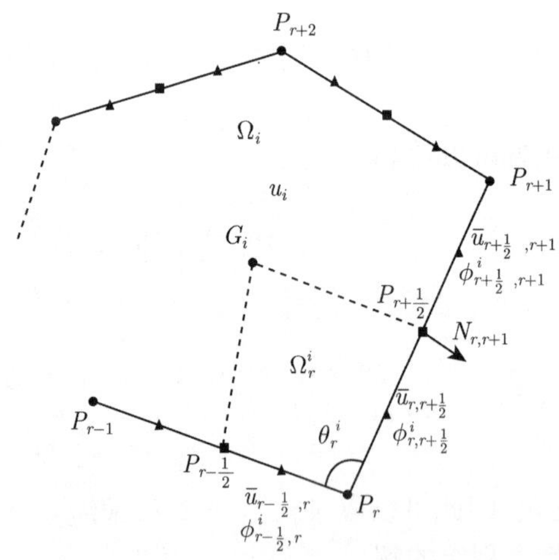

图 1.6 单元 Ω_i 上的记号

下面使用单元平均值 u_i, 子边上的平均值 $\bar{u}_{r-\frac{1}{2},r}, \bar{u}_{r,r+\frac{1}{2}}$ 以及子边上的通量的法向分量 $\Psi^i_{r-\frac{1}{2},r}$, $\Psi^i_{r,r+\frac{1}{2}}$ 来离散方程 (1.19) 的右端, 见图 1.7. 采用这些记号, 第一

个积分可写成

$$\int_{\partial\Omega_r^i} u\Psi\cdot N dl=\frac{1}{2}\left(L_{r-1,r}\bar{u}_{r-\frac{1}{2},r}\Psi^i_{r-\frac{1}{2},r}+L_{r,r+1}\bar{u}_{r,r+\frac{1}{2}}\Psi^i_{r,r+\frac{1}{2}}\right)$$
$$-\frac{1}{2}(L_{r-1,r}N_{r-1,r}+L_{r,r+1}N_{r,r+1})\cdot\Psi_i u_i, \tag{1.20}$$

其中 Ψ_i 表示向量 Ψ 在单元 Ω_i 上的平均值. 上式右边的第二项考虑了单元内部的贡献.

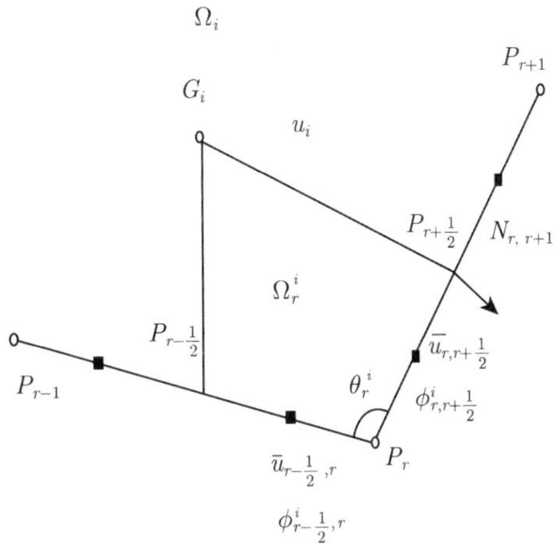

图 1.7 子单元 Ω_r^i 上的记号

对方程 (1.19) 右端的第二个积分, 有

$$\int_{\Omega_r^i} u\nabla\cdot\Psi d\Omega=u_i\int_{\partial\Omega_r^i}\Psi\cdot N dl=\frac{1}{2}(L_{r-1,r}\Psi^i_{r-\frac{1}{2},r}+L_{r,r+1}\Psi^i_{r,r+\frac{1}{2}})u_i$$
$$-\frac{1}{2}(L_{r-1,r}N_{r-1,r}+L_{r,r+1}N_{r,r+1})\cdot\Psi_i u_i, \tag{1.21}$$

组合方程 (1.20) 和 (1.21), 可得

$$\int_{\partial\Omega_r^i} u\Psi\cdot N dl-\int_{\Omega_r^i} u\nabla\cdot\Psi d\Omega$$
$$=\frac{1}{2}\left[L_{r-1,r}\Psi^i_{r-\frac{1}{2},r}(\bar{u}_{r-\frac{1}{2},r}-u_i)+L_{r,r+1}\Psi^i_{r,r+\frac{1}{2}})(\bar{u}_{r,r+\frac{1}{2}}-u_i)\right]. \tag{1.22}$$

下面, 使用如下的方法近似方程 (1.19) 的左端:

$$\int_{\Omega_r^i}\kappa^{-1}\Psi\cdot\Phi d\Omega=\omega_r^i\kappa_i^{-1}\langle\Psi_r^i\cdot\Phi_r^i\rangle,$$

其中 $\omega_r^i=|\Omega_r^i|$ 为 Ω_r^i 的面积.

利用方程 (1.15), 可以根据向量 Ψ_r^i 和 Φ_r^i 的子边法向分量写出它们之间的内积

$$\int_{\Omega_r^i} \kappa^{-1}\Psi\cdot\Phi d\Omega = \omega_r^i\kappa_i^{-1}T_r^i\begin{pmatrix}\Psi^i_{r-\frac{1}{2},r}\\ \Psi^i_{r,r+\frac{1}{2}}\end{pmatrix}\cdot\begin{pmatrix}\Phi^i_{r-\frac{1}{2},r}\\ \Phi^i_{r,r+\frac{1}{2}}\end{pmatrix}. \tag{1.23}$$

利用方程 (1.22) 和 (1.23), 可得子单元上积分恒等式的离散表达式:

$$\begin{aligned}&\omega_r^i\kappa_i^{-1}T_r^i\begin{pmatrix}\Psi^i_{r-\frac{1}{2},r}\\ \Psi^i_{r,r+\frac{1}{2}}\end{pmatrix}\cdot\begin{pmatrix}\Phi^i_{r-\frac{1}{2},r}\\ \Phi^i_{r,r+\frac{1}{2}}\end{pmatrix}\\ =&\frac{1}{2}\left[L_{r-1,r}\Psi^i_{r-\frac{1}{2},r}(\bar{u}_{r-\frac{1}{2},r}-u_i)+L_{r,r+1}\Psi^i_{r,r+\frac{1}{2}}(\bar{u}_{r,r+\frac{1}{2}}-u_i)\right].\end{aligned} \tag{1.24}$$

由于 (1.24) 对任意 Ψ 都成立, 首先令 $\Psi^i_{r-\frac{1}{2},r}=1, \Psi^i_{r,r+\frac{1}{2}}=0$, 然后令 $\Psi^i_{r-\frac{1}{2},r}=0, \Psi^i_{r,r+\frac{1}{2}}=1$, 则可以得到

$$\begin{pmatrix}\Phi^i_{r-\frac{1}{2},r}\\ \Phi^i_{r,r+\frac{1}{2}}\end{pmatrix}=-\frac{\kappa_i}{2\omega_r^i}(T_r^i)^{-1}\begin{pmatrix}L_{r-1,r}(\bar{u}_{r-\frac{1}{2},r}-u_i)\\ L_{r,r+1}(\bar{u}_{r,r+\frac{1}{2}}-u_i)\end{pmatrix}.$$

进一步可得

$$\begin{pmatrix}\Phi^i_{r-\frac{1}{2},r}\\ \Phi^i_{r,r+\frac{1}{2}}\end{pmatrix}=-\frac{\kappa_i}{2\omega_r^i}\begin{pmatrix}1 & -\cos\theta_r^i\\ -\cos\theta_r^i & 1\end{pmatrix}\begin{pmatrix}L_{r-1,r}(\bar{u}_{r-\frac{1}{2},r}-u_i)\\ L_{r,r+1}(\bar{u}_{r,r+\frac{1}{2}}-u_i)\end{pmatrix}. \tag{1.25}$$

从而, 获得了子边上的法向通量的离散表达式. 显然它们依赖于单元 Ω 上顶点 P_r 处的张量, 也依赖于子边上的值与单元中心值.

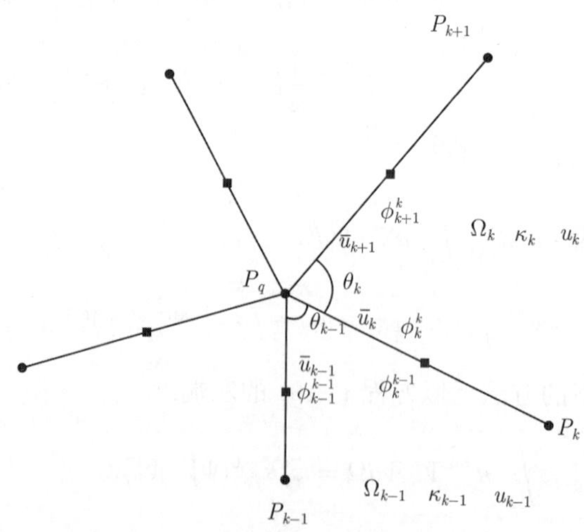

图 1.8　与顶点 P_q 相关的记号

与多点通量逼近方法类似, 可以得到通量的离散表达式. 先引入一些记号 (图 1.8). 顶点 P_q 是单元 $\Omega_k(k=1,\cdots,K(q))$ 的公共顶点, 对四边形网格 $K(q)=4$. 本节将对网格使用周期性标号, 并在不引起混淆的情况下, 省略下标 q. 单元 Ω_k 的两条边为 $[P_q,P_k]$ 和 $[P_q,P_{k+1}]$, 它们的长度分别为 L_k 和 L_{k+1}, 这两条边的夹角为 θ_k. 令 $K=K(q)$, 记 $P_{k+\frac{1}{2}}$ 为边 $[P_q,P_{k+1}]$ 的中点, κ_k 为单元 Ω_k 上的扩散系数, 单元 Ω_k 上与顶点 P_q 对应的隅角面积记为 ω_k. 并记第 k 条边上的外法向分量为 Φ_k^k(对第 k 个单元而言) 和 Φ_k^{k-1}(对第 $k-1$ 个单元而言). 采用这些记号, 将 (1.25) 改写为

$$\begin{pmatrix} \Phi_k^k \\ \Phi_{k+1}^k \end{pmatrix} = -\frac{\kappa_k}{2\omega_k}\begin{pmatrix} 1 & -\cos\theta_k \\ -\cos\theta_k & 1 \end{pmatrix}\begin{pmatrix} L_k(\bar{u}_k-u_k) \\ L_{k+1}(\bar{u}_{k+1}-u_k) \end{pmatrix}. \tag{1.26}$$

在第 k 条边上的法向通量连续条件为

$$\frac{1}{2}L_k\Phi_k^{k-1} = -\frac{1}{2}L_k\Phi_k^k. \tag{1.27}$$

将 Φ_k^{k-1} 和 Φ_k^k 代入以上方程, 可得

$$\begin{aligned}&\frac{1}{4}L_{k-1}L_k\alpha_{k-1}\cos\theta_{k-1}(\bar{u}_{k-1}-u_{k-1})-\frac{1}{4}L_k^2\alpha_{k-1}(\bar{u}_k-u_{k-1})\\ =&\frac{1}{4}L_k^2\alpha_k(\bar{u}_k-u_k)-\frac{1}{4}L_kL_{k+1}\alpha_k\cos\theta_k(\bar{u}_{k+1}-u_k).\end{aligned} \tag{1.28}$$

令 $\bar{U}=(\bar{u}_1,\cdots,\bar{u}_K)^{\mathrm{T}}$, $U=(u_1,\cdots,u_K)^{\mathrm{T}}$, 则由 (1.28) 可得

$$M\bar{U}=SU, \tag{1.29}$$

其中 M 是一个 $K\times K$ 的对称正定矩阵, 矩阵 S 是一个 $K\times K$ 的稀疏矩阵.

由 (1.29) 可求得 $\bar{U}$ 的表达式, 再将 $\bar{U}$ 的表达式代入 (1.26), 即可得到子边上的法向通量的显式表达式. 最后将子边上的法向通量的表达式相加得到单元边上的法向通量的显式表达式. 该方法在随机四边形网格上的精度较低, 见文献 [4].

1.4 菱形格式

本节将利用推导支撑算子方法所用的积分恒等式来推导菱形格式[5].

设 $\Psi=(\Psi^x,\Psi^y)^{\mathrm{T}}$ 为任一向量, Ψ_n 和 Ψ_t 分别为 Ψ 在边 $\sigma=AB$ 上的法向和切向分量. 令 $n_{BA}=(n_{BA}^x,n_{BA}^y)^{\mathrm{T}}$ 和 $t_{BA}=(t_{BA}^x,t_{BA}^y)^{\mathrm{T}}$ 分别为边 BA 上的单位法向和切向向量 (图 1.9), 则有

$$\begin{cases} \Psi^x n_{BA}^x+\Psi^y n_{BA}^y=\Psi_n, \\ \Psi^x t_{BA}^x+\Psi^y t_{BA}^y=\Psi_t. \end{cases} \tag{1.30}$$

记

$$X = \begin{pmatrix} n_{BA}^x & n_{BA}^y \\ t_{BA}^x & t_{BA}^y \end{pmatrix} = \begin{pmatrix} n_{BA}^{\mathrm{T}} \\ t_{BA}^{\mathrm{T}} \end{pmatrix},$$

则 (1.30) 可改写为

$$X\Psi = \begin{pmatrix} \Psi_n \\ \Psi_t \end{pmatrix}. \tag{1.31}$$

引入矩阵

$$R = \begin{pmatrix} 0 & 1 \\ -1 & 0 \end{pmatrix},$$

则 X^{-1} 为

$$X^{-1} = (Rt_{BA}, -Rn_{BA}).$$

记 $J = X^{-1}$, 则由 (1.31) 可得

$$\Psi = J\begin{pmatrix} \Psi_n \\ \Psi_t \end{pmatrix}. \tag{1.32}$$

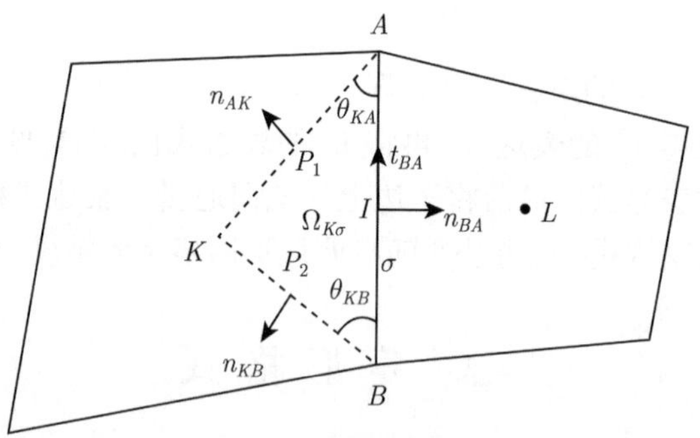

图 1.9　网格模板与记号

设 $\Phi = (\Phi^x, \Phi^y)^{\mathrm{T}}$ 为另一向量, Φ_n 和 Φ_t 分别为 Φ 在边 AB 上的法向和切向分量. 则 Ψ 与 Φ 之间的内积为

$$(\Psi, \Phi) = J^{\mathrm{T}}J\begin{pmatrix} \Psi_n \\ \Psi_t \end{pmatrix} \cdot \begin{pmatrix} \Phi_n \\ \Phi_t \end{pmatrix} = \begin{pmatrix} \Psi_n \\ \Psi_t \end{pmatrix} \cdot \begin{pmatrix} \Phi_n \\ \Phi_t \end{pmatrix}. \tag{1.33}$$

将三角形 AKB 记为 $\Omega_{K\sigma}$, 在 $\Omega_{K\sigma}$ 上的积分恒等式为

$$\int_{\Omega_{K\sigma}} \kappa^{-1}\Psi\cdot\Phi d\Omega = -\left[\int_{\partial\Omega_{K\sigma}} u\Psi\cdot N dl - \int_{\Omega_{K\sigma}} u\nabla\cdot\Psi d\Omega\right]. \tag{1.34}$$

下面将离散以上恒等式. 首先考虑右端第一项的离散,

$$\begin{aligned}\int_{\partial\Omega_{K\sigma}} u\Psi\cdot N dl = {} & u_I|AB|J\begin{pmatrix}\Psi_n\\ \Psi_t\end{pmatrix}\cdot n_{BA} + u_{P_1}|KA|J\begin{pmatrix}\Psi_n\\ \Psi_t\end{pmatrix}\cdot n_{AK}\\ & + u_{P_2}|KB|J\begin{pmatrix}\Psi_n\\ \Psi_t\end{pmatrix}\cdot n_{KB},\end{aligned} \tag{1.35}$$

再考虑 (1.34) 的右端第二项的离散,

$$\begin{aligned}\int_{\Omega_{K\sigma}} u\nabla\cdot\Psi d\Omega = {} & u_0|AB|J\begin{pmatrix}\Psi_n\\ \Psi_t\end{pmatrix}\cdot n_{BA} + u_0|KA|J\begin{pmatrix}\Psi_n\\ \Psi_t\end{pmatrix}\cdot n_{AK}\\ & + u_0|KB|J\begin{pmatrix}\Psi_n\\ \Psi_t\end{pmatrix}\cdot n_{KB},\end{aligned} \tag{1.36}$$

其中 u_0 为区域 $\Omega_{K\sigma}$ 中任意一点. 恒等式 (1.34) 左端的离散为

$$\int_{\Omega_{K\sigma}} \kappa^{-1}\Psi\cdot\Phi d\Omega = \omega_{K\sigma}\kappa_{K\sigma}^{-1}\begin{pmatrix}\Psi_n\\ \Psi_t\end{pmatrix}\cdot\begin{pmatrix}\Phi_n\\ \Phi_t\end{pmatrix}, \tag{1.37}$$

其中 $\omega_{K\sigma}$ 为 $\Omega_{K\sigma}$ 的面积.

将 (1.35), (1.36) 和 (1.37) 代入积分恒等式 (1.34) 可得

$$\begin{aligned}\omega_{K\sigma}\kappa_{K\sigma}^{-1}\begin{pmatrix}\Psi_n\\ \Psi_t\end{pmatrix}\cdot\begin{pmatrix}\Phi_n\\ \Phi_t\end{pmatrix} = {} & (u_0-u_I)|AB|J\begin{pmatrix}\Psi_n\\ \Psi_t\end{pmatrix}\cdot n_{BA}\\ & +(u_0-u_{P_1})|KA|J\begin{pmatrix}\Psi_n\\ \Psi_t\end{pmatrix}\cdot n_{AK}\\ & +(u_0-u_{P_2})|KB|J\begin{pmatrix}\Psi_n\\ \Psi_l\end{pmatrix}\cdot n_{KB},\end{aligned} \tag{1.38}$$

由于以上等式对任意的 Ψ 都成立, 因此分别取 $(\Psi_n,\Psi_t)^{\mathrm{T}}=(1,0)^{\mathrm{T}}$ 和 $(\Psi_n,\Psi_t)^{\mathrm{T}}=(0,1)^{\mathrm{T}}$ 可得

$$\begin{cases}\omega_{K\sigma}\kappa_{K\sigma}^{-1}\Phi_n = (u_0-u_I)|AB|n_{BA}Rt_{BA} + (u_0-u_{P_1})|KA|n_{AK}Rt_{BA}\\ \qquad\qquad +(u_0-u_{P_2})|KB|n_{KB}Rt_{BA},\\ \omega_{K\sigma}\kappa_{K\sigma}^{-1}\Phi_t = -(u_0-u_I)|AB|n_{BA}Rn_{BA} - (u_0-u_{P_1})|KA|n_{AK}Rn_{BA}\\ \qquad\qquad -(u_0-u_{P_2})|KB|n_{KB}Rn_{BA},\end{cases}$$

即

$$\begin{cases} \Phi_n = \dfrac{\kappa_{K\sigma}}{\omega_{K\sigma}}|AB|(u_0 - u_I) - \dfrac{\kappa_{K\sigma}}{\omega_{K\sigma}}|KA|\cos\theta_{KA}(u_0 - u_{P_1}) \\ \qquad - \dfrac{\kappa_{K\sigma}}{\omega_{K\sigma}}|KB|\cos\theta_{KB}(u_0 - u_{P_2}), \\ \Phi_t = \dfrac{\kappa_{K\sigma}}{\omega_{K\sigma}}|KA|\sin\theta_{KA}(u_0 - u_{P_1}) - \dfrac{\kappa_{K\sigma}}{\omega_{K\sigma}}|KB|\sin\theta_{KB}(u_0 - u_{P_2}). \end{cases}$$

上式进一步可化为

$$\begin{cases} \Phi_n = -\dfrac{\kappa_{K\sigma}}{\omega_{K\sigma}}|AB|u_I + \dfrac{\kappa_{K\sigma}}{\omega_{K\sigma}}|KA|\cos\theta_{KA}u_{P_1} + \dfrac{\kappa_{K\sigma}}{\omega_{K\sigma}}|KB|\cos\theta_{KB}u_{P_2} \\ \qquad - \dfrac{\kappa_{K\sigma}}{\omega_{K\sigma}}(|KA|\cos\theta_{KA} + |KB|\cos\theta_{KB} - |AB|)u_0, \\ \Phi_t = -\dfrac{\kappa_{K\sigma}}{\omega_{K\sigma}}|KA|\sin\theta_{KA}u_{P_1} + \dfrac{\kappa_{K\sigma}}{\omega_{K\sigma}}|KB|\sin\theta_{KB}u_{P_2} \\ \qquad + \dfrac{\kappa_{K\sigma}}{\omega_{K\sigma}}(|KA|\sin\theta_{KA} - |KB|\sin\theta_{KB})u_0. \end{cases} \tag{1.39}$$

再注意到

$$|KA|\cos\theta_{KA} + |KB|\cos\theta_{KB} = |AB|,$$
$$|KA|\sin\theta_{KA} = |KB|\sin\theta_{KB},$$

(1.39) 可简化为

$$\begin{cases} \Phi_n = -\dfrac{\kappa_{K\sigma}}{\omega_{K\sigma}}|AB|u_I + \dfrac{\kappa_{K\sigma}}{\omega_{K\sigma}}|KA|\cos\theta_{KA}u_{P_1} + \dfrac{\kappa_{K\sigma}}{\omega_{K\sigma}}|KB|\cos\theta_{KB}u_{P_2}, \\ \Phi_t = -\dfrac{\kappa_{K\sigma}}{\omega_{K\sigma}}|KA|\sin\theta_{KA}u_{P_1} + \dfrac{\kappa_{K\sigma}}{\omega_{K\sigma}}|KB|\sin\theta_{KB}u_{P_2}. \end{cases} \tag{1.40}$$

取

$$u_{P_1} = \frac{u_A + u_K}{2},$$
$$u_{P_2} = \frac{u_B + u_K}{2},$$

将以上两式代入 (1.40) 可得

$$\begin{cases} \Phi_n = -\dfrac{\kappa_{K\sigma}}{\omega_{K\sigma}}|AB|u_I + \dfrac{1}{2}\dfrac{\kappa_{K\sigma}}{\omega_{K\sigma}}|AB|u_K + \dfrac{1}{2}\dfrac{\kappa_{K\sigma}}{\omega_{K\sigma}}|KA|\cos\theta_{KA}u_A \\ \qquad + \dfrac{1}{2}\dfrac{\kappa_{K\sigma}}{\omega_{K\sigma}}|KB|\cos\theta_{KB}u_B, \\ \Phi_t = -\dfrac{1}{2}\dfrac{\kappa_{K\sigma}}{\omega_{K\sigma}}|KA|\sin\theta_{KA}u_A + \dfrac{1}{2}\dfrac{\kappa_{K\sigma}}{\omega_{K\sigma}}|KB|\sin\theta_{KB}u_B \\ \quad = \dfrac{1}{2}\dfrac{\kappa_{K\sigma}}{\omega_{K\sigma}}d_{K\sigma}(u_A - u_B), \end{cases}$$

其中 $d_{K\sigma}$ 为单元的中心 K 到边 σ 的距离. 即有

$$F_{K,\sigma}=-\frac{\kappa_{K\sigma}}{\omega_{K\sigma}}\left(|AB|u_I-\frac{1}{2}|AB|u_K-\frac{1}{2}|KA|\cos\theta_{KA}u_A-\frac{1}{2}|KB|\cos\theta_{KB}u_B\right). \quad (1.41)$$

令

$$\alpha_1=\frac{|KB|\cos\theta_{KB}}{|AB|},\qquad \alpha_2=\frac{|KA|\cos\theta_{KA}}{|AB|},\qquad \tau_{K,\sigma}=\frac{1}{2}\frac{\kappa_{K\sigma}}{\omega_{K\sigma}}|AB|=\frac{\kappa_{K\sigma}}{d_{K\sigma}},$$

则 (1.41) 可化为

$$F_{K,\sigma}=-\tau_{K,\sigma}\left(2u_I-u_K-\alpha_1u_B-\alpha_2u_A\right). \quad (1.42)$$

显然有 $\alpha_1+\alpha_2=1$. 同理可得

$$F_{L,\sigma}=-\tau_{L,\sigma}\left(2u_I-u_L-\beta_1u_B-\beta_2u_A\right), \quad (1.43)$$

其中

$$\tau_{L,\sigma}=\frac{1}{2}\frac{\kappa_{L\sigma}}{\omega_{L\sigma}}|AB|=\frac{\kappa_{L\sigma}}{d_{L\sigma}},\quad \beta_1=\frac{|LB|\cos\theta_{LB}}{|AB|},\quad \beta_2=\frac{|LA|\cos\theta_{LA}}{|AB|},\quad \beta_1+\beta_2=1.$$

利用边 AB 上的法向通量连续条件

$$F_{K,\sigma}=-F_{L,\sigma},$$

可得

$$u_I=\frac{\tau_{K,\sigma}}{2(\tau_{K,\sigma}+\tau_{L,\sigma})}u_K+\frac{\tau_{L,\sigma}}{2(\tau_{K,\sigma}+\tau_{L,\sigma})}u_L+\frac{\alpha_1\tau_{K,\sigma}+\beta_1\tau_{L,\sigma}}{2(\tau_{K,\sigma}+\tau_{L,\sigma})}u_B$$
$$+\frac{\alpha_2\tau_{K,\sigma}+\beta_2\tau_{L,\sigma}}{2(\tau_{K,\sigma}+\tau_{L,\sigma})}u_A. \quad (1.44)$$

将 (1.44) 代入 (1.42) 可得

$$F_{K,\sigma}=-\frac{\tau_{K,\sigma}\tau_{L,\sigma}}{\tau_{K,\sigma}+\tau_{L,\sigma}}\left(u_L-u_K+(\beta_2-\alpha_2)u_A+(\beta_1-\alpha_1)u_B\right). \quad (1.45)$$

令 $\tau_\sigma=\dfrac{\tau_{K,\sigma}\tau_{L,\sigma}}{\tau_{K,\sigma}+\tau_{L,\sigma}}$, 并注意到 $\beta_2-\alpha_2=-(\beta_1-\alpha_1)$, 且

$$\beta_1-\alpha_1=\frac{1}{|AB|}(|LB|\cos\theta_{LB}-|KB|\cos\theta_{KB})=\frac{1}{|AB|}|KL|\sin\theta,$$

则有

$$F_{K,\sigma}=-\tau_\sigma\left(u_L-u_K+\frac{|KL|\sin\theta}{|AB|}(u_A-u_B)\right). \quad (1.46)$$

可见, 由积分恒等式推导出的 $F_{K,\sigma}$ 的表达式与直接推导出的表达式相同[6]. 于是, 菱形格式设计中的梯度算子和散度算子满足离散 Green 公式.

1.5 非线性格式

本节介绍一个非线性保正格式[7]. 在某一个给定的区域 Ω' 上积分方程 (1.1), 利用 Green 公式可得

$$\int_{\partial\Omega'} \mathcal{F}\cdot n ds=\int_{\Omega'} f(x)dx,$$

其中 $\mathcal{F}=-\kappa\nabla u$ 为区域 Ω' 上的通量, n 为 $\partial\Omega'$ 上的单位外法向量.

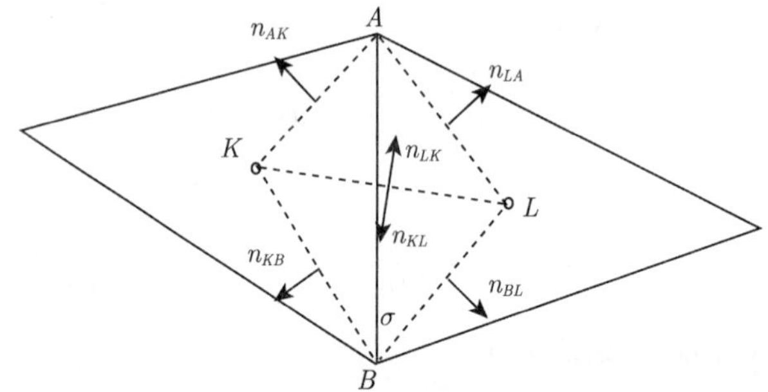

图 1.10　非线性格式的模板和记号

考虑 Ω' 为三角形区域 Ω_{KLA} 的情形 (图 1.10), 由 Green 公式和通量的定义可得

$$\int_{\Omega_{KLA}} \kappa^{-1}F dx=-\int_{\partial\Omega_{KLA}} u n ds.$$

利用梯形积分公式可得

$$-|\Omega_{KLA}|\kappa^{-1}F_1=\frac{1}{2}(u_K+u_L)n_{KL}+\frac{1}{2}(u_A+u_L)n_{LA}+\frac{1}{2}(u_A+u_K)n_{AK}. \quad (1.47)$$

注意到

$$n_{KL}+n_{LA}+n_{AK}=0,$$

方程 (1.47) 可改写为

$$-|\Omega_{KLA}|\kappa^{-1}F_1=\frac{1}{2}u_A(n_{LA}+n_{AK})-\frac{1}{2}u_K n_{LA}-\frac{1}{2}u_L n_{AK}.$$

从而有

$$F_1=-\frac{\kappa}{2|\Omega_{KLA}|}(u_A(n_{LA}+n_{AK})-u_K n_{LA}-u_L n_{AK}). \quad (1.48)$$

当 Ω' 为三角形区域 Ω_{KBL} 时 (图 1.10), 类似可得

$$F_2 = -\frac{\kappa}{2|\Omega_{KBL}|}(u_B(n_{KB}+n_{BL}) - u_K n_{BL} - u_L n_{KB}), \tag{1.49}$$

其中利用了

$$n_{LK}+n_{KB}+n_{BL}=0.$$

定义 AB 边上通量为

$$F_{K,\sigma} = \mu_1 F_1 \cdot n_{K,\sigma} + \mu_2 F_2 \cdot n_{K,\sigma}, \tag{1.50}$$

$$F_{L,\sigma} = \mu_1 F_1 \cdot n_{L,\sigma} + \mu_2 F_2 \cdot n_{L,\sigma}, \tag{1.51}$$

其中 $n_{K,\sigma}, n_{L,\sigma}$ 分别表示单元 K 和 L 的边 σ 上的单位外法向量, μ_1 和 μ_2 为满足如下关系的正常数:

$$\mu_1+\mu_2=1.$$

将 (1.48) 和 (1.49) 代入 (1.50) 可得

$$\begin{aligned}
F_{K,\sigma} =& \mu_1 F_1 \cdot n_{K,\sigma} + \mu_2 F_2 \cdot n_{K,\sigma}\\
=& -\mu_1\frac{\kappa}{2|\Omega_{KLA}|}(u_A(n_{LA}+n_{AK}) - u_K n_{LA} - u_L n_{AK}) \cdot n_{K,\sigma}\\
& -\mu_2\frac{\kappa}{2|\Omega_{KBL}|}(-u_B n_{LK} - u_K n_{BL} - u_L n_{KB}) \cdot n_{K,\sigma}\\
=& -\mu_1\frac{\kappa}{2|\Omega_{KLA}|}(-u_A n_{KL}\cdot n_{K,\sigma} - u_K n_{LA}\cdot n_{K,\sigma} - u_L n_{AK}\cdot n_{K,\sigma})\\
& -\mu_2\frac{\kappa}{2|\Omega_{KBL}|}(-u_B n_{LK}\cdot n_{K,\sigma} - u_K n_{BL}\cdot n_{K,\sigma} - u_L n_{KB}\cdot n_{K,\sigma})\\
=& \left(\mu_1\frac{\kappa}{2|\Omega_{KLA}|}n_{LA}\cdot n_{K,\sigma} + \mu_2\frac{\kappa}{2|\Omega_{KBL}|}n_{BL}\cdot n_{K,\sigma}\right)u_K\\
& + \left(\mu_1\frac{\kappa}{2|\Omega_{KLA}|}n_{AK}\cdot n_{K,\sigma} + \mu_2\frac{\kappa}{2|\Omega_{KBL}|}n_{KB}\cdot n_{K,\sigma}\right)u_L\\
& + \mu_1\frac{\kappa}{2|\Omega_{KLA}|}n_{KL}\cdot n_{K,\sigma}u_A + \mu_2\frac{\kappa}{2|\Omega_{KBL}|}n_{LK}\cdot n_{K,\sigma}u_B.
\end{aligned}$$

为了获得两点通量近似, 要求上式中含有单元节点未知量的项全部消失, 即

$$\mu_1\frac{\kappa}{2|\Omega_{KLA}|}n_{KL}\cdot n_{K,\sigma}u_A + \mu_2\frac{\kappa}{2|\Omega_{KBL}|}n_{LK}\cdot n_{K,\sigma}u_B = 0.$$

注意到 $n_{LK}=-n_{KL}$, 上式可改写为

$$\frac{\kappa n_{KL}\cdot n_{K,\sigma}}{2|\Omega_{KLA}|}\left(\mu_1\frac{1}{|\Omega_{KLA}|}u_A - \mu_2\frac{1}{|\Omega_{KBL}|}u_B\right) = 0.$$

可得

$$\mu_1 = \frac{u_B/|\Omega_{KBL}|}{u_A/|\Omega_{KLA}| + u_B/|\Omega_{KBL}|},$$
$$\mu_2 = \frac{u_A/|\Omega_{KLA}|}{u_A/|\Omega_{KLA}| + u_B/|\Omega_{KBL}|}.$$

从而可得

$$F_{K,\sigma} = A_{K,\sigma}u_K - A_{L,\sigma}u_L,$$

其中

$$A_{K,\sigma} = \mu_1 \frac{\kappa}{2|\Omega_{KLA}|} n_{LA} \cdot n_{K,\sigma} + \mu_2 \frac{\kappa}{2|\Omega_{KBL}|} n_{BL} \cdot n_{K,\sigma},$$
$$A_{L,\sigma} = -\mu_1 \frac{\kappa}{2|\Omega_{KLA}|} n_{AK} \cdot n_{K,\sigma} - \mu_2 \frac{\kappa}{2|\Omega_{KBL}|} n_{KB} \cdot n_{K,\sigma}.$$

显然

$$F_{L,\sigma} = A_{L,\sigma}u_L - A_{K,\sigma}u_K.$$

易知, $A_{K,\sigma}$ 和 $A_{L,\sigma}$ 都是非负的, 且关于 u 是非线性的.

1.6 格式构造思路

考虑扩散问题:

$$-\nabla(\kappa\nabla u) = 0, \quad x \in \Omega, \tag{1.52}$$

其中 Ω 为 $\mathbf{R}^2$ 中有界多边形区域, $\kappa = \kappa(x)$ 为标量扩散系数, 可以是间断的.

将区域 Ω 剖分为多边形单元的集合 $\mathcal{T} = \{K\}$, 在每个单元 K 的内部取定一个点作为单元中心, 仍记作 K, 假定每个 K 关于其单元中心是星形的. ∂K 表示 K 的边界.

在任一单元 K 上积分, 并利用 Green 公式, 得

$$-\sum_{\sigma\in\partial K} \mathcal{F}_{K,\sigma} = 0,$$

其中$\mathcal{F}_{K,\sigma} = -\displaystyle\int_\sigma \kappa\nabla u \cdot n dl$, σ 为 K 的单元边, n 为 K 的边 σ 上的单元外法向量. 构造有限体积格式的一个主要步骤是, 给出 $\mathcal{F}_{K,\sigma}$ 的离散表达式 $F_{K,\sigma}$, 使得当 σ 是 K 和 L 的公共边时, 有 $F_{K,\sigma} = -F_{L,\sigma}$ 成立.

设 K 和 L 到 σ 的垂足分别为 K' 和 L', 见图 1.1. 于是, K 单元越过 σ 的离散法向流可表示为

$$F_{K,\sigma} = -\kappa_K \frac{u_{K'} - u_K}{|KK'|},$$

其中 $\kappa_K = \kappa(K)$. 同理, L 单元越过 σ 的离散法向流可表示为

$$F_{L,\sigma} = -\kappa_L \frac{u_{L'} - u_L}{|LL'|}.$$

边 σ 上的离散法向流应为 $F_{K,\sigma}$ 和 $-F_{L,\sigma}$ 的某个加权平均 $\widetilde{F}_{K,\sigma} = \alpha F_{K,\sigma} - (1-\alpha)F_{L,\sigma}$.

情形 (i): 取线性权得到菱形格式.

取权重 α 满足

$$\frac{\alpha\kappa_K}{|KK'|} = \frac{(1-\alpha)\kappa_L}{|LL'|},$$

即 $\alpha = \dfrac{\kappa_L}{|LL'|}\left(\dfrac{\kappa_K}{|KK'|} + \dfrac{\kappa_L}{|LL'|}\right)^{-1}$. 记 $\kappa_\sigma = \dfrac{\kappa_L\kappa_K}{|LL'||KK'|}\left(\dfrac{\kappa_K}{|KK'|} + \dfrac{\kappa_L}{|LL'|}\right)^{-1}$, 则有

$$\widetilde{F}_{K,\sigma} = \kappa_\sigma(u_K - u_L + u_{L'} - u_{K'}). \tag{1.53}$$

当 $K' = L'$, 则该边 σ 上的离散法向流已定义好. 下面考虑 $K' \neq L'$ 的情形. 现在需要给出切向流中的 $u_{L'} - u_{K'}$ 的近似表达式. 记 σ 的端点为 A, B. 当采用近似

$$u_{L'} \approx \frac{|BL'|}{|BA|}u_A + \frac{|L'A|}{|BA|}u_B, \quad u_{K'} \approx \frac{|BK'|}{|BA|}u_A + \frac{|K'A|}{|BA|}u_B, \tag{1.54}$$

或

$$u_{L'} - u_{K'} \approx \frac{|K'L'|}{|BA|}(u_A - u_B), \tag{1.55}$$

其中 $|BA|$ 等表示有向线段的长度, 则得到菱形格式, 在结构四边形网格情形即为九点格式, 该格式不是保正格式.

情形 (ii): 取非线性权得到保正格式.

取权重 α 满足

$$\frac{\alpha\kappa_K}{|KK'|}u_{K'} = \frac{(1-\alpha)\kappa_L}{|LL'|}u_{L'},$$

即 $\alpha = \dfrac{\kappa_L u_{L'}}{|LL'|}\left(\dfrac{\kappa_K u_{K'}}{|KK'|} + \dfrac{\kappa_L u_{L'}}{|LL'|}\right)^{-1}$. 记 $\beta_\sigma = \dfrac{\kappa_L\kappa_K}{|LL'||KK'|}\left(\dfrac{\kappa_K u_{K'}}{|KK'|} + \dfrac{\kappa_L u_{L'}}{|LL'|}\right)^{-1}$, 则有

$$\widetilde{F}_{K,\sigma} = \beta_\sigma(u_{L'}u_K - u_{K'}u_L). \tag{1.56}$$

当 $u_{L'}$ 和 $u_{K'}$ 非负, 可以证明该格式为保正格式. 当 K', L' 分别取为 K, L 向 σ 作垂线与 K 的某条边的交点, 并将 $u_{L'}$ 和 $u_{K'}$ 分别用所在边的端点值作内插, 即可得到文献 [8] 中的非线性保正格式.

情形 (iii): 将 (1.56) 中的 $u_{L'}u_K - u_{K'}u_L$ 改写为 $\frac{1}{2}(u_{L'} + u_{K'})(u_K - u_L) + \frac{1}{2}(u_K + u_L)(u_{L'} - u_{K'})$, 得到

$$\widetilde{F}_{K,\sigma} = \frac{\beta_\sigma}{2}(u_{L'} + u_{K'})(u_K - u_L) + (u_K + u_L)(u_{L'} - u_{K'}). \tag{1.57}$$

再利用近似 (1.54), 可得到非线性菱形格式.

情形 (iv): 将 (1.53) 或 (1.57) 中的 $u_{L'} - u_{K'}$ 采用 $\frac{|\widetilde{K}K|}{|K'L'|}(u_K - u_{\widetilde{K}})$ 与 $\frac{|\widetilde{L}L|}{|K'L'|}(u_L - u_{\widetilde{L}})$ 的调和平均, 则得到保极值原理的格式. 这里 $\widetilde{K}$ 为 K 的单元边上的一点, 使得 $\widetilde{K}K$ 平行于 $K'L'$, $\widetilde{L}$ 的定义类似.

第2章 网格节点加权平均九点格式

本章将介绍与九点格式相关的内容, 包括九点格式的推导[9]、网格节点未知量消去方法[10]、网格边上切向通量计算方法, 以及九点格式的收敛性证明.

2.1 九点格式的推导

为简单起见, 首先考虑扩散系数为标量的扩散方程:

$$-\nabla\cdot(\kappa(x)\nabla u(x))=f(x),\quad x\in\ \Omega, \tag{2.1}$$

$$u(x)=g(x),\quad x\in\ \partial\Omega, \tag{2.2}$$

其中 Ω 为平面上多边形区域, $\partial\Omega$ 为 Ω 的边界, κ 为扩散系数, f 为源项.

假设如下条件 (H1) 满足:

(i) 存在正常数 c_1 和 c_2, 使得 $c_1\leqslant\kappa(x)\leqslant c_2$ 对所有 $x\in\bar{\Omega}$ 成立, 且 $\kappa(x)\in C(\bar{\Omega})$.

(ii) 定解问题 (2.1)–(2.2) 存在唯一解 $u\in C^2(\bar{\Omega})$.

实际上, 运用稠密性论证方法, (ii) 中解的正则性要求可以减弱. 但在本书中, 将不讨论该问题.

将 Ω 作四边形网格剖分, 单元用符号 K,L 等表示, 同时也用 K,L 等分别表示其单元中心. 所有单元组成的集合记为 $\mathcal{T}$, 单元边用 σ 表示, 网格节点用 A, B 等表示, 见图 2.1.

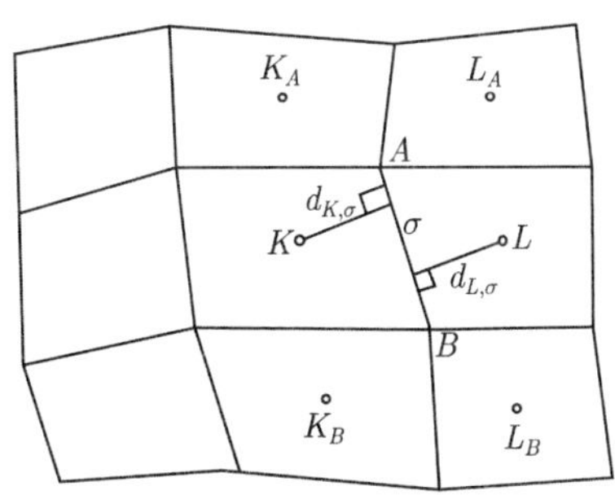

图 2.1 网格模板

将方程 (2.1) 在单元 K 上积分, 利用 Green 公式, 得

$$\sum_{\sigma\in\mathcal{E}_K}\mathcal{F}_{K,\sigma}=\int_K f(x)dx, \tag{2.3}$$

其中在 σ 上的连续通量为

$$\mathcal{F}_{K,\sigma}=-\int_\sigma \kappa(x)\nabla u(x)\cdot n_{K,\sigma}dl, \tag{2.4}$$

$\mathcal{E}_K$ 表示单元 K 的边界集合, $n_{K,\sigma}$ 为边 σ 上单位外法向量.

对单元边 σ, 如果它是单元 K 和单元 L 的公共边, 且其节点为 A 和 B, 则记为 $\sigma=K|L=BA$. 在图 2.2 中, I 是边 σ 的中点, τ_{BA} 和 τ_{KI} 分别为 BA 和 KI 边上的单位切向量, $\theta_{K,\sigma}$ 为 $n_{K,\sigma}$ 和 τ_{KI} 之间的夹角. 注意到

$$n_{K,\sigma}=-\tan\theta_{K,\sigma}\tau_{BA}+\frac{1}{\cos\theta_{K,\sigma}}\tau_{KI},$$

则通量的表达式可以改写为

$$\mathcal{F}_{K,\sigma}=\tan\theta_{K,\sigma}\int_\sigma \kappa(x)\nabla u(x)\cdot\tau_{BA}dl-\frac{1}{\cos\theta_{K,\sigma}}\int_\sigma \kappa(x)\nabla u(x)\cdot\tau_{KI}dl. \tag{2.5}$$

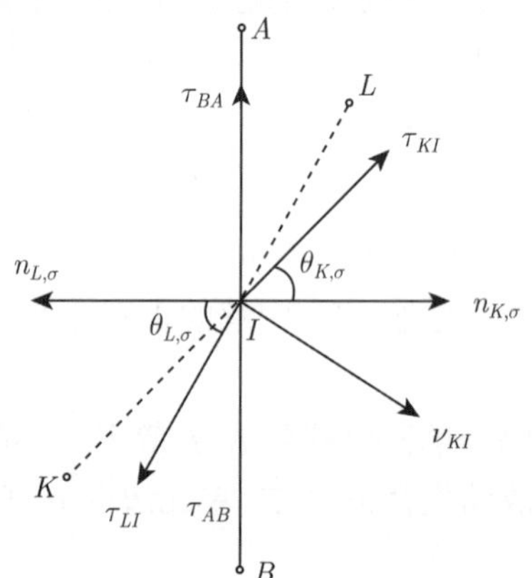

图 2.2　边 σ 上的单位法向量与切向量

利用 Taylor 级数展开式, 有

$$u(I)-u(K)=\nabla u(x)\cdot(I-K)+\int_0^1(H_I-H_K)sds,$$

其中 $H_K=((K-x)^{\mathrm{T}}\nabla^2u(sx+(1-s)K)\cdot(K-x)), \nabla^2u(sx+(1-s)K)$ 为 u 在 $sx+(1-s)K$ 处的 Hessian 矩阵. 记号 H_I 以及下面的 H_A, H_B 与之类似. 同样, 有

$$u(A)-u(B)=\nabla u(x)\cdot(A-B)+\int_0^1(H_A-H_B)sds,$$

于是,

$$\int_\sigma \kappa(x)\nabla u(x)\cdot\tau_{KI}dl=\frac{|A-B|}{|I-K|}\kappa_{K,\sigma}(u(I)-u(K))-\frac{\int_\sigma\left(\kappa(x)\int_0^1(H_I-H_K)rdr\right)dl}{|I-K|},$$

$$\int_\sigma \kappa(x)\nabla u(x)\cdot\tau_{BA}dl=\kappa_{K,\sigma}(u(A)-u(B))-\frac{\int_\sigma\left(\kappa(x)\int_0^1(H_A-H_B)rdr\right)dl}{|A-B|},$$

其中 $\kappa_{K,\sigma}$ 是 $\kappa(x)$ 在单元 K 上沿边 σ 的积分平均值.

将以上两式代入 (2.4) 得

$$\mathcal{F}_{K,\sigma}=-\tau_{K,\sigma}(u(I)-u(K)-D_{K,\sigma}(u(A)-u(B)))+R_{K,\sigma}, \tag{2.6}$$

其中 $\tau_{K,\sigma}=\dfrac{|A-B|\kappa_{K,\sigma}}{|I-K|\cos\theta_\sigma}$, $D_{K,\sigma}=\dfrac{\sin\theta_\sigma|I-K|}{|A-B|}$, 且 $R_{K,\sigma}=O(h^2)$.

类似可得

$$\mathcal{F}_{L,\sigma}=-\tau_{L,\sigma}(u(I)-u(L)-D_{L,\sigma}(u(B)-u(A))+R_{L,\sigma}, \tag{2.7}$$

其中$\tau_{L,\sigma}=\dfrac{|A-B|\kappa_{L,\sigma}}{|I-L|\cos\theta_\sigma}$, $D_{L,\sigma}=\dfrac{\sin\theta_\sigma|I-L|}{|A-B|}$, $R_{L,\sigma}=O(h^2)$, $\kappa_{L,\sigma}$ 是 $\kappa(x)$ 在单元 L 上沿边 σ 的积分平均值.

利用网格边上的法向通量连续条件

$$\mathcal{F}_{K,\sigma}=-\mathcal{F}_{L,\sigma},$$

可得

$$\begin{aligned}u(I)=&\frac{1}{\tau_{K,\sigma}+\tau_{L,\sigma}}(\tau_{K,\sigma}u(K)+\tau_{L,\sigma}u(L)+(\tau_{K,\sigma}D_{K,\sigma}-\tau_{L,\sigma}D_{L,\sigma})(u(A)-u(B)))\\&+\frac{1}{\tau_{K,\sigma}+\tau_{L,\sigma}}(R_{K,\sigma}+R_{L,\sigma}).\end{aligned} \tag{2.8}$$

将 (2.8) 代入 (2.6) 得

$$\mathcal{F}_{K,\sigma}=-\tau_\sigma(u(L)-u(K)-D_\sigma(u(A)-u(B)))+\bar{R}_{K,\sigma}, \tag{2.9}$$

其中 $\tau_\sigma=\dfrac{\tau_{K,\sigma}\tau_{L,\sigma}}{\tau_{K,\sigma}+\tau_{L,\sigma}}$, $D_\sigma=\dfrac{(L-K,A-B)}{|A-B|^2}$, $\bar{R}_{K,\sigma}=\dfrac{\tau_{L,\sigma}R_{K,\sigma}-\tau_{K,\sigma}R_{L,\sigma}}{\tau_{K,\sigma}+\tau_{L,\sigma}}$.

类似地, 可得

$$\mathcal{F}_{L,\sigma}=-\tau_\sigma(u(K)-u(L)-D_\sigma(u(B)-u(A)))+\bar{R}_{L,\sigma}, \tag{2.10}$$

其中 $\bar{R}_{L,\sigma} = \dfrac{\tau_{K,\sigma} R_{L,\sigma} - \tau_{L,\sigma} R_{K,\sigma}}{\tau_{K,\sigma} + \tau_{L,\sigma}} = -\bar{R}_{K,\sigma}$.

记离散通量为

$$F_{K,\sigma} = -\tau_\sigma (u_L - u_K - D_\sigma (u_A - u_B)). \tag{2.11}$$

于是, 离散格式如下:

$$\sum_{\sigma \in \mathcal{E}_K} F_{K,\sigma} = m(K) f_K, \quad K \in \Omega, \tag{2.12}$$

$$u_K = 0, \quad \forall K \in \partial\Omega, \tag{2.13}$$

其中 $m(K)$ 为 K 的面积, $f_K = f(K)$.

在 $F_{K,\sigma}$ 的表达式中除了出现单元中心量 u_K 和 u_L 之外, 还有网格节点量 u_A 和 u_B. 方程的个数等于单元中心未知量的个数, 该方程是不封闭的, 因此, 必须消去网格节点未知量. 在下一节中将考虑网格节点量的计算方式. 它们通常采用节点周围单元中心量的加权平均得到. 于是, 未知量只有单元中心量, 这样就减少了未知量的个数, 便于数值求解.

由于一般将网格节点未知量用周围 4 个单元中心未知量表示, 因而在单元 K 上的格式耦合了周围 8 个中心未知量, 即总共有 9 个单元中心未知量 (图 2.3). 因此, 称之为九点格式. 当网格正交时 (图 2.3), 九点格式退化成标准的五点格式.

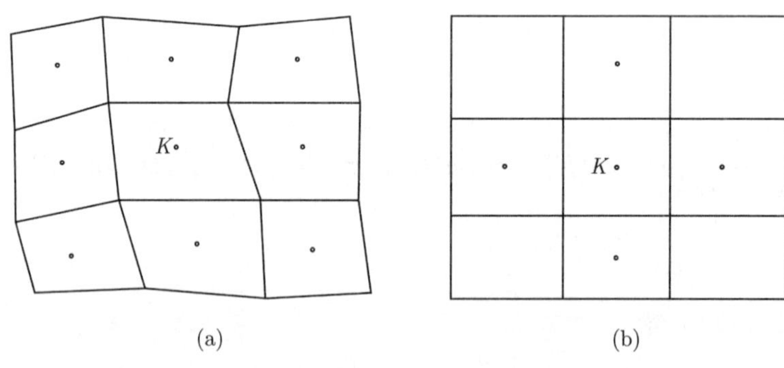

图 2.3 九点模板 (a) 与五点模板 (b)

2.2 一般扩散方程的九点格式

本节将针对扩散系数为张量的扩散方程给出九点格式. 考虑如下的一般扩散

方程:

$$-\nabla\cdot(\kappa(x)\nabla u(x))=f(x),\quad x\in\ \Omega, \tag{2.14}$$

$$u(x)=0,\quad x\in\ \partial\Omega, \tag{2.15}$$

其中 κ 为一个张量. 与 2.1 节的方法类似, 并注意到

$$(\kappa\nabla u)\cdot\nu=\nabla u\cdot(\kappa^{\mathrm{T}}\nu),$$

可以得到

$$\sum_{\sigma\in\partial K}\mathcal{F}_{K,\sigma}=\int_K f(x)dx,$$

其中

$$\mathcal{F}_{K,\sigma}=-\int_\sigma \nabla u(x)\cdot\kappa^{\mathrm{T}}(x)n_{K,\sigma}dl. \tag{2.16}$$

由于向量 τ_{BA} 和 τ_{KI} 是线性无关的, 因而存在 $\alpha(\kappa)$ 和 $\beta(\kappa)$, 使得

$$\kappa^{\mathrm{T}}n_{K,\sigma}=-\alpha(\kappa)\tau_{BA}+\beta(\kappa)\tau_{KI}, \tag{2.17}$$

这里

$$\alpha(\kappa)=\frac{1}{\cos\theta_{K,\sigma}}\nu_{KI}\cdot(\kappa^{\mathrm{T}}n_{K,\sigma}),\quad \beta(\kappa)=\frac{1}{\cos\theta_{K,\sigma}}n_{K,\sigma}\cdot(\kappa^{\mathrm{T}}n_{K,\sigma}).$$

将 (2.17) 代入 (2.16), 可得

$$\mathcal{F}_{K,\sigma}=\int_\sigma\alpha(\kappa)\nabla u(x)\cdot\tau_{BA}dl-\int_\sigma\beta(\kappa)\nabla u(x)\cdot\tau_{KI}dl. \tag{2.18}$$

利用 Taylor 展开, 可以获得以下关系:

$$\begin{aligned}\int_\sigma\alpha(\kappa)\nabla u(x)\cdot\tau_{BA}dl=&\alpha_{\kappa,\sigma}(u(A)-u(B))\\&-\frac{1}{|A-B|}\int_\sigma\left(\alpha(\kappa)\int_0^1(H_A-H_B)rdr\right)dl,\end{aligned}$$

$$\begin{aligned}\int_\sigma\beta(\kappa)\nabla u(x)\cdot\tau_{KI}dl=&\frac{|A-B|}{|I-K|}\beta_{\kappa,\sigma}(u(I)-u(K))\\&-\frac{1}{|I-K|}\int_\sigma\left(\beta(\kappa)\int_0^1(H_I-H_K)rdr\right)dl.\end{aligned}$$

将以上两个等式代入 (2.18) 可得

$$\mathcal{F}_{K,\sigma}=\alpha_{K,\sigma}(u(A)-u(B))-\frac{|A-B|}{|I-K|}\beta_{K,\sigma}(u(I)-u(K))+R_{K,\sigma},$$

其中 $\alpha_{K,\sigma}$ 和 $\beta_{K,\sigma}$ 分别为单元 K 上 $\alpha(\kappa)$ 和 $\beta(\kappa)$ 在 σ 上的积分平均值, 且 $R_{K,\sigma}=O(h^2)$.

利用与 2.1 节相同的推导方式, 可以得到

$$\begin{aligned}\mathcal{F}_{K,\sigma}&=-\tau_\sigma(u(L)-u(K)-D_\sigma(u(A)-u(B)))+\bar{R}_{K,\sigma},\\ \mathcal{F}_{L,\sigma}&=-\tau_\sigma(u(K)-u(L)-D_\sigma(u(B)-u(A)))+\bar{R}_{L,\sigma},\end{aligned}$$

其中

$$\tau_\sigma=\frac{|A-B|}{\dfrac{|I-K|}{\beta_{K,\sigma}}+\dfrac{|I-L|}{\beta_{L,\sigma}}},\quad D_\sigma=\frac{|I-K|\alpha_{K,\sigma}}{|A-B|\beta_{K,\sigma}}+\frac{|I-L|\alpha_{L,\sigma}}{|A-B|\beta_{L,\sigma}},\quad \bar{R}_{K,\sigma}=-\bar{R}_{L,\sigma}=O(h^2),$$

则离散通量为

$$\begin{aligned}F_{K,\sigma}&=-\tau_\sigma(u_L-u_K-D_\sigma(u_A-u_B)),\\ F_{L,\sigma}&=-\tau_\sigma(u_K-u_L-D_\sigma(u_B-u_A)).\end{aligned}$$

2.3 网格节点值的计算公式

本节将分别针对光滑系数问题和间断系数问题给出一些消去网格节点值的计算方法.

2.3.1 光滑系数问题

对于光滑系数问题, 为了将网格节点值用单元中心值线性表示, 可将单元中心值在网格节点处进行 Taylor 展开:

$$\begin{aligned}u(K_A)&=u(A)+u_x x_{K_AA}+u_y y_{K_AA}+O(h^2),\\ u(K)&=u(A)+u_x x_{KA}+u_y y_{KA}+O(h^2),\\ u(L)&=u(A)+u_x x_{LA}+u_y y_{LA}+O(h^2),\\ u(L_A)&=u(A)+u_x x_{L_AA}+u_y y_{L_AA}+O(h^2),\end{aligned}$$

其中单元中心 K_A, L_A 见图 2.1, $x_{K_AA}=x_{K_A}-x_A$, $y_{K_AA}=y_{K_A}-y_A$, 其他记号类似定义, u_x 和 u_y 定义在 A 点.

如果 $\omega_{A_i}(i=1,2,3,4)$ 满足以下关系:

$$\begin{cases}\omega_{A_1}+\omega_{A_2}+\omega_{A_3}+\omega_{A_4}=1,\\ x_{K_AA}\omega_{A_1}+x_{KA}\omega_{A_2}+x_{LA}\omega_{A_3}+x_{L_AA}\omega_{A_4}=0,\\ y_{K_AA}\omega_{A_1}+y_{KA}\omega_{A_2}+y_{LA}\omega_{A_3}+y_{L_AA}\omega_{A_4}=0,\end{cases}\tag{2.19}$$

则有以下关系式成立:

$$u(A)=\omega_{A_1}u(K_A)+\omega_{A_2}u(K)+\omega_{A_3}u(L)+\omega_{A_4}u(L_A)+R_A, \tag{2.20}$$

其中 $R_A=O(h^2)$. 即网格节点值可由 4 个单元中心值二阶近似.

代数方程组 (2.19) 是一个不定方程组 $M\omega=b$, 其中 M 是一个 3×4 的矩阵, $\omega=(\omega_{A_1},\omega_{A_2},\omega_{A_3},\omega_{A_4})^{\mathrm{T}}$, $b=(1,0,0)^{\mathrm{T}}$. 令 $\omega=M^{\mathrm{T}}\omega'$, 为求 ω, 可以先求解以下方程组

$$MM^{\mathrm{T}}\omega'=b.$$

如果 4 个点 K_A,K,L_A,L 不在同一条直线上, 则 MM^{T} 的行列式不会等于 0. 由于网格是凸四边形, 这 4 个点一般不会在同一条直线上. 因而以上方程组的解是存在的. 一旦计算出 ω', 就能得到原始未知量 ω.

类似可得

$$u(B)=\omega_{B_1}u(K)+\omega_{B_2}u(K_B)+\omega_{B_3}u(L_B)+\omega_{B_4}u(L)+R_B, \tag{2.21}$$

其中 $\omega_{B_i}(i=1,2,3,4)$ 满足类似的关系式, 且 $R_B=O(h^2)$.

2.3.2 间断系数问题

本节针对间断系数问题给出消去节点未知量的方法. 在节点 A 处, 利用 Taylor 展开, 可得

$$u(K_A)=u(A)+\nabla u(A)|_{K_A}\cdot(x_{K_A}-x_A)+\bar{R}_{K_A}, \tag{2.22}$$

$$u(K)=u(A)+\nabla u(A)|_{K}\cdot(x_{K}-x_A)+\bar{R}_{K}, \tag{2.23}$$

$$u(L)=u(A)+\nabla u(A)|_{L}\cdot(x_{L}-x_A)+\bar{R}_{L}, \tag{2.24}$$

$$u(L_A)=u(A)+\nabla u(A)|_{L_A}\cdot(x_{L_A}-x_A)+\bar{R}_{L_A}, \tag{2.25}$$

这里 $\nabla u(A)|_{K_A}$ 是在单元 K_A 上 $u(x)$ 的梯度在节点 A 处的值, $\nabla u(A)|_K$, $\nabla u(A)|_L$, $\nabla u(A)|_{L_A}$ 分别是在单元 K, L, L_A 上 $u(x)$ 的梯度在节点 A 处的值, 且 $\bar{R}_{K_A}=O(h^2)$, $\bar{R}_K=O(h^2)$, $\bar{R}_{L_A}=O(h^2)$, $\bar{R}_{L_A}=O(h^2)$.

下面将边 S_1, S_2, S_3 和 S_4 在网格节点 A 处的法向通量分别记为 f_1, f_2, f_3 和 f_4, 逆时针方向为通量的正方向 (图 2.4). 利用节点 A 处的法向通量连续条件, 可得

$$\kappa(K_A)\nabla u(A)|_{K_A}\cdot n_{K_AK}+\bar{R}_1=-\kappa(K)\nabla u(A)|_K\cdot n_{KK_A}+\bar{R}_2\equiv f_1, \tag{2.26}$$

$$\kappa(K)\nabla u(A)|_K\cdot n_{KL}+\bar{R}_3=-\kappa(L)\nabla u(A)|_L\cdot n_{LK}+\bar{R}_4\equiv f_2, \tag{2.27}$$

$$\kappa(L)\nabla u(A)|_L\cdot n_{LL_A}+\bar{R}_5=-\kappa(L_A)\nabla u(A)|_{L_A}\cdot n_{L_AL}+\bar{R}_6\equiv f_3, \tag{2.28}$$

$$\kappa(L_A)\nabla u(A)|_{L_A}\cdot n_{L_AK_A}+\bar{R}_7=-\kappa(K_A)\nabla u(A)|_{K_A}\cdot n_{K_AL_A}+\bar{R}_8\equiv f_4, \tag{2.29}$$

其中 n_{K_AK} 是单元 K_A 与 K 的公共边上的单位法向量, 从单元 K_A 指向单元 K, 其他的单位法向量有类似的意义, 且 $\bar{R}_i = O(h)(i = 1, 2, \cdots, 8)$.

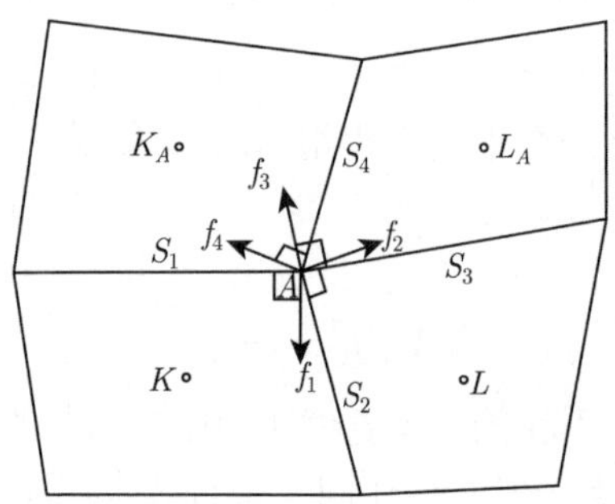

图 2.4 网格节点 A 处的法向通量

对于单元 K_A, 由 (2.26) 和 (2.29), 可以得到以下方程组:

$$\begin{cases} n_{K_AK}^{\mathrm{T}} \cdot \nabla u(A)|_{K_A} = \dfrac{f_1 - \bar{R}_1}{\kappa(K_A)}, \\ n_{K_AL_A}^{\mathrm{T}} \cdot \nabla u(A)|_{K_A} = -\dfrac{f_4 - \bar{R}_8}{\kappa(K_A)}. \end{cases} \tag{2.30}$$

该方程组可以改写为

$$X \nabla u(A)|_{K_A} = \begin{pmatrix} \dfrac{f_1 - \bar{R}_1}{\kappa(K_A)} \\ -\dfrac{f_4 - \bar{R}_8}{\kappa(K_A)} \end{pmatrix}, \tag{2.31}$$

其中

$$X = \begin{pmatrix} n_{K_AK}^{\mathrm{T}} \\ n_{K_AL_A}^{\mathrm{T}} \end{pmatrix}. \tag{2.32}$$

由 1.2 节可知,

$$X^{-1} = \frac{1}{T_{K_A}} [Rn_{K_AL_A},\ -Rn_{K_AK}], \tag{2.33}$$

其中 $T_{K_A} = n_{K_AK}^{\mathrm{T}} Rn_{K_AL_A}$. 由 (2.31) 以及 (2.33) 可得

$$\nabla u(A)|_{K_A} = \frac{1}{T_{K_A}} \frac{1}{\kappa(K_A)} Rn_{K_AL_A}(f_1 - \bar{R}_1) + \frac{1}{T_{K_A}} \frac{1}{\kappa(K_A)} Rn_{K_AK}(f_4 - \bar{R}_8). \tag{2.34}$$

同理可得

$$\nabla u(A)|_K = \frac{1}{T_K}\frac{1}{\kappa(K)}Rn_{KK_A}(f_2-\bar{R}_3)+\frac{1}{T_K}\frac{1}{\kappa(K)}Rn_{KL}(f_1-\bar{R}_2), \tag{2.35}$$

$$\nabla u(A)|_L = \frac{1}{T_L}\frac{1}{\kappa(L)}Rn_{LK}(f_3-\bar{R}_5)+\frac{1}{T_L}\frac{1}{\kappa(L)}Rn_{LL_A}(f_2-\bar{R}_4), \tag{2.36}$$

$$\nabla u(A)|_{L_A} = \frac{1}{T_{L_A}}\frac{1}{\kappa(L_A)}Rn_{L_AL}(f_4-\bar{R}_7)+\frac{1}{T_{L_A}}\frac{1}{\kappa(L_A)}Rn_{L_AK_A}(f_3-\bar{R}_6), \tag{2.37}$$

其中 $T_K=n_{KL}^{\mathrm{T}}Rn_{KK_A}$, $T_L=n_{LL_A}^{\mathrm{T}}Rn_{LK}$, $T_{L_A}=n_{L_AK_A}^{\mathrm{T}}Rn_{L_AL}$.

将等式 (2.34) 代入 (2.22) 可得

$$\begin{aligned} u(K_A) &= u(A)+\frac{1}{T_{K_A}}\frac{1}{\kappa(K_A)}(x_{K_A}-x_A)^{\mathrm{T}}Rn_{K_AL_A}(f_1-\bar{R}_1) \\ &\quad +\frac{1}{T_{K_A}}\frac{1}{\kappa(K_A)}(x_{K_A}-x_A)^{\mathrm{T}}Rn_{K_AK}(f_4-\bar{R}_8)+\bar{R}_{K_A} \\ &= u(A)+\omega_{K_A,4}f_4+\omega_{K_A,1}f_1+\bar{R}'_{K_A}, \end{aligned} \tag{2.38}$$

这里

$$\omega_{K_A,4} = \frac{1}{T_{K_A}}\frac{1}{\kappa(K_A)}(x_{K_A}-x_A)^{\mathrm{T}}Rn_{K_AK} = \frac{1}{T_{K_A}}\frac{1}{\kappa(K_A)}|K_A-A|\cos\theta_2,$$

$$\omega_{K_A,1} = \frac{1}{T_{K_A}}\frac{1}{\kappa(K_A)}(x_{K_A}-x_A)^{\mathrm{T}}Rn_{K_AL_A} = -\frac{1}{T_{K_A}}\frac{1}{\kappa(K_A)}|K_A-A|\cos\theta_1,$$

θ_1 和 θ_2 分别为连接单元中心与节点的线段 K_AA 与相邻两条网格边之间的夹角(图 2.5), 且 $\bar{R}'_{K_A}=O(h^2)$. 类似地, 将等式 (2.35), (2.36) 和 (2.37) 分别代入 (2.23), (2.24) 和 (2.25), 可得

$$u(K)=u(A)+\omega_{K,1}f_1+\omega_{K,2}f_2+\bar{R}'_K, \tag{2.39}$$

$$u(L)=u(A)+\omega_{L,2}f_2+\omega_{L,3}f_3+\bar{R}'_L, \tag{2.40}$$

$$u(L_A)=u(A)+\omega_{L_A,3}f_3+\omega_{L_A,4}f_4+\bar{R}'_{L_A}, \tag{2.41}$$

其中

$$\omega_{K,1}=\frac{1}{T_K}\frac{1}{\kappa(K)}|K-A|\cos\theta_4,\quad \omega_{K,2}=-\frac{1}{T_K}\frac{1}{\kappa(K)}|K-A|\cos\theta_3,$$

$$\omega_{L,2}=\frac{1}{T_L}\frac{1}{\kappa(L)}|L-A|\cos\theta_6,\quad \omega_{L,3}=-\frac{1}{T_L}\frac{1}{\kappa(L)}|L-A|\cos\theta_5,$$

$$\omega_{L_A,3}=\frac{1}{T_{L_A}}\frac{1}{\kappa(L_A)}|L_A-A|\cos\theta_8,\quad \omega_{L_A,4}=-\frac{1}{T_{L_A}}\frac{1}{\kappa(L_A)}|L_A-A|\cos\theta_7,$$

且 $\bar{R}'_K, \bar{R}'_L, \bar{R}'_{L_A}=O(h^2)$.

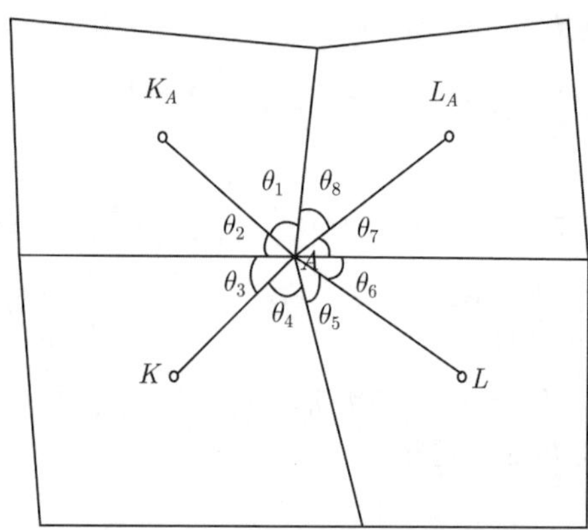

图 2.5　连接单元中心与网格节点的线段和相邻网格边之间的夹角

用 $\omega_{A_i}(i=1,2,3,4)$ 分别乘以等式 (2.38)–(2.41), 并将所得的结果相加, 可得

$$\begin{aligned}&\omega_{A_1}u(K_A)+\omega_{A_2}u(K)+\omega_{A_3}u(L)+\omega_{A_4}u(L_A)\\=&\sum_{i=1}^{4}\omega_{A_i}u(A)+(\omega_{A_1}\omega_{K_A,1}+\omega_{A_2}\omega_{K,1})f_1+(\omega_{A_2}\omega_{K,2}+\omega_{A_3}\omega_{L,2})f_2\\&+(\omega_{A_3}\omega_{L,3}+\omega_{A_4}\omega_{L_A,3})f_3+(\omega_{A_4}\omega_{L_A,4}+\omega_{A_1}\omega_{K_A,4})f_4+\bar{R}_A,\end{aligned}\tag{2.42}$$

其中 $\bar{R}_A=\omega_{A_1}\bar{R}'_{K_A}+\omega_{A_2}\bar{R}'_K+\omega_{A_3}\bar{R}'_L+\omega_{A_4}\bar{R}'_{L_A}=O(h^2)$.

显然, 上式无法确定网格节点未知量和单元中心未知量之间的关系. 注意到不同单元在边 S_1 上梯度的切向分量相等 (通量的切向分量可能不相等), 即

$$\nabla u(A)|_{K_A}\cdot(-Rn_{K_AK})=\nabla u(A)|_K\cdot(Rn_{KK_A}).\tag{2.43}$$

将方程 (2.34) 和 (2.35) 代入以上方程, 可得

$$\begin{aligned}&-\frac{1}{T_{K_A}}\frac{1}{\kappa(A)|_{K_A}}(Rn_{K_AL_A})\cdot(Rn_{K_AK})(f_1-\bar{R}_1)-\frac{1}{T_{K_A}}\frac{1}{\kappa(A)|_{K_A}}(f_4-\bar{R}_8)\\=&\frac{1}{T_K}\frac{1}{\kappa(A)|_K}(f_2-\bar{R}_3)+\frac{1}{T_K}\frac{1}{\kappa(A)|_K}(Rn_{KL})\cdot(Rn_{KK_A})(f_1-\bar{R}_2).\end{aligned}$$

化简上式可得

$$\begin{aligned}&\frac{1}{T_{K_A}}\frac{1}{\kappa(K_A)}\cos\theta_{K_A}(f_1-\bar{R}_1)-\frac{1}{T_{K_A}}\frac{1}{\kappa(K_A)}(f_4-\bar{R}_8)\\=&\frac{1}{T_K}\frac{1}{\kappa(K)}(f_2-\bar{R}_3)-\frac{1}{T_K}\frac{1}{\kappa(K)}\cos\theta_K(f_1-\bar{R}_2).\end{aligned}\tag{2.44}$$

记 $a_1=\frac{1}{T_{K_A}}\frac{1}{\kappa(K_A)}\cos\theta_{K_A}$, $a_2=-\frac{1}{T_{K_A}}\frac{1}{\kappa(K_A)}$, $a_3=\frac{1}{T_K}\frac{1}{\kappa(K)}$, $a_4=-\frac{1}{T_K}\frac{1}{\kappa(K)}\cos\theta_K$,

其中 θ_{K_A} 是单元 K_A 的两条相邻公共边在节点 A 处的夹角 (图 2.6), 则等式 (2.44) 可以改写为

$$a_1 f_1 + a_2 f_4 = a_3 f_2 + a_4 f_1 + (a_1 \bar{R}_1 + a_2 \bar{R}_8 - a_3 \bar{R}_3 - a_4 \bar{R}_2). \tag{2.45}$$

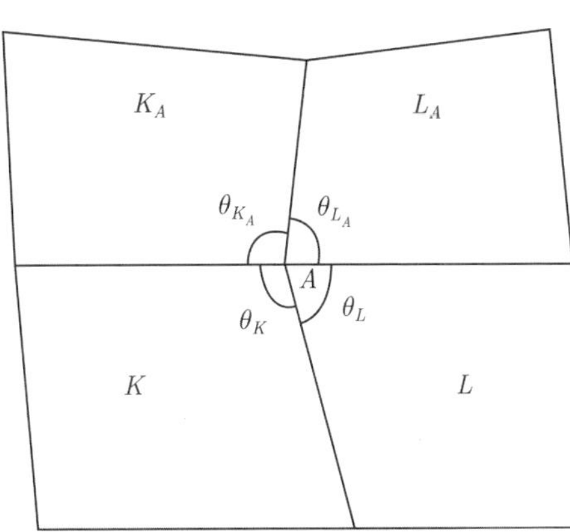

图 2.6 相邻两条网格边之间的夹角

类似地, 注意到其他边 $S_i(i=2,3,4)$ 上梯度的切向分量也是相等的, 即

$$\begin{aligned}\nabla u(A)|_K \cdot (-Rn_{KL}) &= \nabla u(A)|_L \cdot (Rn_{LK}),\\ \nabla u(A)|_L \cdot (-Rn_{LL_A}) &= \nabla u(A)|_{L_A} \cdot (Rn_{L_A L}),\\ \nabla u(A)|_{L_A} \cdot (-Rn_{L_A K_A}) &= \nabla u(A)|_{K_A} \cdot (Rn_{K_A L_A}).\end{aligned}$$

按与边 S_1 类似的推导过程, 可以得到

$$b_1 f_2 + b_2 f_1 = b_3 f_3 + b_4 f_2 + (b_1 \bar{R}_3 + b_2 \bar{R}_2 - b_3 \bar{R}_5 - b_4 \bar{R}_4), \tag{2.46}$$

$$c_1 f_3 + c_2 f_2 = c_3 f_4 + c_4 f_3 + (c_1 \bar{R}_5 + c_2 \bar{R}_4 - c_3 \bar{R}_7 - c_4 \bar{R}_6), \tag{2.47}$$

$$d_1 f_4 + d_2 f_3 = d_3 f_1 + d_4 f_4 + (d_1 \bar{R}_7 + d_2 \bar{R}_6 - d_3 \bar{R}_1 - d_4 \bar{R}_8), \tag{2.48}$$

这里

$$\begin{aligned}
b_1 &= \frac{1}{T_K}\frac{1}{\kappa(K)}\cos\theta_K, & b_2 &= -\frac{1}{T_K}\frac{1}{\kappa(K)},\\
b_3 &= \frac{1}{T_L}\frac{1}{\kappa(L)}, & b_4 &= -\frac{1}{T_L}\frac{1}{\kappa(L)}\cos\theta_L,\\
c_1 &= \frac{1}{T_L}\frac{1}{\kappa(L)}\cos\theta_L, & c_2 &= -\frac{1}{T_L}\frac{1}{\kappa(L)},
\end{aligned}$$

$$c_3 = \frac{1}{T_{L_A}} \frac{1}{\kappa(L_A)}, \qquad c_4 = -\frac{1}{T_{L_A}} \frac{1}{\kappa(L_A)} \cos\theta_{L_A},$$

$$d_1 = \frac{1}{T_{L_A}} \frac{1}{\kappa(L_A)} \cos\theta_{L_A}, \qquad d_2 = -\frac{1}{T_{L_A}} \frac{1}{\kappa(L_A)},$$

$$d_3 = \frac{1}{T_{K_A}} \frac{1}{\kappa(K_A)}, \qquad d_4 = -\frac{1}{T_{K_A}} \frac{1}{\kappa(K_A)} \cos\theta_{K_A}.$$

下面先考虑关系式 (2.45), 它可以改写为

$$f_2 = t_1 f_1 + t_2 f_4 + R_{s_1}, \tag{2.49}$$

其中$t_1 = \dfrac{a_1 - a_4}{a_3}$, $t_2 = \dfrac{a_2}{a_3}$, 且 $R_{s_1} = -\dfrac{(a_1\bar{R}_1 + a_2\bar{R}_8 - a_3\bar{R}_3 - a_4\bar{R}_2)}{a_3} = O(h)$. 将方程 (2.49) 代入方程 (2.42) 可得

$$\begin{aligned}
&\omega_{A_1}u(K_A) + \omega_{A_2}u(K) + \omega_{A_3}u(L) + \omega_{A_4}u(L_A)\\
=&\sum_{i=1}^{4}\omega_{A_i}u(A) + (\omega_{A_1}\omega_{K_A,1} + \omega_{A_2}(\omega_{K,1} + \omega_{K,2}t_1) + \omega_{A_3}\omega_{L,2}t_1)f_1 + (\omega_{A_3}\omega_{L,3}\\
&+\omega_{A_4}\omega_{L_A,3})f_3 + (\omega_{A_4}\omega_{L_A,4} + \omega_{A_1}\omega_{K_A,4} + \omega_{A_2}\omega_{K,2}t_2 + \omega_{A_3}\omega_{L,2}t_2)f_4 + \bar{R}'_A,
\end{aligned}$$

其中 $\bar{R}'_A = O(h^2)$.

如果 $\omega^{(1)} = (\omega_{A_1}, \omega_{A_2}, \omega_{A_3}, \omega_{A_4})^{\mathrm{T}}$ 满足方程

$$A\omega^{(1)} = b,$$

这里

$$A = \begin{pmatrix} 1 & 1 & 1 & 1 \\ \omega_{K_A,1} & \omega_{K,1} + \omega_{K,2}t_1 & \omega_{L,2}t_1 & 0 \\ 0 & 0 & \omega_{L,3} & \omega_{L_A,3} \\ \omega_{K_A,4} & \omega_{K,2}t_2 & \omega_{L,2}t_2 & \omega_{L_A,4} \end{pmatrix},$$

$$b = (1, 0, 0, 0)^{\mathrm{T}},$$

则可以得到如下 $u(A)$ 的表达式:

$$u(A) = \omega_{A_1}u(K_A) + \omega_{A_2}u(K) + \omega_{A_3}u(L) + \omega_{A_4}u(L_A) + R'_A,$$

其中 $R'_A = -\bar{R}'_A = O(h^2)$.

类似地, 分别利用方程 (2.46), (2.47) 和 (2.48), 就可以得到 f_{i_0} 和 $f_i(i \neq i_0)$ 之间的关系式. 将这个关系式代入方程 (2.42), 并令 f_i 的系数全为 0, 就可以获得一个线性代数方程组 $A\omega^{(i_0)} = b$. 求解该方程组, 就可以确定 $u(A)$ 的表达式.

由于利用任何一条边两侧的梯度的切向分量相等这一关系都可以确定 $u(A)$ 的一个表达式, 因此可以得到 $u(A)$ 的 4 个不同表达式. 为唯一确定 $u(A)$ 的表达式, 选 $\omega=\omega^{(j_0)}(1\leqslant j_0\leqslant 4)$, 使得

$$\sum_{i=1}^{4}|\omega_{A_i}^{(j_0)}|=\min_{1\leqslant j\leqslant 4}\sum_{i=1}^{4}|\omega_{A_i}^{(j)}|,$$

即选取一组系数, 使得加权系数的绝对值之和尽可能小. 从而获得了如下 $u(A)$ 的唯一表达式:

$$u(A)=\omega_{A_1}u(K_A)+\omega_{A_2}u(K)+\omega_{A_3}u(L)+\omega_{A_4}u(L_A)+R_A, \tag{2.50}$$

其中 $R_A=O(h^2)$.

同理可得 $u(B)$ 的唯一表达式:

$$u(B)=\omega_{B_1}u(K)+\omega_{B_2}u(K_B)+\omega_{B_3}u(L_B)+\omega_{B_4}u(L)+R_B, \tag{2.51}$$

其中 $\omega_{B_i}(i=1,2,3,4)$ 满足类似于 ω_{A_i} 的关系, 且 $R_B=O(h^2)$.

2.4 九点格式的切向差计算

2.4.1 九点格式切向差计算的基本思想

任意结构四边形网格上的九点格式以单元中心量作为未知量, 而单元节点量取为周围四个单元中心量的某种加权平均. 长期以来, 加权系数的合理选取是九点格式研究与应用中关注的焦点之一. 通常, 对九点格式节点值的计算采用逐个节点插值. 注意到九点格式中节点值是以差的形式（切向差）成对出现, 本节针对网格扭曲的不同情形, 直接考虑单元边上切向差的离散逼近. 基于扩散方程的不同离散法向通量相等的条件, 导出了单元边上离散切向差的表达式, 进而推导出加权系数的计算公式. 该计算公式能自动适应各种扭曲的网格.

注意到网格边上法向通量的离散逼近 (见式 (2.11)) 为

$$F_{K,\sigma}=-\tau_\sigma\left(u_L-u_K-D_\sigma(u_A-u_B)\right),\quad \sigma=K|L=BA. \tag{2.52}$$

在式 (2.52) 中 $F_{K,\sigma}$ 的表达式中出现的单元节点量的差 u_A-u_B, 可采用由相邻单元中心量差的加权组合逼近, 即取

$$\begin{aligned}u_A-u_B=&w_{\sigma,1}(u_{K_A}-u_K)+w_{\sigma,2}(u_K-u_{K_B})+w_{\sigma,3}(u_L-u_{L_B})\\&+w_{\sigma,4}(u_{L_A}-u_L)+w_{\sigma,5}(u_L-u_K),\end{aligned}$$

其中 $w_{\sigma,i}$ $(1\leqslant i\leqslant 5)$ 为加权系数.

2.4.2 加权系数的计算公式

本节分别对任意四边形网格上光滑系数问题和间断系数问题, 给出单元边上切向差的计算公式, 从而给出适应于各种网格扭曲情形的自适应加权格式.

2.4.2.1 光滑系数情形的交叉选点方法

当 $\sigma = K|L = BA$ 不为间断线时, 在 σ 两边交叉选点. 即与文献 [6] 和 [9] 中类似, 可给出法向通量 $F_{K,\sigma}$ 的另外两个不同的离散逼近式

$$F_{K,\sigma} = -\hat{\tau}_\sigma \left[u_{L_A} - u_{K_B} - \hat{D}_\sigma(u_A - u_B)\right], \tag{2.53}$$

其中记

$$\hat{\tau}_\sigma = \frac{m(\sigma)\kappa_\sigma}{d_{L_A,\sigma} + d_{K_B,\sigma}}, \quad \hat{D}_\sigma = \frac{(L_A - K_B,\, A - B)}{|A-B|^2},$$

$$d_{L_A,\sigma} = \text{ dist } (L_A,\, \sigma), \quad d_{K_B,\sigma} = \text{dist } (K_B,\, \sigma), \quad \kappa_\sigma = \frac{1}{m(\sigma)}\int_\sigma \kappa dl.$$

又

$$F_{K,\sigma} = -\overline{\tau}_\sigma \left[u_{L_B} - u_{K_A} - \overline{D}_\sigma(u_A - u_B)\right], \tag{2.54}$$

其中

$$\overline{\tau}_\sigma = \frac{m(\sigma)\kappa_\sigma}{d_{L_B,\sigma} + d_{K_A,\sigma}}, \quad \overline{D}_\sigma = \frac{(L_B - K_A,\, A - B)}{|A-B|^2},$$

$$d_{L_B,\sigma} = \text{dist } (L_B,\, \sigma), \quad d_{K_A,\sigma} = \text{dist } (K_A,\, \sigma).$$

由 (2.53) 和 (2.54), 得

$$u_A - u_B = \frac{1}{\hat{\tau}_\sigma\hat{D}_\sigma - \overline{\tau}_\sigma\overline{D}_\sigma}\left[\hat{\tau}_\sigma(u_{L_A} - u_{K_B}) - \overline{\tau}_\sigma(u_{L_B} - u_{K_A})\right]. \tag{2.55}$$

将上式代入式 (2.52), 从而得到只含有单元中心值的离散法向通量的表达式

$$\begin{aligned} F_{K,\sigma} = & -\tau_\sigma\,(u_L - u_K) + \frac{\tau_\sigma D_\sigma(\hat{\tau}_\sigma - \overline{\tau}_\sigma)}{\hat{\tau}_\sigma\hat{D}_\sigma - \overline{\tau}_\sigma\overline{D}_\sigma}\,(u_L - u_K) \\ & + \frac{\tau_\sigma D_\sigma\hat{\tau}_\sigma}{\hat{\tau}_\sigma\hat{D}_\sigma - \overline{\tau}_\sigma\overline{D}_\sigma}\left[(u_{L_A} - u_L) + (u_K - u_{K_B})\right] \\ & + \frac{\tau_\sigma D_\sigma\overline{\tau}_\sigma}{\hat{\tau}_\sigma\hat{D}_\sigma - \overline{\tau}_\sigma\overline{D}_\sigma}\left[(u_{K_A} - u_K) + (u_L - u_{L_B})\right]. \end{aligned} \tag{2.56}$$

即得

$$w_{\sigma,1} = w_{\sigma,3} = \frac{\tau_\sigma D_\sigma\hat{\tau}_\sigma}{\hat{\tau}_\sigma\hat{D}_\sigma - \overline{\tau}_\sigma\overline{D}_\sigma},$$

$$w_{\sigma,2} = w_{\sigma,4} = \frac{\tau_\sigma D_\sigma\overline{\tau}_\sigma}{\hat{\tau}_\sigma\hat{D}_\sigma - \overline{\tau}_\sigma\overline{D}_\sigma}, \quad w_{\sigma,5} = w_{\sigma,1} - w_{\sigma,2}.$$

假若如下条件满足

$$\hat{\tau}_\sigma - \overline{\tau}_\sigma = O(h), \quad \frac{1}{d_{L_A,\sigma} + d_{K_B,\sigma}} - \frac{1}{d_{L_B,\sigma} + d_{K_A,\sigma}} = O(1),$$

则式 (2.56) 右端第二项 $\dfrac{\tau_\sigma D_\sigma(\hat{\tau}_\sigma - \overline{\tau}_\sigma)}{\hat{\tau}_\sigma \hat{D}_\sigma - \overline{\tau}_\sigma \overline{D}_\sigma}(u_L - u_K)$ 可以省略.

2.4.2.2 间断系数的情况

单元边界存在间断系数分两种情形

(i) 如图 2.7 所示, 网格线 $A'ABB'$ 为间断线, 过 A, B 的其他网格线段不为间断线. 此时 $F_{K,\sigma}$ 的定义同上.

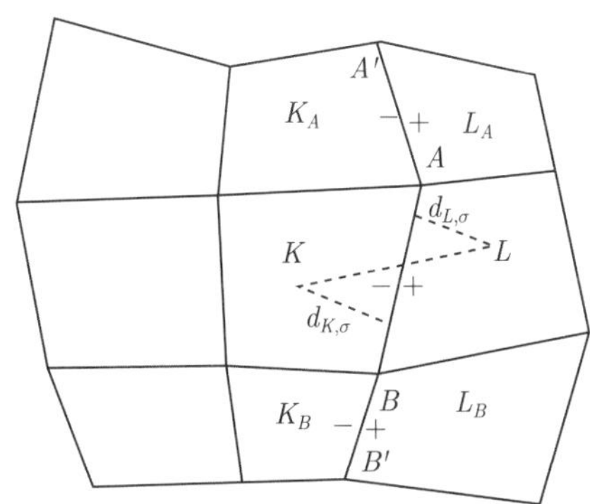

图 2.7 网格间断线 $A'ABB'$ 示意图

(ii) 如图 2.8 所示, 网格线 $\overline{A}A\overline{\overline{A}}$ 为间断线, 过 A, B 的其他网格线段不为间断线. 此时, 在 $F_{K,\sigma}$ 的定义的推导中不使用过间断线的差 $u_{K_A} - u_K$ 与 $u_{L_A} - u_L$. 考虑单元边 $\sigma = K|L = BA$ 上法向通量的如下两个不同的离散逼近.

$$F_{K,\sigma} = -\hat{\tau}_\sigma \left[u_L - u_{K_B} - \hat{D}_\sigma (u_A - u_B) \right] \tag{2.57}$$

和

$$F_{K,\sigma} = -\overline{\tau}_\sigma \left[u_{L_B} - u_K - \overline{D}_\sigma (u_A - u_B) \right]. \tag{2.58}$$

由 (2.57) 和 (2.58), 得

$$u_A - u_B = \frac{1}{\hat{\tau}_\sigma \hat{D}_\sigma - \overline{\tau}_\sigma \overline{D}_\sigma} \left[\hat{\tau}_\sigma (u_L - u_{K_B}) - \overline{\tau}_\sigma (u_{L_B} - u_K) \right].$$

将上式代入式 (2.52), 从而得

$$\begin{aligned} F_{K,\sigma} = & -\tau_\sigma (u_L - u_K) + \frac{\tau_\sigma D_\sigma (\hat{\tau}_\sigma - \overline{\tau}_\sigma)}{\hat{\tau}_\sigma \hat{D}_\sigma - \overline{\tau}_\sigma \overline{D}_\sigma} (u_L - u_K) \\ & + \frac{\tau_\sigma D_\sigma}{\hat{\tau}_\sigma \hat{D}_\sigma - \overline{\tau}_\sigma \overline{D}_\sigma} \left[\hat{\tau}_\sigma (u_K - u_{K_B}) + \overline{\tau}_\sigma (u_L - u_{L_B}) \right]. \end{aligned} \tag{2.59}$$

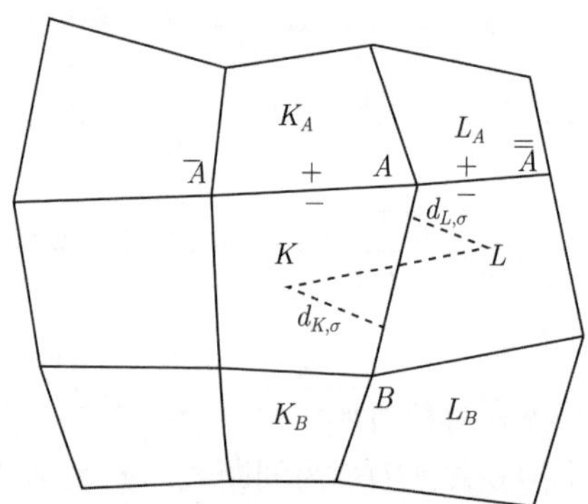

图 2.8 网格间断线 $\overline{A}A\overline{\overline{A}}$ 示意图

于是,

$$w_{\sigma,1} = w_{\sigma,4} = 0, \quad w_{\sigma;2} = \frac{\tau_\sigma D_\sigma \hat{\tau}_\sigma}{\hat{\tau}_\sigma \hat{D}_\sigma - \overline{\tau}_\sigma \overline{D}_\sigma},$$
$$w_{\sigma,3} = \frac{\tau_\sigma D_\sigma \overline{\tau}_\sigma}{\hat{\tau}_\sigma \hat{D}_\sigma - \overline{\tau}_\sigma \overline{D}_\sigma}, \quad w_{\sigma,5} = w_{\sigma,1} - w_{\sigma,2}.$$

假若如下条件满足

$$\hat{\tau}_\sigma - \overline{\tau}_\sigma = O(h), \quad \frac{1}{d_{L,\sigma} + d_{K_B,\sigma}} - \frac{1}{d_{L_B,\sigma} + d_{K,\sigma}} = O(1).$$

则式 (2.59) 右端第二项 $\dfrac{\tau_\sigma D_\sigma(\hat{\tau}_\sigma - \overline{\tau}_\sigma)}{\hat{\tau}_\sigma \hat{D}_\sigma - \overline{\tau}_\sigma \overline{D}_\sigma}(u_L - u_K)$ 可以省略.

2.4.3 严重扭曲情形

考虑两种网格严重扭曲的情形. 情形 (i): K_A 和 K_B 很靠近或向右越过 $\sigma = BA$ 所在的直线, 即有向面积 $S_{\Delta K_A BA}$ 和 $S_{\Delta K_B BA}$ 接近乃至小于 0, 见图 2.9. 类似给出法向通量 $F_{K,\sigma}$ 的两个不同的离散逼近

$$F_{K,\sigma} = -\hat{\tau}_\sigma \left[u_{L_A} - u_K - \hat{D}_\sigma(u_A - u_B)\right] \tag{2.60}$$

和

$$F_{K,\sigma} = -\overline{\tau}_\sigma \left[u_{L_B} - u_K - \overline{D}_\sigma(u_A - u_B)\right]. \tag{2.61}$$

由 (2.60) 和 (2.61) 得

$$u_A - u_B = \frac{1}{\hat{\tau}_\sigma \hat{D}_\sigma - \overline{\tau}_\sigma \overline{D}_\sigma}\left[\hat{\tau}_\sigma(u_{L_A} - u_K) - \overline{\tau}_\sigma(u_{L_B} - u_K)\right].$$

将上式代入 (2.52), 得到只含有单元中心值的离散法向通量的表达式

$$\begin{aligned} F_{K,\sigma} = &-\tau_\sigma(u_L - u_K) + w_{\sigma,1}(u_{L_A} - u_L) \\ &+ w_{\sigma,4}(u_L - u_{L_B}) + w_{\sigma,5}(u_L - u_K), \end{aligned} \tag{2.62}$$

其中

$$w_{\sigma,1} = -w_{\sigma,4} = \frac{\tau_\sigma D_\sigma \hat{\tau}_\sigma}{\hat{\tau}_\sigma \hat{D}_\sigma - \overline{\tau}_\sigma \overline{D}_\sigma},$$

$$w_{\sigma,5} = \frac{\tau_\sigma D_\sigma (\hat{\tau}_\sigma - \overline{\tau}_\sigma)}{\hat{\tau}_\sigma \hat{D}_\sigma - \overline{\tau}_\sigma \overline{D}_\sigma}.$$

假若如下条件满足:

$$\hat{\tau}_\sigma - \overline{\tau}_\sigma = O(h), \qquad \frac{1}{d_{L_A,\sigma} + d_{K,\sigma}} - \frac{1}{d_{L_B,\sigma} + d_{K,\sigma}} = O(1),$$

则式 (2.61) 右端最后一项 $w_{\sigma,5}(u_L - u_K)$ 可以省略.

情形 (ii): K_A 很靠近或向 “右” 越过 $\sigma = BA$ 所在的直线, 即有向面积 $S_{\Delta K_A BA}$ 接近或小于 0, 且 L_B 很靠近或向 “左” 越过 $\sigma = BA$ 所在的直线, 即有向面积 $S_{\Delta L_B BA}$ 接近或小于 0, 见图 2.10. 考虑四个点 L_A, K_B, L, K, 可类似地推导法向通量 $F_{K,\sigma}$ 的如下离散逼近式:

$$F_{K,\sigma} = -\hat{\tau}_\sigma \left[u_{L_A} - u_{K_B} - \hat{D}_\sigma (u_A - u_B)\right]. \tag{2.63}$$

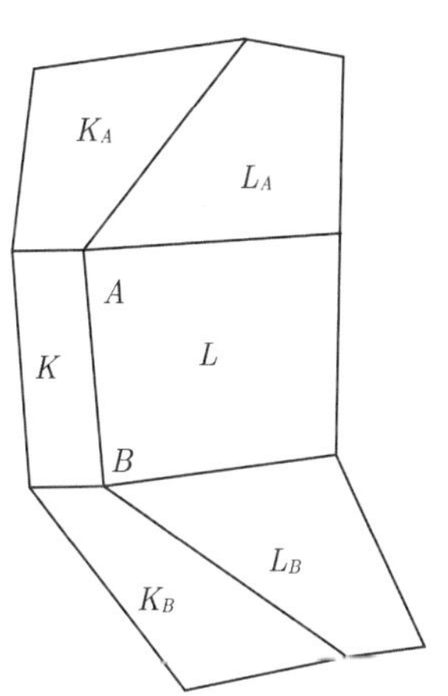

图 2.9 扭曲网格 (i) 示意图

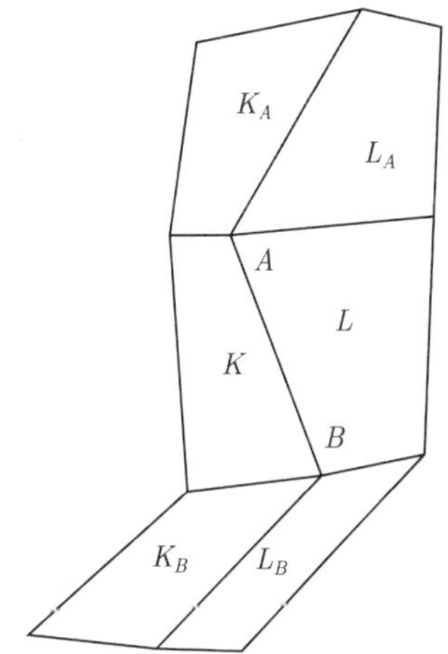

图 2.10 扭曲网格 (ii) 示意图

再考虑到式 (2.52), 得到

$$u_A - u_B = \frac{1}{\hat{\tau}_\sigma \hat{D}_\sigma - \tau_\sigma D_\sigma} \left[\tau_\sigma (u_{L_A} - u_{K_B}) - \tau_\sigma (u_L - u_K)\right]. \tag{2.64}$$

将上式再代入式 (2.52), 得到只含有单元中心值的离散法向通量的表达式

$$F_{K,\sigma} = (-\tau_\sigma + w_{\sigma,5})(u_L - u_K) + w_{\sigma,1}(u_{L_A} - u_L) + w_{\sigma,3}(u_K - u_{K_B}), \tag{2.65}$$

其中

$$w_{\sigma,1} = w_{\sigma,3} = \frac{\tau_\sigma D_\sigma \hat{\tau}_\sigma}{\hat{\tau}_\sigma \hat{D}_\sigma - \tau_\sigma D_\sigma}, \quad w_{\sigma,5} = \frac{\tau_\sigma D_\sigma (\hat{\tau}_\sigma - \tau_\sigma)}{\hat{\tau}_\sigma \hat{D}_\sigma - \tau_\sigma D_\sigma}.$$

假若如下条件满足:

$$\hat{\tau}_\sigma - \tau_\sigma = O(h), \quad \frac{1}{d_{L_A,\sigma} + d_{K_B,\sigma}} - \frac{1}{d_{L,\sigma} + d_{K,\sigma}} = O(1),$$

则式 (2.65) 右端中的项 $w_{\sigma,5}(u_L - u_K)$ 可以省略.

2.4.4 自适应方法

在图 2.11 中, $\tan\vartheta$ 是 LK 在 σ 切向与法向上的投影的比值,

$$\tau_\sigma D_\sigma = \frac{\kappa_\sigma}{d_{L,\sigma} + d_{K,\sigma}} \frac{(L-K,\ A-B)}{|A-B|} = \kappa_\sigma \tan\vartheta.$$

为简单起见, 可以在六个点 $(L_A, K_A, L, K, L_B, K_B)$ 中固定选取 L, K 两个点, 再另外分别在 $S \equiv \{(k,l)|k \in (K_A, K, K_B), l \in (L_A, L, L_B)\}$ 中任意选取一组点, 计算相应的 $\hat{\tau}_\sigma \hat{D}_\sigma$ 和

$$\max_S \left|\hat{\tau}_\sigma \hat{D}_\sigma - \tau_\sigma D_\sigma\right| = \kappa_\sigma \max_S \left|\tan\hat{\theta} - \tan\vartheta\right|, \tag{2.66}$$

只要该数值不为 0, 则式 (2.64) 中 $u_A - u_B$ 是定义好的, 从而得到相应的式 (2.65).

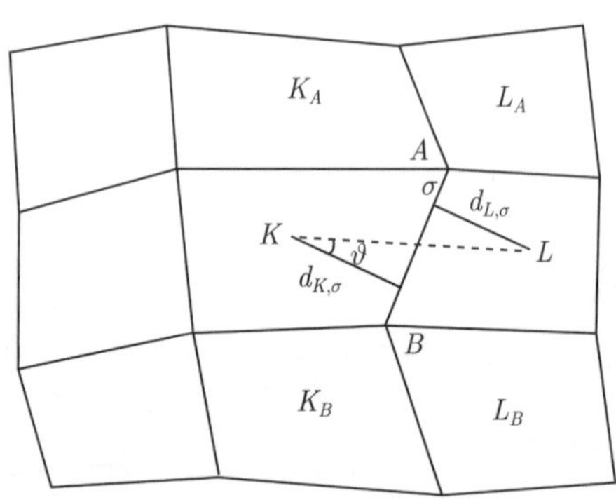

图 2.11 网格示意图

从以上通量的各种表达式 (以及数值试验) 发现, 如果用于构造单元边上法向通量的四个点 (例如, K_A, A, B, L_B) 几乎成一条直线, 此时网格扭曲大, 数值 $d_{L_A,\sigma} + d_{K_B,\sigma}$ 接近 0, 会出现数值不稳定及计算精度下降. 因此, 为提高数值稳定性, 在 $u_A - u_B$ 的表达式中, 从而在边 $\sigma = BA$ 上离散法向通量的计算公式中, 需要保证出现在分母中的量不为 0 也不接近 0. 因此, 提出如下自适应选取单元中心点的方法来构造离散法向通量, 从而给出节点自适应加权格式.

首先在六个点 $(L_A, K_A, L, K, L_B, K_B)$ 中将 “左边” 三个点 K_A, K, K_B 与 “右边” 三个点 L_A, L, L_B 两两配对, 可以组成 9 对点. 在这 9 对点中选出两对 “最佳” 匹配的. 对这两组点计算相应的 $\hat{\tau}_\sigma \hat{D}_\sigma$ 和 $\overline{\tau}_\sigma \overline{D}_\sigma$, 应使 $\hat{\tau}_\sigma$ 和 $\overline{\tau}_\sigma$ 尽可能小, 且 $\left|\hat{\tau}_\sigma \hat{D}_\sigma - \overline{\tau}_\sigma \overline{D}_\sigma\right|$ 尽可能大. 在实际计算中, 采用如下的 “最佳匹配” 方式: 取达到以下最大值的两对点:

$$\max\left|\hat{\tau}_\sigma \hat{D}_\sigma - \overline{\tau}_\sigma \overline{D}_\sigma\right|. \tag{2.67}$$

也可考虑其他的 “最佳匹配” 方式, 例如达到以下最大值的两对点:

$$\max\left|\hat{\tau}_\sigma \hat{D}_\sigma - \overline{\tau}_\sigma \overline{D}_\sigma\right|\left(\frac{1}{|\hat{\tau}_\sigma|} + \frac{1}{|\overline{\tau}_\sigma|}\right). \tag{2.68}$$

这样得到边 $\sigma = BA$ 上的两个离散的法向通量的表达式, 由此, 给出相应的式 (2.55), 即 $u_A - u_B$ 的表达式, 进而得到相应的式 (2.56). 注意到 (2.67) 等价于

$$\max\left|\tan\hat{\vartheta} - \tan\overline{\vartheta}\right|. \tag{2.69}$$

只要六个点 $(L_A, K_A, L, K, L_B, K_B)$ 不在一条直线上, 上式中的最大值就不为 0.

2.5 九点格式的理论结果

本节给出九点格式的稳定性和收敛性结果.

将网格节点值的表达式代入通量的表达式 (2.9) 得

$$\begin{aligned}\mathcal{F}_{K,\sigma} = & -\tau_\sigma(u(L) - u(K) - D_\sigma(\omega_{A_1}u(K_A) + \omega_{A_2}u(K) + \omega_{A_3}u(L) + \omega_{A_4}u(L_A) \\ & -(\omega_{B_1}u(K) + \omega_{B_2}u(K_B) + \omega_{B_3}u(L_B) + \omega_{B_4}u(L)))) + W_{K,\sigma},\end{aligned}$$

其中 $W_{K,\sigma} = O(h^2)$. 令

$$\begin{aligned}\bar{F}_{K,\sigma} = & -\tau_\sigma(u(L) - u(K) - D_\sigma(\omega_{A_1}u(K_A) + \omega_{A_2}u(K) + \omega_{A_3}u(L) + \omega_{A_4}u(L_A) \\ & -(\omega_{B_1}u(K) + \omega_{B_2}u(K_B) + \omega_{B_3}u(L_B) + \omega_{B_4}u(L)))),\end{aligned}$$

则有

$$\mathcal{F}_{K,\sigma} = \bar{F}_{K,\sigma} + W_{K,\sigma}.$$

记

$$\begin{aligned}F_{K,\sigma} = & -\tau_\sigma(u_L - u_K - D_\sigma(\omega_{A_1}u_{K_A} + \omega_{A_2}u_K + \omega_{A_3}u_L + \omega_{A_4}u_{L_A} \\ & -(\omega_{B_1}u_K + \omega_{B_2}u_{K_B} + \omega_{B_3}u_{L_B} + \omega_{B_4}u_L))).\end{aligned} \tag{2.70}$$

则定常扩散问题 (2.1)–(2.2) 的有限体积格式如下:

$$\sum_{\sigma\in\mathcal{E}_K} F_{K,\sigma}=f_K m(K),\quad K\in\Omega, \tag{2.71}$$

$$u_K=0,\qquad K\in\partial\Omega. \tag{2.72}$$

为证明格式的稳定性和收敛性, 首先需要引入以下假设条件 (A1):

假设 2.5.1

$$\begin{aligned}
&\tau_\sigma D_\sigma^2\omega_{A_1}^2\leqslant\frac{1-\varepsilon_0-\varepsilon}{16}\tau_{K_A|K},\quad \tau_\sigma D_\sigma^2\omega_{A_4}^2\leqslant\frac{1-\varepsilon_0-\varepsilon}{16}\tau_{L_A|L},\\
&\tau_\sigma D_\sigma^2\omega_{B_2}^2\leqslant\frac{1-\varepsilon_0-\varepsilon}{16}\tau_{K|K_B},\quad \tau_\sigma D_\sigma^2\omega_{B_3}^2\leqslant\frac{1-\varepsilon_0-\varepsilon}{16}\tau_{L|L_B},\\
&D_\sigma(\omega_{A_3}+\omega_{A_4}-\omega_{B_3}-\omega_{B_4})\leqslant\frac{\varepsilon_0}{2},
\end{aligned}$$

其中 ε_0 是一个常数, ε 是一个正常数, 且满足 $\varepsilon_0+\varepsilon<1$.

以上假设实际上是对网格形变的约束, 即网格的长宽比不能太大, 且扭曲度不能太高.

在证明过程中需要用到以下引理[1]:

引理 2.5.1 (离散 Poincaré 不等式)　设 $\mathcal{J}$ 为所有单元组成的集合, $\mathcal{E}$ 为所有网格边组成的集合, 单元 K 和 L 的公共边为 σ, 则有

$$\sum_{K\in\mathcal{J}}|u_K|^2 m(K)\leqslant C\sum_{\sigma\in\mathcal{E}}\tau_\sigma(u_L-u_K)^2,$$

其中 C 为一个正常数.

2.5.1　稳定性分析

对格式 (2.71)–(2.72), 有以下稳定性定理.

定理 2.5.1　如果 (A1) 成立, 则存在一个与 h 无关的常数 C, 使得

$$\sum_{\sigma\in\mathcal{E}}\tau_\sigma(u_L-u_K)^2\leqslant C\sum_{K\in\mathcal{J}}|f_K|^2 m(K).$$

证明　将式 (2.71) 乘以 u_K, 所得乘积对 $K\in\mathcal{J}$ 求和, 得

$$\sum_{K\in\mathcal{J}}\sum_{\sigma\in\mathcal{E}_K}F_{K,\sigma}u_K=\sum_{K\in\mathcal{J}}f_K u_K m(K). \tag{2.73}$$

下面考虑以上等式的左边,

$$
\begin{aligned}
\sum_{K\in\mathcal{J}}\sum_{\sigma\in\mathcal{E}_K}F_{K,\sigma}u_K =& -\sum_{K\in\mathcal{J}}\sum_{\sigma\in\mathcal{E}_K}\tau_\sigma(u_L-u_K-D_\sigma(\omega_{A_1}u_{K_A}+\omega_{A_2}u_K+\omega_{A_3}u_L\\
&+\omega_{A_4}u_{L_A}-(\omega_{B_1}u_K+\omega_{B_2}u_{K_B}+\omega_{B_3}u_{L_B}+\omega_{B_4}u_L)))u_K\\
=&\sum_{\sigma\in\mathcal{E}}\tau_\sigma(u_L-u_K)^2+\sum_{\sigma\in\mathcal{E}_{int}}\tau_\sigma D_\sigma(\omega_{A_1}u_{K_A}+\omega_{A_2}u_K+\omega_{A_3}u_L\\
&+\omega_{A_4}u_{L_A}-(\omega_{B_1}u_K+\omega_{B_2}u_{K_B}+\omega_{B_3}u_{L_B}+\omega_{B_4}u_L))(u_K-u_L)\\
=&\sum_{\sigma\in\mathcal{E}}\tau_\sigma(u_L-u_K)^2+\sum_{\sigma\in\mathcal{E}_{int}}\tau_\sigma D_\sigma(\omega_{A_1}(u_{K_A}-u_K)\\
&+\omega_{A_4}(u_{L_A}-u_L)+\omega_{B_2}(u_K-u_{K_B})+\omega_{B_3}(u_L-u_{L_B})\\
&+(\omega_{A_2}+\omega_{A_1}-\omega_{B_1}-\omega_{B_2})u_K\\
&+(\omega_{A_3}+\omega_{A_4}-\omega_{B_3}-\omega_{B_4})u_L)(u_K-u_L)\\
=&\sum_{\sigma\in\mathcal{E}}\tau_\sigma(u_L-u_K)^2+\sum_{\sigma\in\mathcal{E}_{int}}\tau_\sigma D_\sigma(\omega_{A_1}(u_{K_A}-u_K)\\
&+\omega_{A_4}(u_{L_A}-u_L)+\omega_{B_2}(u_K-u_{K_B})+\omega_{B_3}(u_L-u_{L_B}))(u_K-u_L)\\
&-\sum_{\sigma\in\mathcal{E}_{int}}\tau_\sigma D_\sigma(\omega_{A_3}+\omega_{A_4}-\omega_{B_3}-\omega_{B_4})(u_K-u_L)^2.
\end{aligned}\tag{2.74}
$$

在上面的推导过程中利用了 $\sum_{i=1}^{4}\omega_{A_i}=1$ 和 $\sum_{i=1}^{4}\omega_{B_i}=1$. 将 (2.74) 代入 (2.73) 得

$$
\begin{aligned}
&\sum_{\sigma\in\mathcal{E}}\tau_\sigma(u_L-u_K)^2-\sum_{\sigma\in\mathcal{E}_{int}}\tau_\sigma D_\sigma(\omega_{A_3}+\omega_{A_4}-\omega_{B_3}-\omega_{B_4})(u_K-u_L)^2\\
&+\sum_{\sigma\in\mathcal{E}_{int}}\tau_\sigma D_\sigma(\omega_{A_1}(u_{K_A}-u_K)+\omega_{A_4}(u_{L_A}-u_L)+\omega_{B_2}(u_K-u_{K_B})\\
&+\omega_{B_3}(u_L-u_{L_B}))(u_K-u_L)\\
=&\sum_{K\in\mathcal{J}}f_Ku_Km(K).
\end{aligned}\tag{2.75}
$$

利用 Cauchy 不等式, 可得

$$
\begin{aligned}
&\sum_{\sigma\in\mathcal{E}}\tau_\sigma(u_L-u_K)^2-\sum_{\sigma\in\mathcal{E}_{int}}\tau_\sigma D_\sigma(\omega_{A_3}+\omega_{A_4}-\omega_{B_3}-\omega_{B_4})(u_K-u_L)^2\\
\leqslant&\sum_{\sigma\in\mathcal{E}_{int}}\frac{1}{2}\tau_\sigma(u_L-u_K)^2+2\sum_{\sigma\in\mathcal{E}_{int}}\tau_\sigma D_\sigma^2\left(\omega_{A_1}^2(u_{K_A}-u_K)^2+\omega_{A_4}^2(u_{L_A}-u_L)^2\right.\\
&\left.+\omega_{B_2}^2(u_K-u_{K_B})^2+\omega_{B_3}^2(u_L-u_{L_B})^2\right)+\frac{C}{\varepsilon}\sum_{K\in\mathcal{J}}|f_K|^2m(K)+\frac{\varepsilon}{4C}\sum_{K\in\mathcal{J}}|u_K|^2m(K).
\end{aligned}
$$

再利用 (A1) 和离散 Poincaré 不等式, 可得

$$\sum_{\sigma\in\mathcal{E}}\frac{\varepsilon}{4}\tau_\sigma(u_L-u_K)^2\leqslant\frac{C}{\varepsilon}\sum_{K\in\mathcal{J}}|f_K|^2m(K),$$

从而

$$\sum_{\sigma\in\mathcal{E}}\tau_\sigma(u_L-u_K)^2\leqslant C\sum_{K\in\mathcal{J}}|f_K|^2m(K).$$

因此, 格式是稳定的.

2.5.2 收敛性分析

方程 (2.3) 等价于以下方程:

$$\sum_{\sigma\in\partial K}\mathcal{F}_{K,\sigma}=f_Km(K)+S_Km(K),\tag{2.76}$$

其中 $f_K=f(K),S_K=\int_K(f(x)-f_K)dx/m(K)$, 显然 $|S_K|\leqslant Ch$.

记 $e_K=u(K)-u_K$. (2.76) 减去 (2.71) 得

$$\sum_{\sigma\in\partial K}G_{K,\sigma}=S_Km(K)-\sum_{\sigma\in\partial K}W_{K,\sigma},\tag{2.77}$$

其中 $G_{K,\sigma}=\bar{F}_{K,\sigma}-F_{K,\sigma}$.

下面给出格式的误差估计.

定理 2.5.2　如果 (H1) 和 (A1) 成立, 则存在一个与 h 无关的常数 C, 使得

$$\left(\sum_{\sigma\in\mathcal{E}}\tau_\sigma(e_L-e_K)^2\right)^{1/2}\leqslant Ch.$$

证明　将式 (2.77) 乘以 e_K, 所得乘积对 $K\in\mathcal{J}$ 求和, 得

$$\sum_{K\in\mathcal{J}}\sum_{\sigma\in\mathcal{E}_K}G_{K,\sigma}e_K=\sum_{K\in\mathcal{J}}S_Ke_Km(K)-\sum_{K\in\mathcal{J}}\sum_{\sigma\in\mathcal{E}_K}W_{K,\sigma}e_K.\tag{2.78}$$

上式左端为

$$\begin{aligned}\sum_{K\in\mathcal{J}}\sum_{\sigma\in\mathcal{E}_K}G_{K,\sigma}e_K=&-\sum_{K\in\mathcal{J}}\sum_{\sigma\in\mathcal{E}_K}\tau_\sigma(e_L-e_K-D_\sigma(\omega_{A_1}e_{K_A}+\omega_{A_2}e_K+\omega_{A_3}e_L\\&+\omega_{A_4}e_{L_A}-(\omega_{B_1}e_K+\omega_{B_2}e_{K_B}+\omega_{B_3}e_{L_B}+\omega_{B_4}e_L)))e_K\\=&\sum_{\sigma\in\mathcal{E}}\tau_\sigma(e_L-e_K)^2+\sum_{\sigma\in\mathcal{E}_{int}}\tau_\sigma D_\sigma(\omega_{A_1}(e_{K_A}-e_K)\\&+\omega_{A_4}(e_{L_A}-e_L)+\omega_{B_2}(e_K-e_{K_B})+\omega_{B_3}(e_L-e_{L_B}))(e_K-e_L)\\&-\sum_{\sigma\in\mathcal{E}_{int}}\tau_\sigma D_\sigma(\omega_{A_3}+\omega_{A_4}-\omega_{B_3}-\omega_{B_4})(e_K-e_L)^2.\end{aligned}\tag{2.79}$$

记 $W_\sigma = W_{K,\sigma}$, 并注意到 $W_{L,\sigma} = -W_{K,\sigma}$, 将 (2.79) 代入 (2.78) 得

$$\begin{aligned}&\sum_{\sigma\in\mathcal{E}}\tau_\sigma(e_L-e_K)^2-\sum_{\sigma\in\mathcal{E}_{int}}\tau_\sigma D_\sigma(\omega_{A_3}+\omega_{A_4}-\omega_{B_3}-\omega_{B_4})(e_K-e_L)^2\\&+\sum_{\sigma\in\mathcal{E}_{int}}\tau_\sigma D_\sigma(\omega_{A_1}(e_{K_A}-e_K)+\omega_{A_4}(e_{L_A}-e_L)+\omega_{B_2}(e_K-e_{K_B})\\&+\omega_{B_3}(e_L-e_{L_B}))(e_K-e_L)\\=&\sum_{K\in\mathcal{J}}S_Ke_Km(K)-\sum_{\sigma\in\mathcal{E}}W_\sigma(e_K-e_L).\end{aligned}$$

利用 Cauchy 不等式, 可得

$$\begin{aligned}&\sum_{\sigma\in\mathcal{E}}\tau_\sigma(e_L-e_K)^2-\sum_{\sigma\in\mathcal{E}_{int}}\tau_\sigma D_\sigma(\omega_{A_3}+\omega_{A_4}-\omega_{B_3}-\omega_{B_4})(e_K-e_L)^2\\\leqslant&\sum_{\sigma\in\mathcal{E}_{int}}\frac{1}{2}\tau_\sigma(e_L-e_K)^2+2\sum_{\sigma\in\mathcal{E}_{int}}\tau_\sigma D_\sigma^2\left[\omega_{A_1}^2(e_{K_A}-e_K)^2+\omega_{A_4}^2(e_{L_A}-e_L)^2\right.\\&\left.+\omega_{B_2}^2(e_K-e_{K_B})^2+\omega_{B_3}^2(e_L-e_{L_B})^2\right]+\sum_{\sigma\in\mathcal{E}}\frac{\varepsilon}{8}\tau_\sigma(e_K-e_L)^2\\&+\sum_{\sigma\in\mathcal{E}}\frac{2}{\varepsilon\tau_\sigma}|W_\sigma|^2+\frac{\varepsilon}{8C}\sum_{K\in\mathcal{J}}|e_K|^2m(K)+Ch^2.\end{aligned}$$

再利用 (A1) 以及离散 Poincaré不等式, 得

$$\sum_{\sigma\in\mathcal{E}}\tau_\sigma(e_L-e_K)^2\leqslant Ch^2.$$

从而完成了定理的证明.

2.6 非定常扩散方程的九点格式

本节给出非定常扩散方程的九点格式及其理论结果. 非定常扩散方程如下:

$$u_t-\nabla\cdot(\kappa(x,t)\nabla u)=f(x,t),\qquad (x,t)\in\Omega\times(0,T],\tag{2.80}$$

$$u(x,t)=0,\qquad (x,t)\in\partial\Omega\times(0,T],\tag{2.81}$$

$$u(x,0)=\varphi(x),\quad x\in\Omega,\tag{2.82}$$

其中 Ω 为平面上多边形区域, κ 为扩散系数, f 为源项, φ 为初值. 为简单起见, 这里仅考虑齐次边界条件. 对其他类型的边界条件, 可类似进行讨论.

假设如下条件 (H2) 满足:

(i) 存在正常数 c_1 和 c_2, 使得 $c_1 \leqslant \kappa(x,t) \leqslant c_2$ 对所有 $(x,t) \in \bar{\Omega} \times [0,T]$ 成立, 且 $\kappa(x,t) \in C(\bar{\Omega} \times [0,T])$.

(ii) $f(x,t) \in C(\bar{\Omega} \times [0,T]), \varphi(x) \in C(\bar{\Omega}), \varphi(x)|_{\partial\Omega} = 0$.

(iii) 定解问题 (2.80)–(2.82) 存在唯一解 $u \in C^{2,1}(\bar{\Omega} \times [0,T])$.

时间区间剖分为

$$0 = t^0 < t^1 < \cdots < t^N = T, \quad t^n = n\Delta t \quad (n = 0, 1, \cdots, N).$$

将方程 (2.80) 在单元 K 上积分, 利用 Green 公式, 得

$$\int_K u_t(x, t^{n+1})dx + \sum_{\sigma \in \partial K} \mathcal{F}_{K,\sigma}^{n+1} = \int_K f(x, t^{n+1})dx,$$

其中在 σ 上的连续通量为

$$\mathcal{F}_{K,\sigma}^{n+1} = -\int_\sigma \kappa(x, t^{n+1})\nabla u(x, t^{n+1}) \cdot n_{K,\sigma} dl.$$

按与 2.1 节定常扩散问题类似的推导可得

$$\begin{aligned}\mathcal{F}_{K,\sigma}^{n+1} = & -\tau_\sigma(u(L,t^{n+1}) - u(K,t^{n+1}) - D_\sigma(\omega_{A_1}u(K_A,t^{n+1}) + \omega_{A_2}u(K,t^{n+1}) \\ & +\omega_{A_3}u(L,t^{n+1}) + \omega_{A_4}u(L_A,t^{n+1}) - (\omega_{B_1}u(K,t^{n+1}) \\ & +\omega_{B_2}u(K_B,t^{n+1}) + \omega_{B_3}u(L_B,t^{n+1}) + \omega_{B_4}u(L,t^{n+1})))) + W_{K,\sigma}^{n+1},\end{aligned}$$

其中 τ_σ, D_σ, ω_{A_i}, ω_{B_i} 和 $W_{K,\sigma}^{n+1}$ 与 2.1 节的定义类似, 且 $W_{K,\sigma}^{n+1} = O(h^2)$.

记

$$\begin{aligned}\bar{F}_{K,\sigma}^{n+1} = & -\tau_\sigma(u(L,t^{n+1}) - u(K,t^{n+1}) - D_\sigma(\omega_{A_1}u(K_A,t^{n+1}) + \omega_{A_2}u(K,t^{n+1}) \\ & +\omega_{A_3}u(L,t^{n+1}) + \omega_{A_4}u(L_A,t^{n+1}) - (\omega_{B_1}u(K,t^{n+1}) \\ & +\omega_{B_2}u(K_B,t^{n+1}) + \omega_{B_3}u(L_B,t^{n+1}) + \omega_{B_4}u(L,t^{n+1})))),\end{aligned}$$

因此

$$\mathcal{F}_{K,\sigma}^{n+1} = \bar{F}_{K,\sigma}^{n+1} + W_{K,\sigma}^{n+1}.$$

记

$$\begin{aligned}F_{K,\sigma}^{n+1} = & -\tau_\sigma(u_L^{n+1} - u_K^{n+1} - D_\sigma(\omega_{A_1}u_{K_A}^{n+1} + \omega_{A_2}u_K^{n+1} + \omega_{A_3}u_L^{n+1} + \omega_{A_4}u_{L_A}^{n+1} \\ & -(\omega_{B_1}u_K^{n+1} + \omega_{B_2}u_{K_B}^{n+1} + \omega_{B_3}u_{L_B}^{n+1} + \omega_{B_4}u_L^{n+1}))),\end{aligned}$$

则非定常扩散问题 (2.80)-(2.82) 的有限体积格式如下:

$$\begin{aligned} \frac{u_K^{n+1}-u_K^n}{\Delta t}m(K)+\sum_{\sigma\in\mathcal{E}_K}F_{K,\sigma}^{n+1}&=f_K^{n+1}m(K), \quad K\in\Omega,\\ u_K^{n+1}&=0, \qquad\qquad K\in\partial\Omega,\\ u_K^0&=\varphi(K). \end{aligned}$$

对以上格式有如下的稳定性和收敛性定理, 见文献 [10].

定理 2.6.1 如果 (H2) 和 (A1) 成立, 则当 $\Delta t<\dfrac{1}{2}$ 时, 存在一个与 h 和 Δt 无关的常数 C, 使得

$$\|u^n\|_2^2\leqslant C\left(\|\varphi\|_2^2+\sum_{k=1}^{N}\|f^k\|_2^2\Delta t\right), \quad n=1,2,\cdots,N.$$

定理 2.6.2 如果 (H2) 和 (A1) 成立, 则当 $\Delta t<\dfrac{1}{2}$ 时, 存在一个与 h 和 Δt 无关的常数 C, 使得

$$\|e^n\|_2\leqslant C(\Delta t+h), \quad n=1,2,\cdots,N.$$

2.7 数值算例

本节用一些数值结果说明本章部分格式的精度.

2.7.1 各向异性光滑系数问题

考虑如下扩散问题

$$\begin{aligned} -\nabla\cdot(\kappa\nabla u)&=f, \qquad (x,y)\in\Omega,\\ u&=\sin(\pi x)\sin(\pi y), \quad (x,y)\in\partial\Omega, \end{aligned}$$

其中 $\Omega=(0,1)\times(0,1)$, κ 是对称正定矩阵, $\kappa=RDR^{\mathrm{T}}$,

$$R=\begin{pmatrix}\cos\theta & -\sin\theta\\ \sin\theta & \cos\theta\end{pmatrix}, \quad D=\begin{pmatrix}d_1 & 0\\ 0 & d_2\end{pmatrix},$$

且$\theta=\dfrac{5\pi}{12}$, $d_1=1+2x^2+y^2$, $d_2=1+x^2+2y^2$. 精确解取为 $u(x,y)=\sin(\pi x)\sin(\pi y)$.

用 2.3.1 小节的方法消去网格节点未知量的格式对线性函数是精确的, 称为线性精确格式. 加权系数取为 1/4 的格式称为简单格式. 表 2.1 给出了精确解与数值解在随机网格上的最大误差, 表 2.2 给出了精确解与数值解在 Kershaw 网格上的最

大误差. 从这两个表中可知, 线性精确格式的结果要明显好于简单格式的结果, 即加权系数的选取方法对格式的精度影响较大.

表 2.1 光滑系数问题在随机网格上的最大误差

网格规模	12×12	24×24	48×48	96×96	192×192
线性精确格式	9.65×10^{-3}	2.55×10^{-3}	8.21×10^{-4}	2.12×10^{-4}	5.46×10^{-5}
简单格式	8.45×10^{-2}	9.42×10^{-2}	7.71×10^{-2}	8.39×10^{-2}	8.09×10^{-2}

表 2.2 光滑系数问题在 Kershaw 网格上的最大误差

网格规模	12×12	24×24	48×48	96×96	192×192
线性精确格式	9.33×10^{-2}	4.39×10^{-2}	1.60×10^{-2}	4.72×10^{-3}	1.25×10^{-3}
简单格式	1.94×10^{-1}	1.45×10^{-1}	9.30×10^{-2}	5.27×10^{-2}	2.81×10^{-2}

2.7.2 间断系数问题

考虑以下间断系数的扩散问题,

$$\begin{aligned} -\nabla\cdot(\kappa(x,y)\nabla u) = f(x,y), &\quad (x,y)\in\Omega,\\ u(x,y)=0, &\quad (x,y)\in\partial\Omega, \end{aligned}$$

其中

$$\kappa(x,y)=\begin{cases} 4, & (x,y)\in\left(0,\dfrac{2}{3}\right]\times(0,1),\\ 1, & (x,y)\in\left(\dfrac{2}{3},1\right)\times(0,1), \end{cases}$$

$$f(x,y)=\begin{cases} 20\pi^2\sin\pi x\sin 2\pi y, & (x,y)\in\left(0,\dfrac{2}{3}\right]\times(0,1),\\ 20\pi^2\sin 4\pi x\sin 2\pi y, & (x,y)\in\left(\dfrac{2}{3},1\right)\times(0,1). \end{cases}$$

该问题的精确解为

$$u(x,y)=\begin{cases} \sin\pi x\sin 2\pi y, & (x,y)\in\left(0,\dfrac{2}{3}\right]\times(0,1),\\ \sin 4\pi x\sin 2\pi y, & (x,y)\in\left(\dfrac{2}{3},1\right)\times(0,1). \end{cases}$$

对该间断系数问题, 用 2.3.2 小节的方法消去网格节点未知量. 由于 κ 在 $x=2/3$ 处间断, 使用图 2.12 所示的随机扭曲网格. 表 2.3 和表 2.4 分别给出了在随机网格和 Kershaw 网格上计算所得的误差. 从中可以看出, 用本章方法计算所得误差的收敛阶在 L^∞, L^2 和 H^1 范数意义下基本上都高于一阶.

表 2.3 间断系数问题在随机网格上的计算结果

网格规模	12 × 12	24 × 24	48 × 48	96 × 96	192 × 192
L^∞ 范数	8.56×10^{-2}	2.97×10^{-2}	1.04×10^{-2}	2.81×10^{-3}	8.01×10^{-4}
收敛阶	—	1.53	1.52	1.89	1.81
L^2 范数	2.79×10^{-2}	7.43×10^{-3}	1.81×10^{-3}	4.67×10^{-4}	1.17×10^{-4}
收敛阶	—	1.91	2.04	1.96	2.00
H^1 范数	5.28×10^{-1}	2.20×10^{-1}	1.02×10^{-1}	5.22×10^{-2}	2.58×10^{-2}
收敛阶	—	1.26	1.11	0.96	1.01

表 2.4 间断系数问题在 Kershaw 网格上的计算结果

网格规模	12 × 12	24 × 24	48 × 48	96 × 96	192 × 192
L^∞ 范数	2.90×10^{-1}	1.70×10^{-1}	7.48×10^{-2}	2.42×10^{-2}	6.52×10^{-3}
收敛阶	—	0.77	1.18	1.63	1.89
L^2 范数	8.69×10^{-2}	4.76×10^{-2}	1.92×10^{-2}	5.90×10^{-3}	1.57×10^{-3}
收敛阶	—	0.87	1.31	1.70	1.91
H^1 范数	1.27	9.41×10^{-1}	4.62×10^{-1}	1.56×10^{-1}	4.67×10^{-2}
收敛阶	—	0.43	1.03	1.57	1.74

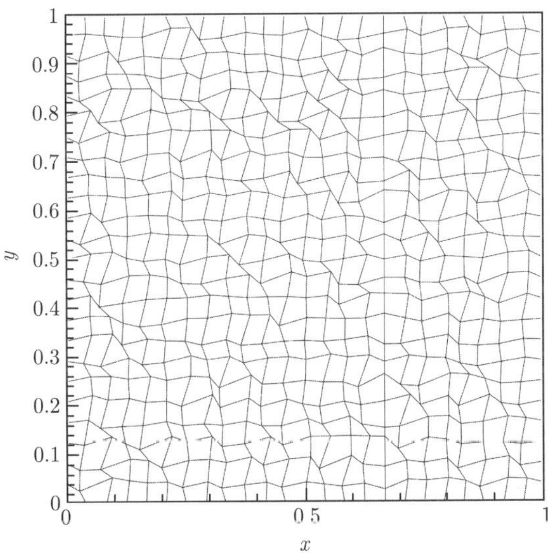

图 2.12 在 $x = 2/3$ 处间断的随机网格 (24 × 24)

2.7.3 自适应切向差格式算例

考虑以下方程:

$$\frac{\partial u}{\partial t}-\frac{\partial}{\partial x}\left(\kappa\frac{\partial u}{\partial x}\right)-\frac{\partial}{\partial y}\left(\kappa\frac{\partial u}{\partial y}\right)=f, \tag{2.83}$$

其中 κ 为给定正常数. 取精确解为

$$u(x,\,y,\,t)=he^{-at}\arctan(b(ct-(x^2+y^2)))+d, \tag{2.84}$$

其中 a, b, c, d, h 为参数. 显然, u 在 $x^2+y^2=ct$ 处梯度绝对值达到最大值, 其大小由参数决定. 相应的源项为

$$\begin{aligned} f(x,\,y,\,t)=&-a(E-d)+he^{-at}\frac{bc}{1+(b(ct-(x^2+y^2)))^2}\\ &+2\kappa\left[he^{-at}\frac{b\left(1+(b(ct-(x^2+y^2)))^2\right)+4b^2x^2\left(b(ct-(x^2+y^2))\right)}{\left(1+(b(ct-(x^2+y^2)))^2\right)^2}\right]\\ &+2\kappa\left[he^{-at}\frac{b\left(1+(b(ct-(x^2+y^2)))^2\right)+4b^2y^2\left(b(ct-(x^2+y^2))\right)}{\left(1+(b(ct-(x^2+y^2)))^2\right)^2}\right]. \end{aligned} \tag{2.85}$$

在下面的数值例子中, 第一种方法是节点值取 $\frac{1}{4}$ 平均的简单格式; 第二种方法是 2.4.2 小节中采用交叉点构造离散通量的表达式的方法; 第三种方法是采用 2.4.4 小节中的节点自适应加权格式. 相应的误差分别记为 ERROR1, ERROR2, ERROR3, 迭代次数分别记为 ITN1, ITN2, ITN3.

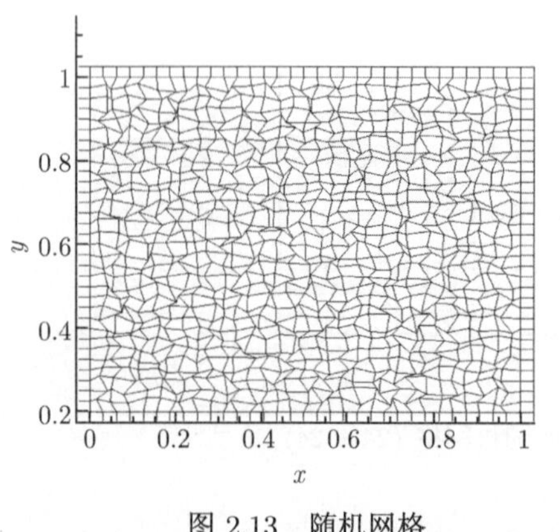

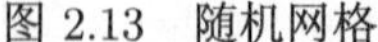

图 2.13　随机网格

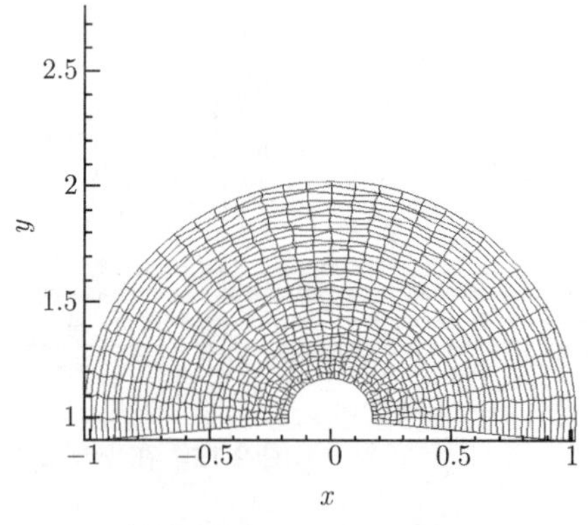

图 2.14　环形网格

使用的测试网格为随机网格 (图 2.13)、环形网格 (图 2.14)、Kershaw 网格 (图 2.15) 和 Shestakov 网格 (图 2.16).

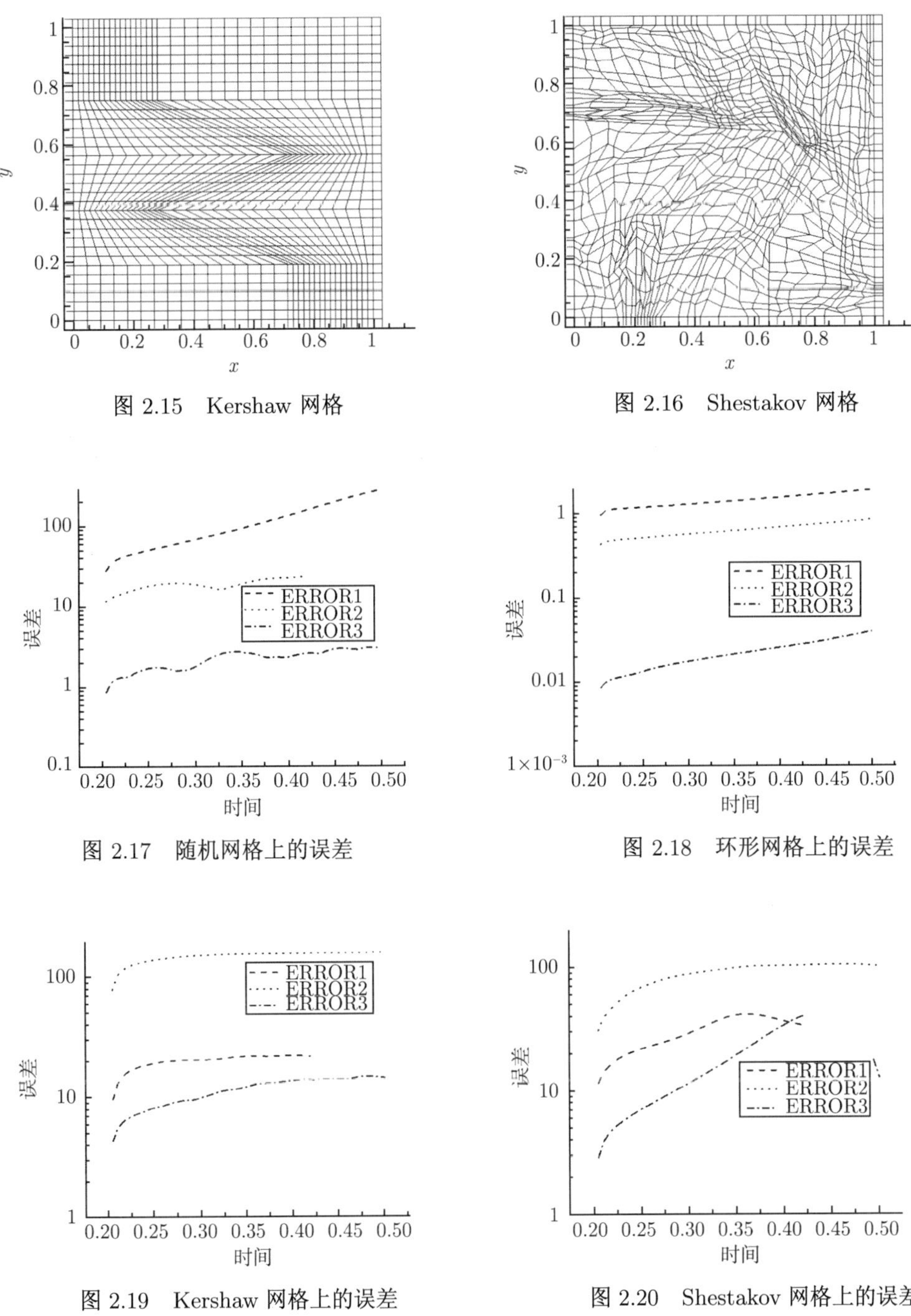

图 2.15 Kershaw 网格

图 2.16 Shestakov 网格

图 2.17 随机网格上的误差

图 2.18 环形网格上的误差

图 2.19 Kershaw 网格上的误差

图 2.20 Shestakov 网格上的误差

数值结果 (图 2.17~图 2.24) 表明, 自适应加权格式与简单加权格式相比, 在计算精度上有明显改进. 自动判断选取的方法得到的差分格式能够取得比另两种方法更好的计算结果, 而且对于不同的网格, 都得到了较好的计算精度. 而对于采用交叉方式得到的格式, 在某些情况, 例如在随机网格和环形网格上, 得到了比较好的计算结果, 但是在某一条边上网格都朝同一个方向进行扭曲, 或者网格严重扭曲的情况下, 其计算精度变差.

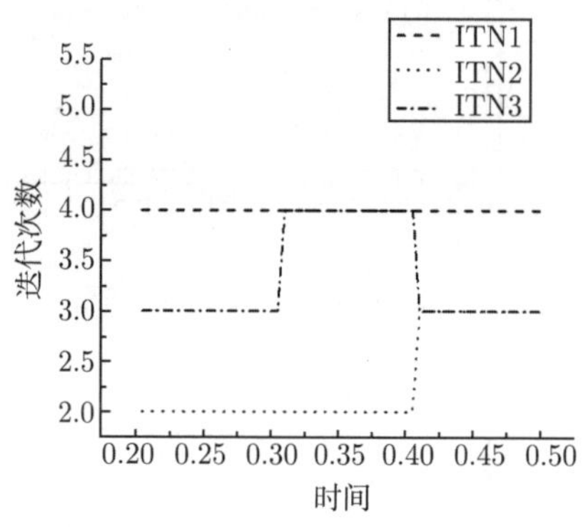

图 2.21　随机网格上迭代次数

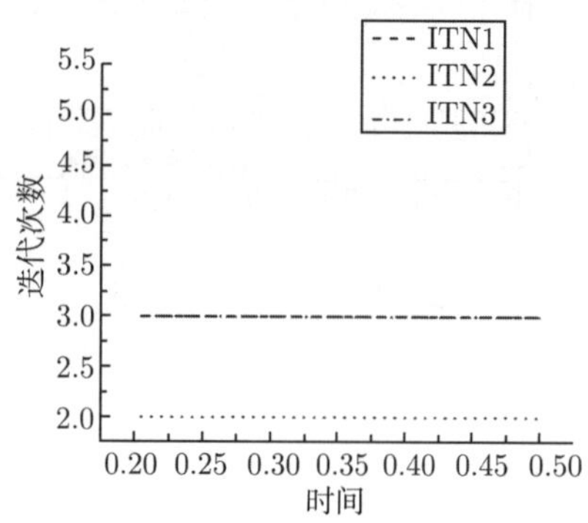

图 2.22　环形网格上迭代次数

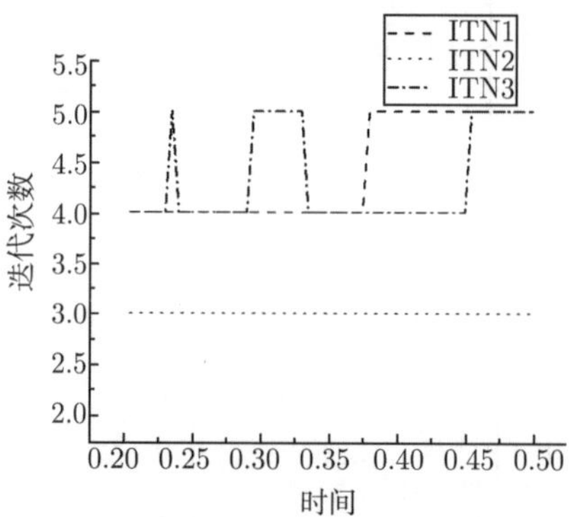

图 2.23　Kershaw 网格上迭代次数

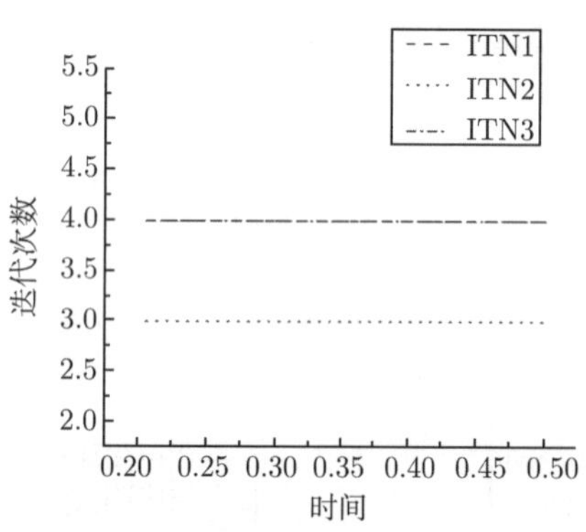

图 2.24　Shestakov 网格上迭代次数

第 3 章　单元中心-节点型格式

第 2 章的格式只将单元中心未知量作为基本未知量, 本章将讨论同时将单元中心未知量和网格节点未知量作为基本未知量的格式[11],[12].

3.1　光滑系数问题的格式构造

考虑如下定常扩散方程的定解问题

$$-\nabla\cdot(\kappa(x)\nabla u(x))=f(x),\quad x\in\Omega, \tag{3.1}$$

$$(\kappa\nabla u)\cdot\nu+\lambda u=g,\quad x\in\partial\Omega, \tag{3.2}$$

其中 Ω 为平面上的多边形区域, 其边界为 $\partial\Omega$.

引入以下假设条件.

假设 3.1.1　(i) *存在正常数* $\kappa_1,\kappa_2,\lambda_1,\lambda_2$ *使得*

$$\kappa_1\leqslant\kappa=\kappa(x)\leqslant\kappa_2,\quad \lambda_1\leqslant\lambda=\lambda(x)\leqslant\lambda_2,\quad \forall x\in\bar{\Omega}.$$

(ii) $\kappa=\kappa(x)$, $\lambda=\lambda(x)$, $f=f(x)$, $g=g(x)$ *均为* $\bar{\Omega}$ *上的连续函数.*

(iii) *问题* (3.1)–(3.2) *存在唯一解* $u=u(x)\in C^2(\bar{\Omega})$.

Ω 的基本网格由任意凸多边形组成. 对该网格剖分中每一个基本单元指定一个基本点: 质心或其他位于该单元内的点. 对每一边界网格边指定一个基本点: 通常取为中点. 于是, 得到一组基本点. 将这组点连接后得到另一套网格, 称为对偶网格, 见图 3.1.

定义基本网格的节点为对偶点, 记为 d, 基本点是对偶网格的节点, 记为 p. 记 ν 为 $\partial\Omega$ 上单位外法向量, τ 为 $\partial\Omega$ 上单位逆时针切向量. N_P 为基本点的个数, N_D 为对偶点的个数, N_S 为基本网格边的个数. P_p 表示与基本内部点 p 相联系的基本多边形单元. D_d 表示与对偶点 d 相联系的对偶多边形单元. S_{ps} 表示编号为 s 的基本多边形单元的边, S_{ds} 表示编号为 s 的对偶多边形单元的边 (不位于 $\partial\Omega$ 上的边). ν_{ps} 和 ν_{ds} 分别为 P_p 的边 S_{ps} 和 D_d 的边 S_{ds} 上的单位外法向量, τ_{ps} 和 τ_{ds} 分别为 P_p 的边 S_{ps} 和 D_d 的边 S_{ds} 上的单位逆时针切向量. $\|P_p\|$ 为 P_p 的面积,

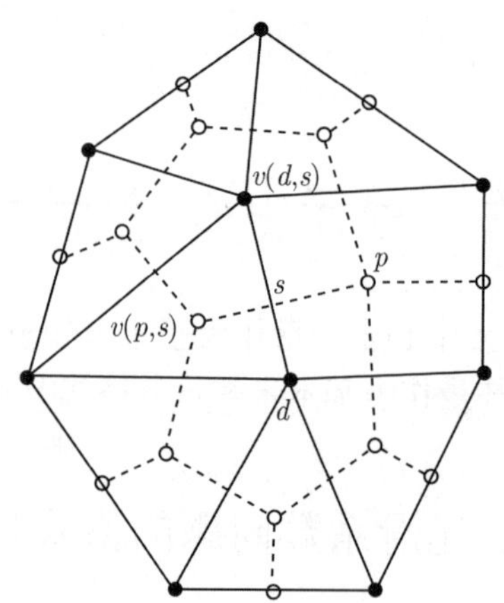

图 3.1　实线为基本网格, 虚线为对偶网格

$\|D_d\|$ 为 D_d 的面积, $|S_{ps}|$ 为边 S_{ps} 的长度, $|S_{ds}|$ 为边 S_{ds} 的长度, θ_s 为 ν_{ps} 和 τ_{ds} 之间的夹角. $\nu(p,s)$ 为对偶边 S_{ds} 上连接到 p 的基本点. $\nu(d,s)$ 为基本边 S_{ps} 上连接到 d 的对偶点, 见图 3.2.

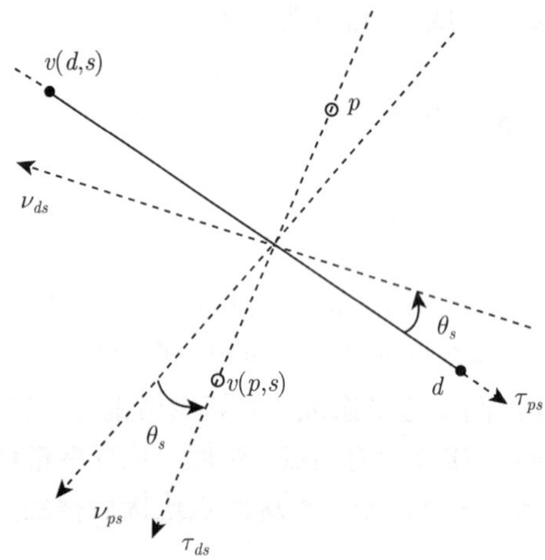

图 3.2　(实线) 基本网格边 $S_{ps}=[d,v(d,s)]$, (虚线) 对偶网格边 $S_{ds}=[p,v(p,s)]$

引入如下假设条件:

假设 3.1.2　*存在正常数 C 使得*

$$\frac{1}{C}|S_{ps}|\leqslant|S_{ds}|\leqslant C|S_{ps}|,\quad \forall p,d,s.$$

以上假设表示网格比是有界的, 即不存在极其扁长的单元.

为构造求解 (3.1)–(3.2) 的有限体积格式, 作如下运算: (i) 在每个基本多边形单元 P_p 上积分式 (3.1); (ii) 在每条边界基本边 S_{ps} 上积分式 (3.2); (iii) 在每个对偶

多边形单元 D_d 上积分式 (3.1). 并利用 Gauss 定理, 得到

$$-\sum_{s\in\partial P_p}\int_{S_{ps}}\kappa\nabla u\cdot\nu_{ps}=\iint_{P_p}f,\quad p\in\Omega, \tag{3.3}$$

$$\int_{S_{ps}\cap\partial\Omega}\kappa\nabla u\cdot\nu_{ps}+\int_{S_{ps}\cap\partial\Omega}\lambda u=\int_{S_{ps}\cap\partial\Omega}g,\quad p\in\partial\Omega, \tag{3.4}$$

$$-\sum_{s\in\partial D_d\backslash\partial\Omega}\int_{S_{ds}}\kappa\nabla u\cdot\nu_{ds}+\int_{D_d\cap\partial\Omega}\lambda u=\iint_{D_d}f+\int_{D_d\cap\partial\Omega}g. \tag{3.5}$$

记

$$\begin{aligned}
F_{ps}&=-\int_{S_{ps}}\kappa\nabla u\cdot\nu_{ps},\quad p\in\Omega,\\
F_{ds}&=-\int_{S_{ds}}\kappa\nabla u\cdot\nu_{ds},\quad d\in\partial D_d\setminus\partial\Omega,\\
F_{ps,\partial\Omega}&=\int_{S_{ps}\cap\partial\Omega}\kappa\nabla u\cdot\nu_{ps},\quad p\in\partial\Omega.
\end{aligned}$$

注意到

$$\nu_{ps}=-\tan\theta_s\tau_{ps}+\frac{1}{\cos\theta_s}\tau_{ds},\qquad \nu_{ds}=-\frac{1}{\cos\theta_s}\tau_{ps}+\tan\theta_s\tau_{ds},$$

则

$$\begin{aligned}
F_{ps}&=\tan\theta_s\int_{S_{ps}}\kappa\nabla u\cdot\tau_{ps}-\frac{1}{\cos\theta_s}\int_{S_{ps}}\kappa\nabla u\cdot\tau_{ds},\quad p\in\Omega,\\
F_{ps,\partial\Omega}&=-\tan\theta_s\int_{S_{ps\cap\partial\Omega}}\kappa\nabla u\cdot\tau_{ps}+\frac{1}{\cos\theta_s}\int_{S_{ps\cap\partial\Omega}}\kappa\nabla u\cdot\tau_{ds},\quad p\in\partial\Omega,\\
F_{ds}&=\frac{1}{\cos\theta_s}\int_{S_{ds}}\kappa\nabla u\cdot\tau_{ps}-\tan\theta_s\int_{S_{ds}}\kappa\nabla u\cdot\tau_{ds},\quad s\in\partial D_d\backslash\partial\Omega.
\end{aligned}$$

为将以上连续通量离散化, 利用对函数 $u(x)$ 的 Taylor 展开式, 得

$$u(d)-u(v(d,s))=\nabla u(x)\cdot(d-v(d,s))+\int_0^1(H_d-H_{v(d,s)})rdr,$$

其中 $H_d=\big((d-x)^{\mathrm{T}}\nabla^2u(rx+(1-r)d)\cdot(d-x)\big)$, $\nabla^2u(rx+(1-r)d)$ 表示 u 在 $rx+(1-r)d$ 处的 Hessian 矩阵, 记号 $H_{v(d,s)}$ 以及下面的 H_p, $H_{v(p,s)}$ 类似. 若记

$\overline{\kappa}_{ps}$ 与 $\overline{\kappa}_{ds}$ 分别表示 κ 沿边 S_{ps} 与 S_{ds} 的积分平均值, 则有

$$\overline{\kappa}_{ps}(u(d)-u(v(d,s)))=\int_{S_{ps}}\kappa\nabla u\cdot\tau_{ps}+\frac{1}{|S_{ps}|}\int_{S_{ps}}\kappa\left(\int_0^1(H_d-H_{v(d,s)})rdr\right), \tag{3.6}$$

$$\overline{\kappa}_{ds}(u(v(p,s))-u(p))=\int_{S_{ds}}\kappa\nabla u\cdot\tau_{ds}+\frac{1}{|S_{ds}|}\int_{S_{ds}}\kappa\left(\int_0^1(H_{v(p,s)}-H_p)rdr\right), \tag{3.7}$$

$$\overline{\kappa}_{ds}(u(d)-u(v(d,s)))=\frac{|S_{ps}|}{|S_{ds}|}\int_{S_{ds}}\kappa\nabla u\cdot\tau_{ps}+\frac{1}{|S_{ds}|}\int_{S_{ds}}\kappa\left(\int_0^1(H_d-H_{v(d,s)})rdr\right), \tag{3.8}$$

$$\overline{\kappa}_{ps}(u(v(p,s))-u(p))=\frac{|S_{ds}|}{|S_{ps}|}\int_{S_{ps}}\kappa\nabla u\cdot\tau_{ds}+\frac{1}{|S_{ps}|}\int_{S_{ps}}\kappa\left(\int_0^1(H_{v(p,s)}-H_p)rdr\right). \tag{3.9}$$

以上四式的右端第二项均为 $O(h^2)$. 且对 $p\in\partial\Omega$, 有

$$\overline{\kappa}_{ps,\partial\Omega}(u(v(d,s))-u(d))=\int_{S_{ps}\cap\partial\Omega}\kappa\nabla u\cdot\tau_{ps}+O(h^2), \tag{3.10}$$

$$\overline{\kappa}_{ps,\partial\Omega}(u(p)-u(v(p,s)))=\frac{|S_{ds}|}{|S_{ps}\cap\partial\Omega|}\int_{S_{ps}\cap\partial\Omega}\kappa\nabla u\cdot\tau_{ds}+O(h^2). \tag{3.11}$$

记

$$\overline{F}_{ps}=-\frac{\overline{\kappa}_{ps}}{\cos\theta_s}\cdot\frac{|S_{ps}|}{|S_{ds}|}\left(u(v(p,s))-u(p)-\frac{|S_{ds}|}{|S_{ps}|}\sin\theta_s(u(d)-u(v(d,s)))\right),\quad p\in\Omega,$$

$$\overline{F}_{ps,\partial\Omega}=-\frac{\overline{\kappa}_{ps}}{\cos\theta_s}\cdot\frac{|S_{ps}|}{|S_{ds}|}\left(u(v(p,s))-u(p)-\frac{|S_{ds}|}{|S_{ps}|}\sin\theta_s(u(d)-u(v(d,s)))\right),\quad p\in\partial\Omega,$$

$$\overline{F}_{ds}=-\frac{\overline{\kappa}_{ds}}{\cos\theta_s}\cdot\frac{|S_{ds}|}{|S_{ps}|}\left(u(v(d,s))-u(d)-\frac{|S_{ps}|}{|S_{ds}|}\sin\theta_s(u(p)-u(v(p,s)))\right),\quad s\in\partial D_d\backslash\partial\Omega,$$

$$f_p=\frac{1}{\|P_p\|}\iint_{P_p}f,\quad f_d=\frac{1}{\|D_d\|}\iint_{D_d}f,\quad g_p=\frac{1}{|S_{ps}|}\int_{S_{ps}\cap\partial\Omega}g,$$

$$g_d=\frac{1}{|D_d\cap\partial\Omega|}\int_{D_d\cap\partial\Omega}g,\quad \lambda_p=\frac{1}{|S_{ps}\cap\partial\Omega|}\int_{S_{ps}\cap\partial\Omega}\lambda,\quad p\in\partial\Omega.$$

那么, 根据 (3.6)–(3.11) 以及假设 3.1.2, 可知

$$F_{ps}=\overline{F}_{ps}+R_{ps}|S_{ps}|,$$
$$F_{ds}=\overline{F}_{ds}+R_{ds}|S_{ds}|,$$
$$F_{ps,\partial\Omega}=\overline{F}_{ps,\partial\Omega}+R_{ps,\partial\Omega}|S_{ps}\cap\partial\Omega|,$$

其中 $R_{ps,\partial\Omega}|S_{ps}\cap\partial\Omega|=O(h^2)$, $R_{ps}|S_{ps}|=O(h^2)$, $R_{ds}|S_{ds}|=O(h^2)$, $R_{ps}=-R_{v(p,s)s}$, $R_{ds}=-R_{v(d,s)s}$.

问题 (3.1)–(3.2) 的有限体积格式构造如下:

$$\sum_{s\in\partial P_p}F_{ps}=\|P_p\|f_p,\quad p\in\Omega, \tag{3.12}$$

$$F_{ps,\partial\Omega}+|S_{ps}\cap\partial\Omega|\lambda_p u_p=|S_{ps}\cap\partial\Omega|g_p,\quad p\in\partial\Omega, \tag{3.13}$$

$$\sum_{s\in\partial D_d\setminus\partial\Omega}F_{ds}+|D_d\cap\partial\Omega|\lambda_d u_d=\|D_d\|f_d+|D_d\cap\partial\Omega|g_d, \tag{3.14}$$

其中 u_p,u_d 为待求的离散函数值,

$$F_{ps}=-\frac{\bar{\kappa}_{ps}}{\cos\theta_s}\frac{|S_{ps}|}{|S_{ds}|}\left(u_{v(p,s)}-u_p-\frac{|S_{ds}|}{|S_{ps}|}\sin\theta_s(u_d-u_{v(d,s)})\right),\quad p\in\Omega, \tag{3.15}$$

$$F_{ps,\partial\Omega}=-\frac{\bar{\kappa}_{ps}}{\cos\theta_s}\frac{|S_{ps}|}{|S_{ds}|}\left(u_{v(p,s)}-u_p-\frac{|S_{ds}|}{|S_{ps}|}\sin\theta_s(u_d-u_{v(d,s)})\right),\quad p\in\partial\Omega, \tag{3.16}$$

$$F_{ds}=-\frac{\bar{\kappa}_{ds}}{\cos\theta_s}\frac{|S_{ds}|}{|S_{ps}|}\left(u_{v(d,s)}-u_d-\frac{|S_{ps}|}{|S_{ds}|}\sin\theta_s(u_p-u_{v(p,s)})\right),\quad s\in\partial D_d\setminus\partial\Omega. \tag{3.17}$$

3.2 格式的收敛性

为证明格式的收敛性, 需引入如下假设条件:

假设 3.2.1 *存在正常数 $\varepsilon\in(0,1)$, 使得*

$$[4\overline{\kappa}_{ps}\overline{\kappa}_{ds}-(\overline{\kappa}_{ps}+\overline{\kappa}_{ds})^2\sin^2\theta_s]\min\left(\frac{|S_{ds}|}{\overline{\kappa}_{ps}|S_{ps}|},\frac{|S_{ps}|}{\overline{\kappa}_{ds}|S_{ds}|}\right)\geqslant\varepsilon.$$

令 $\psi=4\bar{\kappa}_{ps}\bar{\kappa}_{ds}-(\bar{\kappa}_{ps}+\bar{\kappa}_{ds})^2\sin^2\theta_s$. 由以上假定得 $\psi>0$. 注意到 θ_s 描述了网格的扭曲度, 且 $0\leqslant\theta_s<\dfrac{\pi}{2}$. 从而假设 3.2.1 隐含了对网格形变的约束. 对正交网格 $\theta_s=0$, 因此 $\psi>0$. 当 $\bar{\kappa}_{ps}=\bar{\kappa}_{ds}=\bar{\kappa}_s$ 时, 显然有 $\psi=4\bar{\kappa}_s^2(1-\sin^2\theta_s)>0$. 因此假设 3.2.1 是容易满足的.

记 $e_p=u(p)-u_p$, $e_d,e_{v(p,s)},e_{v(d,s)}$ 同样定义. 且 $\|\nabla e\|_2^2=\sum\limits_{s\in\mathcal{E}}(\nabla_s e)^2$, $\|\overline{\nabla}e\|_2^2=$

$\sum_{s\in\mathcal{E}_{\rm int}}(\overline{\nabla}_s e)^2,$

$$\nabla_s e=\begin{cases}|e_p-e_{v(p,s)}|, & s\in\mathcal{E}_{\rm int},\\ |e_p|, & s\in\partial P_p\cap\mathcal{E}_{\rm ext},\end{cases}$$

$\overline{\nabla}_s e=|e_d-e_{v(d,s)}|$, 当$s\in\mathcal{E}_{\rm int}$. 记 $\mathcal{E}$ 为基本网格的所有边的集合, $\mathcal{E}_{\rm int}=\{s\in\mathcal{E}: s\subset\Omega\}$, $\mathcal{E}_{\rm ext}=\{s\in\mathcal{E}:s\subset\partial\Omega\}$. 下面将证明如下结论:

定理 3.2.1 如果假设 3.1.1 和假设 3.2.1 成立, 那么, 对于有限体积格式 (3.12)–(3.14) 的解有如下估计:

$$\|\nabla e\|_2+\|\overline{\nabla}e\|_2\leqslant Ch,$$

其中 C 为仅依赖 ε 的正常数.

证明 由 (3.3)–(3.5), 得

$$\sum_{s\in\partial P_p}F_{ps}=\|P_p\|f_p,\quad p\in\Omega,$$

$$F_{ps,\partial\Omega}+\int_{S_{ps}\cap\partial\Omega}\lambda u=|S_{ps}\cap\partial\Omega|g_p,\quad p\in\partial\Omega,$$

$$\sum_{s\in\partial D_d\backslash\partial\Omega}F_{ds}+\int_{D_d\cap\partial\Omega}\lambda u=\|D_d\|f_d+|D_d\cap\partial\Omega|g_d.$$

因此, 有

$$\sum_{s\in\partial P_p}\bar{F}_{ps}=-\sum_{s\in\partial P_p}R_{ps}|S_{ps}|+\|P_p\|f_p,\quad p\in\Omega,\tag{3.18}$$

$$\begin{aligned}\bar{F}_{ps,\partial\Omega}+|S_{ps}\cap\partial\Omega|\lambda_p u(p)=&\int_{S_{ps}\cap\partial\Omega}\lambda(x)(u(p)-u(x))\\&+|S_{ps}\cap\partial\Omega|(g_p-R_{ps,\partial\Omega}),\quad p\in\partial\Omega,\end{aligned}\tag{3.19}$$

$$\begin{aligned}\sum_{s\in\partial D_d\backslash\partial\Omega}\bar{F}_{ds}+|D_d\cap\partial\Omega|\lambda_d u(d)=&-\sum_{s\in\partial D_d\backslash\partial\Omega}R_{ds}|S_{ds}|+\int_{D_d\cap\partial\Omega}\lambda(x)(u(d)-u(x))\\&+\|D_d\|f_d+|D_d\cap\partial\Omega|g_d.\end{aligned}\tag{3.20}$$

记 $G_{ps}=\overline{F}_{ps}-F_{ps}, G_{ds}=\overline{F}_{ds}-F_{ds}, G_{ps,\partial\Omega}=\overline{F}_{ps,\partial\Omega}-F_{ps,\partial\Omega}$. 则由 (3.12)–(3.14) 和 (3.18)–(3.20), 得

$$\sum_{s\in\partial P_p}G_{ps}=-\sum_{s\in\partial P_p}R_{ps}|S_{ps}|,\quad p\in\Omega,\tag{3.21}$$

$$G_{ps,\partial\Omega}+|S_{ps}\cap\partial\Omega|\lambda_p e_p=\int_{S_{ps}\cap\partial\Omega}\lambda(x)(u(p)-u(x))-R_{ps,\partial\Omega}|S_{ps}\cap\partial\Omega|,\quad p\in\partial\Omega,\tag{3.22}$$

$$\sum_{s\in\partial D_d\backslash\partial\Omega} G_{ds}+|D_d\cap\partial\Omega|\lambda_d e_d=-\sum_{s\in\partial D_d\backslash\partial\Omega} R_{ds}|S_{ds}|+\int_{D_d\cap\partial\Omega}\lambda(x)(u(d)-u(x)),\tag{3.23}$$

其中

$$\begin{aligned}
G_{ps}&=-\frac{\overline{\kappa}_{ps}}{\cos\theta_s}\cdot\frac{|S_{ps}|}{|S_{ds}|}\left(e_{v(p,s)}-e_p-\frac{|S_{ds}|}{|S_{ps}|}\sin\theta_s(e_d-e_{v(d,s)})\right),\quad p\in\Omega,\\
G_{ps,\partial\Omega}&=-\frac{\overline{\kappa}_{ps}}{\cos\theta_s}\cdot\frac{|S_{ps}|}{|S_{ds}|}\left(e_{v(p,s)}-e_p-\frac{|S_{ds}|}{|S_{ps}|}\sin\theta_s(e_d-e_{v(d,s)})\right),\quad p\in\partial\Omega,\\
G_{ds}&=-\frac{\overline{\kappa}_{ds}}{\cos\theta_s}\cdot\frac{|S_{ds}|}{|S_{ps}|}\left(e_{v(d,s)}-e_d-\frac{|S_{ps}|}{|S_{ds}|}\sin\theta_s(e_p-e_{v(p,s)})\right),\quad s\in\partial D_d\backslash\partial\Omega.
\end{aligned}$$

将 (3.21) 与 (3.22) 乘以 e_p, (3.23) 乘以 e_d, 所得乘积分别对 $p\in\Omega$, $p\in\partial\Omega$ 以及所有 d 求和, 然后对所得三式再相加, 得

$$\begin{aligned}
&\sum_{p\in\Omega}\sum_{s\in\partial P_p} G_{ps}e_p+\sum_{p\in\partial\Omega} G_{ps,\partial\Omega}e_p+\sum_{p\in\partial\Omega}\lambda_p e_p^2|S_{ps}\cap\partial\Omega|\\
&+\sum_{d}\sum_{s\in\partial D_d\backslash\partial\Omega} G_{ds}e_d+\sum_{d\in\partial\Omega}\lambda_d e_d^2|D_d\cap\partial\Omega|\\
=&-\sum_{p\in\Omega}\sum_{s\in\partial P_p} R_{ps}e_p|S_{ps}|-\sum_{d}\sum_{s\in\partial D_d\backslash\partial\Omega} R_{ds}e_d|S_{ds}|-\sum_{p\in\partial\Omega} R_{ps,\partial\Omega}|S_{ps}\cap\partial\Omega|e_p\\
&+\sum_{p\in\partial\Omega} e_p\int_{S_{ps}\cap\partial\Omega}\lambda(x)(u(p)-u(x))+\sum_{d\in\partial\Omega} e_d\int_{D_d\cap\partial\Omega}\lambda(x)(u(d)-u(x)).
\end{aligned}\tag{3.24}$$

注意到 $R_{ps}=-R_{v(p,s)s}, R_{ds}=-R_{v(d,s)s}$. 定义 $R_s=|R_{ps}|$, $\overline{R}_s=|R_{ds}|$. 在推导格式时已证明: $R_s|S_{ps}|=O(h^2), \overline{R}_s|S_{ds}|=O(h^2), R_{ps,\partial\Omega}|S_{ps}\cap\partial\Omega|=O(h^2)$. 于是,有

$$\begin{aligned}
&\left|\sum_{p\in\Omega}\sum_{s\in\partial P_p} R_{ps}e_p|S_{ps}|+\sum_{p\in\partial\Omega} R_{ps,\partial\Omega}|S_{ps}\cap\partial\Omega|e_p\right|\leqslant\sum_{s\in\mathcal{E}}|R_{ps}|R_s\nabla_s e\\
\leqslant&\left(\sum_{s\in\mathcal{E}}(\nabla_s e)^2\right)^{\frac{1}{2}}\left(\sum_{s\in\mathcal{E}}(|S_{ps}|R_s)^2\right)^{\frac{1}{2}}\leqslant Ch\|\nabla e\|_2\leqslant\frac{\varepsilon}{16}\|\nabla e\|_2^2+\frac{C}{\varepsilon}h^2,
\end{aligned}\tag{3.25}$$

$$\begin{aligned}
&\left|\sum_{d}\sum_{s\in\partial D_d\backslash\partial\Omega} R_{ds}e_d|S_{ds}|\right|\leqslant\sum_{s\in\mathcal{E}_{\rm int}}|S_{ds}|\bar{R}_s\overline{\nabla}_s e\\
\leqslant&\left(\sum_{s\in\mathcal{E}_{\rm int}}(\overline{\nabla}_s e)^2\right)^{\frac{1}{2}}\left(\sum_{s\in\mathcal{E}_{\rm int}}(|S_{ds}|\bar{R}_s)^2\right)^{\frac{1}{2}}\leqslant Ch\|\overline{\nabla}e\|_2\leqslant\frac{\varepsilon}{16}\|\overline{\nabla}e\|_2^2+\frac{C}{\varepsilon}h^2.
\end{aligned}\tag{3.26}$$

显然, 有

$$\left|\sum_{p\in\partial\Omega} e_p \int_{S_{ps}\cap\partial\Omega} \lambda(x)(u(p)-u(x))\right| \leqslant Ch \sum_{p\in\partial\Omega} \lambda_p |e_p||S_{ps}\cap\partial\Omega|$$

$$\leqslant \frac{1}{4}\sum_{p\in\partial\Omega} \lambda_p e_p^2 |S_{ps}\cap\partial\Omega| + Ch^2 \sum_{p\in\partial\Omega} \lambda_p |S_{ps}\cap\partial\Omega|, \tag{3.27}$$

$$\left|\sum_{d\in\partial\Omega} e_d \int_{D_d\cap\partial\Omega} \lambda(x)(u(d)-u(x))\right| \leqslant Ch \sum_{d\in\partial\Omega} \lambda_d |e_d||D_d\cap\partial\Omega|$$

$$\leqslant \frac{1}{2}\sum_{d\in\partial\Omega} \lambda_d e_d^2 |D_d\cap\partial\Omega| + Ch^2 \sum_{d\in\partial\Omega} \lambda_d |D_d\cap\partial\Omega|. \tag{3.28}$$

联合式 (3.24)–(3.28), 得

$$\sum_{s\in\mathcal{E}} \frac{1}{\cos\theta_s}\left(\bar{\kappa}_{ps}\frac{|S_{ps}|}{|S_{ds}|}(e_p - e_{v(p,s)})^2 + \bar{\kappa}_{ds}\frac{|S_{ds}|}{|S_{ps}|}(e_d - e_{v(d,s)})^2\right.$$

$$\left.+(\bar{\kappa}_{ps}+\bar{\kappa}_{ds})\sin\theta_s(e_p - e_{v(p,s)})(e_d - e_{v(d,s)})\right)$$

$$+\frac{1}{2}\sum_{p\in\partial\Omega} \lambda_p e_p^2 |S_{ps}\cap\partial\Omega| + \frac{1}{2}\sum_{d\in\partial\Omega} \lambda_d e_d^2 |D_d\cap\partial\Omega|$$

$$\leqslant Ch^2 + \frac{\varepsilon}{16}\left(\|\nabla e\|_2^2 + \|\overline{\nabla} e\|_2^2\right). \tag{3.29}$$

其中 $C = C(\varepsilon)$ 是仅与已知数据和 ε 有关的正常数. 注意到如下初等不等式成立: 当 $a > 0, c > 0$, 有

$$ax^2 + bxy + cy^2 \geqslant \frac{4ac - b^2}{8}\min\left(\frac{1}{a}, \frac{1}{c}\right)(x^2 + y^2).$$

因此, 由假设 3.2.1 和 (3.29), 可得

$$\|\nabla e\|_2^2 + \|\overline{\nabla} e\|_2^2 + \sum_{p\in\partial\Omega} \lambda_p e_p^2 |S_{ps}\cap\partial\Omega| + \sum_{d\in\partial\Omega} \lambda_d e_d^2 |D_d\cap\partial\Omega| \leqslant Ch^2, \tag{3.30}$$

其中 $C = C(\varepsilon)$ 为仅依赖 ε 和已知数据的正常数. 因此完成了定理 3.2.1 的证明.

3.3 非定常扩散方程的格式

本节将定常扩散方程的格式推广到如下非定常扩散问题:

$$u_t - \nabla\cdot(\kappa(x,t)\nabla u(x,t)) = f(x,t), \quad (x,t)\in\Omega\times(0,T], \tag{3.31}$$

$$\kappa(x,t)\nabla\cdot\nu+\lambda(x,t)u=g(x,t),\quad (x,t)\in\partial\Omega\times(0,T], \tag{3.32}$$

$$u(x,0)=\varphi(x),\quad x\in\Omega, \tag{3.33}$$

其中 Ω 为平面上的多边形区域, κ 为扩散系数, f 为源项, φ 为初值.

令

$$F_{ps}^{n+1}=-\frac{\overline{\kappa}_{ps}^{n+1}}{\cos\theta_s}\cdot\frac{|S_{ps}|}{|S_{ds}|}\left(u_{v(p,s)}^{n+1}-u_p^{n+1}-\frac{|S_{ds}|}{|S_{ps}|}\sin\theta_s(u_d^{n+1}-u_{v(d,s)}^{n+1})\right),\quad p\in\Omega,$$

$$F_{ps,\partial\Omega}^{n+1}=\frac{\overline{\kappa}_{ps}^{n+1}}{\cos\theta_s}\cdot\frac{|S_{ps}|}{|S_{ds}|}\left(u_{v(p,s)}^{n+1}-u_p^{n+1}-\frac{|S_{ds}|}{|S_{ps}|}\sin\theta_s(u_d^{n+1}-u_{v(d,s)}^{n+1})\right),\quad p\in\partial\Omega,$$

$$F_{ds}^{n+1}=-\frac{\overline{\kappa}_{ds}^{n+1}}{\cos\theta_s}\cdot\frac{|S_{ds}|}{|S_{ps}|}\left(u_{v(d,s)}^{n+1}-u_d^{n+1}-\frac{|S_{ps}|}{|S_{ds}|}\sin\theta_s(u_p^{n+1}-u_{v(p,s)}^{n+1})\right),\quad s\in\partial D_d\backslash\partial\Omega,$$

则非定常扩散问题 (3.31)–(3.33) 的有限体积格式如下:

$$\|P_p\|\frac{u_p^{n+1}-u_p^n}{\Delta t}+\sum_{s\in\partial P_p}F_{ps}^{n+1}=\|P_p\|f_p^{n+1},\quad p\in\Omega,\quad 0\leqslant n\leqslant N, \tag{3.34}$$

$$F_{ps,\partial\Omega}^{n+1}+|S_{ps}\cap\partial\Omega|\lambda_p^{n+1}u_p^{n+1}=|S_{ps}\cap\partial\Omega|g_p^{n+1},\quad p\in\partial\Omega, \tag{3.35}$$

$$\|D_d\|\frac{u_d^{n+1}-u_d^n}{\Delta t}+\sum_{s\in\partial D_d\backslash\partial\Omega}F_{ds}^{n+1}+|D_d\cap\partial\Omega|\lambda_d^{n+1}u_d^{n+1}=\|D_d\|f_d^{n+1}+|D_d\cap\partial\Omega|g_d^{n+1}, \tag{3.36}$$

其中 u_p^{n+1},u_d^{n+1} 为待求的离散函数值.

引入下列假设条件:

假设 3.3.1 (i) 存在正常数 κ_1, κ_2, λ_1, λ_2, 使得 $\kappa_1\leqslant\kappa(x,t)\leqslant\kappa_2$, $\lambda_1\leqslant\lambda(x,t)\leqslant\lambda_2$, 对所有 $(x,t)\in\Omega\times[0,T]$ 成立.

(ii) $\kappa(x,t)$, $\lambda(x,t)$, $f(x,t)$, $g(x,t)$ 均在 $\bar{\Omega}\times[0,T]$ 上连续, $\varphi(x)$ 在 $\bar{\Omega}$ 上连续. $\varphi(x)|_{\partial\Omega}=0$.

(iii) 定解问题 (3.31)–(3.33) 存在唯一光滑解 $u\in C^{2,1}(\bar{\Omega}\times[0,T])$.

假设 3.3.2 $\left(\overline{\kappa}_{ps}^{n+1}+\overline{\kappa}_{ds}^{n+1}\right)^2\sin^2\theta_s\leqslant 4\overline{\kappa}_{ps}^{n+1}\overline{\kappa}_{ds}^{n+1}$.

记

$$\|e^{n+1}\|_2^2=\sum_{p\in\Omega}|e_p^{n+1}|^2\|P_p\|+\sum_d|e_d^{n+1}|^2\|D_d\|,$$

则问题 (3.34)–(3.36) 有如下收敛性定理.

定理 3.3.1 (i) 如果假设 3.1.2、假设 3.3.1 和假设 3.3.2 成立, 那么, 有

$$\|e^{n+1}\|\leqslant C(h+\Delta t),$$

其中 C 为仅依赖已知数据的正常数.

(ii) 如果假设 3.1.2、假设 3.2.1 和假设 3.3.1 成立, 则有

$$\|e^{n+1}\|_2^2 + \sum_{k=0}^{n} \left(\|\nabla e^{k+1}\|_2^2 + \|\overline{\nabla} e^{k+1}\|_2^2\right) \Delta t$$
$$+ \sum_{k=0}^{n} \left(\sum_{p \in \partial\Omega} \lambda_p^{k+1} |e_p^{k+1}|^2 |S_{ps} \cap \partial\Omega| + \sum_{d \in \partial\Omega} \lambda_d^{k+1} |e_d^{k+1}|^2 |D_d \cap \partial\Omega| \right) \Delta t \leqslant C(h + \Delta t)^2,$$

其中 C 为仅依赖 ε 和已知数据的正常数.

3.4 间断系数问题的格式

本小节将介绍间断系数问题的格式. 假设在每个基本单元上扩散系数是连续的, 但不同基本网格单元之间可能间断, 即间断只可能出现在基本单元的边上, 因此, 一个对偶网格单元内扩散系数可能间断, 间断线两侧分别记为 $-$ 和 $+$, 见图 3.3. 为了方便起见, 引入一些新的记号, 见图 3.4. 用 σ 表示对偶网格边 $S_{ds} = [p, v(p,s)]$. 记 $d_{d,\sigma}$ 为点 d 到边 σ 的距离, $d_{v(d,s),\sigma}$ 为点 $v(d,s)$ 到边 σ 的距离. I 是线段 $pv(p,s)$ 和 $dv(d,s)$ 的交点. 且记 $n_{d,\sigma}$ 和 $n_{v(d,s),\sigma}$ 为边 σ 上的单位法向量, $t_{d,\sigma}$ 和 $t_{v(d,s),\sigma}$ 为边 σ 上的单位切向量. 记 σ_+ 为 I 和 $v(p,s)$ 之间的距离, σ_- 为 p 和 I 之间的距离.

注意到 $I - d = d_{d,\sigma} n_{d,\sigma} - r_+ t_{d,\sigma}$, 并利用 Taylor 展开, 可得

$$u(I) - u(d) = \nabla u(x) \cdot (I - d) + \int_0^1 (H_I - H_d) s ds, \quad x \in \sigma.$$

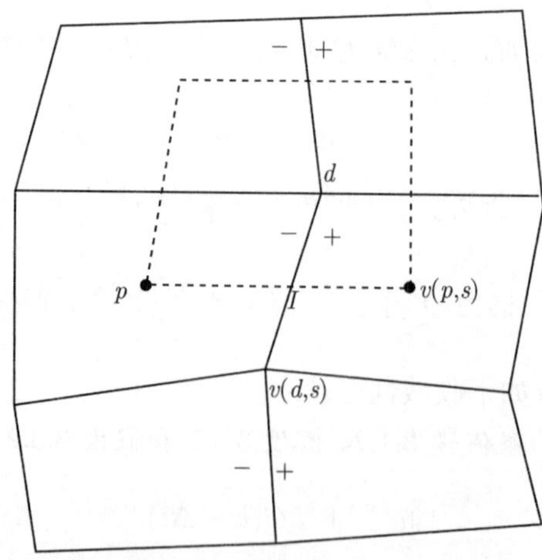

图 3.3　系数间断时的基本网格 (实线) 和对偶网格 (虚线)

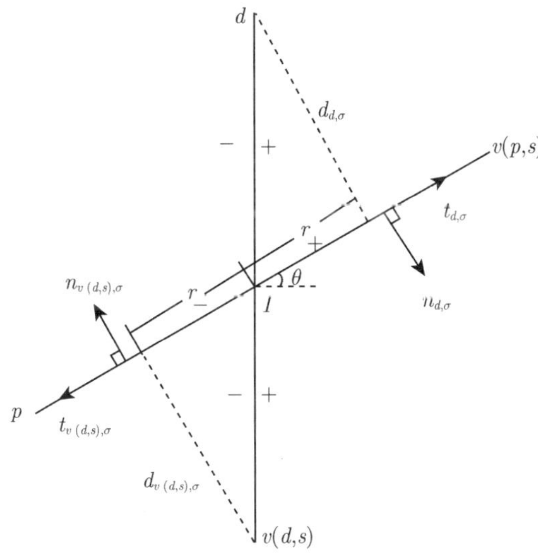

图 3.4 间断系数问题的记号

于是

$$\frac{u(I)-u(d)}{d_{d,\sigma}}\int_{S_{ds}}\kappa(x)dl=\int_{S_{ds}}\kappa(x)\nabla u(x)\cdot n_{d,\sigma}dl-\frac{r_+}{d_{d,\sigma}}\int_{S_{ds}}\kappa(x)\nabla u(x)\cdot t_{d,\sigma}$$
$$+\int_{S_{ds}}\frac{\kappa(x)}{d_{d,\sigma}}\int_0^1(H_I-H_d)sdsdl. \tag{3.37}$$

类似可得

$$\frac{u(I)-u(v(d,s))}{d_{v(d,s),\sigma}}\int_{S_{ds}}\kappa(x)dl=\int_{S_{ds}}\kappa(x)\nabla u(x)\cdot n_{v(d,s),\sigma}dl$$
$$-\frac{r_-}{d_{v(d,s),\sigma}}\int_{S_{ds}}\kappa(x)\nabla u(x)\cdot t_{v(d,s),\sigma}$$
$$+\int_{S_{ds}}\frac{\kappa(x)}{d_{v(d,s),\sigma}}\int_0^1(H_I-H_{v(d,s)})sdsdl. \tag{3.38}$$

记

$$\tau_{d,\sigma}=\frac{\displaystyle\int_{S_{ds}}\kappa(x)dl}{d_{d,\sigma}},\quad \tau_{v(d,s),\sigma}=\frac{\displaystyle\int_{S_{ds}}\kappa(x)dl}{d_{v(d,s),\sigma}}.$$

注意到 $n_{v(d,s),\sigma}=-n_{d,\sigma}$ 和 $t_{v(d,s),\sigma}=-t_{d,\sigma}$. 则有

$$\int_{S_{ds}}\kappa(x)\nabla u(x)\cdot n_{d,\sigma}dl=\frac{1}{2}\Bigg[\tau_{d,\sigma}(u(I)-u(d))+\tau_{v(d,s),\sigma}(u(v(d,s))-u(I))$$
$$+\left(\frac{r_+}{\tau_{d,\sigma}}+\frac{r_-}{\tau_{v(d,s),\sigma}}\right)\int_{S_{ds}}\kappa(x)\nabla u(x)\cdot t_{d,\sigma}dl\Bigg]$$

$$
\begin{aligned}
&+\frac{1}{2}\left[\frac{1}{d_{v(d,s),\sigma}}\int_{S_{ds}}\kappa(x)\int_0^1(H_I-H_{v(d,s)})sdsdl\right.\\
&\left.+\frac{1}{d_{d,\sigma}}\int_{S_{ds}}\kappa(x)\int_0^1(H_d-H_I)sdsdl\right].
\end{aligned}\tag{3.39}
$$

利用法向通量连续条件

$$
\int_{S_{ds}}\kappa(x)\nabla u(x)\cdot n_{v(d,s),\sigma}dl=-\int_{S_{ds}}\kappa(x)\nabla u(x)\cdot n_{d,\sigma}dl,
$$

以及 $\dfrac{r_+}{\tau_{d,\sigma}}=\dfrac{r_-}{\tau_{v(d,s),\sigma}}$, 有

$$
u(I)=\frac{\tau_{d,\sigma}u(d)+\tau_{v(d,s),\sigma}u(v(d,s))}{\tau_{d,\sigma}+\tau_{v(d,s),\sigma}}+O(h^2).\tag{3.40}
$$

类似可得

$$
\begin{aligned}
\frac{u(v(p,s))-u(I)}{|v(p,s)-I|}\int_{\sigma_+}\kappa^+(x)dl=&\int_{\sigma_+}\kappa^+(x)\nabla u^+(x)\cdot t_{d,\sigma}dl\\
&+\frac{1}{|v(p,s)-I|}\int_{\sigma_+}\kappa^+(x)\int_0^1(H_{v(p,s)}-H_I^+)sdsdl,
\end{aligned}
$$

和

$$
\begin{aligned}
\frac{u(I)-u(p)}{|I-p|}\int_{\sigma_-}\kappa^-(x)dl=&\int_{\sigma_-}\kappa^-(x)\nabla u^-(x)\cdot t_{d,\sigma}dl\\
&+\frac{1}{|I-p|}\int_{\sigma_-}\kappa^-(x)\int_0^1(H_I^--H_p)sdsdl.
\end{aligned}
$$

由以上两个方程可得

$$
\begin{aligned}
\int_{S_{ds}}\kappa(x)\nabla u(x)\cdot t_{d,\sigma}dl=&\frac{u(v(p,s))-u(I)}{|v(p,s)-I|}\int_{\sigma_+}\kappa^+(x)dl+\frac{u(I)-u(p)}{|I-p|}\int_{\sigma_-}\kappa^-(x)dl\\
&-\frac{1}{|v(p,s)-I|}\int_{\sigma_+}\kappa^+(x)\int_0^1(H_{v(p,s)}-H_I^+)sdsdl\\
&-\frac{1}{|I-p|}\int_{\sigma_-}\kappa^-(x)\int_0^1(H_I^--H_p)sdsdl.
\end{aligned}\tag{3.41}
$$

将 (3.40) 和 (3.41) 代入 (3.39), 有

$$
\begin{aligned}
&\int_{S_{ds}} \kappa(x)\nabla u(x)\cdot n_{d,\sigma}dl\\
=&\left[\tau_\sigma + \frac{(d_{d,\sigma}-d_{v(d,s),\sigma})}{4(d_{d,\sigma}+d_{v(d,s),\sigma})}\left(\frac{r_+}{d_{d,\sigma}}+\frac{r_-}{d_{v(d,s),\sigma}}\right)\right.\\
&\left.\cdot\left(\frac{1}{|\sigma_-|}\int_{\sigma_-}\kappa^-(x)dl-\frac{1}{|\sigma_+|}\int_{\sigma_+}\kappa^+(x)dl\right)\right](u(v(d,s))-u(d))\\
&+\frac{1}{4}\left(\frac{r_+}{d_{d,\sigma}}+\frac{r_-}{d_{v(d,s),\sigma}}\right)\left[\left(\frac{1}{|\sigma_-|}\int_{\sigma_-}\kappa^-(x)dl+\frac{1}{|\sigma_+|}\int_{\sigma_+}\kappa^+(x)dl\right)(u(v(p,s))-u(p))\right.\\
&\left.+\left(\frac{1}{|\sigma_-|}\int_{\sigma_-}\kappa^-(x)dl-\frac{1}{|\sigma_+|}\int_{\sigma_+}\kappa^+(x)dl\right)(u(d)+u(v(d,s))-u(v(p,s))-u(p))\right]+O(h^2),
\end{aligned}
$$

其中

$$
\tau_\sigma=\frac{\tau_{d,\sigma}\tau_{v(d,s),\sigma}}{\tau_{d,\sigma}+\tau_{v(d,s),\sigma}}.
$$

于是, 对偶网格边上的离散通量定义为

$$
\begin{aligned}
F_{ds}=&-\left[\tau_\sigma+\frac{(d_{d,\sigma}-d_{v(d,s),\sigma})}{4(d_{d,\sigma}+d_{v(d,s),\sigma})}\left(\frac{r_+}{d_{d,\sigma}}+\frac{r_-}{d_{v(d,s),\sigma}}\right)\left(\frac{\int_{\sigma_-}\kappa^-(x)dl}{|\sigma_-|}-\frac{\int_{\sigma_+}\kappa^+(x)dl}{|\sigma_+|}\right)\right]\\
&\cdot(u_{v(d,s)}-u_d)-\frac{1}{4}\left(\frac{r_+}{d_{d,\sigma}}+\frac{r_-}{d_{v(d,s),\sigma}}\right)\left[\frac{\int_{\sigma_-}\kappa^-(x)dl}{|\sigma_-|}(u_d+u_{v(d,s)}-2u_p)\right.\\
&\left.-\frac{\int_{\sigma_+}\kappa^+(x)dl}{|\sigma_+|}(u_d+u_{v(d,s)}-2u_{v(p,s)})\right].
\end{aligned}\tag{3.42}
$$

当 $\kappa(x)$ 在 σ 上连续时, 有 $\dfrac{\int_{\sigma_-}\kappa^-(x)dl}{|\sigma_-|}\approx\dfrac{\int_{\sigma_+}\kappa^+(x)dl}{|\sigma_+|}\approx\bar{\kappa}_{ds}$. 于是

$$
\begin{aligned}
F_{ds}&=-\tau_\sigma(u_{v(d,s)}-u_d)-\frac{1}{4}\left(\frac{r_+}{d_{d,\sigma}}+\frac{r_-}{d_{v(d,s),\sigma}}\right)\bar{\kappa}_{ds}(2u_{v(p,s)}-2u_p)\\
&=\frac{\bar{\kappa}_{ds}}{\cos\theta_s}\frac{|S_{ds}|}{|S_{ps}|}(u_d-u_{v(d,s)})-\tan\theta_s\bar{\kappa}_{ds}(u_{v(p,s)}-u_p),
\end{aligned}
$$

即 F_{ds} 退化到连续情况下的通量的表达式 (3.17).

对基本网格类似推导, 可得

$$F_{ps} = -\frac{|S_{ps}|}{\cos\theta_s}\frac{\bar{\kappa}^-\bar{\kappa}^+}{\sigma_+\bar{\kappa}^- + \sigma_-\bar{\kappa}^+}\left(u_{v(p,s)} - u_p - \frac{|S_{ds}|}{|S_{ps}|}\sin\theta_s(u_d - u_{v(d,s)})\right), \tag{3.43}$$

其中 $\bar{\kappa}^- = \dfrac{\displaystyle\int_{S_{ps}}\kappa^-(x)dl}{|S_{ps}|}, \bar{\kappa}^+ = \dfrac{\displaystyle\int_{S_{ps}}\kappa^+(x)dl}{|S_{ps}|}$. 当 $\kappa(x)$ 在 S_{ps} 上连续时, 有 $\bar{\kappa}^+ = \bar{\kappa}^- = \bar{\kappa}_{ps}$. 于是

$$F_{ps} = -\frac{\bar{\kappa}_{ps}}{\cos\theta_s}\frac{|S_{ps}|}{|S_{ds}|}\left(u_{v(p,s)} - u_p - \frac{|S_{ds}|}{|S_{ps}|}\sin\theta_s(u_d - u_{v(d,s)})\right),$$

即 F_{ps} 退化到连续情况下的通量的表达式 (3.15).

将通量的表达式 (3.42) 和 (3.43) 代入 (3.12)–(3.14), 可以得到间断系数问题的有限体积格式.

3.5 解耦格式

本节给出将对偶网格取为 Voronoï网格的计算格式, 该格式可以将中心未知量和节点未知量解耦, 即先在对偶网格上计算出网格节点值, 然后再在基本网格上计算单元中心值. 有关 Voronoï图和 Delaunay 三角形剖分的定义和结论, 参见文献 [13].

3.5.1 基本网格上的格式

为简单起见, 仅考虑以下齐次边界条件问题:

$$u_t - \nabla\cdot(\kappa(x,t)\nabla u(x,t)) = f(x,t), \quad (x,t)\in\Omega\times(0,T], \tag{3.44}$$

$$u(x,t) = 0, \quad (x,t)\in\partial\Omega\times[0,T], \tag{3.45}$$

$$u(x,0) = \varphi(x), \quad x\in\Omega, \tag{3.46}$$

其中 Ω 为平面上的多边形区域, κ 为扩散系数, f 为源项, φ 为初值. 假设 $\Omega = \Omega_1\bigcup\Gamma\bigcup\Omega_2$, Ω_1 和 Ω_2 均为多边形, Γ 为 Ω 内部一条折线, $\kappa(x,t)$ 在 Γ 上可以出现第一类间断. $\overline{\Omega}_1\bigcap\overline{\Omega}_2 = \Gamma$, Ω_1、Γ 和 Ω_2 两两不交.

假定如下条件成立:

(I) $\kappa(x,t)\in C(\overline{\Omega}_i\times[0,T])$ $(i=1,2)$, $\kappa(x,t)$ 在 $\Gamma\times[0,T]$ 上存在第一类间断.

(II) $f(x,t)\in C(\overline{\Omega}_i\times[0,T])$ $(i=1,2)$, $\varphi(x)\in C(\overline{\Omega})$, 在 $\partial\Omega$ 上 $\varphi(x)=0$.

(III) 定解问题 (3.44)–(3.46) 存在唯一分片光滑解 $u(x,t)\in C^{2,1}(\overline{\Omega}_i\times[0,T])$ $(i=1,2)$.

仍将采用与前面类似的一些记号, 例如记 Ω 的多边形网格剖分为 $\mathcal{J}$, 它们称为基本网格, 用 K, L 等表示单元及其中心. 但网格节点改用 p, q 表示. 考虑如下任意多边形网格 $\mathcal{J}$ 上的有限体积格式.

$$m(K)\frac{u_K^{n+1}-u_K^n}{\Delta t}+\sum_{\sigma\in\mathcal{E}_K}F_{K,\sigma}^{n+1}=m(K)f_K^{n+1},\quad \forall K\in\mathcal{J}, 0\leqslant n\leqslant N, \tag{3.47}$$

$$u_K^0\equiv\varphi_K=\frac{1}{m(K)}\int_K\varphi(x)dx,\quad \forall K\in\mathcal{J}, \tag{3.48}$$

$$u_p^{n+1}=0,\quad p\in\partial\Omega;\ \ u_L^{n+1}=0,\quad L\in\partial\Omega. \tag{3.49}$$

离散法向通量定义为

$$F_{K,\sigma}^{n+1}=\begin{cases}-\tau_\sigma^{n+1}\left[u_L^{n+1}-u_K^{n+1}-D_\sigma(u_p^{n+1}-u_q^{n+1})\right], & \sigma=K|L=qp\in\mathcal{E}_{\text{int}}^o,\\ -\tau_\sigma^{n+1}(u_L^{n+1}-u_K^{n+1}-D_\sigma u_p^{n+1}), & \sigma=K|L=qp\in\mathcal{E}_{\text{int}},\ \ q\in\partial\Omega,\\ -\tau_\sigma^{n+1}(u_L^{n+1}-u_K^{n+1}+D_\sigma u_q^{n+1}), & \sigma=K|L=qp\in\mathcal{E}_{\text{int}},\ \ p\in\partial\Omega,\\ \tau_\sigma^{n+1}u_K^{n+1}, & \sigma=K|L=qp\in\mathcal{E}_{\text{ext}},\end{cases}$$

其中 $\mathcal{E}_{\text{int}}$ 代表所有不位于 $\partial\Omega$ 上的网格边 (即内部网格边) 的集合, $\mathcal{E}_{\text{ext}}$ 表示位于 $\partial\Omega$ 上的网格边的集合, $\mathcal{E}=\mathcal{E}_{\text{int}}\cup\mathcal{E}_{\text{ext}}$ 表示全体网格边的集合, $\mathcal{E}_{\text{int}}^o=\{\sigma\in\mathcal{E}_{\text{int}}:\sigma\cap\partial\Omega=\varnothing\}$ 表示 $\mathcal{E}_{\text{int}}$ 中顶点也不位于 $\partial\Omega$ 上的网格边的集合. 且

$$\tau_\sigma^{n+1}=\frac{m(\sigma)}{\dfrac{d_{L,\sigma}}{\kappa_{L,\sigma}}+\dfrac{d_{K,\sigma}}{\kappa_{K,\sigma}}},\quad D_\sigma=\frac{(L-K,p-q)}{|\sigma|^2},$$

其中如图 3.5 所示, $d_{L,\sigma}=\text{dist}\ (L,\sigma)$, $\kappa_{L,\sigma}=\dfrac{1}{m(\sigma)}\displaystyle\int_\sigma\kappa^+(x)dl$, $d_{K,\sigma}=\text{dist}\ (K,\sigma)$, $\kappa_{K,\sigma}=\dfrac{1}{m(\sigma)}\displaystyle\int_\sigma\kappa^-(x)dl$, $\kappa^+(x)=\kappa(x)|_K$, $\kappa^-(x)=\kappa(x)|_L$. $m(\sigma)=|\sigma|$ 为 $\sigma=qp$ 的长度. 当 $\sigma\in\mathcal{E}_{\text{ext}}$, L 为 qp 的中点, $u_L^{n+1}=0$.

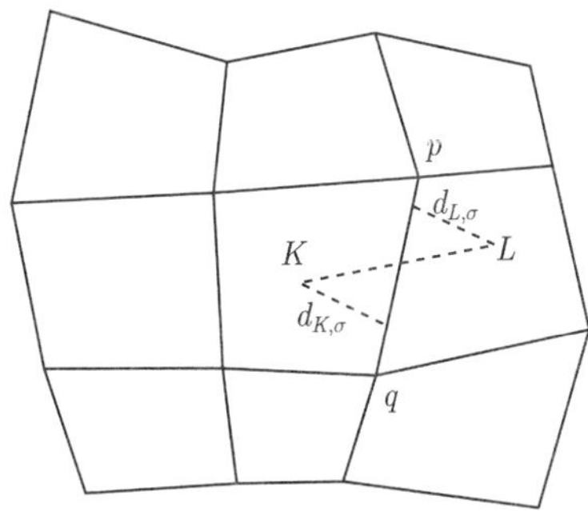

图 3.5 相邻的基本网格中心与节点

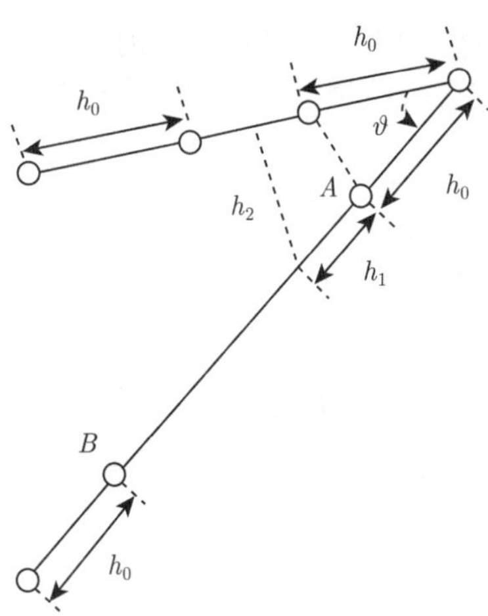

图 3.6　界面加点方式

3.5.2　节点未知量的计算方法

在上述九点格式中涉及网格节点值和网格边上的扩散系数, 计算中节点值的加权方式和扩散系数的逼近方式对解的精度影响较大, 这些值以往是采用插值方式得到的. 对于光滑问题, 如果适当选取加权系数, 那么所得到的计算格式是比较合理的, 且能减少计算量. 然而, 许多实际应用中出现的问题是多介质问题, 即具有间断系数的问题, 或者是瞬变问题, 即在很短时间内物理量变化非常剧烈, 或者是所谓的大变形问题, 即 Lagrange 网格的形状随时间演化变得极度扭曲. 当网格出现大变形和不同物质交界面处扩散系数间断时, 如果节点值没有合适的插值公式, 只是采用简单的加权平均的方式, 将会使得模拟的精度难以得到保证, 甚至出现非物理解.

因此, 本节不采用节点加权的方式, 而是在基本网格节点处设计计算格式, 以克服采用节点加权方式时选取加权系数的困难, 改进网格节点值的计算, 提高格式的健壮性, 即数值计算结果不因网格变形而失真, 离散解的精度不随网格扭曲而明显降低.

3.5.2.1　界面上的加点方法

在求解间断系数问题时, 若在由网格节点集形成的 Voronoï网格上构造计算格式, 为避免出现形状复杂的混合网格, 需要保证物质界面处的网格边不被破坏. 对于多介质扩散方程的数值计算, 如果能实现这一点, 那么, 不仅对于扩散系数的计算带来方便, 也使计算格式的设计变得直观简洁, 易于实施. 但是, 一般说来, 对由网格节点组成的集合, 未必能保证其 Delaunay 图中包含所有界面上的边. 为保护界面上原来的网格边不被删掉, 可以在这些边上添加若干个点, 这些新增加的点既要保证原来不在界面上的点的 Voronoï单元不再影响界面的边, 同时又要保证界面上的相邻的边新增加的点的 Voronoï单元之间也互不影响.

现在所指的“界面”是区域 Ω 的边界 $\partial\Omega$ 与内部间断线 Γ 的并集, 它由某些网格的边即若干条线段组成.

下面介绍基于 Voronoï网格和界面节点加密的计算格式, 其构造分为三步: 首先在间断线和物理区域的外界面上进行 (某种意义的自适应) 网格节点加密, 以保证这些界面 (包括间断线和外界面) 上网格线保留在扩充的节点集的 Delaunay 三角形剖分的网格边中, 从而形成可允许的 Voronoï网格; 然后, 在该新形成的网格上采用有限体积格式求解出新的网格中心 (它们包括原来的基本网格节点) 处的值, 在这一步计算中不涉及原来的基本网格中心处的值; 最后, 在原来的基本网格上采用通常的九点格式计算基本网格中心处的值. 记

$$h_0 = \frac{1}{2}\min\{\Omega\text{中非界面上的节点到界面的距离的最小值},\ \text{界面上基本网格边长的最小值}\}.$$

记 θ 为界面上有共同端点的相邻的两条网格边的夹角 (所夹的网格部分属于 Ω, 其中不再有界面上的边, 但可以有其他网格边), 记 $\theta_0 = \min\{$ 界面上相邻网格边的夹角 $\theta\}$.

当 $\frac{\pi}{2} \leqslant \theta \leqslant \pi$ 时, 在界面上两条相邻的网格边的其中任一条边上添加节点后, 其对应的 Voronoï单元不会影响另一条边, 即添加节点后, 所对应的 Voronoï单元的边不会穿过原来的另一条基本网格的网格边, 也就不会改变其相应的 Delaunay 三角形的边.

下面只需考虑 $0 < \theta < \frac{\pi}{2}$ 的情形.

首先在界面的每条边上添加两个节点, 它们离原来的节点距离为 h_0, 如图 3.6 所示, 在边 γ 上添加的两点 A, B. 记界面上任一 (基本) 网格边的长度为 H. 则 AB 的长度为 $H - 2h_0$. 现在分两种情形:

(i) $2h_0 \leqslant H \leqslant 3h_0$, 则在该网格边上不再加点.

(ii) $H \geqslant 3h_0$, 此时 $\frac{H}{h_0} - 2 \geqslant 1$, 则存在正整数 m, 使得

$$\frac{1-\sin\theta_0}{\sin\theta_0}\left(\frac{H}{h_0}-2\right) \leqslant m \leqslant \frac{1}{\sin\theta_0}\left(\frac{H}{h_0}-2\right).$$

记$c_0 = \frac{1}{m}\left(\frac{H}{h_0}-2\right)$, 则 $\sin\theta_0 \leqslant c_0 \leqslant \frac{\sin\theta_0}{1-\sin\theta_0}$. 记 $h_1 = c_0 h_0, m h_1 = H - 2h_0$, 于是, $h_1 \leqslant \frac{h_0\sin\theta_0}{1-\sin\theta_0}$. 因此, $(h_1 + h_0)\sin\theta \geqslant h_1$. 在 AB 上以步长 h_1 添加 $m-1$

个点, 即将 AB 剖分为 m 条子线段, 从而在 γ 上总共新增 $m+1$ 个点. 这里 m 可以与网格边有关. 不难看出, 以 BA 上的这 m 条子线段为直径的圆, 其边界过两个节点 (原来的或新增的), 且这些圆的内部不包含任何其他节点 (无论是原来的还是新增的). 从这样给出的加密方式可知, 在界面上的加密点的结果实际上使得界面附近的网格节点的分布在某种意义下变得更均匀. 显然, 这里给出的界面加密点的方式可以进一步优化.

记 $P=\{p_i\}$ 为平面上由有限个点组成的集合, 其中的点称为基点. 对任何点 q, 将以 q 为中心、内部不含 P 中任何基点的最大圆, 定义为 q 关于 P 的最大空圆, 记作 $C_P(q)$.

点集 P 对应的 Voronoï图记作 Vor(P), 与基点 p 相对应的子区域称为 P 的 Voronoï 单元, 将其记为 $\mathcal{V}(P)$. P 对应的 Delaunay 图记作 $\mathcal{DG}(P)$. 对于 $\partial\Omega$ 上的节点, 这里所指的 Voronoï 单元是仅限于 $\overline{\Omega}$ 中的一部分, 位于 Ω 外的部分不考虑.

引理 3.5.1[13] (i) 对任一点集 P 所对应的 Voronoï 图 Vor(P), 那么, p_i 和 p_j 之间的平分线 (即线段 p_ip_j 的垂直平分线) 确定了 Vor(P) 的一条边的充分必要条件是在这条线上存在一个点 q, $C_P(q)$ 的边界经过 p_i 和 p_j, 但不经过其它基点.

(ii) 线段 p_ip_j 为 Delaunay 图 $\mathcal{DG}(P)$ 中的一条边, 当且仅当存在这样一个闭圆盘 C_{ij}, 它的边界经过 p_i 和 p_j, 而且其中不包含来自 P 的任何其他基点.

根据以上给出的界面加点的方式以及引理 3.5.1 中的结论, 得到如下结果.

引理 3.5.2 可以在界面的边上增加若干个节点, 它们将界面上的边分成若干子线段. 那么, 对于扩充后的新的节点集, 其 Delaunay 图中包含原来界面上的边的所有这些子线段.

由引理 3.5.2, 得到的新的节点集 P 及其 Voronoï 图满足 1.1 节中可允许网格的定义.

这里只是给出了界面加点的一种具体实现方式, 针对具体问题, 还可提出更为优化的界面加点方式.

3.5.2.2 辅助网格上的格式

现在让 p 既表示节点, 又表示其所在的 Voronoï 单元, ∂p 为 p 的 Voronoï 单元的边界. 本章前面几节对任意四边形情形, 定义了以节点为中心的网格 (对偶网格) 的网格边上的离散法向通量, 其中讨论了间断系数问题, 即推导了对偶网格中出现混合网格时离散法向通量的表达式. 对现在的 Voronoï 网格的特殊情形, 离散法向通量 $F_{p,\gamma}^{n+1}$ 的定义表达式变得很简洁. 如图 3.7 所示, 记 $\gamma=p|q=BA$ 为 Voronoï 单元 p 和 q 的交界面, BA 为 p 和 q 的共同边, 它是 pq 的垂直平分线. 定义

$$F_{p,\gamma}^{n+1}=-\xi_{\gamma}^{n+1}(u_q^{n+1}-u_p^{n+1}), \tag{3.50}$$

其中

$$\xi_\gamma^{n+1} = \frac{1}{|qp|}\int_\gamma \kappa(x, t^{n+1})dl.$$

如图 3.7 所示, 记以 pq 为边的 Delaunay 三角形分别为 $\triangle pqq'$ 和 $\triangle pp'q$.

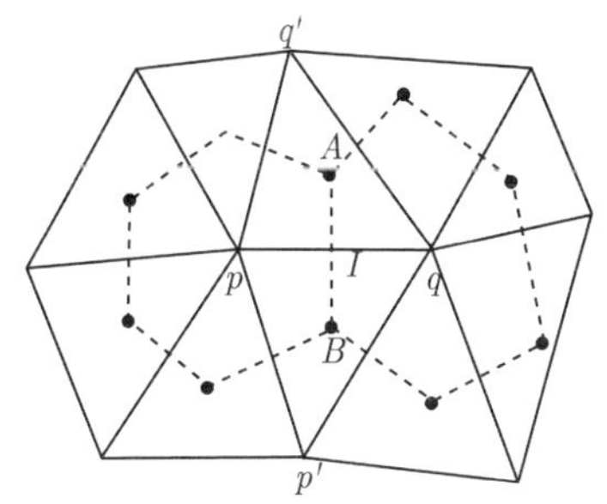

图 3.7 Delaunay 三角形

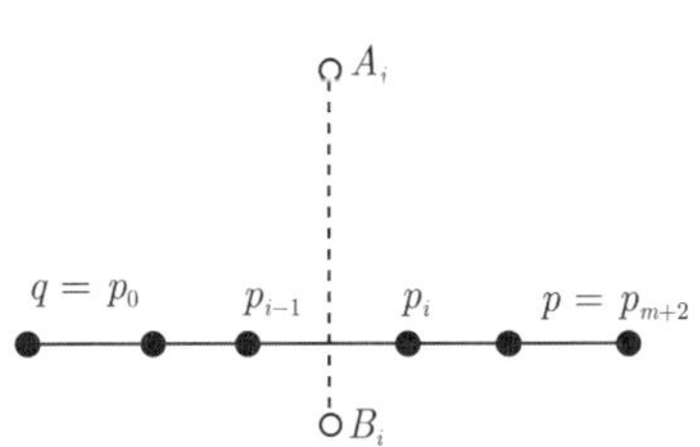

图 3.8 界面增加的节点集

记 pq 与 BA (或 BA 的延长线) 的交点为 I. 记 $|pI| = |Iq| = \dfrac{1}{2}|pq|$, 易见, 有 $\angle pq'q = \angle pAI, \angle pp'q = \angle pBI = \angle IBq$. 且成立

$$|AI| = |pI|\cot\angle pq'q = |pI|\frac{(q-q', p-q')}{2S_{\triangle pqq'}}, \quad |IB| = |Iq|\frac{(p-p', q-p')}{2S_{\triangle pp'q}},$$

从而

$$\frac{|\gamma|}{|pq|} = \frac{1}{4}\left(\frac{(q-q', p-q')}{S_{\triangle pqq'}} + \frac{(p-p', q-p')}{S_{\triangle pp'q}}\right).$$

对于非界面上的边 pq, 如果 $\angle pp'q > \dfrac{\pi}{2}$, 则 $|IB| < 0$. 对于界面上的边 pq, 由上节的加点算法的结果, 可知恒有 $\angle pp'q \leqslant \dfrac{\pi}{2}$, 从而得 $|IB| \geqslant 0$. 无论如何, 总有 $|\gamma| = |BA| > 0$.

按以上给出的方式扩充后的节点集记为 P(图 3.8). 将 Ω 按节点集 P 作 Delaunay 三角网格剖分和相应的 Voronoï网格剖分, Voronoï 单元用符号 p, q 等表示, 同时也用 p, q 等分别表示其单元中心. 记 $m(p)$ 为单元 p 的面积. Voronoï 单元的边用 γ 表示, Voronoï 节点用 A, B 等表示. 如图 3.7 所示, 记 $\gamma = BA = p|q$. 且记 $P_{\text{int}} = P\bigcap\Omega$, $\mathcal{VE}_{\text{int}} = \{\gamma | \gamma\in\partial p, p\in P_{\text{int}}\}$. 于是, 可以定义如下 Voronoï 网格上的有限体积格式:

$$m(p)\frac{u_p^{n+1} - u_p^n}{\Delta t} + \sum_{\gamma\in\partial p} F_{p,\gamma}^{n+1} = m(p)f_p^{n+1}, \quad p\in P_{\text{int}}, \tag{3.51}$$

$$u_p^{n+1} = 0, \quad p\in\partial\Omega, \tag{3.52}$$

$$u_p^0 = \varphi(p), \quad p\in P. \tag{3.53}$$

在计算出 $\{u_p^{n+1}\}$ 后, 再采用 (3.47)–(3.49) 求解基本网格单元中心处的值 $\{u_K^{n+1}\}$.

3.5.3 格式的收敛性

为了获得收敛性定理, 需要引入以下两个假定:

(IV) 设存在常数 $C>0$, 对任一 Voronoï 单元的边 $\gamma=BA=p|q$, 有

$$|BA|\leqslant C|qp|.$$

(V) 设存在正常数 C 和 M 使得 $m'\leqslant M$, 且

$$\tau_{\sigma}^{n+1}\leqslant C\tau_{\sigma_i}^{n+1},\ \ (0\leqslant i\leqslant m+1);\ \ \tau_{\sigma}^{n+1}|D_{\sigma}|^2\leqslant C\xi_{\gamma_i}^{n+1},\ \ (1\leqslant i\leqslant m').$$

定理 3.5.1 假定条件(I)–(V)成立. 对本节构造的有限体积格式的解, 有如下收敛性估计:

$$\|E^{n+1}\|_2^2+\sum_{k=0}^{n}\left\|\nabla_{\sigma}E^{k+1}\right\|_2^2\Delta t\leqslant C(\Delta t+h)^2.$$

其中 $\|E^n\|_2^2=\sum\limits_{K\in\mathcal{J}}|E_K^n|^2m(K)$, 这里 $E_K^n=u_K^n-u(K,t^n)$. 定理的证明可参见文献 [12].

3.6 数 值 算 例

下面用一些数值结果说明本章格式的精度.

3.6.1 光滑系数问题

考虑以下的光滑系数问题:

$$-\nabla\cdot(\kappa\nabla u)=f,\quad (x,y)\in\Omega, \tag{3.54}$$

$$u=\sin(\pi x)\sin(\pi y),\quad (x,y)\in\partial\Omega, \tag{3.55}$$

其中 $\Omega=(0,1)\times(0,1)$, κ 是对称正定矩阵, $\kappa=RDR^{\mathrm{T}}$,

$$R=\begin{pmatrix}\cos\theta & -\sin\theta\\ \sin\theta & \cos\theta\end{pmatrix},\quad D=\begin{pmatrix}d_1 & 0\\ 0 & d_2\end{pmatrix},$$

且 $\theta=\dfrac{5\pi}{12}$, $d_1=1+2x^2+y^2$, $d_2=1+x^2+2y^2$. 精确解取为 $u(x,y)=\sin(\pi x)\sin(\pi y)$.

下面给出 3.1 节中格式的数值结果. 表 3.1 给出了随机网格和 Kershaw 网格上的最大误差. 易见, 该格式在随机网格和 Kershaw 网格上都获得了几乎二阶收敛的结果.

表 3.1 光滑系数问题在随机网格和 Kershaw 网格上的最大误差

网格规模	12 × 12	24 × 24	48 × 48	96 × 96	192 × 192
随机网格	1.30×10^{-2}	3.24×10^{-3}	9.32×10^{-4}	2.48×10^{-4}	7.36×10^{-5}
Kershaw 网格	5.80×10^{-2}	1.61×10^{-2}	3.89×10^{-3}	9.95×10^{-4}	2.50×10^{-4}

3.6.2 间断系数问题

考虑如下的间断系数问题:

$$-\nabla\cdot(\kappa(x,y)\nabla u)=f(x,y),\quad (x,y)\in\Omega,$$

其中

$$\kappa(x,y)=\begin{cases}4, & (x,y)\in\left(0,\dfrac{2}{3}\right]\times(0,1),\\ 1, & (x,y)\in\left(\dfrac{2}{3},1\right)\times(0,1),\end{cases}$$

$$f(x,y)=\begin{cases}20\pi^2\sin\pi x\sin 2\pi y, & (x,y)\in\left(0,\dfrac{2}{3}\right]\times(0,1),\\ 20\pi^2\sin 4\pi x\sin 2\pi y, & (x,y)\in\left(\dfrac{2}{3},1\right)\times(0,1).\end{cases}$$

该问题的精确解为

$$u(x,y)=\begin{cases}\sin\pi x\sin 2\pi y, & (x,y)\in\left(0,\dfrac{2}{3}\right]\times(0,1),\\ \sin 4\pi x\sin 2\pi y, & (x,y)\in\left(\dfrac{2}{3},1\right)\times(0,1),\end{cases}$$

其中使用第一类边界条件.

由于 κ 在 $x=2/3$ 处间断, 使用如图 3.9 所示的随机网格. 本节采用 3.4 节中的格式计算该问题, 表 3.2 给出了随机网格和 Kershaw 网格上的最大误差, 可见对于间断系数问题, 3.4 节中的格式也获得了比较理想的结果.

表 3.2 间断系数问题在随机网格和 Kershaw 网格上的最大误差

网格规模	12 × 12	24 × 24	48 × 48	96 × 96	192 × 192
随机网格	1.81×10^{-1}	3.53×10^{-2}	1.12×10^{-2}	3.13×10^{-3}	8.63×10^{-4}
Kershaw 网格	6.44×10^{-1}	1.36×10^{-1}	3.93×10^{-2}	1.81×10^{-2}	9.97×10^{-3}

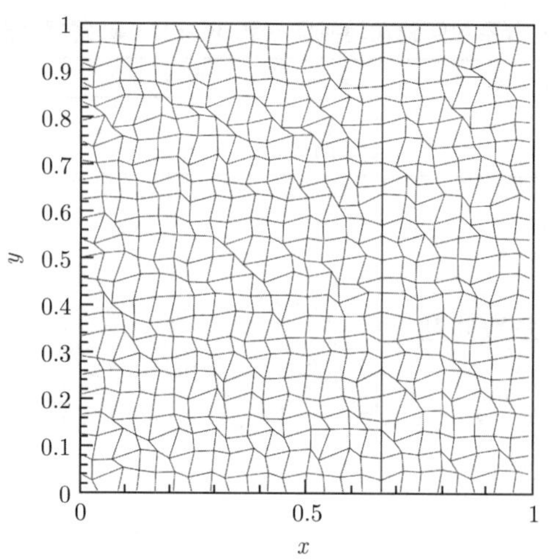

图 3.9 在 $x = 2/3$ 处间断的随机网格

3.6.3 解耦格式的数值结果

下面给出 3.5 节中解耦格式的数值结果. 考虑如下问题:

$$-\nabla \cdot (\nabla u(x,y)) = \pi^2(\cos(\pi x) + \sin(\pi y)), \quad (x,y) \in \Omega, \tag{3.56}$$

$$u = 2 + \cos(\pi x), \quad (x,y) \in \partial\Omega. \tag{3.57}$$

它的精确解是 $u = 2 + \cos(\pi x) + \sin(\pi y)$. 这里仍在随机网格和 Kershaw 网格上计算该问题. 表 3.3 给出了解耦格式在随机网格和 Kershaw 网格上的数值结果, 其中的节点误差是指网格节点上的最大误差, 中心误差是指单元中心的最大误差. 可见, 随着网格的加密, 解耦格式在两种不同的网格上都获得了接近二阶的收敛速度.

表 3.3 光滑系数问题在随机网格和 Kershaw 网格上的最大误差

	网格规模	6×6	12×12	24×24	48×48	96×96
随机网格	节点误差	1.90×10^{-2}	1.03×10^{-2}	2.45×10^{-3}	7.86×10^{-4}	1.99×10^{-4}
	中心误差	4.72×10^{-2}	1.30×10^{-2}	4.37×10^{-3}	1.11×10^{-3}	3.08×10^{-4}
Kershaw 网格	节点误差	1.55×10^{-2}	4.43×10^{-3}	1.93×10^{-3}	5.21×10^{-4}	1.42×10^{-4}
	中心误差	1.40×10^{-1}	4.04×10^{-2}	1.05×10^{-2}	2.70×10^{-3}	6.84×10^{-4}

然后用解耦格式计算 3.6.2 小节中的间断系数问题, 表 3.4 给出了在随机网格和 Kershaw 网格上的数值结果. 可见, 解耦格式对间断系数问题也获得了接近二阶的收敛速度.

表 3.4 间断系数问题在随机网格和 Kershaw 网格上的最大误差

	网格规模	6×6	12×12	24×24	48×48	96×96
随机网格	节点误差	4.61×10^{-1}	1.80×10^{-1}	3.42×10^{-2}	9.69×10^{-3}	2.64×10^{-3}
	中心误差	7.05×10^{-1}	1.40×10^{-1}	4.53×10^{-2}	1.16×10^{-2}	2.89×10^{-3}
Kershaw 网格	节点误差	4.76×10^{-1}	8.91×10^{-2}	2.38×10^{-2}	7.54×10^{-3}	2.02×10^{-3}
	中心误差	4.76×10^{-1}	1.29×10^{-1}	5.55×10^{-2}	1.90×10^{-2}	5.72×10^{-3}

3.6.4 线性抛物问题

最后考虑以下线性抛物问题:

$$u_t-\nabla\cdot(\nabla u)=-2\pi^2e^{-\pi^2t},\quad (x,y,t)\in\Omega\times(0,T), \tag{3.58}$$

$$u=e^{-\pi^2t}(2+\cos(\pi x)+\sin(\pi y)),\quad (x,y,t)\in\partial\Omega. \tag{3.59}$$

精确解取为 $u=e^{-\pi^2t}(2+\cos(\pi x)+\sin(\pi y))$. 表 3.5 给出了解耦格式在随机网格和 Kershaw 网格上的数值结果. 可见, 也有与前面类似的结论.

表 3.5 线性抛物方程在随机网格和 Kershaw 网格上的最大误差

	网格规模	6×6	12×12	24×24	48×48	96×96
随机网格	节点误差	1.28×10^{-1}	3.61×10^{-2}	9.49×10^{-3}	2.41×10^{-3}	6.07×10^{-4}
	中心误差	1.35×10^{-1}	3.90×10^{-2}	9.89×10^{-3}	2.59×10^{-3}	6.66×10^{-4}
Kershaw 网格	节点误差	1.25×10^{-1}	3.52×10^{-2}	9.14×10^{-3}	2.31×10^{-3}	5.78×10^{-4}
	中心误差	1.89×10^{-1}	5.30×10^{-2}	1.34×10^{-2}	3.36×10^{-3}	8.40×10^{-4}

第 4 章　非匹配网格上的守恒格式

本章描述了在一般非匹配网格上构造扩散格式的方法[14][15][16], 格式中只包含单元中心未知量, 具有局部守恒性, 并能够严格处理间断.

4.1　构造格式的一般方法

考察形式如下的一般扩散问题：

$$-\nabla \cdot (\mathcal{D}(x)\nabla u) = f, \quad x \in \Omega, \tag{4.1}$$

其中 Ω 为平面上多边形区域, $\mathcal{D}(x) = (d_{i,j})$ 是对称矩阵, 并且存在常数 $c > 0$, 使得

$$\mathcal{D}(x)\xi \cdot \xi \geqslant c|\xi|^2, \quad \forall \xi \in \mathbf{R}^2. \tag{4.2}$$

对如图 4.1 所示的包括单元非匹配的任意多边形网格, 推导单元 Ω_i 与 Ω_j 的公共边 $\sigma = \bar{\Omega}_i \cap \bar{\Omega}_j$ 上通量 F_σ 的表达式.

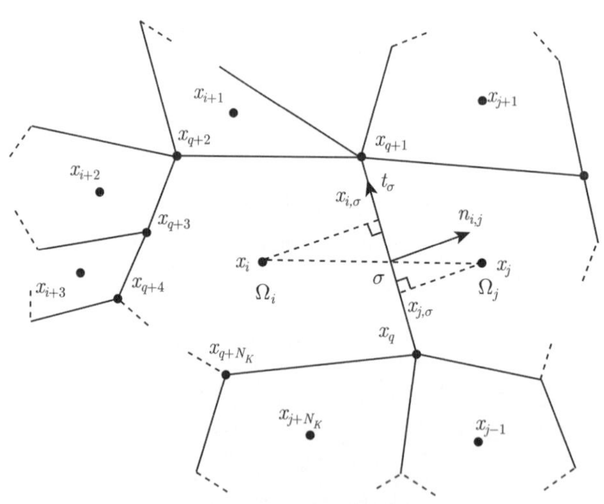

图 4.1　任意多边形网格

由于扩散张量 $\mathcal{D}$ 是对称的, 通量的表达式可以记为

$$F_\sigma = -\int_\sigma \nabla u \cdot \mathcal{D} n_\sigma dl.$$

引入记号

$$n_{i,j}^{\mathcal{D}_i} = \mathcal{D}_i n_{i,j}, \quad \kappa_{i,\sigma} = n_{i,j}^{\mathcal{D}_i} \cdot n_{i,j},$$

$$n_{i,j}^{\mathcal{D}_j} = \mathcal{D}_j n_{i,j}, \quad \kappa_{j,\sigma} = n_{i,j}^{\mathcal{D}_j} \cdot n_{i,j},$$

其中 $\mathcal{D}_i$ 和 $\mathcal{D}_j$ 分别是定义在 Ω_i 和 Ω_j 上的扩散系数, $n_{i,j}$ 是边 σ 上外法线方向的单位向量.

对单元 Ω_i 定义集合 $\mathcal{C}_{i,\sigma}$, 其中包含了单元 Ω_i 本身及与其共边的相邻单元 Ω_l, 要求 Ω_l 满足条件: 扩散系数 $\mathcal{D}$ 在子区域 $\Omega_i \cup \Omega_l \cup \sigma_{il}$ 上光滑, σ_{il} 是 Ω_i 和 Ω_l 的公共边, 并且 $\Omega_l \neq \Omega_j$. 则 σ 上的离散通量可以表示为

$$F_{l,\sigma}/|\sigma| = -\nabla_l u \cdot n_{i,j}^{\mathcal{D}_i}, \quad \Omega_l \in \mathcal{C}_{i,\sigma}, \tag{4.3}$$

其中 $\nabla_l u$ 是 Ω_l 上的梯度.

类似地, 对单元 Ω_j, 定义集合 $\mathcal{C}_{j,\sigma}$, 并得到离散通量的表达式

$$F_{r,\sigma}/|\sigma| = -\nabla_r u \cdot n_{i,j}^{\mathcal{D}_j}, \quad \Omega_r \in \mathcal{C}_{j,\sigma}, \tag{4.4}$$

其中 $\nabla_r u$ 是 Ω_r 上的梯度.

用 x_l 表示单元 Ω_l 的中心. 假设对任意给定点 $x_p \in \sigma$, 向量 $x_p - x_l$ 和 t_σ 是线性独立的, 因此, 存在非零系数 $\lambda_{l,p}$ 和 $\beta_{l,p}$, 满足如下条件:

$$n_{i,j}^{\mathcal{D}_i} = \lambda_{l,p}(x_p - x_l) + \beta_{l,p} t_\sigma, \quad \Omega_l \in \mathcal{C}_{i,\sigma}. \tag{4.5}$$

上式两端点乘 $n_{i,j}$, 得到

$$\lambda_l = \frac{\kappa_{i,\sigma}}{d_{l,\sigma}}, \tag{4.6}$$

其中 $d_{l,\sigma} = (x_p - x_l) \cdot n_{i,j}$. 对任意 $x_p \in \sigma$, $\lambda_{l,p}$ 是常数, 因此式 (4.6) 中用符号 λ_l 代替了 $\lambda_{l,p}$.

另一方面, 在等式 (4.5) 两边点乘 t_σ, 有

$$\beta_{l,p} = n_{i,j}^{\mathcal{D}_i} \cdot t_\sigma - \lambda_l (x_p - x_l) \cdot t_\sigma. \tag{4.7}$$

$\mathcal{D}$ 在子区域 $\Omega_i \cup \Omega_l \cup \sigma_{il}$ 上是光滑的, 因此 ∇u 在这一区域上也是光滑的. 应用一阶 Taylor 展开, 我们得到如下近似:

$$\nabla_l u \cdot (x_p - x_l) \approx u_p - u_l + O(h^2), \quad \Omega_l \in \mathcal{C}_{i,\sigma}, \tag{4.8}$$

其中 u_p 和 u_l 分别是 u 在 x_p 和 x_l 处的值.

等式 (4.5) 两边分别点乘 $\nabla_l u$, 并应用 (4.8) 和 (4.3) 后得到

$$F_{l,\sigma}/|\sigma| = \lambda_l (u_l - u_p) - \beta_{l,p} \nabla_l u \cdot t_\sigma + O(h), \quad \Omega_l \in \mathcal{C}_{i,\sigma}. \tag{4.9}$$

用同样的方法, 还可以得到

$$F_{r,\sigma}/|\sigma| = -\lambda_r(u_r - u_p) - \beta_{r,p}\nabla_r u \cdot t_\sigma + O(h), \quad \Omega_r \in \mathcal{C}_{j,\sigma}, \tag{4.10}$$

其中

$$\lambda_r = \frac{\kappa_{j,\sigma}}{d_{r,\sigma}}, \tag{4.11}$$

$$\beta_{r,p} = n_{i,j}^{\mathcal{D}_j} \cdot t_\sigma + \lambda_r(x_p - x_r) \cdot t_\sigma. \tag{4.12}$$

由于梯度的切向分量是连续的, 因此有下面的式子成立:

$$\nabla_l u \cdot t_\sigma = \nabla_r u \cdot t_\sigma, \tag{4.13}$$

下面用 g_σ 表示这一分量. 由法向通量连续性条件, 可以得到

$$F_\sigma = F_{l,\sigma} = F_{r,\sigma}. \tag{4.14}$$

合并等式 (4.9), (4.10), (4.13) 和 (4.14), 有

$$u_p = \frac{1}{\lambda_l + \lambda_r}\Big(\lambda_l u_l + \lambda_r u_r - (\beta_{l,p} - \beta_{r,p})g_\sigma\Big) + O(h^2). \tag{4.15}$$

将 (4.15) 代入 (4.9), 得到

$$F_\sigma = \frac{\lambda_l\lambda_r}{\lambda_l + \lambda_r}(u_l - u_r + D_{l,r}g_\sigma) + O(h), \tag{4.16}$$

其中

$$\begin{aligned} D_{l,r} &= -\frac{\beta_{l,p}}{\lambda_l} - \frac{\beta_{r,p}}{\lambda_r} \\ &= -\frac{n_{i,j}^{\mathcal{D}_i} \cdot t_\sigma}{\lambda_l} - \frac{n_{i,j}^{\mathcal{D}_j} \cdot t_\sigma}{\lambda_r} + (x_r - x_l) \cdot t_\sigma. \end{aligned} \tag{4.17}$$

从上式可以看出, F_σ 的离散与 x_p 的具体位置无关.

扩散通量的表达式 (4.16) 中, 包含了梯度的切向分量 g_σ, 下面通过重构辅助未知量, 给出用中心未知量显式表示 g_σ 的方法. 重构方法包括了两大类: 边上辅助未知量的重构和节点处辅助未知量的重构.

4.2 非匹配网格边上辅助未知量的重构

4.2.1 自适应模板方法

假设至少存在两个相异的单元对: $(\Omega_{l_1}, \Omega_{r_1})$ 和 $(\Omega_{l_2}, \Omega_{r_2})$, $\Omega_{l_1}, \Omega_{l_2} \in \mathcal{C}_{i,\sigma}$, Ω_{r_1}, $\Omega_{r_2} \in \mathcal{C}_{j,\sigma}$, 以单元对 $(\Omega_{l_1}, \Omega_{r_1})$ 为模板, 由上节可知, 扩散通量的离散表达式为

$$\frac{F_\sigma^{l_1,r_1}}{|\sigma|} = \frac{\lambda_{l_1}\lambda_{r_1}}{\lambda_{l_1} + \lambda_{r_1}}(u_{l_1} - u_{r_1} + D_{l_1,r_1}\tilde{g}_\sigma) + O(h). \tag{4.18}$$

类似地, 以 $(\Omega_{l_2},\Omega_{r_2})$ 为模板, 离散形式为

$$\frac{F_\sigma^{l_2,r_2}}{|\sigma|}=\frac{\lambda_{l_2}\lambda_{r_2}}{\lambda_{l_2}+\lambda_{r_2}}(u_{l_2}-u_{r_2}+D_{l_2,r_2}\tilde{g}_\sigma)+O(h). \tag{4.19}$$

由 $F_\sigma^{l_1,r_1}=F_\sigma^{l_2,r_2}$ 得到

$$\tilde{g}_\sigma=\frac{\tau_{l_1,r_1}(u_{r_1}-u_{l_1})-\tau_{l_2,r_2}(u_{r_2}-u_{l_2})}{\tau_{l_1,r_1}D_{l_1,r_1}-\tau_{l_2,r_2}D_{l_2,r_2}}+O(h), \tag{4.20}$$

其中,

$$\tau_{l_1,r_1}=\frac{\lambda_{l_1}\lambda_{r_1}}{\lambda_{l_1}+\lambda_{r_1}},\quad \tau_{l_2,r_2}=\frac{\lambda_{l_2}\lambda_{r_2}}{\lambda_{l_2}+\lambda_{r_2}},$$

$$D_{l_1,r_1}=-\frac{n_{i,j}^{\mathcal{D}_i}\cdot t_\sigma}{\lambda_{l_1}}-\frac{n_{i,j}^{\mathcal{D}_j}\cdot t_\sigma}{\lambda_{r_1}}+(x_{r_1}-x_{l_1})\cdot t_\sigma,$$

$$D_{l_2,r_2}=-\frac{n_{i,j}^{\mathcal{D}_i}\cdot t_\sigma}{\lambda_{l_2}}-\frac{n_{i,j}^{\mathcal{D}_j}\cdot t_\sigma}{\lambda_{r_2}}+(x_{r_2}-x_{l_2})\cdot t_\sigma.$$

用 $\tilde{g}_\sigma$ 近似 g_σ, 然后将 (4.20) 代入 (4.15), 我们就可以得到点 x_p 处的近似值 u_p, 这里 x_p 可以是 σ 上的任意给定点.

注记 4.2.1 集合 $\mathcal{C}_{i,\sigma}$ 和 $\mathcal{C}_{j,\sigma}$ 中, 近似 g_σ 的可选单元对往往不只两个, 此时可以选择使计算格式数值稳定性较好的单元对. 具体地, 我们选择单元对, 使得

$$|\tau_{l_1,r_1}D_{l_1,r_1}-\tau_{l_2,r_2}D_{l_2,r_2}|$$

局部极大.

用一个简单例子来说明这个准则的合理性. 在图 4.2 所示的四边形网格上考察扩散系数为常数 κ 的各向同性问题, 可以看出, 有 16 对单元可以作为候选模板: (Ω_i,Ω_j), (Ω_i,Ω_{j+1}), (Ω_i,Ω_{j+2}), (Ω_i,Ω_{j+3}), (Ω_{i+1},Ω_j), $(\Omega_{i+1},\Omega_{j+1})$, $(\Omega_{i+1},\Omega_{j+2})$, $(\Omega_{i+1},\Omega_{j+3})$ 等. 对每一单元对, 经过简单的计算可以得到

$$\tau_{l,r}=\frac{\kappa}{d_{l,\sigma}+d_{r,\sigma}},\quad D_{l,r}-(x_r-x_l)\cdot t_\sigma=d_{l,r}\cos\theta_{l,r},$$

这里, $d_{l,\sigma}$ (或 $d_{r,\sigma}$) 是点 x_l (或 x_r) 到边 σ 的距离, $d_{l,r}$ 是点 x_l 与 x_r 之间的距离, $\theta_{l,r}$ 是由 x_lx_r 旋转至 σ 的角度. 对图 4.2 所示网格, $D_{l,r}$ 在单元对 $(\Omega_{i+3},\Omega_{j+3})$ 处达到极大, 在 $(\Omega_{i+1},\Omega_{j+1})$ 处达到极小, 并且 $D_{l,r}$ 在这两个单元对处分别取正值和负值. 另一方面, $\tau_{l,r}$ 随着 $d_{l,\sigma}$ 或 $d_{r,\sigma}$ 的减少而增加, 因此 $\tau_{l,r}D_{l,r}$ 也在这两个单元对处分别取极大值和极小值. 依据模板选取准则, 取这两个单元对近似 g_σ 的值.

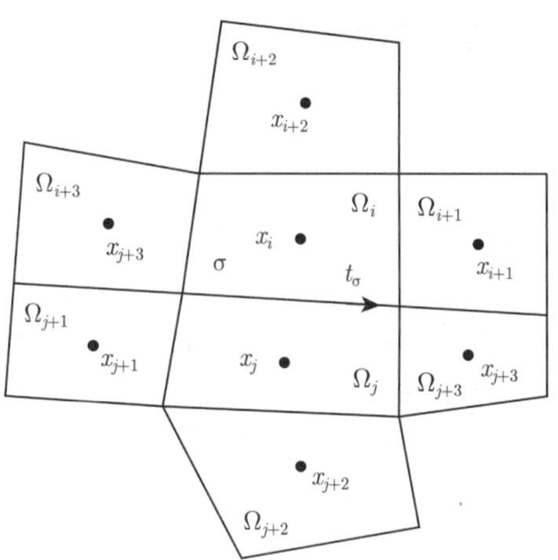

图 4.2　重构算法中的模板

另一方面, g_σ 是梯度在 t_σ 方向的分量, 在候选的单元对中, $x_{i+3}x_{j+3}$ 所近似的方向最接近于 t_σ, 而 $x_{i+1}x_{j+1}$ 最接近于 $-t_\sigma$, 因此以这两个单元对作为近似 g_σ 的值的最优模板是合理的.

需要说明的是, 如果 $\Omega_l, l \neq i$(或 $\Omega_r, r \neq j$) 与 Ω_i(或 Ω_j) 的公共边位于间断线上, 则该单元不能作为候选单元用于重构 σ 上的辅助未知量.

4.2.2　通量平衡点方法

式 (4.15) 中, x_p 可以是边 σ 或其延长线上的任意点, 将 x_p 取在特定位置, 使得下式成立:

$$\beta_{l,p} = \beta_{r,p}. \tag{4.21}$$

这样, 等式 (4.15) 中就不会出现项 $(\beta_{l,p} - \beta_{r,p})g_\sigma$.

以 Ω_i 和 Ω_j 作为模板, 用 x_f 表示这一特定点, 该处的值可以表示为

$$u_f \approx \frac{1}{\lambda_i + \lambda_j}(\lambda_i u_i + \lambda_j u_j). \tag{4.22}$$

将该点称为通量平衡点. 需要指出的是, 通量平衡点的位置与文献 [17] 给出的调和平均点位置一致, 但推导过程不同.

注记 4.2.2　如果单元中心位于单元的内部, 则有

$$(x_p - x_i) \cdot n_{i,j} = d_{i,\sigma} > 0, \quad (x_j - x_p) \cdot n_{i,j} = d_{j,\sigma} > 0, \quad \forall\, x_p \in \sigma.$$

进一步, 式 (4.2) 表明 $\kappa_{i,\sigma} > 0, \kappa_{j,\sigma} > 0$, 因此式 (4.22) 中的权始终是正的, 即 $\lambda_i > 0$, $\lambda_j > 0$.

下面确定 x_f 的具体位置. 由等式 (4.7), (4.12) 和 (4.21), 经过简单的计算可得

$$(x_f - x_i)\cdot t_\sigma = \frac{1}{\lambda_i+\lambda_j}\Big(n_{i,j}^{\mathcal{D}_i}\cdot t_\sigma - n_{i,j}^{\mathcal{D}_j}\cdot t_\sigma - \lambda_j(x_i-x_j)\cdot t_\sigma\Big).$$

另外有

$$x_f - x_i = \Big((x_f-x_i)\cdot t_\sigma\Big)t_\sigma + \Big((x_f-x_i)\cdot n_{i,j}\Big)n_{i,j},$$

$$\Big((x_i-x_j)\cdot t_\sigma\Big)t_\sigma = x_{i,\sigma}-x_{j,\sigma},$$

$$(x_f-x_i)\cdot n_{i,j} = d_{i,\sigma},$$

$$x_i + d_{i,\sigma}n_{i,j} = x_{i,\sigma},$$

因此可得

$$x_f = \frac{1}{\lambda_i+\lambda_j}\Big(\lambda_i x_{i,\sigma} + \lambda_j x_{j,\sigma} + (n_{i,j}^{\mathcal{D}_i}\cdot t_\sigma - n_{i,j}^{\mathcal{D}_j}\cdot t_\sigma)t_\sigma\Big). \tag{4.23}$$

对各向同性问题, 或是均匀介质中的各向异性问题, 我们有 $n_{i,j}^{\mathcal{D}_i}\cdot t_\sigma = n_{i,j}^{\mathcal{D}_j}\cdot t_\sigma$, 式 (4.23) 可以简化为

$$x_f = \frac{1}{\lambda_i+\lambda_j}(\lambda_i x_{i,\sigma} + \lambda_j x_{j,\sigma}),$$

其中 $x_{i,\sigma}$ 和 $x_{j,\sigma}$ 分别是 x_i 和 x_j 在 σ 上的投影. 上式表明 x_f 位于这两投影点之间.

注记 4.2.3 对各向同性问题或是均匀介质中的各向异性问题, 在矩形网格的边中点处有

$$\beta_{i,p} = \beta_{j,p}.$$

表明此时通量平衡点与边中点重合.

4.2.3 切向导数的近似

在边 $x_s x_{s+1}$ 上给定一点 $x_{\sigma,s}$, $s=q-1,q,q+1$(图 4.3), 在该点处引入辅助未知量 $u_{\sigma,s}$, 辅助未知量的值由自适应模板方法或通量平衡点方法得到. $\Omega_{i,q}$ 是由四个点 $x_{\sigma,q-1}$, $x_{\sigma,q}$, $x_{\sigma,q+1}$ 和 x_i 形成的四边形, 假定梯度在 $\Omega_{i,q}$ 上为常数, 在 $\Omega_{i,q}$ 上对梯度进行积分, 应用 Gauss 定理可以得到

$$\nabla_{i,q}u = \frac{\displaystyle\sum_{s=q-1}^{q+2}|x_{\sigma,s}-x_{\sigma,s-1}|\big(u_{\sigma,s}+u_{\sigma,s-1}\big)n_s}{2|\Omega_{i,q}|}, \tag{4.24}$$

其中 $|\Omega_{i,q}|$ 是 $\Omega_{i,q}$ 的面积, n_s 是边 $x_{\sigma,s-1}x_{\sigma,s}$ 上的单位外法线向量. 如果 $s=q-2$ 或 $s=q+2$, 则定义 $u_{\sigma,s}=u_i$, $x_{\sigma,s}=x_i$. 用同样的方法, 也可以得到 $\Omega_{j,q}$ 上的梯度, 用 $\nabla_{j,q}u$ 表示.

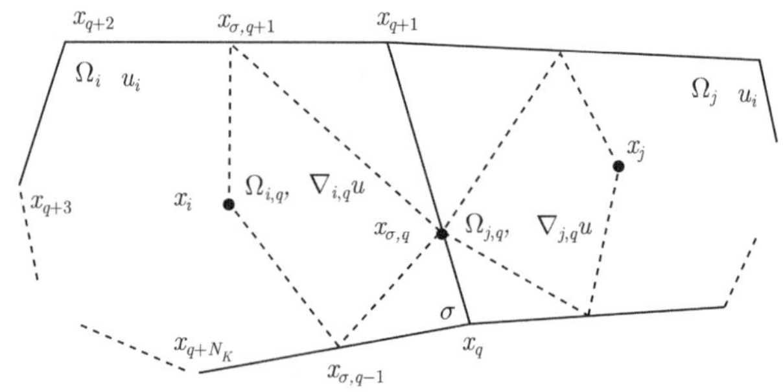

图 4.3 四边形网格上梯度值的重构

切向导数在边的两侧相等, 基于线性加权的方法进行插值:

$$g_\sigma \approx \alpha_i \nabla_{i,q}u \cdot t_\sigma + \alpha_j \nabla_{j,q}u \cdot t_\sigma. \tag{4.25}$$

这一方法对线性解是精确的, 其中的权值可以取为

$$\alpha_i = \frac{d_{j,\sigma}}{d_{i,\sigma}+d_{j,\sigma}}, \quad \alpha_j = \frac{d_{i,\sigma}}{d_{i,\sigma}+d_{j,\sigma}}. \tag{4.26}$$

4.3 非匹配网格节点处辅助未知量的重构

本节给出了一种重构悬点未知量的方法, 该方法是基于通量连续提出的, 记为 HRM(Hanging Reconstruction Method) 方法, 另外本节还描述了求解节点近似值的简单加权平均法和最小二乘法.

4.3.1 悬点处未知量的重构

为方便起见, 引入一些新的记号 (图 4.4). 用 $q_i(1 \leqslant i \leqslant 3)$ 表示悬点 p_2 周围的单元, p_1p_2 为单元 q_1 和 q_3 的公共边, p_2p_3 为单元 q_2 和 q_3 的公共边. $\Omega_k(1 \leqslant k \leqslant 4)$ 是以单元中心 q_i 和节点 p_i 为顶点的四个三角形, 例如, $\Omega_1 = \triangle p_1q_1p_2$. 用 n_{31} 表示从 Ω_3 指向 Ω_1 的单位外法向向量. 其他的 n_{ij} 类似定义.

利用法向通量连续, 有

$$\kappa(q_3)\nabla u(p_2)|_{\Omega_3} \cdot n_{31} = -\kappa(q_1)\nabla u(p_2)|_{\Omega_1} \cdot n_{13}, \tag{4.27}$$

$$\kappa(q_3)\nabla u(p_2)|_{\Omega_4} \cdot n_{42} = -\kappa(q_2)\nabla u(p_2)|_{\Omega_2} \cdot n_{24}, \tag{4.28}$$

$$\kappa(q_3)\nabla u(p_2)|_{\Omega_3} \cdot n_{34} = -\kappa(q_3)\nabla u(p_2)|_{\Omega_4} \cdot n_{43}, \tag{4.29}$$

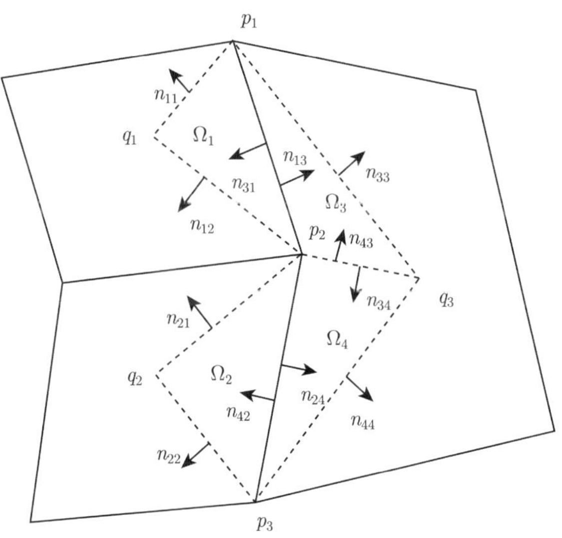

图 4.4 包含悬点的网格示意图

这里 $\nabla u(p_2)|_{\Omega_1}$ 表示 Ω_1 中的梯度在节点 p_2 处的值, $\nabla u(p_2)|_{\Omega_2}$, $\nabla u(p_2)|_{\Omega_3}$ 和 $\nabla u(p_2)|_{\Omega_4}$ 类似定义.

在三角形 $\triangle = \triangle x_0x_1x_2$ (图 4.5) 中, 利用 Gauss 定理和梯形公式可以重构离散梯度 $\nabla u|_\triangle$:

$$\nabla u|_\triangle \approx \frac{1}{|\triangle|}\int_\triangle \nabla u dx \approx \frac{1}{2|\triangle|}\left[(u_0-u_2)|x_0x_1|\nu_1+(u_0-u_1)|x_0x_2|\nu_2\right], \tag{4.30}$$

这里 $u_0=u(x_0), u_1=u(x_1)$ 以及 $u_2=u(x_2)$.

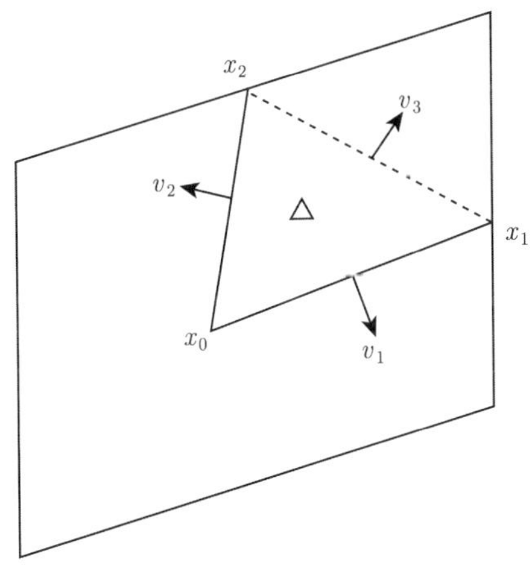

图 4.5 重构模板

把上述公式用于图 4.4 中的三角形 Ω_i $(1 \leqslant i \leqslant 4)$ 上, 得到

$$\nabla u|_{\Omega_1} = \frac{1}{2|\Omega_1|}\left[(u_{q_1} - u_{p_2})|q_1p_1|n_{11} + (u_{q_1} - u_{p_1})|q_1p_2|n_{12}\right], \tag{4.31}$$

$$\nabla u|_{\Omega_2} = \frac{1}{2|\Omega_2|}\left[(u_{q_2} - u_{p_3})|q_2p_2|n_{21} + (u_{q_2} - u_{p_2})|q_2p_3|n_{22}\right], \tag{4.32}$$

$$\nabla u|_{\Omega_3} = \frac{1}{2|\Omega_3|}\left[(u_{q_3} - u_{p_1})|q_3p_2|n_{34} + (u_{q_3} - u_{p_2})|q_3p_1|n_{33}\right], \tag{4.33}$$

$$\nabla u|_{\Omega_4} = \frac{1}{2|\Omega_4|}\left[(u_{q_3} - u_{p_2})|q_3p_3|n_{44} + (u_{q_3} - u_{p_3})|q_3p_2|n_{43}\right], \tag{4.34}$$

这些记号的意义如图 4.4 所示. 将 (4.31) 和 (4.33) 代入式 (4.27) 中, 有

$$\begin{aligned}
&\left[\frac{|q_3p_2|}{2|\Omega_3|}(\kappa(q_3)n_{34})\cdot n_{31} + \frac{|q_1p_2|}{2|\Omega_1|}(\kappa(q_1)n_{12})\cdot n_{13}\right]u_{p_1} \\
&+\left[\frac{|q_3p_1|}{2|\Omega_3|}(\kappa(q_3)n_{33})\cdot n_{31} + \frac{|q_1p_1|}{2|\Omega_1|}(\kappa(q_1)n_{11})\cdot n_{13}\right]u_{p_2} \\
=&\left[-\frac{|p_1p_2|}{2|\Omega_1|}(\kappa(q_1)n_{13})\cdot n_{13}\right]u_{q_1} + \left[-\frac{|p_1p_2|}{2|\Omega_3|}(\kappa(q_3)n_{31})\cdot n_{31}\right]u_{q_3}.
\end{aligned} \tag{4.35}$$

这里用到了

$$|q_1p_1|n_{11} + |q_1p_2|n_{12} = -|p_1p_2|n_{13},$$

$$|q_3p_1|n_{33} + |q_3p_2|n_{34} = -|p_1p_2|n_{31}.$$

记

$$a_{11} = \frac{|q_3p_2|}{2|\Omega_3|}(\kappa(q_3)n_{34})\cdot n_{31} + \frac{|q_1p_2|}{2|\Omega_1|}(\kappa(q_1)n_{12})\cdot n_{13},$$

$$a_{12} = \frac{|q_3p_1|}{2|\Omega_3|}(\kappa(q_3)n_{33})\cdot n_{31} + \frac{|q_1p_1|}{2|\Omega_1|}(\kappa(q_1)n_{11})\cdot n_{13},$$

$$b_{11} = -\frac{|p_1p_2|}{2|\Omega_1|}(\kappa(q_1)n_{13})\cdot n_{13},$$

$$b_{13} = --\frac{|p_1p_2|}{2|\Omega_3|}(\kappa(q_3)n_{31})\cdot n_{31}.$$

这样就得到

$$a_{11}u_{p_1} + a_{12}u_{p_2} = b_{11}u_{q_1} + b_{13}u_{q_3}. \tag{4.36}$$

对 (4.28) 和 (4.29)，类似地有

$$a_{22}u_{p_2} + a_{23}u_{p_3} = b_{22}u_{q_2} + b_{23}u_{q_3}, \tag{4.37}$$

$$a_{31}u_{p_1} + a_{32}u_{p_2} + a_{33}u_{p_3} = b_{33}u_{q_3}. \tag{4.38}$$

联合 (4.36), (4.37) 和 (4.38), 得到代数方程组 $AU_p = BU_q$, 这里

$$A = \begin{pmatrix} a_{11} & a_{12} & 0 \\ 0 & a_{22} & a_{23} \\ a_{31} & a_{32} & a_{33} \end{pmatrix}, \qquad B = \begin{pmatrix} b_{11} & 0 & b_{13} \\ 0 & b_{22} & b_{23} \\ 0 & 0 & b_{33} \end{pmatrix},$$

$U_p = (u_{p_1}, u_{p_2}, u_{p_3})$, $U_q = (u_{q_1}, u_{q_2}, u_{q_3})$. 求解这个代数方程组, 得到 $U_p = A^{-1}BU_q$, 特别地

$$u_{p_2} = \omega_1 u_{q_1} + \omega_2 u_{q_2} + \omega_3 u_{q_3}.$$

上式给出了悬点 p_2 处未知量的计算公式.

4.3.2 简单加权平均法

为表述简单起见, 用 K 表示单元中心, 用 P 表示节点. 采用如下公式由中心未知量的值重构节点未知量的值:

$$u_P = \frac{1}{\omega(P)} \sum_{K \in \Omega^P} \omega_K(P) u_K, \tag{4.39}$$

其中 Ω^P 是以 P 为节点的单元的集合. $\omega(P) = \sum\limits_{K \in \Omega^P} \omega_K(P)$.

权值 ω_{p_s} 的取法直接影响九点格式在扭曲网格上的精度, 几种较为简单的方法包括:

(a) $\omega_K(P) = 1$.

(b) $\omega_K(P) = 1/|x_K - x_P|$.

(c) 对各向同性问题, $\omega_K(P) = \kappa_K/|x_K - x_P|$, κ_K 是单元中心处的热传导系数.

其中, 权值取 (a) 称为 AM(Average weight Method) 方法, 权值取 (b) 称为 IM(Inverse distance weight Method) 方法, 权值取 (c) 称为 SW(Simple Weight method) 方法.

4.3.3 最小二乘法

对于光滑问题, 可以采用最小二乘方法计算节点值. 定义函数

$$f(x, y) = a + bx + cy, \tag{4.40}$$

选择 a, b, c, 使下面的二次函数的值最小:

$$L_P(f) = \sum_{K \in \Omega^P} (u_K - f(x_K, y_K))^2. \tag{4.41}$$

在极值点处, 导数为零. 因此 a, b, c 的值可以由下面的式子确定:

$$\sum_{K\in\Omega^P}(f(x_K,y_K)-u_K)\nabla_{a,b,c}f(x_K,y_K)=0, \tag{4.42}$$

则有

$$\nabla_{a,b,c}f(x_K,y_K)=\begin{pmatrix}1\\x_K\\y_K\end{pmatrix},$$

由此可以得到

$$\begin{pmatrix}n_P & R_x & R_y\\ R_x & I_{xx} & I_{xy}\\ R_y & I_{xy} & I_{yy}\end{pmatrix}\begin{pmatrix}a\\b\\c\end{pmatrix}=\begin{pmatrix}\sum u_K\\ \sum x_Ku_K\\ \sum y_Ku_K\end{pmatrix}, \tag{4.43}$$

其中 $R_x=\sum x_K$, $R_y=\sum y_K$, $I_{xx}=\sum x_K^2$, $I_{xy}=\sum x_Ky_K$, $I_{yy}=\sum y_K^2$, n_P 是以 P 为节点的单元的个数.

将 P 取为原点, 因此

$$a=T_P=\sum_{K\in\Omega_P}\omega_K(P)u_K,\quad \omega_K(P)=\frac{1+\lambda_xx_K+\lambda_yy_K}{n_P+\lambda_xR_x+\lambda_yR_y}, \tag{4.44}$$

其中 $D=I_{xx}I_{yy}-I_{xy}^2$, $\lambda_x=\dfrac{I_{xy}R_y-I_{yy}R_x}{D}$, $\lambda_y=\dfrac{I_{xy}R_x-I_{xx}R_y}{D}$. 需要指出的是, 由于 $I_{xx}I_{yy}>I_{xy}^2$, 因此 D 不为零.

从式 (4.44) 容易看出, 最小二乘法没有考虑扩散系数对节点值计算的影响. 对于间断系数问题, 这一近似方法会带来较大误差.

4.4 数值算例

用 $u(i)$ 表示单元 Ω_i 中心处的精确解, u_i 是数值解, $|\Omega_i|$ 是单元 Ω_i 的面积, 采用下式计算解的最大模误差:

$$E_{\max}^u=\max_{i=1,\cdots,N}|u_i-u(i)|, \tag{4.45}$$

误差的 l_2 模的计算公式为

$$E_{l_2}^u=\sqrt{\sum_{i=1}^N(u_i-u(i))^2|\Omega_i|}. \tag{4.46}$$

采用类似公式计算通量的误差, 分别用 $E_{\max}^F$ 和 $E_{l_2}^F$ 表示.

在一系列规模不同的网格上计算, 对网格 $\mathcal{J}_1$ 和 $\mathcal{J}_2$, 计算误差分别表示为 E_1

和 E_2, 则采用下式估计解的收敛阶:

$$q = -2\frac{\log(E_2) - \log(E_1)}{\log(k_2) - \log(k_1)}, \tag{4.47}$$

其中 k_1 和 k_2 分别是网格 $\mathcal{J}_1$ 和 $\mathcal{J}_2$ 中未知量的数目.

4.4.1 光滑各向异性问题

考虑扩散问题 (4.1). 精确解取为

$$u(x,y) = \sin((1-x)(1-y)) + (1-x)^3(1-y)^2,$$

扩散张量为

$$\mathcal{D} = \begin{pmatrix} 1.5 & 0.5 \\ 0.5 & 1.5 \end{pmatrix}.$$

源项定义为

$$f = -\nabla \cdot (\mathcal{D}\nabla u).$$

边界取 Dirichlet 条件. 这一算例来自文献 [18]. 针对这一算例, 在包括非匹配网格在内的各种扭曲网格上, 考察格式精度.

下面给出三种格式的数值结果, 分别表示为 BP (balance point), MP (mid-point) 和 AS(adaptive stencil). 这些格式的主要差别在于辅助未知量的位置或取值方式不同. BP 格式中, 辅助未知量定义于通量平衡点处, 用公式 (4.22) 近似通量平衡点处的值. AS 格式和 MP 格式都将辅助未知量定义于中点处, 并分别用公式 (4.15) 和公式 (4.22) 近似中点处的值.

在图 4.6 所示非匹配正交网格上求解. 表 4.1 给出了计算结果, 可以看出, BP 格式和 AS 格式的解具有二阶精度, 与 SUSHI 格式类似, 而通量的精度高于一阶. MP 格式在三角形网格上不收敛, 而在非匹配正交网格上具有一阶精度.

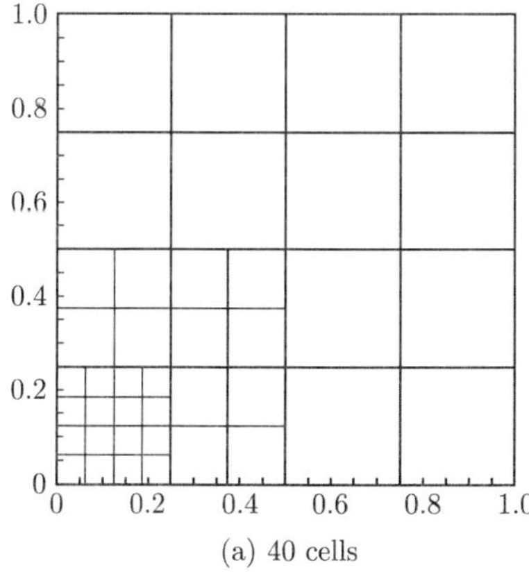

(a) 40 cells

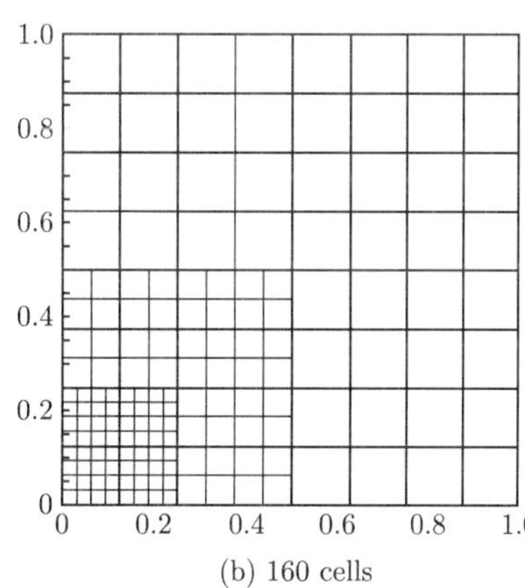

(b) 160 cells

图 4.6 非匹配矩形网格

表 4.1　光滑各向异性扩散问题在非匹配矩形网格上的误差

方法	N	$E^u_{l_2}$	$q^u_{l_2}$	$E^F_{l_2}$	$q^F_{l_2}$
BP	40	0.829×10^{-2}	—	0.313×10^{-1}	—
	160	0.210×10^{-2}	1.98	0.108×10^{-1}	1.53
	640	0.530×10^{-3}	1.99	0.375×10^{-2}	1.53
	2560	0.133×10^{-3}	1.99	0.131×10^{-2}	1.52
	10240	0.333×10^{-4}	2.00	0.457×10^{-3}	1.51
AS	40	0.821×10^{-2}	—	0.306×10^{-1}	—
	160	0.211×10^{-2}	1.96	0.107×10^{-1}	1.52
	640	0.535×10^{-3}	1.98	0.372×10^{-2}	1.52
	2560	0.135×10^{-3}	1.99	0.130×10^{-2}	1.52
	10240	0.338×10^{-4}	2.00	0.456×10^{-3}	1.51
MP	40	0.797×10^{-2}	—	0.254×10^{-1}	—
	160	0.217×10^{-2}	1.88	0.809×10^{-2}	1.65
	640	0.634×10^{-3}	1.77	0.261×10^{-2}	1.63
	2560	0.231×10^{-3}	1.46	0.134×10^{-2}	0.96
	10240	0.104×10^{-3}	1.15	0.104×10^{-2}	0.37
SUSHI	40	0.292×10^{-1}	—		
	640	0.173×10^{-2}	2.04		
	10240	0.105×10^{-3}	2.02		

4.4.2　垂直断层问题

考察在计算区域中间位置有间断的各向异性扩散问题 (4.1). 如图 4.7(a) 所示, 正方形单位计算域 $\Omega=(0,1)^2$ 分为两部分, Ω_1 和 Ω_2, 其中 $\Omega_2=\Omega\setminus\Omega_1$, $\Omega_1=\Omega_1^l\cup\Omega_1^r$,

$$\Omega_1^l=(0,0.5]\times\left(\bigcup_{k=0}^{4}[0.05+2k\times0.1,0,0.5+(2k+1)\times0.1)\right),$$

$$\Omega_1^r=(0.5,1)\times\left(\bigcup_{k=0}^{4}[2k\times0.1,(2k+1)\times0.1)\right).$$

张量扩散系数给定为

$$\mathcal{D}=\begin{cases}\mathcal{D}_1(x),\\ \mathcal{D}_2(x),\end{cases}$$

其中,

$$\mathcal{D}_1(x)=\begin{pmatrix}10^2&0\\0&10\end{pmatrix},\quad x\in\Omega_1,\quad \mathcal{D}_2(x)=\begin{pmatrix}10^{-2}&0\\0&10^{-3}\end{pmatrix},\quad x\in\Omega_2.$$

边界处指定为 Dirichlet 条件, 定义为 $1-x$. 另外, 假定源项为 0. 由上述条件可以知道, 精确解应在 0 和 1 之间. 计算网格是如图 4.7(b) 所示的非匹配不规则网格, 可以看出, 在每一地质层, 仅设置一层离散网格. 这一算例来自文献 [18].

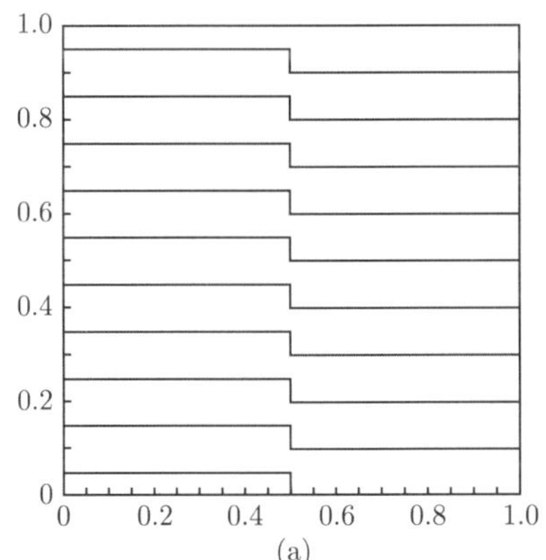

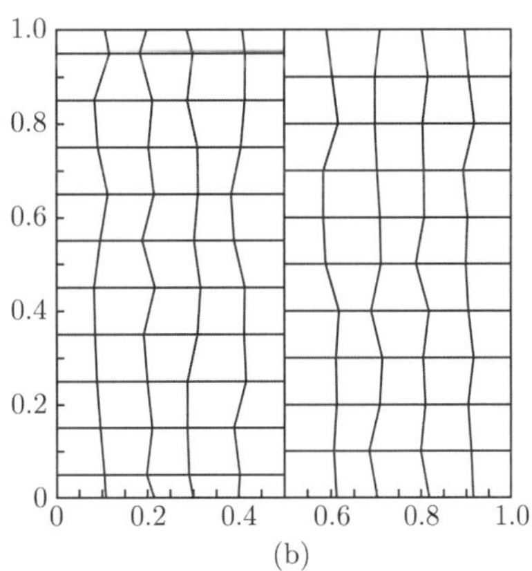

图 4.7 (a) 垂直断层问题的计算域; (b) 非匹配不规则网格

表 4.2 给出了计算结果, 其中 $u_{\min}$ 和 $u_{\max}$ 分别是解的最小值和最大值, flux0 是边界 $x=0$ 处通量的近似值, 定义为 flux0 $\approx -\int_{x=0} \mathcal{D}\nabla u \cdot n dl$. 类似地, 定义了 $x=1$, $y=0$ 和 $y=1$ 处的通量 flux1, fluy0 和 fluy1. 我们给出了 320×320 的矩形网格上的计算结果作为参考. 表 4.2 中所给计算结果显示, 自适应模板方法 (AS) 和通量平衡点方法 (BP) 都能够保持物理界, 并且两种方法在边界上的通量接近参考解, 显示了良好的精度.

表 4.2 垂直断层问题在非匹配不规则网格和 320×320 矩形网格上的计算结果

方法	网格	$u_{\min}$	$u_{\max}$	flux0	flux1	fluy0	fluy1
AS	非匹配	3.81×10^{-2}	9.63×10^{-1}	-42.3	43.9	-1.58	5.66×10^{-4}
BP	非匹配	3.73×10^{-2}	9.64×10^{-1}	-41.2	43.0	-1.80	6.66×10^{-4}
	矩形	1.32×10^{-3}	9.99×10^{-1}	-42.1	44.4	-2.33	7.97×10^{-4}

4.4.3 常系数及间断系数问题

这一算例中求解以下各向同性扩散问题:

$$a\frac{\partial u}{\partial t} = \nabla \cdot \kappa(\nabla u) + f, \tag{4.48}$$

扩散系数为

$$\kappa = \begin{cases} 1, & 0 \leqslant x \leqslant 0.5, \\ \lambda, & 0.5 < x \leqslant 1. \end{cases}$$

取 $a = 1/300$, 计算至时刻 $t = 1$. 精确解为

$$u(x,y) = \begin{cases} 1 + x + y + (x-0.5)^2 e^{x+y}, & 0 \leqslant x \leqslant 0.5, \\ \dfrac{3\lambda - 1}{2\lambda} + \dfrac{x}{\lambda} + y + (x-0.5)^2 e^{x+y}, & 0.5 < x \leqslant 1. \end{cases}$$

采用由精确解指定的 Dirichlet 边界条件和源项, 初值取为 0. 关于这一问题的描述也可以参见文献 [19] 等.

在四种不同密度的非匹配随机网格上进行计算, 左半区网格数分别为 5×10, 10×20, 20×40 和 30×60, 对应的右半区网格数分别为 6×12, 12×24, 24×48 和 36×72. 随机扰动系数为 $\pm20\%$. 间断面附近, 网格没有水平方向的扰动 (图 4.8). 这里计算了两种情况：$\lambda = 1$ 和 $\lambda = 0.01$. $\lambda = 0.01$ 时, 切向通量表现出强间断的特点.

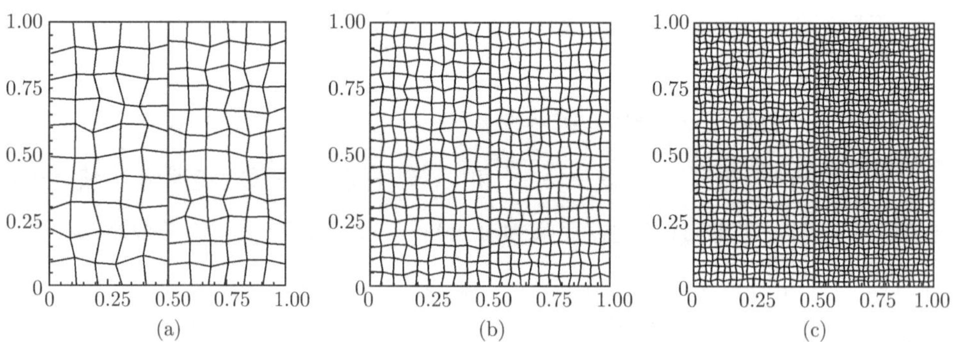

图 4.8　非匹配随机网格, (a) 左侧：5×10, 右侧：6×12；(b) 左侧：10×20, 右侧：12×24 和 (c) 左侧：20×40, 右侧：24×48

表 4.3 给出了 $\lambda = 1$ 时的计算结果, 表 4.4 给出了 $\lambda = 0.01$ 时的计算结果. 表中, SW 指 4.3.2 小节中的简单加权平均法, 加权系数由 (c) 给出；LSW 指 4.3.3 小节中的最小二乘法；AW 指将自适应模板方法用于节点未知量差的重构, 即直接将式 (4.20) 代入式 (4.16), 计算边上的法向通量；Uniform grid 指均匀矩形网格. 在矩形网格上, 九点格式退化为五点格式, 节点值的近似方法不影响最终的格式精度. 表 4.3 所给计算结果表明, 在 $\lambda = 1$ 时, AW 方法与 LSW 方法的精度接近二阶, 而且这两种方法在非匹配随机网格上的计算结果与均匀矩形网格上的计算结果十分接近. SW 方法没有稳定的收敛阶. 表 4.4 中的计算结果显示, 在 $\lambda = 0.01$ 时, AW 方法的精度仍在 1.5 阶以上, 而 LSW 方法的精度在一阶以下. 这是因为 LSW 方法中没有考虑扩散系数的影响, 不能精确处理扩散系数强间断的情况. 另外, SW 方法具有接近一阶的精度.

表 4.3 常系数问题的计算结果 ($\lambda = 1$)

算法	N	$E^u_{\max}$	$q^u_{\max}$	$E^u_{l_2}$	$q^u_{l_2}$
SW	122	2.348×10^{-2}	—	7.23×10^{-3}	—
	488	1.40×10^{-2}	0.74	3.93×10^{-3}	0.88
	1952	1.07×10^{-2}	0.39	2.82×10^{-3}	0.48
	4392	9.98×10^{-3}	0.17	3.13×10^{-2}	−0.26
LSW	122	1.74×10^{-2}	—	5.04×10^{-3}	—
	488	5.21×10^{-3}	1.74	1.35×10^{-3}	1.90
	1952	1.50×10^{-3}	1.79	3.45×10^{-4}	1.96
	4392	7.19×10^{-4}	1.81	1.55×10^{-4}	1.98
AW	122	2.09×10^{-2}	—	5.10×10^{-3}	—
	488	5.40×10^{-3}	1.95	1.38×10^{-3}	1.88
	1952	1.84×10^{-3}	1.55	3.54×10^{-4}	1.97
	4392	9.38×10^{-4}	1.67	1.61×10^{-4}	1.94
Uniform grid	144	1.53×10^{-2}	—	4.77×10^{-3}	—
	484	5.31×10^{-3}	1.75	1.48×10^{-3}	1.93
	1936	1.49×10^{-3}	1.83	3.76×10^{-4}	1.98
	4356	6.94×10^{-4}	1.88	1.68×10^{-4}	1.99

表 4.4 强间断系数问题的计算结果 ($\lambda = 0.01$)

算法	N	$E^u_{\max}$	$q^u_{\max}$	$E^u_{l_2}$	$q^u_{l_2}$
SW	122	0.27	—	5.64×10^{-2}	—
	488	0.20	0.46	3.23×10^{-2}	0.81
	1952	0.10	0.99	1.91×10^{-2}	0.76
	4392	7.65×10^{-2}	0.67	1.26×10^{-2}	1.03
LSW	122	0.38	—	9.25×10^{-2}	—
	488	0.22	0.81	2.89×10^{-2}	1.68
	1952	0.11	0.98	1.53×10^{-2}	0.92
	4392	0.14	−0.56	1.15×10^{-2}	0.70
AW	122	2.08×10^{-2}	—	5.28×10^{-3}	—
	488	5.39×10^{-3}	1.95	1.40×10^{-3}	1.92
	1952	1.84×10^{-3}	1.55	3.52×10^{-4}	1.99
	4392	9.37×10^{-4}	1.67	1.68×10^{-4}	1.82
Uniform grid	144	1.53×10^{-2}	—	4.68×10^{-3}	—
	484	5.31×10^{-3}	1.75	1.46×10^{-3}	1.93
	1936	1.49×10^{-3}	1.83	3.71×10^{-4}	1.97
	4356	6.94×10^{-4}	1.88	1.66×10^{-4}	1.99

4.4.4 间断各向异性问题

在 $\Omega = (0,1) \times (0,1)$ 上考虑扩散问题 (4.1). 取

$$\mathcal{D}=\begin{cases}\begin{pmatrix}10 & 2\\ 2 & 5\end{pmatrix}, & 0\leqslant x\leqslant 0.5,\\ \begin{pmatrix}1 & 0\\ 0 & 1\end{pmatrix}, & 0.5<x\leqslant 1.\end{cases}$$

精确解取为

$$\begin{cases}u(x,y)=[1+(x-0.5)(0.1+8\pi(y-0.5))]\exp(-20\pi(y-0.5)^2)+10, & 0\leqslant x\leqslant 0.5,\\ u(x,y)=\exp(x-0.5)\exp(-20\pi(y-0.5)^2)+10, & 0.5<x\leqslant 1.\end{cases}$$

在图 4.9 所示的随机非匹配四边形网格上计算该问题, 采用保正格式计算通量, 比较几种不同节点未知量消去方法. 有关 AM 方法和 IM 方法的描述参见 4.3.2 小节, 其中 AM 方法中权值取 (a), IM 方法中权值取 (b), 另外有关 HRM 方法的描述参见 4.3.1 小节. 这里对 Picard 迭代取 $\mathcal{E}_{\text{non}}=1.0\times10^{-5}$, 对 BiCGStab 迭代取 $\mathcal{E}_{\text{lin}}=1.0\times10^{-10}$. 表 4.5 和表 4.6 分别给出了解和通量的 L_2 误差及收敛阶. 从表中可以看出, HRM 方法能够达到二阶收敛, 而 AM 方法和 IM 方法是不收敛的.

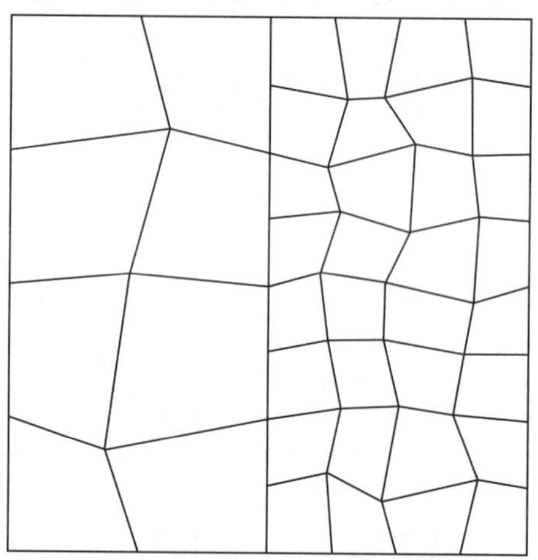

图 4.9　随机非匹配四边形网格

表 4.5　间断各向异性问题在随机网格上解的 L_2 模收敛阶

单元总数	AM		IM		HRM	
	误差	收敛阶	误差	收敛阶	误差	收敛阶
40	8.87×10^{-2}	—	9.08×10^{-2}	—	9.21×10^{-2}	—
160	1.48×10^{-2}	2.58	1.01×10^{-2}	3.12	9.91×10^{-3}	3.22
640	1.19×10^{-2}	0.31	5.80×10^{-3}	0.80	2.80×10^{-3}	1.82
2560	1.34×10^{-2}	−0.17	6.52×10^{-3}	−0.17	7.37×10^{-4}	1.93

表 4.6 间断各向异性问题在随机网格上通量的 L_2 模收敛阶

单元总数	AM		IM		HRM	
	误差	收敛阶	误差	收敛阶	误差	收敛阶
40	8.77	—	8.76	—	8.81	—
160	2.31	1.92	2.01	2.06	2.11	2.06
640	1.22	0.92	0.74	1.50	0.59	1.84
2560	1.29	−0.08	0.68	0.12	0.23	1.36

第 5 章　守恒的非负性修正方法

为解决实际应用中扩散格式计算出负从而导致数值模拟过程中断的问题, 可以采用两条技术途径. 一条途径是构造保极值原理的离散格式来替换程序中原有的离散格式, 另一条途径则是基于后处理的方式对现有的格式进行非负性修正, 强制其满足离散极值原理, 使数值解具有保正性. 第一条途径是一条较为彻底的解决办法, 然而, 将现有程序中的计算格式替换为新格式的工作量较大. 相比之下, 第二条途径易于在现有程序中实施, 并且这种后处理的方式更易于推广, 一般可以通用于多种不满足极值原理的格式, 如果新的修正方法的设计合理, 能弥补原有格式的不足, 就可以使现有程序经过较少的改进后继续发挥作用.

长期以来, 在实际应用中当扩散格式计算出负时, 为了使计算能够进行下去, 通常采用如下两种处理办法. 第一种方法是退回到上个时间步, 重新以较小的时间步长进行计算以避免离散解出负, 这种处理方式无疑会大幅降低计算效率, 甚至把时间步长缩小到难以忍受的地步, 无法在允许的时间内完成计算. 另一种方法则是"遇负置零", 即直接将负的温度替换成初始温度, 这种方法明显会破坏解的守恒性, 对于需要长时间计算的问题会导致累积误差较大, 影响计算精度. 因此, 如何改进和设计非负性修正方式, 使修正后的数值结果比较合理, 是实际应用中迫切需要解决的问题.

本章给出三个强制扩散格式的解具有保正性的数值算法, 它们简单易用, 并保持局部守恒性和计算精度, 使扩散方程的求解更好地保持物理特性.

5.1　非负性修正方法一

5.1.1　任意多边形网格上的菱形格式

考虑非线性扩散问题

$$\frac{\partial u}{\partial t} + \nabla\cdot (F) = f(X,t), \quad X \in \Omega,\ t \in (0,T], \tag{5.1}$$

$$u(X,0) = \phi(X), \quad X \in \Omega, \tag{5.2}$$

$$u(X,t) = \psi(X,t), \quad X \in \partial\Omega,\ t \in [0,T], \tag{5.3}$$

这里的 $F = -\kappa(X,t,u)\nabla u$ 是热流, $u = u(X,t)$ 是未知函数, Ω 是 $\mathbf{R}^2$ 中的区域,

$X=(x,y)\in\Omega$, κ 是依赖于 (X,t,u) 的扩散系数, 它在 Ω 上可以是不连续的, f 是给定的源项.

将区域 Ω 进行多边形网格剖分 (图 5.1), K 表示网格单元, $A_i(i=1,2,3,\cdots)$ 表示网格节点, 网格边记为 σ. 如果网格边 σ 是单元 K 和 L 的公共边, 边的两个节点为 A_1 和 A_2, 那么记 $\sigma=K|L=A_1A_2$. 记 J 为所有网格单元的集合, $\mathcal{E}$ 为所有网格边的集合, $\mathcal{E}_K$ 表示单元 K 的所有边的集合, $\mathcal{E}_{\text{int}}=\mathcal{E}\cap\Omega$, $\mathcal{E}_{\text{ext}}=\mathcal{E}\cap\partial\Omega$. 时间步长采用 $\Delta t>0$, 时间层 $t^n=n\Delta t$, 其中 $n=0,1,\cdots,N$, 并且 $t^N=T$.

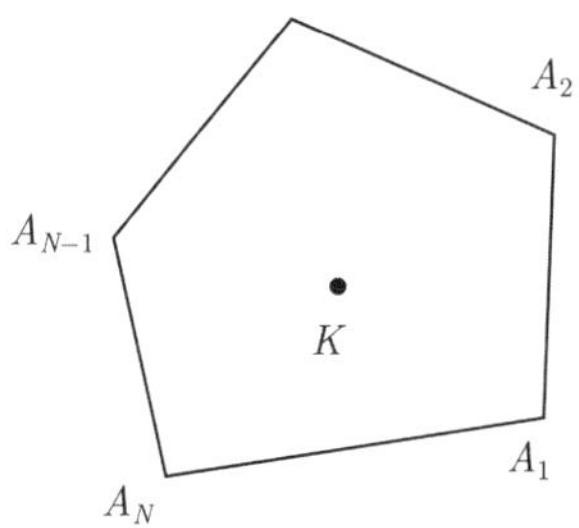

图 5.1 非结构网格单元示意图

在文献 [5] 和 [20] 中对方程 (5.1) 进行离散给出的有限体积格式为

$$\frac{u_K^{n+1}-u_K^n}{\Delta t}+\frac{1}{m_K}\sum_{\sigma\in\mathcal{E}_K}F_{K,\sigma}^{n+1}=f_K^{n+1}, \tag{5.4}$$

式中的 m_K 是单元 K 的面积, $F_{K,\sigma}^{n+1}$ 是 t^{n+1} 时刻法向通量在网格边 σ 上的离散 (图 5.2), $f_K^{n+1}=f(X_K,t^{n+1})$, X_K 为单元 K 的中心.

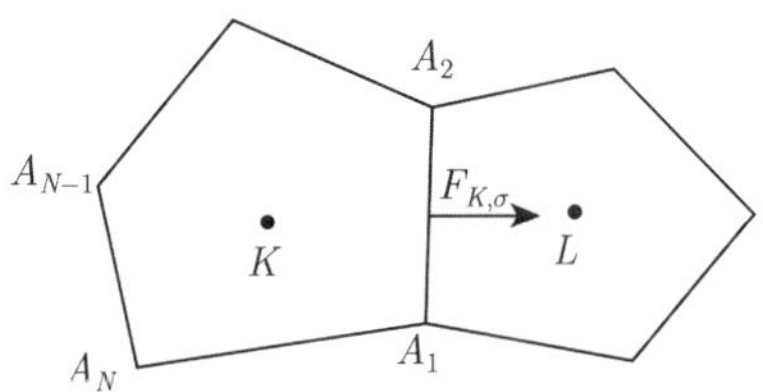

图 5.2 定义在网格边上的法向通量

网格边 σ 上离散法向通量的表达式为

$$F_{K,\sigma}^{n+1}=-\kappa_\sigma^{n+1}\frac{u_L^{n+1}-u_K^{n+1}-D_\sigma(u_{A_2}^{n+1}-u_{A_1}^{n+1})}{d_{K\sigma}+d_{L\sigma}}|\sigma|, \tag{5.5}$$

$$D_\sigma=\frac{(X_{A_2}-X_{A_1},X_L-X_K)}{|\sigma|^2}, \tag{5.6}$$

$$\kappa_\sigma^{n+1}=\frac{\kappa_K^{n+1}\kappa_L^{n+1}(d_{K\sigma}+d_{L\sigma})}{\kappa_K^{n+1}d_{L\sigma}+\kappa_L^{n+1}d_{K\sigma}}. \tag{5.7}$$

式中的 $|\sigma|$ 是网格边 σ 的长度, $d_{K\sigma}$ 和 $d_{L\sigma}$ 分别是 K 和 L 单元的中心到边 σ 的距离, κ_K^{n+1} 和 κ_L^{n+1} 是定义在单元 K 和 L 上的扩散系数, 即 $\kappa_K^{n+1}=\kappa(X_K,u_K^{n+1},t^{n+1})$, $\kappa_L^{n+1}=\kappa(X_L,u_L^{n+1},t^{n+1})$.

在结构四边形网格上上述离散格式有九个未知量, 包括四个单元节点值和五个单元中心值, 因此称为"九点格式". 对于矩形网格, 该格式退化为五点格式.

为降低计算成本, 单元节点值由其周围相邻单元的中心值通过某种组合得到, 节点值的高精度求解方式可参见本书第 2 章. 无论节点值的计算精度如何, 在扭曲网格上该格式不是保正格式. 下面将讨论对这一格式的数值解进行非负性修正的算法.

5.1.2 Picard 迭代方法

针对非线性格式 (5.4), 采用如下简单 Picard 迭代方法进行求解.

为清晰起见, 这里忽略当前时间层的上标 $n+1$, 且为避免混淆保留上个时间层变量的上标 n.

求解方程 (5.4) 的迭代格式为

$$\frac{u_K^{(s+1)}-u_K^n}{\Delta t}+\frac{1}{m_K}\sum_{\sigma\in\mathcal{E}_K}F_{K,\sigma}^{(s+1)}=f_K, \tag{5.8}$$

其中 s 是迭代指标, $F_{K,\sigma}^{(s+1)}$ 的定义如下:

$$F_{K,\sigma}^{(s+1)}=-\kappa_\sigma^{(s)}\frac{u_L^{(s+1)}-u_K^{(s+1)}-D_\sigma(u_{A_2}^{(s)}-u_{A_1}^{(s)})}{d_{K\sigma}+d_{L\sigma}}|\sigma|, \tag{5.9}$$

$$\kappa_\sigma^{(s)}=\frac{\kappa_K^{(s)}\kappa_L^{(s)}(d_{K\sigma}+d_{L\sigma})}{\kappa_K^{(s)}d_{L\sigma}+\kappa_L^{(s)}d_{K\sigma}}, \tag{5.10}$$

其中扩散系数 $\kappa_K^{(s)}$ 和 $\kappa_L^{(s)}$ 采用前一个迭代步的值进行计算, 即

$$\kappa_K^{(s)}=\kappa(X_K,u_K^{(s)},t^{n+1}),\quad \kappa_L^{(s)}=\kappa(X_L,u_L^{(s)},t^{n+1}). \tag{5.11}$$

实际问题中扩散系数 κ 对于负的函数值 u 没有定义, 因此对于每个迭代步, 要求网格单元值 u_K 必须非负. 在计算过程中, 如果 u_K 出负时将其简单置为零, 这显然会破坏系统的守恒性.

5.1.3 保持局部守恒的强制数值解非负的算法

本小节介绍守恒的强制正性算法 (CEPA conservative enforcing positivity algorithm). 首先假设在第 s 个迭代步所有网格单元上的物理量非负, 即

$$u_K^{(s)}\geqslant 0,\quad \forall\ K\in J. \tag{5.12}$$

在对方程 (5.4) 进行第 $s+1$ 次迭代后, 得到新的一组迭代值 $u_K^{(s+1)}$, 此时将所有单元分为三类, 即 $J = N \cup P \cup P_0$:

(1) 集合 N 包含的单元是: 物理量值为“负”的网格单元;

(2) 集合 P 包含的单元是: 该单元的值“非负”, 且与其共边的相邻单元的值也非负的网格单元;

(3) 集合 P_0 包含的单元是: 该单元的值“非负”, 但与其共边的相邻单元的值至少有一个为“负”的网格单元.

为实现守恒的非负性修正, 对于上述三类集合中的单元, 采用不同的方式进行处理.

1) 对集合 N 中的单元强制其非负

在执行第 $s+1$ 次迭代步时, 如果有出负的单元, 则对其进行修正, 将出负单元的值设置为其上个迭代步的值, 该单元边上的法向通量也设置为上个迭代步的法向通量, 即: 如果 $u_K^{(s+1)} < 0$, 则

$$\tilde{u}_K^{(s+1)} = u_K^{(s)}, \quad \tilde{F}_{K,\sigma}^{(s+1)} = F_{K,\sigma}^{(s)}, \quad \sigma \in \mathcal{E}_K, \tag{5.13}$$

这里的 $\tilde{u}$ 和 $\tilde{F}$ 代表修正过后的值.

2) 集合 P 中的单元保持其值不变

对于集合 P 中的单元, 不作修正, 即

$$\tilde{u}_K^{(s+1)} = u_K^{(s+1)}, \qquad \tilde{F}_{K,\sigma}^{(s+1)} = F_{K,\sigma}^{(s+1)}, \quad \sigma \in \mathcal{E}_K.$$

3) 对集合 P_0 中的单元进行刷新

为使能量保持局部守恒, 在对出负的单元执行“强制非负”后, 需要修正共边的相邻单元的法向通量, 使其满足局部法向通量连续. 对单元 K 的相邻单元, 如图 5.3 所示, 应满足

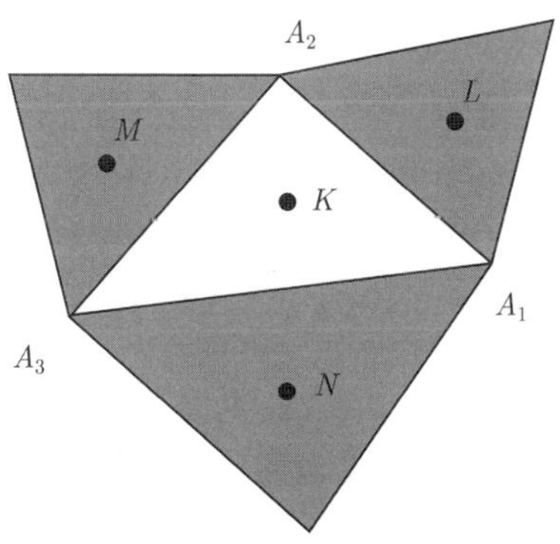

图 5.3 单元 K 的相邻单元

$$\tilde{F}_{K,A_1A_2}^{(s+1)} = -\tilde{F}_{L,A_2A_1}^{(s+1)},$$

对其他边, 也应满足类似的关系式.

对于集合 P_0 中的单元, 首先, 在与负单元相邻的边上, 对应的法向通量被置为上一个迭代步的值, 即

$$\tilde{F}^{(s+1)} = F^{(s)},$$

而在与非负单元相邻的边上, 对应的法向通量保持为当前时刻的法向通量, 即

$$\tilde{F}^{(s+1)} = F^{(s+1)}.$$

然后, 利用修正过的法向通量来更新该单元的值, 计算公式如下:

$$\frac{\tilde{u}_K^{(s+1)} - u_K^n}{\Delta t} + \frac{1}{m_K}\sum_{\sigma\in\mathcal{E}_K}\tilde{F}_{K,\sigma}^{(s+1)} = f_K, \tag{5.14}$$

由于此时所有 $\tilde{F}_{K,\sigma}^{(s+1)}$ $(\sigma\in\mathcal{E}_K)$ 都是已知的, 所以 $\tilde{u}_K^{(s+1)}$ 的计算是“显式的”.

由 (5.8) 和 (5.14) 可以得到更新单元 K 的另一个算式:

$$\tilde{u}_K^{(s+1)} = u_K^{(s+1)} - \frac{\Delta t}{m_K}\sum_{\sigma\in\mathcal{E}_K}(\tilde{F}_{K,\sigma}^{(s+1)} - F_{K,\sigma}^{(s+1)}). \tag{5.15}$$

如果单元 K 的周围只有一个出负的单元, 它与 K 的公共边为 σ', 则上式简化为

$$\tilde{u}_K^{(s+1)} = u_K^{(s+1)} - \frac{\Delta t}{m_K}(\tilde{F}_{K,\sigma'}^{(s+1)} - F_{K,\sigma'}^{(s+1)}). \tag{5.16}$$

(5.15) 和 (5.16) 表明, 如果单元 L 的值出负, 将其强制非负后, 所需的能量来自于相邻单元, 因此, 为保持守恒性相邻单元的值必须进行更新.

注记 5.1.1　值得注意的是, 当采用 (5.14) 或 (5.15) 对 P_0 中的单元进行更新后, 可能将正单元变为负单元, 此时可采用同样的方法将变负的单元的值设置为上一个迭代步的值, 并更新其周围相邻单元的值. 当把一个单元强制非负后, 在当前迭代步中该单元的值将不再改变, 即不会再出负. 为说明这一点, 假设仅有单元 K 为计算出负的单元, 在采用 (5.13) 将其强制非负后, 需要更新其相邻单元 L, 如果采用 (5.14) 或 (5.15) 将其更新后, 单元 L 的值变为负, 则在采用同样的方法将 L 单元的值采用 (5.13) 强制非负时, 不会再影响 K 单元, 因为 K 单元和 L 单元的共同边上的“法向通量”并没有变化, 仍为上一迭代步的法向通量. 这说明, 对于出负单元的处理, 在有限步内一定可以结束.

5.1.4 初始迭代步的值

上面给出的非负性修正算法要求式 (5.12) 成立, 所以在第一个迭代步所有单元的值必须非负, 为此在 (5.8) 中法向通量取为

$$F_{K,\sigma}^{(s+1)} = -\kappa_\sigma^{(s)} \frac{u_L^{(s+1)} - u_K^{(s+1)} - \varpi D_\sigma (u_{\Lambda_2}^{(s)} - u_{\Lambda_1}^{(s)})}{d_{K\sigma} + d_{L\sigma}} |\sigma|, \tag{5.17}$$

对于 $s=0$, 取 $\varpi = 0$; 在随后的迭代步取 $\varpi = 1$.

5.1.5 非负性算法的计算流程

该算法的执行流程如下:

(1) 利用式 (5.17) 进行第一个迭代步的计算;

(2) 计算出每条边上的法向通量, 保存在 flux_s 中;

(3) 进行第 $s+1$ 步的迭代, 计算每条边上的法向通量, 并将其同时保存在 flux_sp1 和 flux 中;

(4) 对每个网格进行扫描:

  (a) 如果物理量全为正, 则跳到第 (7) 步;

  (b) 如果物理量的值为“负”, 则将该单元处的值用上一迭代步的值代替, 并用 flux_s 中的法向通量更新 flux 中对应的法向通量.

(5) 对非负的单元利用式 (5.15) 进行更新; 其中 flux 中的值对应于 $\tilde{F}_{K,\sigma}^{(s+1)}$, flux_sp1 中的值对应于 $F_{K,\sigma}^{(s+1)}$;

(6) 返回到第 (4) 步, 检查是否有新的出负单元产生, 如有则进行相同方式的处理;

(7) 用 flux 中的法向通量替代 flux_s 中的值, 判断是否收敛:

  (a) 如果收敛, 转入下一个时刻;

  (b) 如果没有收敛, 回到步骤 (3) 计算下一个迭代步.

5.2 非负性修正方法二

本节给出非结构网格上保持解的守恒性的遇负置零方法.

在对方程 (5.4) 进行第 $s+1$ 次迭代后, 得到新的一组迭代值 $u_K^{(s+1)}$, 此时将所有网格按照不同的情况分为三类, 如图 5.4 所示, 即 $J = N \cup P^c \cup P^+$, 这里的 N 是 $u_K^{(s+1)} < 0$ 的单元所组成的集合, P^+ 是 $u_K^{(s+1)} \geqslant 0$ 的单元所组成的集合, P^c 是采用非负性修正算法修复过的单元的集合, 初始时该集合为空集.

在第 $s+1$ 个非线性迭代步, 如果 N 非空, 也就是说在某些单元上离散解出负, 那么按照如下过程进行修正.

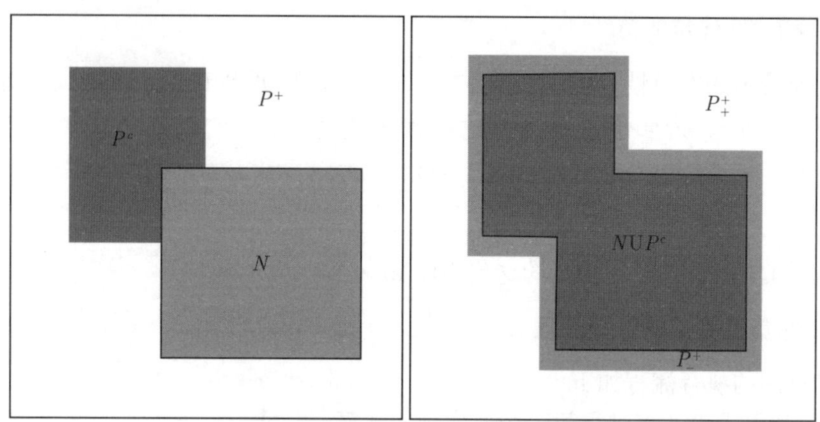

图 5.4　网格的分类 (详见书后彩图)

5.2.1　守恒的遇负置零算法

5.2.1.1　对 N 中的单元强制为正

假设集合 $P^c\cup N$ 由 M 个连通子集组成, 即 $P^c\cup N=\bigcup\limits_{m=1}^{M} RN_m$, 子集 RN_m 是由出负单元和修复过的单元形成的连通集合. 定义集合 $S_m^0=\{\sigma:\sigma\in E_K\cap E_{K^0},K\in RN_m,K^0\in P^+\}$ 为第 m 个子集 RN_m 中的单元所形成的连通区域的边界边, 这里的 E_K 表示单元 K 的所有边的集合.

如果 $u_K^{(s+1)}<0,K\in RN_m$, 则需要对其进行修正, 将它设置为 0, 即 $\tilde{u}_K^{(s+1)}=0$. 为保持局部守恒性, 其周边的法向通量需要进行修正, 用 $\tilde{F}_{K,\sigma}^{(s+1)}$ 表示修正过的法向通量, 修正过的单元的值及其周边法向通量需要满足方程:

$$\frac{\tilde{u}_K^{(s+1)}-u_K^n}{\Delta t}+\frac{1}{m_K}\sum_{\sigma\in E_K}\tilde{F}_{K,\sigma}^{(s+1)}=f_K^{n+1},\qquad K\in RN_m.\tag{5.18}$$

上式两端乘以 m_K 后对 $K\in RN_m$ 求和, 利用局部守恒性条件可得

$$\frac{1}{\Delta t}\sum_{K\in RN_m}(\tilde{u}_K^{(s+1)}-u_K^n)m_K+\sum_{\sigma\in\mathbb{S}_m^0}\tilde{F}_{K,\sigma}^{(s+1)}=\sum_{K\in RN_m}f_K^{n+1}m_K.\tag{5.19}$$

类似地, 方程 (5.8) 对 $K\in RN_m$ 进行求和, 可得

$$\frac{1}{\Delta t}\sum_{K\in RN_m}(u_K^{(s+1)}-u_K^n)m_K+\sum_{\sigma\in\mathbb{S}_m^0}F_{K,\sigma}^{(s+1)}=\sum_{K\in RN_m}f_K^{n+1}m_K.\tag{5.20}$$

式 (5.19) 和式 (5.20) 相减可得

$$\sum_{\sigma\in\mathbb{S}_m^0}(\tilde{F}_{K,\sigma}^{(s+1)}-F_{K,\sigma}^{(s+1)})=-\frac{\Delta E}{\Delta t},\tag{5.21}$$

其中

$$\Delta E = \sum_{K \in RN_m} (\tilde{u}_K^{(s+1)} - u_K^{(s+1)}) m_K. \tag{5.22}$$

于是, 可取修正法向通量为

$$\tilde{F}_{K,\sigma}^{(s+1)} = F_{K,\sigma}^{(s+1)} - w_\sigma \frac{\Delta E}{\Delta t}, \qquad \sigma \in \mathbb{S}_m^0,$$

其中 w_σ 为

$$w_\sigma = \frac{|\sigma|}{\sum\limits_{\sigma^* \in \mathbb{S}_m^0} |\sigma^*|}. \tag{5.23}$$

对于系数 w_σ 的选取还可以采用其他的方式, 比如 $w_\sigma = \dfrac{1}{N_\sigma}$, 其中 N_σ 是集合 S_m^0 中元素的个数.

5.2.1.2 更新集合 P^+ 中相关单元的值

为保持局部守恒性, 需要对集合 P^+ 中相关单元的值进行更新.

记 π_K 是与单元 K 具有共同边界的单元的集合. 将集合 P^+ 分为两个子集 $P^+ = P_+^+ \cup P_-^+$, 其中 $P_+^+ = \{K : K \in P^+, \forall K_i \in \pi_K, K_i \in P^+\}$, $P_-^+ = \{K : K \in P^+, \exists K_i \in \pi_K, K_i \notin P^+\}$.

对于 $\forall K \in P_+^+$, 保持它们的值和周边法向通量不变, 即

$$\tilde{u}_K^{(s+1)} = u_K^{(s+1)}, \quad \tilde{F}_{K,\sigma}^{(s+1)} = F_{K,\sigma}^{(s+1)}, \quad \forall \sigma \in E_K.$$

对于 $\forall K \in P_-^+$, $\sigma \in E_K$, 如果 $\sigma \notin S_m^0$, 则

$$\tilde{F}_{K,\sigma}^{(s+1)} = F_{K,\sigma}^{(s+1)}, \tag{5.24}$$

如果 $\sigma \in S_m^0$, 则

$$\tilde{F}_{K,\sigma}^{(s+1)} = F_{K,\sigma}^{(s+1)} + w_\sigma \frac{\Delta E}{\Delta t}. \tag{5.25}$$

接下来, 使用修正的法向通量更新单元 K 的值

$$\frac{\tilde{u}_K^{(s+1)} - u_K^n}{\Delta t} + \frac{1}{m_K} \sum_{\sigma \in E_K} \tilde{F}_{K,\sigma}^{(s+1)} = f_K^{n+1}, \quad K \in P_-^+. \tag{5.26}$$

由式 (5.24)–(5.26) 可知, 更新的值满足如下方程:

$$\frac{\tilde{u}_K^{(s+1)} - u_K^n}{\Delta t} + \frac{1}{m_K} \sum_{\sigma \in E_K} F_{K,\sigma}^{(s+1)} + \frac{1}{m_K} \sum_{\sigma \in E_K \bigcap S_m^0} w_\sigma \frac{\Delta E}{\Delta t} = f_K^{n+1}, \qquad K \in P_-^+. \tag{5.27}$$

用式 (5.27) 减去式 (5.8), 并且乘以 Δt, 可以得到

$$\tilde{u}_K^{(s+1)} - u_K^{(s+1)} + \frac{1}{m_K} \sum_{\sigma \in E_K \bigcap S_m^0} w_\sigma \Delta E = 0, \tag{5.28}$$

即

$$\tilde{u}_K^{(s+1)} = u_K^{(s+1)} - \frac{1}{m_K} \sum_{\sigma \in E_K \bigcap S_m^0} w_\sigma \Delta E. \tag{5.29}$$

显然, $\tilde{u}_{K,\sigma}^{(s+1)}$ 的计算是显式的. 对于单元 K, 如果只有一个边上法向通量被改变 (例如只有 σ 边上的法向通量被改变), 则有

$$\tilde{u}_K^{(s+1)} = u_K^{(s+1)} - w_\sigma \frac{\Delta E}{m_K}. \tag{5.30}$$

该算法称为一般网格上守恒的遇负置零算法 (general conservative algorithm of enforcing negative values to zero, GCENZ).

5.2.2 GCENZ 算法的精度分析

下面, 对于 GCENZ 算法的计算精度进行简要分析.

对于在时刻 t 具有负值的单元 K, 将其原始离散解的误差定义为

$$e(K,t) = |u_K^{(s+1)} - u(K,t)|, \tag{5.31}$$

将其修正后的误差定义为

$$\tilde{e}(K,t) = |\tilde{u}_K^{(s+1)} - u(K,t)|, \tag{5.32}$$

这里的 $u(K,t)$ 是单元 K 在时刻 t 时的精确解. 如果

$$u_K^{(s+1)} < 0, \quad u(K,t) \geqslant 0,$$

可得

$$e(K,t) > u(K,t),$$

由于 $\tilde{u}_K^{(s+1)} = 0$, 所以

$$\tilde{e}(K,t) = u(K,t), \tag{5.33}$$

因此

$$\tilde{e}(K,t) < e(K,t), \tag{5.34}$$

也就是说, 对于具有负值的单元, GCENZ 算法使其误差降低.

对于为保持守恒性而需要更新的具有正的函数值的单元, 它们的值由式 (5.30) 得到. 为了分析其计算精度, 假定离散解 $u_X^{(s+1)}$ 为精确解 $u(X,t)$ 的 p 阶近似, 即

$$u_X^{(s+1)} = u(X,t) + O(h^p). \tag{5.35}$$

按照式 (5.22), 如果假定

$$\tilde{u}_K^{(s+1)} - u_K^{(s+1)} = O(h^{p+1}), \tag{5.36}$$

并且知道集合 RN_m 中元素个数的量级为 $O(1/h^2)$, 单元面积 m_k 为 $O(h^2)$, 那么可以得到

$$\Delta E = O(h^{p+1}).$$

由式 (5.23), 可知 w_σ 为 $O(h)$, 由式 (5.30), $w_\sigma \dfrac{\Delta E}{m_K}$ 也是 $O(h^p)$. 因此, 被更新单元的值是精确解的 p 阶近似.

如果假定

$$N_{RN_m} = O(1/h), \tag{5.37}$$

这里的 N_{RN_m} 表示集合 RN_m 中的元素个数, 那么也可以得到更新单元的值是其精确解的 p 阶近似.

总之, 只要 (5.36) 或 (5.37) 成立, 那么修正后的解具有与原始离散解相同的精度. (5.36) 意味着出负单元的值与零非常接近, (5.37) 意味着出负单元的个数不多.

5.2.3 GCENZ 算法的流程

GCENZ 算法的流程如下:

(1) 由 $s+1$ 迭代步得到单元中心值 $u_K^{(s+1)}$ 和相应边上法向通量 $\{F_{K,\sigma}^{(s+1)} | \sigma \in E_K\}$.

(2) 将所有单元划分为三个子集合 N, P^+, P^c, 其中 N 是出负单元的集合, P^c 是由于单元中心值出负而被修正过的单元的集合, P^+ 是单元中心值非负的单元所组成的集合.

(3) 如果所有单元的中心值非负, 即 $N = \varnothing$, 则执行步骤 (7), 否则执行下一步.

(4) 将 $P^c \cup N$ 划分为不同的连通子集 $\{RN_m, m = 1, \cdots, M\}$.

(5) 对每个子集 RN_m 执行守恒的修补算法.

(6) 执行步骤 (2).

(7) 回到步骤 (1) 进行迭代, 直到非线性迭代收敛.

在本节中, 基于应用程序中常用的"遇负置零"算法, 通过增加法向通量局部守恒的约束条件以及对能量进行合理的分配, 构造了保持局部守恒的遇负置零算法. 该算法的主要特点有: 易于在现有程序中实施; 精度和守恒性明显优于简单遇负置零算法; 计算效率与直接遇负置零方法相当, 优于非负性算法一; 适用范围广.

5.3 非负性修正方法三

在上一节中, 针对非结构网格上扩散方程的数值解, 给出了一种保持局部守恒的遇负置零算法, 其中一个步骤是根据连通性将出负的单元划分为多个连通子集, 其程序实施过程较为繁琐, 对于结构网格, 可以利用网格的特点避免这一过程.

5.3.1 结构网格剖分计算区域

计算区域 Ω 采用结构四边形网格剖分. 记网格单元的逻辑坐标为 (i,j), 其中 $1\leqslant i\leqslant I, 1\leqslant j\leqslant J$, I 和 J 分别为 X 和 Y 方向剖分的网格数, 网格的节点坐标按逆时针分别记为 $\left(i+\dfrac{1}{2},j+\dfrac{1}{2}\right),\left(i-\dfrac{1}{2},j+\dfrac{1}{2}\right),\left(i-\dfrac{1}{2},j-\dfrac{1}{2}\right),\left(i+\dfrac{1}{2},j-\dfrac{1}{2}\right)$, 编号 $1,2,3,4$ 依次表示网格的右、上、左、下四条边, 参见图 5.5.

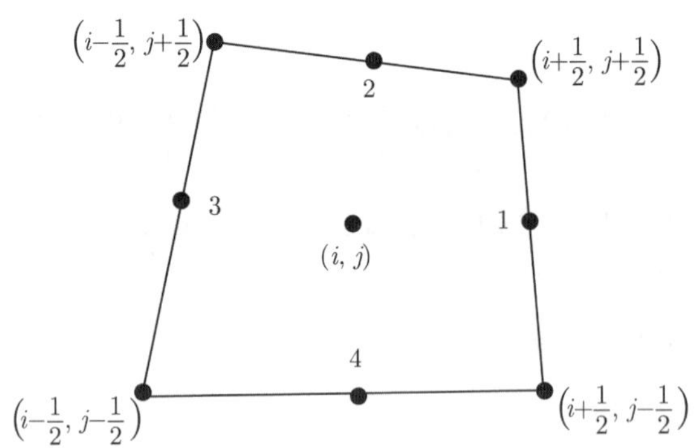

图 5.5 四边形单元

在结构网格上, 离散格式 (5.4) 改写为

$$\frac{u_{i,j}^{n+1}-u_{i,j}^{n}}{\Delta t}+\frac{1}{m_{i,j}}\sum_{k=1}^{4}F_{i,j,k}^{n+1}=f_{i,j}^{n+1}, \tag{5.38}$$

其中 $m_{i,j}$ 为单元 (i,j) 的面积, $F_{i,j,k}^{n+1}(k=1,2,3,4)$ 是右、上、左、下四条边的法向通量, 如图 5.6 所示. 如果相邻两个网格在共同边上的离散法向通量相等, 比如在图 5.6 中, $F_{i,j,1}^{n+1}=-F_{i+1,j,3}^{n+1}$, 则称这样的格式是满足局部守恒性条件的格式.

与前面两小节相同, 求解格式 (5.38) 的 Picard 非线性迭代公式为

$$\frac{u_{i,j}^{(s+1)}-u_{i,j}^{n}}{\Delta t}+\frac{1}{m_{i,j}}\sum_{k=1}^{4}F_{i,j,k}^{(s+1)}=f_{i,j}. \tag{5.39}$$

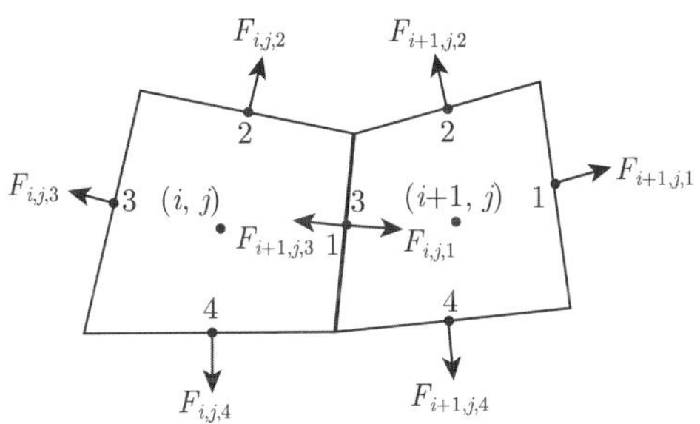

图 5.6 单元边上的法向通量

假定扩散方程的解的最小值为 $\tilde{u}_{\min}$, 不妨设 $\tilde{u}_{\min} = 0$. 本节将给出一种保持局部守恒性的遇负置零算法, 记其为 CENZ(conservative algorithm of enforcing negative values to zero).

下面将分两步描述该算法的设计, 第一步讨论仅在一行网格单元上数值解出负的特殊情形, 称之为一维情形的修补方法; 第二步再考虑一般情形, 称之为二维情形的修补方法.

5.3.2 一维情形的修补方法

假设每一行总能量均不小于 0, 即

$$E_j \equiv \sum_{i=1}^{I} u_{i,j} m_{i,j} \geqslant 0, \quad 1 \leqslant j \leqslant J. \tag{5.40}$$

现在考虑任一固定的 $j, 1 \leqslant j \leqslant J$. 设 ε_j 为第 j 行所有单元的集合, 将其划分为两个不相交的子集, $\varepsilon_j = \varepsilon_j^{RC} \cup \varepsilon_j^{UC}$, 其中 ε_j^{RC} 是修正过的单元 (即出负的单元已修改为 $\tilde{u}_{\min}$ 的单元) 的集合, ε_j^{UC} 是未进行过修正的单元的集合. ε_j^{UC} 再分为两个子集, $\varepsilon_j^{UC} = \varepsilon_j^{P} \cup \varepsilon_j^{N}$, 其中 ε_j^{P} 是数值解为非负的单元的集合, ε_j^{N} 是数值解为负的单元的集合.

如果 ε_j^{N} 为空集, 则说明没有需要修正的单元. 如果 ε_j^{N} 非空, 设 $i_{\min}$ 为第 j 行网格单元中数值解最小的单元的列编号, 即 $i_{\min} = \arg\min\{u_{i,j} | (i,j) \in \varepsilon_j^{N}\}$. 考虑三种情况: (i) $1 < i_{\min} < I$, (ii) $i_{\min} = 1$, (iii) $i_{\min} = I$.

(i) 如果 $1 < i_{\min} < I$, 则从其左边和右边分别借取能量. 定义 $i_{\text{lend}} = i_{\text{lend}}^{l}$ 或 i_{lend}^{r}, 其中

$$\begin{aligned} i_{\text{lend}}^{l} &= \max\{i | (i,j) \in \varepsilon_j^{UC}, 1 \leqslant i \leqslant i_{\min} - 1\}, \\ i_{\text{lend}}^{r} &= \min\{i | (i,j) \in \varepsilon_j^{UC}, i_{\min} + 1 \leqslant i \leqslant I\}. \end{aligned}$$

根据假设 (5.40), i_{lend}^{l} 和 i_{lend}^{r} 至少有一个必定存在.

将单元 $(i_{\min}, j)$ 中的值修正为可允许的最小值, 记为 $\tilde{u}_{\min}$, 同时要求其满足方程

$$\frac{\tilde{u}_{\min} - u^n_{i_{\min},j}}{\Delta t} + \frac{1}{m_{i_{\min},j}}\left(\sum_{k=1,3} \tilde{F}^{(s+1)}_{i_{\min},j,k} + \sum_{k=2,4} F^{(s+1)}_{i_{\min},j,k}\right) = f_{i_{\min},j}, \tag{5.41}$$

其中 $\tilde{F}^{(s+1)}_{i_{\min},j,1}$ 和 $\tilde{F}^{(s+1)}_{i_{\min},j,3}$ 是待定的法向通量.

式 (5.41) 和对应于 $(i_{\min}, j)$ 单元的式 (5.39) 相减, 可以得到待定法向通量所应满足的方程为

$$\sum_{k=1,3} \tilde{F}^{(s+1)}_{i_{\min},j,k} = \sum_{k=1,3} F^{(s+1)}_{i_{\min},j,k} + m_{i_{\min},j}\frac{u^{(s+1)}_{i_{\min},j} - \tilde{u}_{\min}}{\Delta t}. \tag{5.42}$$

一种满足上式的通量选取方式为

$$\tilde{F}^{(s+1)}_{i_{\min},j,k} = F^{(s+1)}_{i_{\min},j,k} + \alpha_k m_{i_{\min},j}\frac{u^{(s+1)}_{i_{\min},j} - \tilde{u}_{\min}}{\Delta t}, \quad k = 1, 3, \tag{5.43}$$

其中 α_k 是用来更新出负单元两条边的法向通量的系数, 并且有 $\alpha_1 + \alpha_3 = 1$. 选取 $\alpha_1 = \alpha_3 = 1/2$ 意味着所需要的能量平均地取自左右两个单元. α_k 的一种较为合理的选取方式是将其与扩散系数 κ 及单元 (i^l_{lend}, j) 和 (i^r_{lend}, j) 的解相关联. 当 i^l_{lend} 不存在时，取 $\alpha_1 = 1, \alpha_3 = 0$. 当 i^r_{lend} 不存在时，取 $\alpha_1 = 0, \alpha_3 = 1$.

为保持局部守恒, 单元 i_{lend} 的法向通量需要满足关系式 $\tilde{F}^{(s+1)}_{i^l_{\text{lend}},j,1} = -\tilde{F}^{(s+1)}_{i_{\min},j,3}$ 和 $\tilde{F}^{(s+1)}_{i^r_{\text{lend}},j,3} = -\tilde{F}^{(s+1)}_{i_{\min},j,1}$, 因此单元 (i^r_{lend}, j) 和 (i^l_{lend}, j) 的数值解需要分别按照如下公式进行更新:

$$\begin{aligned}\tilde{u}^{(s+1)}_{i^l_{\text{lend}},j} =& u^{(s+1)}_{i^l_{\text{lend}},j} - \frac{\Delta t}{m_{i^l_{\text{lend}},j}}\left[\tilde{F}^{(s+1)}_{i^l_{\text{lend}},j,1} - F^{(s+1)}_{i^l_{\text{lend}},j,1}\right] = u^{(s+1)}_{i^l_{\text{lend}},j} \\ &+ \frac{\alpha_3 m_{i_{\min},j}}{m_{i^l_{\text{lend}},j}}\left(u^{(s+1)}_{i_{\min},j} - \tilde{u}_{\min}\right),\end{aligned} \tag{5.44}$$

$$\begin{aligned}\tilde{u}^{(s+1)}_{i^r_{\text{lend}},j} =& u^{(s+1)}_{i^r_{\text{lend}},j} - \frac{\Delta t}{m_{i^r_{\text{lend}},j}}\left[\tilde{F}^{(s+1)}_{i^r_{\text{lend}},j,3} - F^{(s+1)}_{i^r_{\text{lend}},j,3}\right] = u^{(s+1)}_{i^r_{\text{lend}},j} \\ &+ \frac{\alpha_1 m_{i_{\min},j}}{m_{i^r_{\text{lend}},j}}\left(u^{(s+1)}_{i_{\min},j} - \tilde{u}_{\min}\right).\end{aligned} \tag{5.45}$$

α_1 和 α_3 另外一种选取方式是使 $u^{(s+1)}_{i^l_{\text{lend}},j} - \tilde{u}^{(s+1)}_{i^l_{\text{lend}},j} = u^{(s+1)}_{i^r_{\text{lend}},j} - \tilde{u}^{(s+1)}_{i^r_{\text{lend}},j}$ 成立, 这种选取方式可以尽可能地降低出负单元的修正对其他单元的影响.

(ii) 如果 $i_{\min} = 1$, 则 $i_{\text{lend}} = \{i^r_{\text{lend}}\}$.

(iii) 如果 $i_{\min} = I$, 则 $i_{\text{lend}} = \{i^l_{\text{lend}}\}$.

如果 $i^l_{\text{lend}} \leqslant i_{\min} - 2$, 则对于任意的单元 (i,j) 和 $i^l_{\text{lend}} < i < i_{\min}$, 注意到 $(i,j) \in \varepsilon^{RC}_j$, 可以按照如下方式修正 $k=1,3$ 边上的法向通量

$$\tilde{F}^{(s+1)}_{i,j,1} = F^{(s+1)}_{i,j,1} - \frac{\alpha_3 m_{i_{\min},j}}{\Delta t}(u^{(s+1)}_{i_{\min},j} - \tilde{u}_{\min}), \tag{5.46}$$

$$\tilde{F}^{(s+1)}_{i,j,3} = F^{(s+1)}_{i,j,3} + \frac{\alpha_3 m_{i_{\min},j}}{\Delta t}(u^{(s+1)}_{i_{\min},j} - \tilde{u}_{\min}). \tag{5.47}$$

事实上, 单元 (i,j) 的通量的和保持不变, 即

$$\tilde{F}^{(s+1)}_{i,j,1} + \tilde{F}^{(s+1)}_{i,j,3} = F^{(s+1)}_{i,j,1} + F^{(s+1)}_{i,j,3}, \quad i_{\text{lend}} < i < i_{\min},$$

因此其更新后的值 $\tilde{u}_{i,j}$ 保持不变.

对于 $i^r_{\text{lend}} \geqslant i_{\min} + 2$ 的情形, 中间的网格单元 $\{(i,j), i_{\min} < i < i^r_{\text{lend}}\}$ 采用相同的方式处理.

如果对某个 $1 \leqslant i \leqslant J$, 有 $E_j = 0$, 那么, 按照上述算法, 可知第 j 行所有单元的值均被修正为 $\tilde{u}_{\min}$.

易见, 这一方法确保了局部守恒性条件成立, 而且一旦某个单元被修正过, 它的值就不会再被修改, 从而能够确保修正过程可以在有限步内完成.

5.3.3 两维情形的修正方法

令集合 $\varepsilon = \{\varepsilon_j | j = 1, \cdots, J\}$. 对于任一固定的 $1 \leqslant j \leqslant J$, 对公式 (5.39) 关于 $i = 1, \cdots, I$ 求和可得

$$\frac{1}{\Delta t}\left(E^{(s+1)}_j - E^n_j\right) + F^{(s+1)}_{1,j,3} + F^{(s+1)}_{I,j,1} + \sum_{k=2,4} F^{(s+1)}_{j,k} = Q_j, \tag{5.48}$$

其中

$$E^{(s+1)}_j = \sum_{i=1}^{I} m_{i,j} u^{(s+1)}_{i,j}, \quad E^n_j = \sum_{i=1}^{I} m_{i,j} u^n_{i,j},$$

$$F_{j,k} = \sum_{i=1}^{I} F^{(s+1)}_{i,j,k} (k=2,4), \quad Q_j = \sum_{i=1}^{I} m_{i,j} f_{i,j}.$$

如果对于任意 $1 \leqslant j \leqslant J$ 都满足 $E^{(s+1)}_j \geqslant 0$, 则可以利用上一小节的方法逐行处理, 下面讨论至少存在一行 $E^{(s+1)}_j < 0$ 的情形.

划分 ε 为两个子集 ε_{RR} 和 ε_{UR}, 即 $\varepsilon = \varepsilon_{RR} \cup \varepsilon_{UR}$, 其中 ε_{RR} 是被修正过的行的集合, ε_{UR} 是未修正过的行的集合. 进一步, 设 $\varepsilon_{UR} = \varepsilon_{PR} \cup \varepsilon_{NR}$, 其中 ε_{PR} 是 $E^{(s+1)}_j$ 不小于 0 的行的集合, ε_{NR} 为 $E^{(s+1)}_j$ 小于 0 的行的集合.

设 $j_{\min}$ 是 ε_{NR} 中总能量最小的行的序号, $j_{\max}$ 是 ε_{PR} 中总能量最大的行的序号. 不妨设 $j_{\max} > j_{\min}$, 定义 $j_{\text{lend}} = \min\{j : j_{\min} < j \leqslant j_{\max}, j \in \varepsilon_{UR}\}$. 对于 $j_{\max} < j_{\min}$ 的情形, 采用类似的方式进行处理.

为了使第 $j_{\min}$ 行的总能量非负, 需要从第 j_{lend} 行借取能量. 对于 $\varepsilon_{j_{\min}}$ 中的每个单元, 要求修正的法向通量和数值解满足方程

$$m_{i,j}\frac{\tilde{u}_{i,j}^{(s+1)} - u_{i,j}^{(s+1)}}{\Delta t} = F_{i,j,2}^{(s+1)} - \tilde{F}_{i,j,2}^{(s+1)}, \quad i = 1, \cdots, I, \quad j = j_{\min}.$$

上述方程对 $i(1 \leqslant i \leqslant I)$ 求和可得

$$\sum_{i=1}^{I} m_{i,j}\frac{\tilde{u}_{i,j}^{(s+1)} - u_{i,j}^{(s+1)}}{\Delta t} = \sum_{i=1}^{I} F_{i,j,2}^{(s+1)} - \sum_{i=1}^{I} \tilde{F}_{i,j,2}^{(s+1)}, \quad j = j_{\min},$$

该方程可简记为 $\dfrac{\tilde{E}_j - E_j^{(s+1)}}{\Delta t} = F_{j,2}^{(s+1)} - \tilde{F}_{j,2}^{(s+1)}$, 其中 $\tilde{E}_j$ 是修正过的总能量 ($\tilde{E}_j = 0$ 或等于可允许的最小值). 因此, 第 $j_{\min}$ 行第 2 条边上的通量应该被修正为

$$\tilde{F}_{j,2}^{(s+1)} = F_{j,2}^{(s+1)} - \frac{\tilde{E}_j - E_j^{(s+1)}}{\Delta t}.$$

对于第 $j_{\min}$ 行中的每个单元, 它们的通量被修正为

$$\tilde{F}_{i,j,2}^{(s+1)} = F_{i,j,2}^{(s+1)} - \frac{\tilde{E}_j - E_j^{(s+1)}}{I\Delta t}.$$

添加到第 $j_{\min}$ 行的能量来自于第 j_{lend} 行. 按照能量守恒的原则, 第 j_{lend} 行第 4 条边上的通量应该被修改, 当 $j_{\text{lend}} = j_{\min} + 1$ 时, $\tilde{F}_{i,j_{\text{lend}},4}^{(s+1)} = -\tilde{F}_{i,j_{\min},2}^{(s+1)}$. 完成通量的修正后, $u_{i,j}^{(s+1)}$ 的值需要进行更新.

如果 j_{lend} 与 $j_{\min}$ 不相邻, 可以采用一维情形的方式 (参见 (5.46) 和 (5.47)) 类似地进行处理以保持局部守恒性.

5.3.4 算法的执行步骤

算法的执行步骤概括如下:

(1) 执行第 $s+1$ 迭代步得到所有单元的数值解 $u_{i,j}^{(s+1)}$ 和单元边的法向通量 $F_{i,j,k}^{(s+1)}(k = 1, 2, 3, 4)$.

(2) 如果所有单元的数值解非负, 则执行步骤 (6).

(3) 执行二维情形的修正过程以确保 $E_j^{(s+1)} \geqslant 0, \forall j = 1, \cdots, J$.

(a) 计算每一行的总能 $E_j^{(s+1)}, j = 1, \cdots, J$. 如果 $E_j^{(s+1)} \geqslant 0, \forall j = 1, \cdots, J$, 执行步骤 (4). 如果存在 $E_j^{(s+1)} < 0$, 则执行步骤 (b).

(b) 查找具有最大和最小能量的行, 分别记为 $E_{j_{\max}}^{(s+1)}$ 和 $E_{j_{\min}}^{(s+1)}$.

(c) 如果 $j_{\max} > j_{\min}$, 则第 $j_{\min}$ 行第 2 条边上的通量被修正; 否则, 第 4 条边的通量需要修正.

(d) 查找向第 $j_{\min}$ 行借出能量的行 j_{lend}.

(e) 对于第 $j_{\min}$ 行中每个单元计算能量的变化 $\dfrac{\tilde{E}_j - E_j^{(s+1)}}{I\Delta t}$.

(f) 更新第 $j_{\min}$ 行和第 j_{lend} 行相应边上的法向通量.

(g) 对于第 $j_{\min}$ 行和第 j_{lend} 行的每个单元更新其数值解的值.

(h) 返回到步骤 (a).

(4) 逐行执行一维方式的修正过程.

(i) 如果对于 $i = 1, \cdots, I$, $u_{i,j}^{(s+1)} \geqslant 0$, 则执行步骤 (5); 否则执行步骤 (j).

(j) 查找未知量值 $u_{i,j}^{(s+1)}$ 最小的单元以及借出能量的单元 (i_{lend}, j).

(k) 设 $u_{i,j}^{(s+1)} = \tilde{u}_{\min}$ 并更新通量 $\tilde{F}_{i,j,k}^{(s+1)}$.

(l) 更新 (i_{lend}, j) 的通量及数值解.

(m) 回到步骤 (i).

(5) 回到步骤 (4) 处理下一个 j 直到 $j = J$.

(6) 执行下一步非线性迭代步直到收敛.

5.4 数 值 算 例

为验证上述强制非负算法的计算效果, 首先给出几类误差的定义.

L_∞ 和 L_2 误差的定义如下:

$$e_{L_\infty} = \max_{K\in J} \left| u(K,T) - u_K^N \right|, \tag{5.49}$$

$$e_{L_2} = \left(\sum_{K\in J} \left| u(K,T) - u_K^N \right|^2 m_K \right)^{1/2}, \tag{5.50}$$

这里的 $u(K,T)$ 是在单元 K 处在时刻 T 的精确解, u_K^N 是时刻 $T = N\Delta t$ 的数值解.

离散守恒误差的定义为

$$\begin{aligned} e_{\text{dcon}} = \Bigg| & \sum_{K\in J} u_K^N m_K - \sum_{K\in J} u_K^0 m_K - \sum_{n=1}^{N} \left(\sum_{\sigma\in E_{ext}} F_\sigma^n l_\sigma \right) \Delta t \\ & - \sum_{n=1}^{N} \left(\sum_{K\in J} f_K^n m_K \right) \Delta t \Bigg|, \end{aligned} \tag{5.51}$$

这里的 l_σ 为区域 Ω 的边界网格边的长度, F_σ^n 为越过边界边的外法向通量. 在内部无源并且边界法向通量为 0 的情形, 式 (5.51) 简化为

$$e_{\mathrm{dcon}} = \left| \sum_{K\in J} u_K^N m_K - \sum_{K\in J} u_K^0 m_K \right|. \tag{5.52}$$

在下面的算例中, 计算区域为 $\Omega = (0,1)\times(0,1)$, 非线性收敛准则为

$$\max_{K\in J}(|u_K^{(s+1)} - u_K^{(s)}|) < \varepsilon.$$

本小节给出数值算例比较 CEPA、GCENZ、简单遇负置零算法 (enforcing the negative values to zero, ENZ) 和未作任何保正性处理的有限体积格式 (natural nine point scheme, NNPS) 的计算性能.

算例一 考虑下面的非线性问题:

$$\begin{cases} \dfrac{\partial u}{\partial t} - \mathrm{div}((1+u)\nabla u) = 0, & (x,y,t)\in\Omega\times(0,T], \\ u(x,y,0) = 10\exp\left(\dfrac{a^2(x-c)^2+b^2(y-c)^2}{a^2(x-c)^2+b^2(y-c)^2-a^2b^2}\right), & a^2(x-c)^2+b^2(y-c)^2 < a^2b^2, \\ u(x,y,0) = 0, & a^2(x-c)^2+b^2(y-c)^2 \geqslant a^2b^2, \\ (1+u)\dfrac{\partial}{\partial n}u(x,y,t) = 0, & (x,y)\in\partial\Omega, t\in(0,T], \end{cases} \tag{5.53}$$

这里的 n 是边界 $\partial\Omega$ 上的单位法向量, $a^2 = b^2 = 0.01$, $c = 0.5$. 由于此方程的精确解未知, 因此把 200×200 矩形网格上的解作为参考解.

计算时间步长 $\Delta t = 10^{-6}$, 计算终止时间 $T = 0.01$, 收敛标准 $\varepsilon = 10^{-8}$.

首先, 在如图 5.7 所示的 64×64 的 Shestakov 网格上计算此问题, 节点值的计

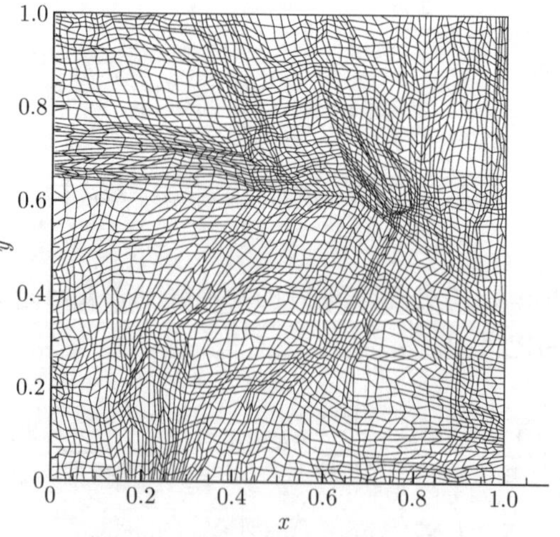

图 5.7　64×64 Shestakov 网格

算采用文献 [21] 中的取法. 由于此问题的源项为 0, 周围边界的法向通量为 0, 而初值大于等于 0, 因此由极值原理可以知道, 精确解一定非负. 然而, 在采用格式 (5.4) 求解时, 在许多网格上出现负的数值解. 图 5.8 是得到的数值解, 图中空白区域为计算出负的单元.

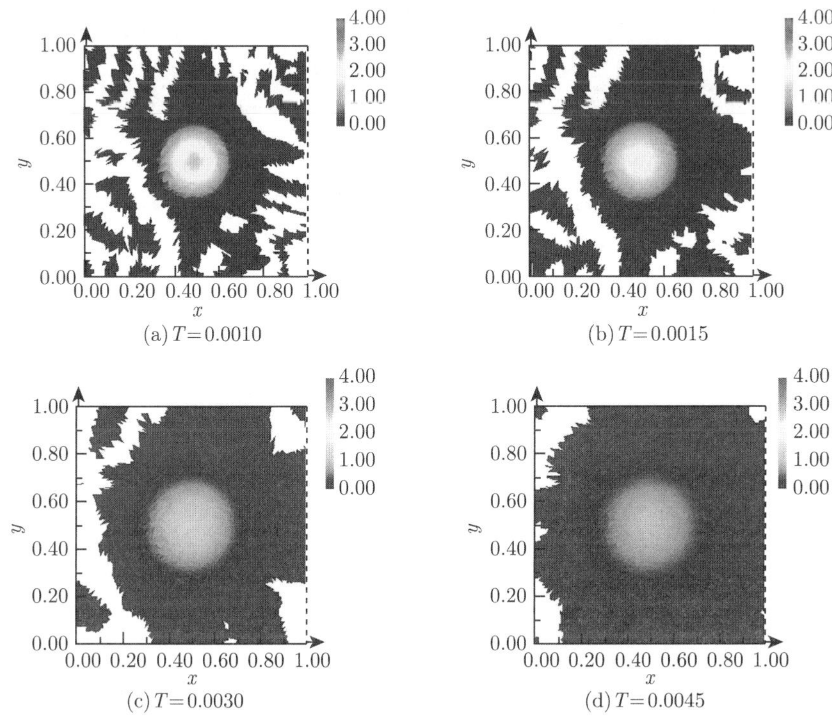

图 5.8 在 $T=0.001, 0.0015, 0.003, 0.0045$ 时刻的解 (详见书后彩图)

采用 CEPA 算法, 可以得到方程 (5.53) 的"保正"的数值解, 如图 5.9 所示.

图 5.10 给出了分别采用 CEPA, ENZ, 和 NNPS 时解的 L_∞ 和 L_2 误差比较, 不难看出"守恒型保正"算法的精度好于常规的"遇负置零"算法的精度.

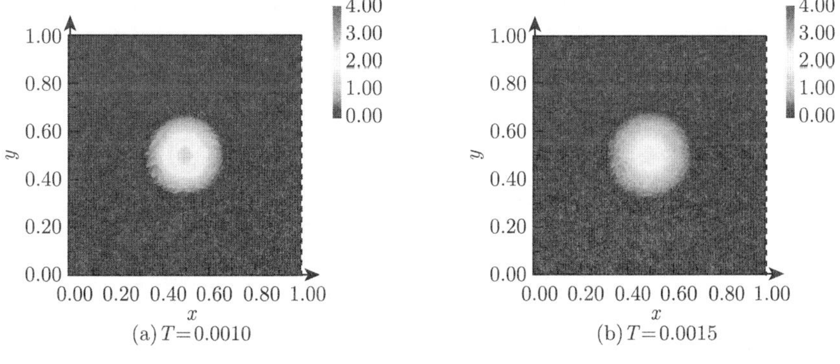

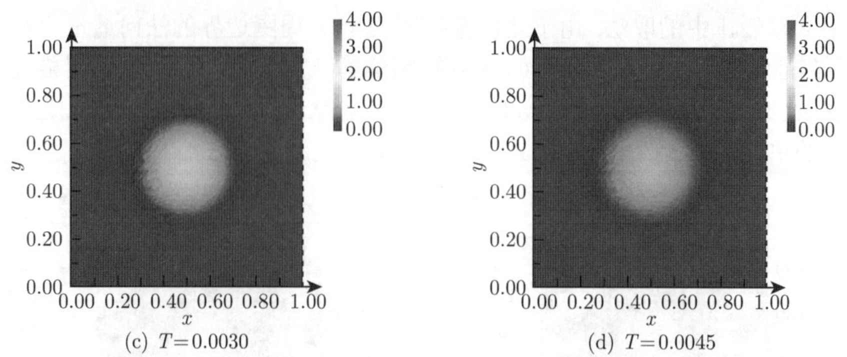

(c) $T=0.0030$　　(d) $T=0.0045$

图 5.9　采用 CEPA 算法得到时刻 $T = 0.001, 0.0015, 0.003, 0.0045$ 的解 (详见书后彩图)

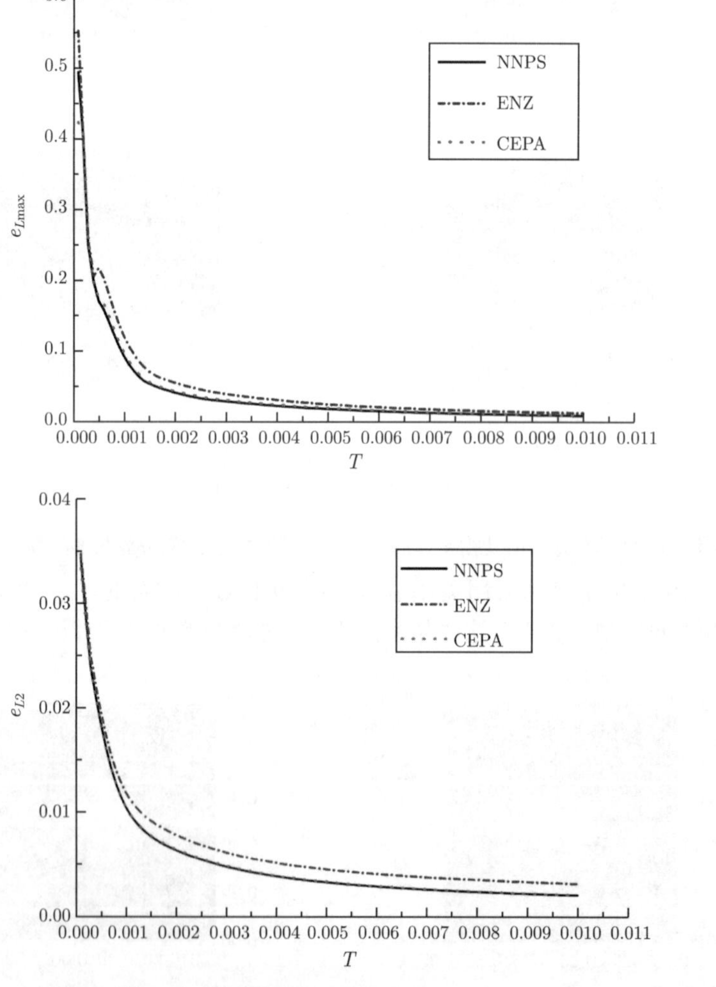

图 5.10　采用 NNPS, ENZ 和 CEPA 方法得到的 e_{L_∞} 和 e_{L_2} 误差 (详见书后彩图)

图 5.11 给出了不同算法按照公式 (5.52) 计算出的守恒误差的比较, 可以看出 CEPA 和 NNPS 是严格守恒的, 其守恒误差低于 10^{-15}, 这主要是由于舍入误差引起的, 而 ENZ 算法的守恒误差达到 0.001. 就本算例来讲, 在 $T=0.01$ 时, ENZ 算法的能量较初始时刻增加了 0.85%.

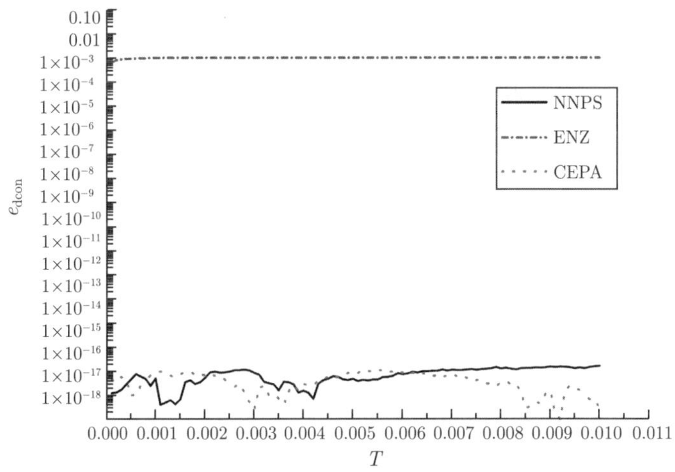

图 5.11 采用 NNPS, ENZ 和 CEPA 方法得到的离散守恒误差 (详见书后彩图)

算例二 本算例用来说明"守恒性"对于长时间计算的重要性, 并展示 CEPA 算法的能力. 考察如下问题:

$$
\begin{cases}
\dfrac{\partial u}{\partial t}-\nabla\cdot((1+u^{\frac{3}{2}})\nabla u)=Q(x,y,t), & (x,y,t)\in\Omega\times(t_0,T],\\
u(x,y,t_0)=A+\sin(\pi(xy+Mt_0)), & (x,y)\in\Omega,\\
(1+u^{\frac{3}{2}})\dfrac{\partial u(x,0,t)}{\partial n}=-(1+(A\\
\qquad\qquad+\sin(\pi Mt))^{\frac{3}{2}})\pi x\cos(\pi Mt), & x\in[0,1],t\in(t_0,T],\\
(1+u^{\frac{3}{2}})\dfrac{\partial u(x,1,t)}{\partial n}=(1+(A+\sin(\pi(x\\
\qquad\qquad+Mt)))^{\frac{3}{2}})\pi x\cos(\pi(x+Mt)), & x\in[0,1],t\in(t_0,T],\\
(1+u^{\frac{3}{2}})\dfrac{\partial u(0,y,t)}{\partial n}=-(1+(A\\
\qquad\qquad+\sin(\pi Mt))^{\frac{3}{2}})\pi y\cos(\pi Mt), & y\in[0,1],t\in(t_0,T],\\
(1+u^{\frac{3}{2}})\dfrac{\partial u(1,y,t)}{\partial n}=(1+(A+\sin(\pi(y\\
\qquad\qquad+Mt)))^{\frac{3}{2}})\pi y\cos(\pi(y+Mt)), & y\in[0,1],t\in(t_0,T],
\end{cases}
\tag{5.54}
$$

其中源项为

$$Q(x,y,t) = M\pi d - a\left[\frac{3}{2}(1-b^2)\sqrt{c} - (1+c^{\frac{3}{2}})b\right], \tag{5.55}$$

这里的 $a=\pi^2(x^2+y^2), b=\sin(\pi(xy+Mt)), c=A+b, d=\cos(\pi(xy+Mt))$.

该问题的精确解为 $u(x,y,t)=A+\sin(\pi(xy+Mt))$. 计算过程中, 选用的参数为 $A=1.0015$, $t_0=0$, $M=10$. 对于该算例, 时间步长选取为 $\Delta t=10^{-4}$.

注意到该问题中的热传导系数为 $1+u^{\frac{3}{2}}$, 因此对于每个非线性迭代步, 解必须非负, 这样才能够保证计算进行下去. 采用 ENZ 和 CEPA 算法, 在如图 5.12 所示的 20×20 的随机网格上对方程 (5.54) 进行求解.

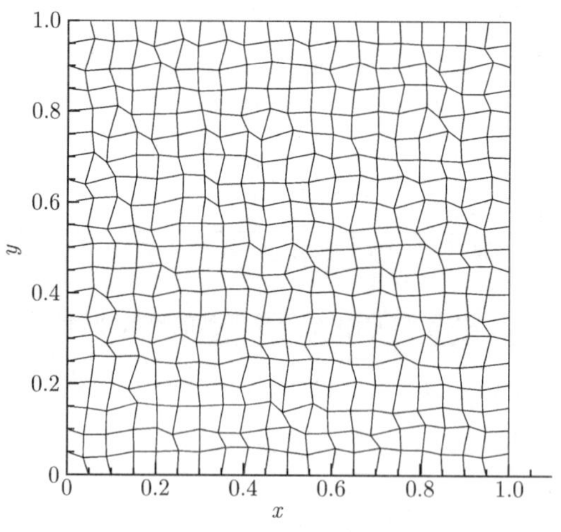

图 5.12　20×20 的随机网格

图 5.13 给出了 ENZ 算法和 CEPA 算法的 L_2 误差. 显然, ENZ 算法的误差随着时间的推进越来越大, 而 CEPA 算法的误差始终控制在一定范围. 由于方程 (5.54) 的解是一个周期函数, 在每个周期中都需要"遇负置零", 使得守恒性遭到破坏, 进而导致计算误差增加, 精度下降.

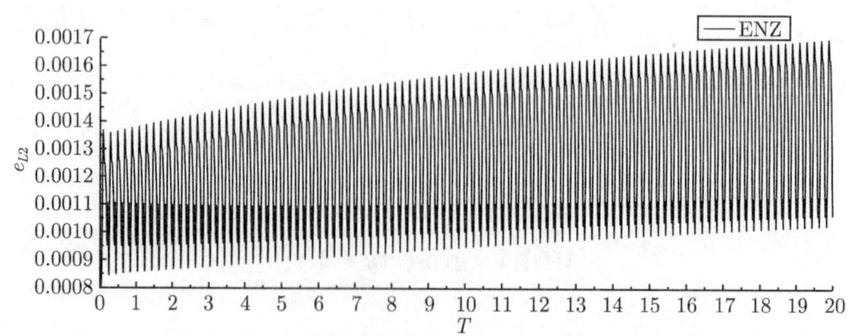

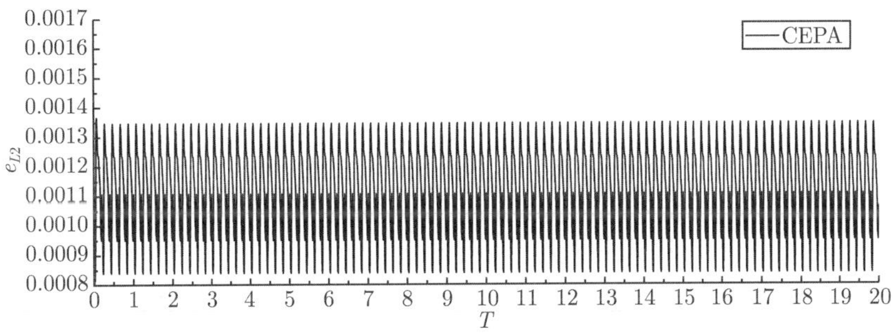

图 5.13 随机网格上 ENZ 和 CEPA 算法的误差

第 6 章　保正格式

本章介绍多种保正格式的构造, 包括自适应节点型保正格式、自适应边中点型保正格式、模板固定型保正格式和完全保正格式, 同时介绍保正格式构造过程中用到的中间未知量的消去方法.

6.1　自适应节点型保正格式

本节介绍自适应节点型保正格式的构造.

6.1.1　问题与记号

考虑以下扩散方程:

$$-\nabla\cdot(\kappa(x)\nabla u(x))=f(x),\quad x\in\Omega, \tag{6.1}$$

$$u(x)=g(x),\quad x\in\partial\Omega, \tag{6.2}$$

其中 Ω 是一个有界多边形区域, $\partial\Omega$ 是区域边界, κ 是扩散系数. 将单元用 K 或 L 表示, 同时用 K 和 L 表示单元中心（图 6.1）. 假设每个多边形相对于其中心点都是星形的, 即从单元中心 K 发出的射线与其边界只有一个交点. 网格节点用 A,B 或者 P_1,P_2,P_3,P_4 等表示, 网格边记为 σ. 如果 σ 是单元 K 和 L 的公共边, 其节点是 A 和 B, 则记

$$\sigma=K|L=BA.$$

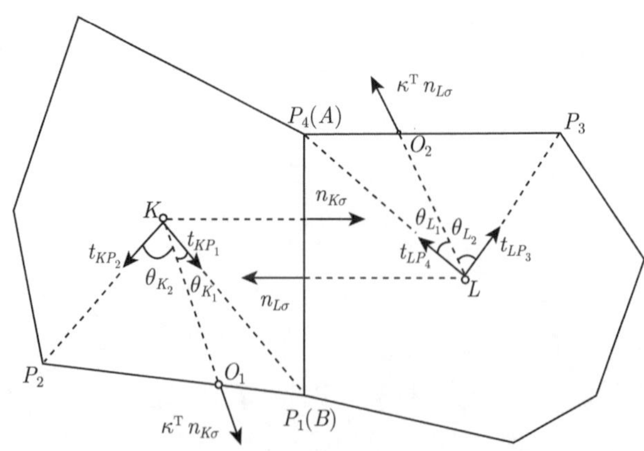

图 6.1　自适应节点型保正格式的记号与模板

令 $\mathcal{J}$ 为所有单元的集合, $\mathcal{E}$ 为所有网格边的集合, $\mathcal{E}_K$ 为 K 单元的所有单元边的集合. 记 $\mathcal{E}_{\text{int}} = \mathcal{E} \cap \Omega$, $\mathcal{E}_{\text{ext}} = \mathcal{E} \cap \partial\Omega$, $h = \left(\sup\limits_{K\in\mathcal{J}} \text{diam}(K)\right)^{1/2}$, 其中 $\text{diam}(K)$ 为单元 K 的直径. 用 $n_{K\sigma}$ ($n_{L\sigma}$) 表示单元 K (L) 在其网格边 σ 上的单位外法向量, 且有 $n_{K\sigma} = -n_{L\sigma}$, 记 t_{KP_i} 和 t_{LP_i} 分别为线 KP_i 和 LP_i ($i = 1, 2, \cdots$) 上的单位切向量.

记 κ^{T} 为 κ 的转置. 从 K 点发出的射线沿 $\kappa^{\text{T}} n_{K\sigma}$ 的方向必定交于单元 K 的一条网格边, 将这条网格边记为 P_1P_2, 交点记为 O_1（图 6.1）. 类似地, 从点 L 发出的射线沿 $\kappa^{\text{T}} n_{L\sigma}$ 的方向必定交于单元 L 的一条网格边, 将这条网格边记为 P_3P_4, 交点记为 O_2. 令 θ_{K_1} 为 KP_1 和 KO_1 之间的夹角, θ_{K_2} 为 KO_1 和 KP_2 之间的夹角, θ_{L_1} 为 LP_4 和 LO_2 之间的夹角, θ_{L_2} 为 LO_2 和 LP_3 之间的夹角. 记 $\theta_K = \theta_{K_1} + \theta_{K_2}$ 和 $\theta_L = \theta_{L_1} + \theta_{L_2}$, 即 θ_K 为 KP_1 和 KP_2 之间的夹角, θ_L 为 LP_3 和 LP_4 之间的夹角. 由于多边形是星形的, 从而有

$$0 \leqslant \theta_{K_1}, \theta_{K_2}, \theta_{L_1}, \theta_{L_2} < \pi$$

和

$$0 < \theta_K, \theta_L < \pi.$$

6.1.2 格式构造

在单元 K 上对方程 (6.1) 积分, 并利用 Green 公式得

$$\sum_{\sigma\in\mathcal{E}_K} \mathcal{F}_{K,\sigma} = \int_K f(x)dx, \tag{6.3}$$

其中网格边 σ 上的连续通量为

$$\mathcal{F}_{K,\sigma} = -\int_\sigma \kappa(x)\nabla u(x) \cdot n_{K\sigma} dl. \tag{6.4}$$

注意到

$$(\kappa\nabla u) \cdot \nu = \nabla u \cdot (\kappa^{\text{T}}\nu),$$

则有

$$\mathcal{F}_{K,\sigma} = -\int_\sigma \nabla u(x) \cdot \kappa(x)^{\text{T}} n_{K\sigma} dl. \tag{6.5}$$

由于 KP_1 和 KP_2 是三角形 KP_1P_2 的两条边, 从而有

$$\frac{\kappa^{\text{T}} n_{K\sigma}}{|\kappa^{\text{T}} n_{K\sigma}|} = \frac{\sin\theta_{K_2}}{\sin\theta_K} t_{KP_1} + \frac{\sin\theta_{K_1}}{\sin\theta_K} t_{KP_2}. \tag{6.6}$$

类似地, 有

$$\frac{\kappa^{\mathrm{T}} n_{L\sigma}}{|\kappa^{\mathrm{T}} n_{L\sigma}|} = \frac{\sin\theta_{L_2}}{\sin\theta_L} t_{LP_4} + \frac{\sin\theta_{L_1}}{\sin\theta_L} t_{LP_3}. \tag{6.7}$$

将 (6.6) 代入 (6.5) 得

$$\begin{aligned}\mathcal{F}_{K,\sigma} &= -\int_\sigma |\kappa^{\mathrm{T}} n_{K\sigma}| \left(\frac{\sin\theta_{K_2}}{\sin\theta_K}\nabla u(x)\cdot t_{KP_1} + \frac{\sin\theta_{K_1}}{\sin\theta_K}\nabla u(x)\cdot t_{KP_2}\right) dl \\ &= -|\kappa^{\mathrm{T}}(K) n_{K\sigma}||\sigma| \left(\frac{\sin\theta_{K_2}}{\sin\theta_K}\frac{u(P_1)-u(K)}{|KP_1|} + \frac{\sin\theta_{K_1}}{\sin\theta_K}\frac{u(P_2)-u(K)}{|KP_2|}\right) + O(h^2).\end{aligned}$$

类似地, 有

$$\begin{aligned}\mathcal{F}_{L,\sigma} &= -\int_\sigma |\kappa^{\mathrm{T}} n_{L\sigma}| \left(\frac{\sin\theta_{L_2}}{\sin\theta_L}\nabla u(x)\cdot t_{LP_4} + \frac{\sin\theta_{L_1}}{\sin\theta_L}\nabla u(x)\cdot t_{LP_3}\right) dl \\ &= -|\kappa^{\mathrm{T}}(L) n_{L\sigma}||\sigma| \left(\frac{\sin\theta_{L_2}}{\sin\theta_L}\frac{u(P_4)-u(L)}{|LP_4|} + \frac{\sin\theta_{L_1}}{\sin\theta_L}\frac{u(P_3)-u(L)}{|LP_3|}\right) + O(h^2).\end{aligned}$$

定义如下的单边法向通量:

$$F_1 = -|\kappa^{\mathrm{T}}(K) n_{K\sigma}||\sigma| \left(\frac{\sin\theta_{K_2}}{\sin\theta_K}\frac{u_{P_1}-u_K}{|KP_1|} + \frac{\sin\theta_{K_1}}{\sin\theta_K}\frac{u_{P_2}-u_K}{|KP_2|}\right),$$

$$F_2 = -|\kappa^{\mathrm{T}}(L) n_{L\sigma}||\sigma| \left(\frac{\sin\theta_{L_2}}{\sin\theta_L}\frac{u_{P_4}-u_L}{|LP_4|} + \frac{\sin\theta_{L_1}}{\sin\theta_L}\frac{u_{P_3}-u_L}{|LP_3|}\right).$$

将边 σ 上的法向通量表达式定义如下:

$$F_{K,\sigma} = \mu_1 F_1 - \mu_2 F_2,$$

$$F_{L,\sigma} = -\mu_1 F_1 + \mu_2 F_2.$$

将 F_1 和 F_2 的表达式代入 $F_{K,\sigma}$ 的表达式得

$$\begin{aligned}F_{K,\sigma} = &-\mu_1|\kappa^{\mathrm{T}}(K) n_{K\sigma}||\sigma| \left(\frac{\sin\theta_{K_2}}{\sin\theta_K}\frac{u_{P_1}-u_K}{|KP_1|} + \frac{\sin\theta_{K_1}}{\sin\theta_K}\frac{u_{P_2}-u_K}{|KP_2|}\right) \\ &+\mu_2|\kappa^{\mathrm{T}}(L) n_{L\sigma}||\sigma| \left(\frac{\sin\theta_{L_2}}{\sin\theta_L}\frac{u_{P_4}-u_L}{|LP_4|} + \frac{\sin\theta_{L_1}}{\sin\theta_L}\frac{u_{P_3}-u_L}{|LP_3|}\right),\end{aligned}$$

其中 $\mu_1 + \mu_2 = 1$. 以上方程可以改写为

$$
\begin{aligned}
F_{K,\sigma} = &\mu_1 \frac{|\kappa^{\mathrm{T}}(K) n_{K\sigma}||\sigma|}{\sin\theta_K} \left(\frac{\sin\theta_{K_2}}{|KP_1|} + \frac{\sin\theta_{K_1}}{|KP_2|} \right) u_K \\
&- \mu_2 \frac{|\kappa^{\mathrm{T}}(L) n_{L\sigma}||\sigma|}{\sin\theta_L} \left(\frac{\sin\theta_{L_2}}{|LP_4|} + \frac{\sin\theta_{L_1}}{|LP_3|} \right) u_L \\
&- \mu_1 \frac{|\kappa^{\mathrm{T}}(K) n_{K\sigma}||\sigma|}{\sin\theta_K} \left(\frac{\sin\theta_{K_2}}{|KP_1|} u_{P_1} + \frac{\sin\theta_{K_1}}{|KP_2|} u_{P_2} \right) \\
&+ \mu_2 \frac{|\kappa^{\mathrm{T}}(L) n_{L\sigma}||\sigma|}{\sin\theta_L} \left(\frac{\sin\theta_{L_2}}{|LP_4|} u_{P_4} + \frac{\sin\theta_{L_1}}{|LP_3|} u_{P_3} \right).
\end{aligned} \tag{6.8}
$$

为了得到两点通量近似, 以上表达式中的第三项和第四项应该消失, 从而, 要求 μ_1 和 μ_2 满足以下关系:

$$
\begin{cases}
\mu_1 + \mu_2 = 1, \\
-a_1\mu_1 + a_2\mu_2 = 0,
\end{cases} \tag{6.9}
$$

其中

$$
\begin{aligned}
a_1 &= \frac{|\kappa^{\mathrm{T}}(K) n_{K\sigma}||\sigma|}{\sin\theta_K} \left(\frac{\sin\theta_{K_2}}{|KP_1|} u_{P_1} + \frac{\sin\theta_{K_1}}{|KP_2|} u_{P_2} \right), \\
a_2 &= \frac{|\kappa^{\mathrm{T}}(L) n_{L\sigma}||\sigma|}{\sin\theta_L} \left(\frac{\sin\theta_{L_2}}{|LP_4|} u_{P_4} + \frac{\sin\theta_{L_1}}{|LP_3|} u_{P_3} \right).
\end{aligned}
$$

如果 $a_1 + a_2 \neq 0$, 则有

$$
\mu_1 = \frac{a_2}{a_1 + a_2}, \quad \mu_2 = \frac{a_1}{a_1 + a_2}. \tag{6.10}
$$

如果 $a_1 + a_2 = 0$, 取

$$
\mu_1 = \mu_2 = \frac{1}{2}.
$$

从 $\theta_{K_1}, \theta_{K_2}, \theta_{L_1}, \theta_{L_2}$, θ_K 和 θ_L 的定义, 可知

$$
\sin\theta_{K_1} \geqslant 0, \quad \sin\theta_{K_2} \geqslant 0, \quad \sin\theta_{L_1} \geqslant 0, \quad \sin\theta_{L_2} \geqslant 0,
$$

以及

$$
\sin\theta_K > 0, \quad \sin\theta_L > 0.
$$

如果

$$
u_{P_i} \geqslant 0, \quad i = 1, 2, 3, 4, \cdots, \tag{6.11}
$$

则有

$$
a_1 \geqslant 0, \qquad a_2 \geqslant 0,
$$

这意味着

$$\mu_1 \geqslant 0, \qquad \mu_2 \geqslant 0.$$

如果 σ 为内部网格边, 由 (6.8) 和 (6.9) 可得

$$\begin{aligned} F_{K,\sigma} = & \mu_1 \frac{|\kappa^{\mathrm{T}}(K) n_{K\sigma}||\sigma|}{\sin\theta_K} \left(\frac{\sin\theta_{K_2}}{|KP_1|} + \frac{\sin\theta_{K_1}}{|KP_2|} \right) u_K \\ & - \mu_2 \frac{|\kappa^{\mathrm{T}}(L) n_{L\sigma}||\sigma|}{\sin\theta_L} \left(\frac{\sin\theta_{L_2}}{|LP_4|} + \frac{\sin\theta_{L_1}}{|LP_3|} \right) u_L \\ = & A_{K,\sigma} u_K - A_{L,\sigma} u_L, \end{aligned} \tag{6.12}$$

其中

$$A_{K,\sigma} = \mu_1 \frac{|\kappa^{\mathrm{T}}(K) n_{K\sigma}||\sigma|}{\sin\theta_K} \left(\frac{\sin\theta_{K_2}}{|KP_1|} + \frac{\sin\theta_{K_1}}{|KP_2|} \right),$$

$$A_{L,\sigma} = \mu_2 \frac{|\kappa^{\mathrm{T}}(L) n_{L\sigma}||\sigma|}{\sin\theta_L} \left(\frac{\sin\theta_{L_2}}{|LP_4|} + \frac{\sin\theta_{L_1}}{|LP_3|} \right).$$

若条件 (6.11) 成立, 则有

$$A_{K,\sigma} \geqslant 0, \qquad A_{L,\sigma} \geqslant 0.$$

如果 $\sigma \in \mathcal{E}_{\text{ext}}$, 见图 6.1, 从点 K 沿方向 $\kappa^{\mathrm{T}} n_{K\sigma}$ 发出的射线必定交于某一条边 $\tilde{\sigma}$, 记交点为 O_1, 其中 $\tilde{\sigma}$ 可能为 σ, 也可能不是. 在这种情形, 定义

$$\begin{aligned} F_{K,\sigma} = & -\frac{|\kappa^{\mathrm{T}}(K) n_{K\sigma}||\sigma|}{\sin\theta_K} \left[\frac{\sin\theta_{K_2}}{|KP_1|} u_{P_1} + \frac{\sin\theta_{K_1}}{|KP_2|} u_{P_2} - \left(\frac{\sin\theta_{K_2}}{|KP_1|} + \frac{\sin\theta_{K_1}}{|KP_2|} \right) u_K \right] \\ = & A_{K,\sigma} u_K - a_{K,\sigma}, \end{aligned} \tag{6.13}$$

其中

$$A_{K,\sigma} = \frac{|\kappa^{\mathrm{T}}(K) n_{K\sigma}||\sigma|}{\sin\theta_K} \left(\frac{\sin\theta_{K_2}}{|KP_1|} + \frac{\sin\theta_{K_1}}{|KP_2|} \right),$$

$$a_{K,\sigma} = \frac{|\kappa^{\mathrm{T}}(K) n_{K\sigma}||\sigma|}{\sin\theta_K} \left(\frac{\sin\theta_{K_2}}{|KP_1|} u_{P_1} + \frac{\sin\theta_{K_1}}{|KP_2|} u_{P_2} \right).$$

在 (6.12) 和 (6.13) 中, 如果 P_i 位于边界 $\partial\Omega$, 则在相应的公式中取 $u_{P_i} = g_{P_i}$.

从而, 可得如下有限体积格式:

$$\sum_{\sigma \in \mathcal{E}_K} F_{K,\sigma} = f_K m(K), \quad \forall K \in \mathcal{J}, \tag{6.14}$$

$$u_{P_i} = g_{P_i}, \qquad \forall P_i \in \partial\Omega, \tag{6.15}$$

其中 $f_K = f(K)$.

为了确保边界条件对格式的影响, 需要假设至少存在一条边 $\sigma \subset \partial K$ ($K \cap \partial\Omega \subset \mathcal{E}_{\text{ext}}$) 使得起源于中心 K 沿方向 $\kappa^{\mathrm{T}} n_{K\sigma}$ 的射线交于一条网格边 $\widetilde{\sigma}$, 且满足 $\widetilde{\sigma} \cap \partial\Omega \neq \varnothing$. 如果这个条件不满足, 则可以利用类似于下面处理 Robin 边界条件的方法确定 $F_{K,\sigma}$ 的表达式. 从而, 总能确保边界条件对格式产生影响.

显然, 该保正格式的单元中心未知量可以定义在单元内的任意位置, 系数 $A_{K,\sigma}$ 和 $A_{L,\sigma}$ 依赖于网格节点未知量, 而网格节点未知量需要用单元中心未知量消去, 从而格式是非线性的.

6.1.3 Robin 边界条件

本小节介绍 Robin 边界条件的离散方法. 考虑如下的 Robin 边界条件:

$$\alpha\kappa\nabla u \cdot \nu + \beta u = g, \tag{6.16}$$

其中 ν 为区域 Ω 的单位外法向量. 在网格边 $\sigma \in \partial\Omega$ 上对 (6.16) 积分得

$$\int_\sigma \alpha\kappa\nabla u \cdot \nu + \int_\sigma \beta u = \int_\sigma g. \tag{6.17}$$

令 K 为边 σ 的中点, 则有

$$\alpha_K \mathcal{F}_{K,\sigma} + |\sigma|\beta_K u_K = |\sigma| g_K, \tag{6.18}$$

其中

$$\mathcal{F}_{K,\sigma} = \int_\sigma \kappa\nabla u \cdot \nu = -\int_\sigma \kappa\nabla u \cdot n_{K\sigma}.$$

下面将给出以上法向通量的离散表达式. 由于向量 $\kappa^{\mathrm{T}}\nu$ 是指向区域 Ω 外部的向量, 从 K 点沿方向 $\kappa^{\mathrm{T}} n_{K\sigma}$ 发出的射线必定交于 LA 或者 LB（图 6.2）, 将该线段记为 P_1P_2, 交点记为 O_1. 在该图中, P_1 和 L 是同一个点.

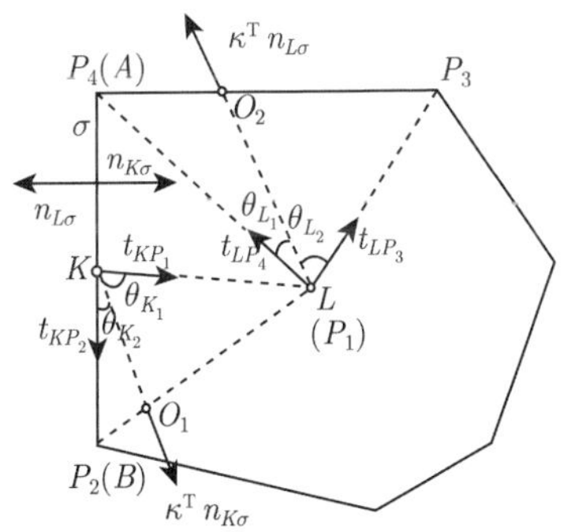

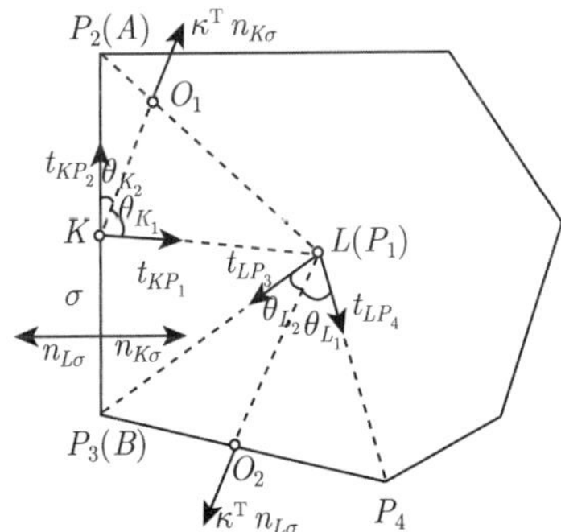

图 6.2 边界模板

与内部边法向通量的定义类似, 定义

$$F_{K,\sigma}=-\mu_1|\kappa^{\mathrm{T}}(K)n_{K\sigma}||\sigma|\left(\frac{\sin\theta_{K_2}}{\sin\theta_K}\frac{u_{P_1}-u_K}{|KP_1|}+\frac{\sin\theta_{K_1}}{\sin\theta_K}\frac{u_{P_2}-u_K}{|KP_2|}\right)$$
$$+\mu_2|\kappa^{\mathrm{T}}(L)n_{L\sigma}||\sigma|\left(\frac{\sin\theta_{L_2}}{\sin\theta_L}\frac{u_{P_4}-u_L}{|LP_4|}+\frac{\sin\theta_{L_1}}{\sin\theta_L}\frac{u_{P_3}-u_L}{|LP_3|}\right),$$

注意到点 P_1 和 L 是同一个点, 可将以上表达式写成

$$\begin{aligned}F_{K,\sigma}=&\mu_1\frac{|\kappa^{\mathrm{T}}(K)n_{K\sigma}||\sigma|}{\sin\theta_K}\left(\frac{\sin\theta_{K_2}}{|KP_1|}+\frac{\sin\theta_{K_1}}{|KP_2|}\right)u_K\\&-\left[\mu_2\frac{|\kappa^{\mathrm{T}}(L)n_{L\sigma}||\sigma|}{\sin\theta_L}\left(\frac{\sin\theta_{L_2}}{|LP_4|}+\frac{\sin\theta_{L_1}}{|LP_3|}\right)+\mu_1\frac{|\kappa^{\mathrm{T}}(K)n_{K\sigma}||\sigma|}{\sin\theta_K}\frac{\sin\theta_{K_2}}{|KL|}\right]u_L\\&-\mu_1\frac{|\kappa^{\mathrm{T}}(K)n_{K\sigma}||\sigma|}{\sin\theta_K}\frac{\sin\theta_{K_1}}{|KP_2|}u_{P_2}\\&+\mu_2\frac{|\kappa^{\mathrm{T}}(L)n_{L\sigma}||\sigma|}{\sin\theta_L}\left(\frac{\sin\theta_{L_2}}{|LP_4|}u_{P_4}+\frac{\sin\theta_{L_1}}{|LP_3|}u_{P_3}\right).\end{aligned}\tag{6.19}$$

为了获得两点通量的表达式, 以上表达式中含节点未知量的项应该消失, 从而选取 μ_1 和 μ_2 使得

$$\begin{cases}\mu_1+\mu_2=1,\\-a_1\mu_1+a_2\mu_2=0,\end{cases}\tag{6.20}$$

其中

$$a_1=\frac{|\kappa^{\mathrm{T}}(K)n_{K\sigma}||\sigma|}{\sin\theta_K}\frac{\sin\theta_{K_1}}{|KP_2|}u_{P_2},$$
$$a_2=\frac{|\kappa^{\mathrm{T}}(L)n_{L\sigma}||\sigma|}{\sin\theta_L}\left(\frac{\sin\theta_{L_2}}{|LP_4|}u_{P_4}+\frac{\sin\theta_{L_1}}{|LP_3|}u_{P_3}\right).$$

如果 $a_1+a_2\neq 0$, 则取

$$\mu_1=\frac{a_2}{a_1+a_2},\quad \mu_2=\frac{a_1}{a_1+a_2}.\tag{6.21}$$

如果 $a_1+a_2=0$, 则取

$$\mu_1=\mu_2=\frac{1}{2}.$$

类似地, 只要

$$u_{P_i}\geqslant 0,\quad i=2,3,4,\cdots,\tag{6.22}$$

则有

$$a_1 \geqslant 0, \quad a_2 \geqslant 0,$$

从而

$$\mu_1 \geqslant 0, \quad \mu_2 \geqslant 0.$$

进一步可得

$$F_{K,\sigma} = A_{K,\sigma} u_K - A_{L,\sigma} u_L, \tag{6.23}$$

其中

$$A_{K,\sigma} = \mu_1 \frac{|\kappa^{\mathrm{T}}(K) n_{K\sigma}||\sigma|}{\sin\theta_K} \left(\frac{\sin\theta_{K_2}}{|KP_1|} + \frac{\sin\theta_{K_1}}{|KP_2|} \right), \tag{6.24}$$

$$A_{L,\sigma} = \mu_2 \frac{|\kappa^{\mathrm{T}}(L) n_{L\sigma}||\sigma|}{\sin\theta_L} \left(\frac{\sin\theta_{L_2}}{|LP_4|} + \frac{\sin\theta_{L_1}}{|LP_3|} \right) + \mu_1 \frac{|\kappa^{\mathrm{T}}(K) n_{K\sigma}||\sigma|}{\sin\theta_K} \frac{\sin\theta_{K_2}}{|KL|}. \tag{6.25}$$

在条件 (6.22) 下, 显然有

$$A_{K,\sigma} \geqslant 0, \quad A_{L,\sigma} \geqslant 0.$$

由 (6.18) 和 (6.23) 可得

$$(\alpha_K A_{K,\sigma} + |\sigma|\beta_K) u_K - \alpha_K A_{L,\sigma} u_L = |\sigma| g_K. \tag{6.26}$$

6.1.4 特殊情形

下面, 考虑 $\kappa = \lambda I$ 的特殊情形, 其中 I 是一个单位矩阵, λ 是一个正的标量函数. 在这种情形下, 当考虑通过边 $\sigma = K|L$（单元 K 和 L 的公共边）的法向通量的时候, 从单元中心 K 到网格边 σ 的垂线总是交于单元 K 的某条网格边 P_1P_2（图 6.3 ~ 图 6.5）. 从单元中心 L 到网格边 σ 的垂线总是交于单元 L 的某条边 P_3P_4.

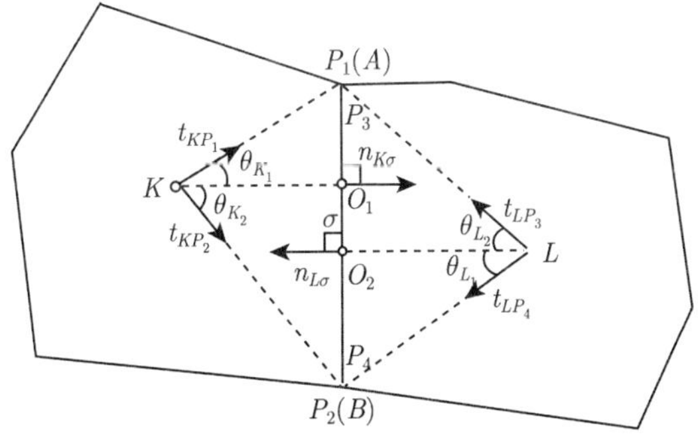

图 6.3 特殊情形 1

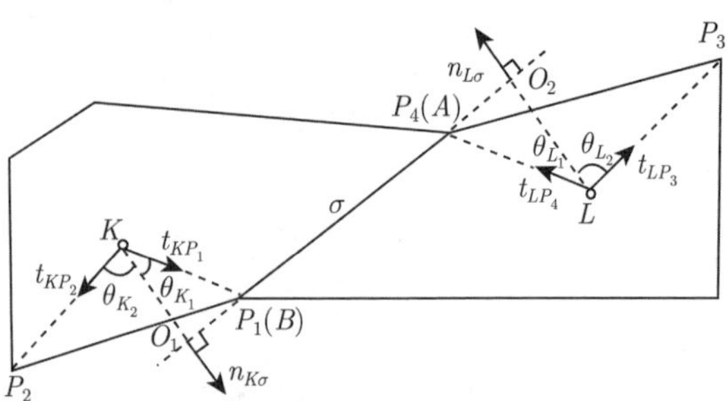

图 6.4　特殊情形 2

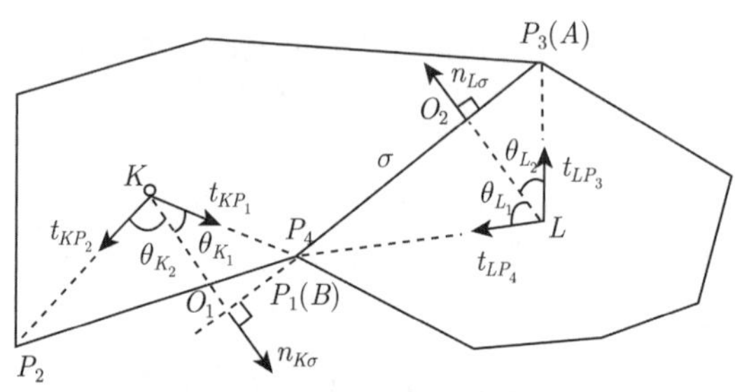

图 6.5　特殊情形 3

显然, 单位外法向量 $n_{K\sigma}$ 和 $n_{L\sigma}$ 可以表示成单元中心到网格节点的两个向量的线性组合, 即

$$n_{K\sigma} = \frac{\sin\theta_{K_2}}{\sin\theta_K} t_{KP_1} + \frac{\sin\theta_{K_1}}{\sin\theta_K} t_{KP_2}, \tag{6.27}$$

$$n_{L\sigma} = \frac{\sin\theta_{L_2}}{\sin\theta_L} t_{LP_4} + \frac{\sin\theta_{L_1}}{\sin\theta_L} t_{LP_3}. \tag{6.28}$$

与前面类似, 只需设 $|\kappa^{\mathrm{T}}(K) n_{K\sigma}| = |\lambda(K)|$, $|\kappa^{\mathrm{T}}(L) n_{L\sigma}| = |\lambda(L)|$, 则可得到单元 K 在边 σ 上的离散通量的表达式:

$$\begin{aligned} F_{K,\sigma} = & \mu_1 \frac{|\lambda(K)||\sigma|}{\sin\theta_K} \left(\frac{\sin\theta_{K_2}}{|KP_1|} + \frac{\sin\theta_{K_1}}{|KP_2|} \right) u_K \\ & - \mu_2 \frac{|\lambda(L)||\sigma|}{\sin\theta_L} \left(\frac{\sin\theta_{L_2}}{|LP_4|} + \frac{\sin\theta_{L_1}}{|LP_3|} \right) u_L \\ & - \mu_1 \frac{|\lambda(K)||\sigma|}{\sin\theta_K} \left(\frac{\sin\theta_{K_2}}{|KP_1|} u_{P_1} + \frac{\sin\theta_{K_1}}{|KP_2|} u_{P_2} \right) \\ & + \mu_2 \frac{|\lambda(L)||\sigma|}{\sin\theta_L} \left(\frac{\sin\theta_{L_2}}{|LP_4|} u_{P_4} + \frac{\sin\theta_{L_1}}{|LP_3|} u_{P_3} \right). \end{aligned} \tag{6.29}$$

记

$$a_1=\frac{\lambda(K)|\sigma|}{\sin\theta_K}\left(\frac{\sin\theta_{K_2}}{|KP_1|}u_{P_1}+\frac{\sin\theta_{K_1}}{|KP_2|}u_{P_2}\right),$$

$$a_2=\frac{\lambda(L)|\sigma|}{\sin\theta_L}\left(\frac{\sin\theta_{L_2}}{|LP_4|}u_{P_4}+\frac{\sin\theta_{L_1}}{|LP_3|}u_{P_3}\right),$$

$$\mu_1=\frac{a_2}{a_1+a_2},\quad \mu_2=\frac{a_1}{a_1+a_2}, \tag{6.30}$$

则可得到网格边 σ 上的离散法向通量:

$$F_{K,\sigma}=A_{K,\sigma}u_K-A_{L,\sigma}u_L, \tag{6.31}$$

其中

$$A_{K,\sigma}=\mu_1\frac{|\lambda(K)||\sigma|}{\sin\theta_K}\left(\frac{\sin\theta_{K_2}}{|KP_1|}+\frac{\sin\theta_{K_1}}{|KP_2|}\right)=\mu_1\frac{\lambda(K)|\sigma|}{|KO_1|}, \tag{6.32}$$

$$A_{L,\sigma}=\mu_2\frac{|\lambda(L)||\sigma|}{\sin\theta_L}\left(\frac{\sin\theta_{L_2}}{|LP_4|}+\frac{\sin\theta_{L_1}}{|LP_3|}\right)=\mu_2\frac{\lambda(L)|\sigma|}{|LO_2|}. \tag{6.33}$$

只要 $u_{P_i}\geqslant 0(i=1,2,3,4,\cdots)$, 则有

$$A_{K,\sigma}\geqslant 0,\quad A_{L,\sigma}\geqslant 0.$$

6.1.5 离散系统

将 (6.12) 和 (6.13) 代入 (6.14), 可以得到一个非线性代数方程组. 令 U 为离散未知向量, $A(U)$ 为与该方程组相关的矩阵. 矩阵 $A(U)$ 可由一阶和二阶矩阵 $A_\sigma(U)$ 组装而成. 对于内部边

$$A_\sigma(U)=\begin{pmatrix} A_{K,\sigma}(U) & -A_{L,\sigma}(U)\\ -A_{K,\sigma}(U) & A_{L,\sigma}(U)\end{pmatrix},$$

对于边界边 $A_\sigma(U)=A_{K,\sigma}(U)$. 非线性代数方程组如下:

$$A(U)U=F, \tag{6.34}$$

其中

$$A(U)=\sum_{\sigma\in\mathcal{E}}N_\sigma A_\sigma(U)N_\sigma^{\mathrm{T}}, \tag{6.35}$$

N_σ 是以 0 和 1 为元素的矩阵.

矩阵 $A(U)$ 是非对称的, 且有如下性质:

(1) 矩阵 $A(U)$ 的所有对角元都是正的.

(2) 矩阵 $A(U)$ 的所有非对角元都是非正的.

(3) 矩阵 $A(U)$ 的列和是非负的, 且至少存在一列的列和为正.

这些性质说明矩阵 $A(U)$ 是按列弱对角占优的. 可用 Picard 迭代方法来求解该非线性代数方程组, 即选取参数 $\varepsilon_{\text{non}} > 0$ 和初始向量 $U^0 \geqslant 0$, 对非线性迭代指标 $k = 1, 2, \cdots$, 重复以下过程:

(1) 求解 $A(U^{k-1})U^k = F$,

(2) 如果 $\|A(U^k)U^k - F\| \leqslant \varepsilon_{\text{non}}\|A(U^0)U^0 - F\|$, 则迭代终止.

所得线性代数方程组的系数矩阵 $A(U^{k-1})$ 是非对称的, 可用 BiCGStab 方法求解该线性代数方程组. 在数值实验中, Picard 迭代方法总是收敛的.

6.1.6 保正性

为了证明格式是保正的, 需要引入如下引理[22].

引理 6.1.1 对于满足 $a_{ii} > 0(1 \leqslant i \leqslant n)$ 和 $a_{ij} \leqslant 0$ ($1 \leqslant i, j \leqslant n, i \neq j$) 的不可约矩阵 $A = (a_{ij})_{n\times n}$, 如果 A 是按行弱对角占优的, 即

$$\sum_{j=1}^{n} a_{ij} \geqslant 0, \quad i = 1, 2, \cdots, n, \tag{6.36}$$

且至少有一个不等式是严格大于 0 的. 则矩阵 A 是一个 M 矩阵.

下面, 将证明格式在每一个非线性迭代步都是保正的.

定理 6.1.1 令 $F \geqslant 0$, $U^0 \geqslant 0$, 且 Picard 迭代中的线性代数方程组可精确求解, 则所有迭代向量 U^k 都是非负向量, 即

$$U^k \geqslant 0.$$

证明 首先证明矩阵 $A(U)$ 对所有非负向量 U 是单调的. 上面, 已经申明了矩阵 $A(U)$ 的一些性质. 显然, 矩阵 $A^{\mathrm{T}}(U)$ 满足引理 6.1.1 的条件, 从而 $A^{\mathrm{T}}(U)$ 是一个 M 矩阵, 即 $(A^{\mathrm{T}}(U))^{-1}$ 的所有元素都是非负的. 由于矩阵的转置和求逆运算是可交换的, 即 $(A^{\mathrm{T}}(U))^{-1} = (A^{-1}(U))^{\mathrm{T}}$, 可得 $A^{-1}(U)$ 的所有元素也是非负的, $A(U)$ 对任何向量 $U \geqslant 0$ 是单调的. 注意到 $U^0 \geqslant 0$, 假设对某个 $k_0 > 0$, 有

$$U^{k_0-1} \geqslant 0.$$

从而, 矩阵 $A(U^{k_0-1})$ 是单调的, 即 $A^{-1}(U^{k_0-1}) \geqslant 0$. 而又有 $F \geqslant 0$, 从而, $A(U^{k_0-1})$ $U^{k_0} = F$ 的解 U^{k_0} 是一个非负向量, 即

$$U^{k_0} \geqslant 0.$$

因此, 对所有 $k \geqslant 0$, 有

$$U^k \geqslant 0.$$

6.2 自适应边中点型保正格式

本节给出自适应边中点型保正格式的构造.

用 M_1, M_2, M_3, M_4 等表示网格边中点, 其他记号与上一节类似. 从 K 点沿 $\kappa^{\mathrm{T}}n_{K\sigma}$ 方向发出的射线必定交于单元 K 的某一条连接相邻两个边中点的线段, 将这两个边中点记为 M_1 和 M_2, 交点记为 O_1（图 6.6）. 类似地, 从 L 点沿 $\kappa^{\mathrm{T}}n_{L\sigma}$ 方向发出的射线必定交于单元 L 的某一条连接相邻两个边中点的线段, 将这两个边中点记为 M_3 和 M_4, 交点记为 O_2. 记 $\mathcal{P}_{\mathrm{in}}$ 为 Ω 内的所有单元中心的集合, $\mathcal{P}_{\mathrm{out}}$ 为在 $\partial\Omega$ 上的网格边中点的集合. 记 t_{KM_i} 和 t_{LM_i} 分别为线 KM_i 和 $LM_i(i=1,2)$ 上的单位切向量. 令 θ_{K_1} 为 KM_1 和 KO_1 之间的夹角, θ_{K_2} 为 KO_1 和 KM_2 之间的夹角, θ_{L_1} 为 LM_3 和 LO_2 之间的夹角, θ_{L_2} 为 LO_2 和 LM_4 之间的夹角. 记 $\theta_K=\theta_{K_1}+\theta_{K_2}$ 和 $\theta_L=\theta_{L_1}+\theta_{L_2}$, 即 θ_K 为 KM_1 和 KM_2 之间的夹角, θ_L 为 LM_3 和 LM_4 之间的夹角. 显然有

$$0\leqslant\theta_{K_1},\theta_{K_2},\theta_{L_1},\theta_{L_2}<\pi.$$

假设

$$0<\theta_K<\pi,\quad 0<\theta_L<\pi. \tag{6.37}$$

注记 6.2.1 单元中心在由网格边中点组成的多边形内部时, 以上假设成立.

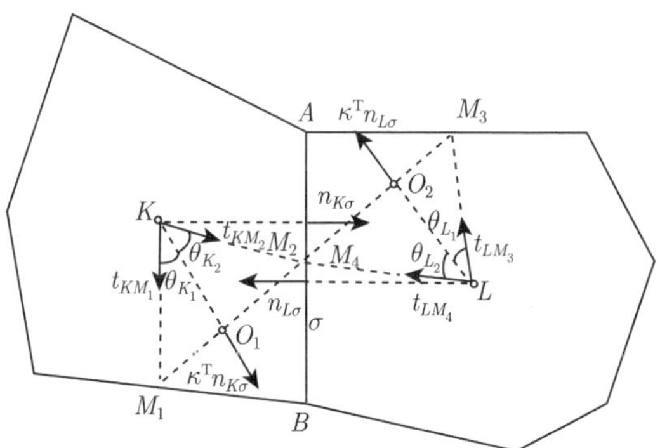

图 6.6 自适应边中点型保正格式的模板与记号

显然, 有如下的向量分解:

$$\frac{\kappa^{\mathrm{T}}n_{K\sigma}}{|\kappa^{\mathrm{T}}n_{K\sigma}|}=\frac{\sin\theta_{K_2}}{\sin\theta_K}t_{KM_1}+\frac{\sin\theta_{K_1}}{\sin\theta_K}t_{KM_2}, \tag{6.38}$$

$$\frac{\kappa^{\mathrm{T}}n_{L\sigma}}{|\kappa^{\mathrm{T}}n_{L\sigma}|}=\frac{\sin\theta_{L_2}}{\sin\theta_L}t_{LM_3}+\frac{\sin\theta_{L_1}}{\sin\theta_L}t_{LM_4}. \tag{6.39}$$

将 (6.38) 代入 (6.5) 可得

$$\begin{aligned}\mathcal{F}_{K,\sigma}=&-\int_\sigma|\kappa^{\mathrm{T}}n_{K\sigma}|\left(\frac{\sin\theta_{K_2}}{\sin\theta_K}\nabla u(x)\cdot t_{KM_1}+\frac{\sin\theta_{K_1}}{\sin\theta_K}\nabla u(x)\cdot t_{KM_2}\right)dl\\=&-|\kappa^{\mathrm{T}}(K)n_{K\sigma}||\sigma|\left(\frac{\sin\theta_{K_2}}{\sin\theta_K}\frac{u(M_1)-u(K)}{|KM_1|}+\frac{\sin\theta_{K_1}}{\sin\theta_K}\frac{u(M_2)-u(K)}{|KM_2|}\right)+O(h^2).\end{aligned}$$

类似地

$$\begin{aligned}\mathcal{F}_{L,\sigma}=&-\int_\sigma|\kappa^{\mathrm{T}}n_{L\sigma}|\left(\frac{\sin\theta_{L_2}}{\sin\theta_L}\nabla u(x)\cdot t_{LM_3}+\frac{\sin\theta_{L_1}}{\sin\theta_L}\nabla u(x)\cdot t_{LM_4}\right)dl\\=&-|\kappa^{\mathrm{T}}(L)n_{L\sigma}||\sigma|\left(\frac{\sin\theta_{L_2}}{\sin\theta_L}\frac{u(M_3)-u(L)}{|LM_3|}+\frac{\sin\theta_{L_1}}{\sin\theta_L}\frac{u(M_4)-u(L)}{|LM_4|}\right)+O(h^2).\end{aligned}$$

令

$$F_1=-|\kappa^{\mathrm{T}}(K)n_{K\sigma}||\sigma|\left(\frac{\sin\theta_{K_2}}{\sin\theta_K}\frac{u_{M_1}-u_K}{|KM_1|}+\frac{\sin\theta_{K_1}}{\sin\theta_K}\frac{u_{M_2}-u_K}{|KM_2|}\right),\tag{6.40}$$

$$F_2=-|\kappa^{\mathrm{T}}(L)n_{L\sigma}||\sigma|\left(\frac{\sin\theta_{L_2}}{\sin\theta_L}\frac{u_{M_3}-u_L}{|LM_3|}+\frac{\sin\theta_{L_1}}{\sin\theta_L}\frac{u_{M_4}-u_L}{|LM_4|}\right).\tag{6.41}$$

将边 σ 上的离散法向通量定义如下:

$$F_{K,\sigma}=\mu_1F_1-\mu_2F_2,\tag{6.42}$$

$$F_{L,\sigma}=-\mu_1F_1+\mu_2F_2,\tag{6.43}$$

其中 μ_1 和 μ_2 是满足 $\mu_1+\mu_2=1$ 的系数, 具体形式将在后面给出. 将 (6.40) 和 (6.41) 代入 (6.42) 可得

$$\begin{aligned}F_{K,\sigma}=&\mu_1\frac{|\kappa^{\mathrm{T}}(K)n_{K\sigma}||\sigma|}{\sin\theta_K}\left(\frac{\sin\theta_{K_2}}{|KM_1|}+\frac{\sin\theta_{K_1}}{|KM_2|}\right)u_K\\&-\mu_2\frac{|\kappa^{\mathrm{T}}(L)n_{L\sigma}||\sigma|}{\sin\theta_L}\left(\frac{\sin\theta_{L_2}}{|LM_3|}+\frac{\sin\theta_{L_1}}{|LM_4|}\right)u_L\\&-\mu_1\frac{|\kappa^{\mathrm{T}}(K)n_{K\sigma}||\sigma|}{\sin\theta_K}\left(\frac{\sin\theta_{K_2}}{|KM_1|}u_{M_1}+\frac{\sin\theta_{K_1}}{|KM_2|}u_{M_2}\right)\\&+\mu_2\frac{|\kappa^{\mathrm{T}}(L)n_{L\sigma}||\sigma|}{\sin\theta_L}\left(\frac{\sin\theta_{L_2}}{|LM_3|}u_{M_3}+\frac{\sin\theta_{L_1}}{|LM_4|}u_{M_4}\right).\end{aligned}\tag{6.44}$$

为了获得两点通量近似, 要求以上表达式中的第三项和第四项消失. 从而选择 μ_1 和 μ_2 使得

$$\begin{cases}\mu_1+\mu_2=1,\\-a_1\mu_1+a_2\mu_2=0,\end{cases}\tag{6.45}$$

其中

$$a_1 = \frac{|\kappa^{\mathrm{T}}(K)n_{K\sigma}||\sigma|}{\sin\theta_K}\left(\frac{\sin\theta_{K_2}}{|KM_1|}u_{M_1} + \frac{\sin\theta_{K_1}}{|KM_2|}u_{M_2}\right),$$

$$a_2 = \frac{|\kappa^{\mathrm{T}}(L)n_{L\sigma}||\sigma|}{\sin\theta_L}\left(\frac{\sin\theta_{L_2}}{|LM_3|}u_{M_3} + \frac{\sin\theta_{L_1}}{|LM_4|}u_{M_4}\right).$$

如果 $a_1 + a_2 \neq 0$, 则取

$$\mu_1 = \frac{a_2}{a_1 + a_2}, \quad \mu_2 = \frac{a_1}{a_1 + a_2}. \tag{6.46}$$

如果 $a_1 + a_2 = 0$, 则取

$$\mu_1 = \mu_2 = \frac{1}{2}.$$

从 $\theta_{K_1}, \theta_{K_2}, \theta_{L_1}, \theta_{L_2}$, θ_K 和 θ_L 的定义, 可知

$$\sin\theta_{K_1} \geqslant 0, \quad \sin\theta_{K_2} \geqslant 0, \quad \sin\theta_{L_1} \geqslant 0, \quad \sin\theta_{L_2} \geqslant 0,$$

$$\sin\theta_K > 0, \quad \sin\theta_L > 0.$$

从而只要

$$u_{M_i} \geqslant 0, \quad i = 1, 2, 3, 4, \cdots, \tag{6.47}$$

则有

$$a_1 \geqslant 0, \qquad a_2 \geqslant 0,$$

这意味着

$$\mu_1 \geqslant 0, \qquad \mu_2 \geqslant 0.$$

对 $\sigma = K|L \in \mathcal{E}_{\mathrm{int}}$, 由 (6.44) 和 (6.45) 可得

$$F_{K,\sigma} = A_{K,\sigma}u_K - A_{L,\sigma}u_L, \tag{6.48}$$

其中

$$A_{K,\sigma} = \mu_1\frac{|\kappa^{\mathrm{T}}(K)n_{K\sigma}||\sigma|}{\sin\theta_K}\left(\frac{\sin\theta_{K_2}}{|KM_1|} + \frac{\sin\theta_{K_1}}{|KM_2|}\right),$$

$$A_{L,\sigma} = \mu_2\frac{|\kappa^{\mathrm{T}}(L)n_{L\sigma}||\sigma|}{\sin\theta_L}\left(\frac{\sin\theta_{L_2}}{|LM_3|} + \frac{\sin\theta_{L_1}}{|LM_4|}\right).$$

在条件 (6.47) 下, 显然成立

$$A_{K,\sigma} \geqslant 0, \quad A_{L,\sigma} \geqslant 0.$$

与上节的证明类似, 可以证明自适应边中点型格式是保正的, 参见文献 [23].

6.3 模板固定型保正格式

本节介绍模板固定型保正格式, 包括多边形网格上的模板固定型保正格式和四边形网格上的模板固定型保正格式, 它可兼顾网格几何变形和物理量变化[24,25].

6.3.1 多边形网格上的格式

本小节假定网格是任意凸多边形网格. 从 K 点发出的射线沿 $n_{K\sigma}$ 的方向必定与边 σ 或 σ 的延长线相交, 交点记为 O_1 (图 6.7 ~ 图 6.9). 类似的, 从 L 点发出的射线沿 $n_{L\sigma}$ 的方向必定与边 σ 或 σ 的延长线相交, 交点记为 O_2. 令 θ_{K_1} 为 KM_1 和 KO_1 之间的夹角, θ_{K_2} 为 KO_1 和 KM_2 之间的夹角, θ_{L_1} 为 LM_3 和 LO_2 之间的夹角, θ_{L_2} 为 LO_2 和 LM_4 之间的夹角. 记 $\theta_K = \theta_{K_1} + \theta_{K_2}$ 和 $\theta_L = \theta_{L_1} + \theta_{L_2}$, 即 θ_K 为 KM_1 和 KM_2 之间的夹角, θ_L 为 LM_3 和 LM_4 之间的夹角.

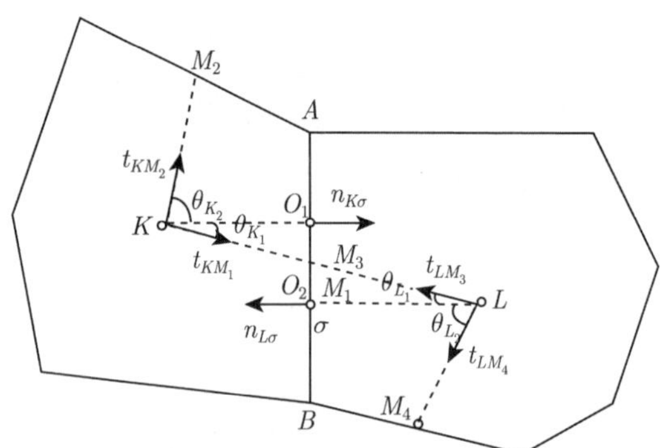

图 6.7 模板固定型保正格式的设计模板 1

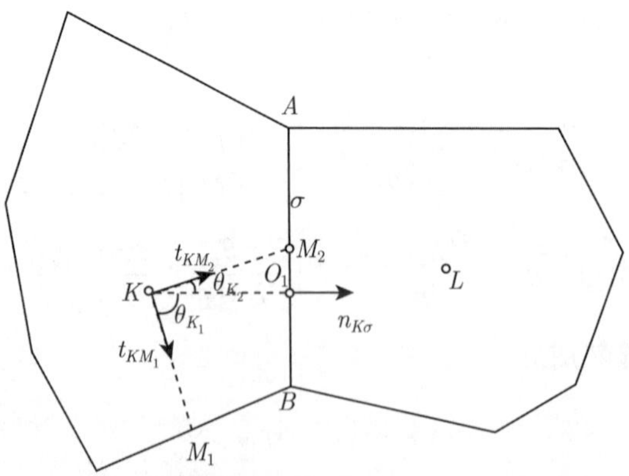

图 6.8 模板固定型保正格式的设计模板 2

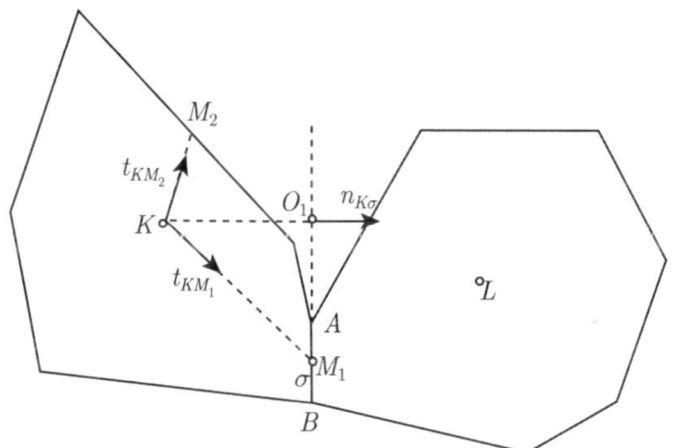

图 6.9 模板固定型保正格式的设计模板 3

类似于 6.2 节, 可得

$$\mathcal{F}_{K,\sigma} = -\kappa(K)|\sigma|\left(\frac{\sin\theta_{K_2}}{\sin\theta_K}\frac{u(M_1)-u(K)}{|KM_1|}+\frac{\sin\theta_{K_1}}{\sin\theta_K}\frac{u(M_2)-u(K)}{|KM_2|}\right)+O(h^2),$$

$$\mathcal{F}_{L,\sigma} = -\kappa(L)|\sigma|\left(\frac{\sin\theta_{L_2}}{\sin\theta_L}\frac{u(M_3)-u(L)}{|LM_3|}+\frac{\sin\theta_{L_1}}{\sin\theta_L}\frac{u(M_4)-u(L)}{|LM_4|}\right)+O(h^2).$$

在以上两个表达式中出现了网格边未知量, 可以用相邻的两个网格节点未知量的值来近似它, 即 $u(M_1)=0.5(u(P_1)+u(P_2))+O(h^2)$, 见图 6.10. 用网格节点未知量替换网格边未知量以后, 以上两个表达式可以改写为

$$\begin{aligned}\mathcal{F}_{K,\sigma} = -\kappa(K)|\sigma|&\left(\frac{\sin\theta_{K_2}}{\sin\theta_K}\frac{0.5(u(P_1)+u(P_2))-u(K)}{|KM_1|}\right.\\&\left.+\frac{\sin\theta_{K_1}}{\sin\theta_K}\frac{0.5(u(P_3)+u(P_4))-u(K)}{|KM_2|}\right)+O(h^2),\\\mathcal{F}_{L,\sigma} = -\kappa(L)|\sigma|&\left(\frac{\sin\theta_{L_2}}{\sin\theta_L}\frac{0.5(u(P_5)+u(P_6))-u(L)}{|LM_3|}\right.\\&\left.+\frac{\sin\theta_{L_1}}{\sin\theta_L}\frac{0.5(u(P_7)+u(P_8))-u(L)}{|LM_4|}\right)+O(h^2).\end{aligned}$$

现在比较一下模板固定型保正格式与自适应节点型保正格式的差别. 自适应节点型保正格式使用的模板如图 6.11, 这意味着在离散边 σ 上的法向通量的时候, 用到的网格节点是 P_1 和 P_2, 而 P_1 和 P_2 与边 σ 没有关系. 这样的格式未能直接反映该网格边上的物理量变化. 而模板固定型保正格式用到了 4 个网格节点 (图 6.10), 当前网格边物理量的变化总能反映在离散法向通量的表达式中.

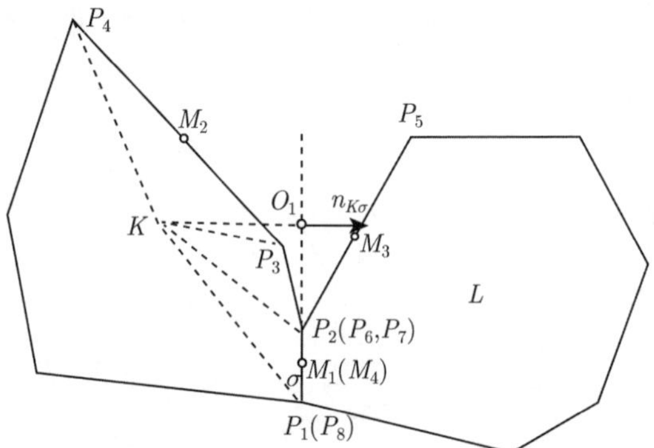

图 6.10　模板固定型保正格式的模板

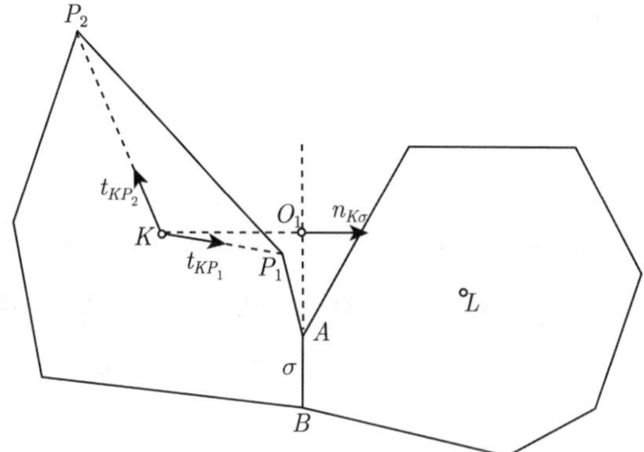

图 6.11　自适应顶点型保正格式的模板

记

$$F_1=-\kappa(K)|\sigma|\left(\frac{\sin\theta_{K_2}}{\sin\theta_K}\frac{0.5(u_{P_1}+u_{P_2})-u_K}{|KM_1|}+\frac{\sin\theta_{K_1}}{\sin\theta_K}\frac{0.5(u_{P_3}+u_{P_4})-u_K}{|KM_2|}\right),\quad(6.49)$$

$$F_2=-\kappa(L)|\sigma|\left(\frac{\sin\theta_{L_2}}{\sin\theta_L}\frac{0.5(u_{P_5}+u_{P_6})-u_L}{|LM_3|}+\frac{\sin\theta_{L_1}}{\sin\theta_L}\frac{0.5(u_{P_7}+u_{P_8})-u_L}{|LM_4|}\right).\quad(6.50)$$

将边 σ 上的离散法向通量定义为

$$F_{K,\sigma}=\mu_1F_1-\mu_2F_2,\quad(6.51)$$

$$F_{L,\sigma}=-\mu_1F_1+\mu_2F_2,\quad(6.52)$$

其中 $\mu_1+\mu_2=1$. 将 (6.49) 和 (6.50) 代入 (6.51) 得

$$\begin{aligned}F_{K,\sigma}=&\mu_1\frac{\kappa(K)|\sigma|}{\sin\theta_K}\left(\frac{\sin\theta_{K_2}}{|KM_1|}+\frac{\sin\theta_{K_1}}{|KM_2|}\right)u_K\\&-\mu_2\frac{\kappa(L)|\sigma|}{\sin\theta_L}\left(\frac{\sin\theta_{L_2}}{|LM_3|}+\frac{\sin\theta_{L_1}}{|LM_4|}\right)u_L\end{aligned}$$

$$-\mu_1\frac{\kappa(K)|\sigma|}{2\sin\theta_K}\left(\frac{\sin\theta_{K_2}}{|KM_1|}(u_{P_1}+u_{P_2})+\frac{\sin\theta_{K_1}}{|KM_2|}(u_{P_3}+u_{P_4})\right)$$

$$+\mu_2\frac{\kappa(L)|\sigma|}{2\sin\theta_L}\left(\frac{\sin\theta_{L_2}}{|LM_3|}(u_{P_5}+u_{P_6})+\frac{\sin\theta_{L_1}}{|LM_4|}(u_{P_7}+u_{P_8})\right). \tag{6.53}$$

与 6.1 节和 6.2 节的推导类似, 可得如下的法向通量的离散表达式:

$$F_{K,\sigma}=A_{K,\sigma}u_K-A_{L,\sigma}u_L, \tag{6.54}$$

其中

$$A_{K,\sigma}=\mu_1\frac{\kappa(K)|\sigma|}{\sin\theta_K}\left(\frac{\sin\theta_{K_2}}{|KM_1|}+\frac{\sin\theta_{K_1}}{|KM_2|}\right),$$

$$A_{L,\sigma}=\mu_2\frac{\kappa(L)|\sigma|}{\sin\theta_L}\left(\frac{\sin\theta_{L_2}}{|LM_3|}+\frac{\sin\theta_{L_1}}{|LM_4|}\right).$$

6.3.2 四边形网格上的格式

注意到四边形网格的如下性质: 网格单元 (几何) 中心点是对边中点连线的交点（图 6.12）. 本小节利用四边形网格的这一特性给出具有保正性的格式, 使得当前网格边物理量直接出现在离散法向通量的表达式中, 且格式模板相对固定.

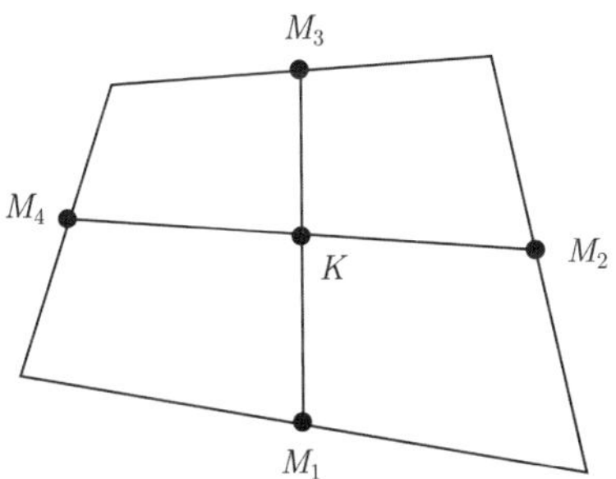

图 6.12 四边形网格中心点示意图

从 K 点发出的射线沿 $n_{K\sigma}$ 的方向必定与边 σ 或 σ 的延长线相交, 交点记为 O_1（图 6.13 ~ 图 6.15）. 类似地, 从 L 点发出的射线沿 $n_{L\sigma}$ 的方向必定与边 σ 或 σ 的延长线相交, 交点记为 O_2. 对于两个向量 $a=(a_1,b_1), b=(b_1,b_2)$, 定义 $a\times b=a_1b_2-a_2b_1$. 交点 O_1 的位置可以分为三种情况:

(1) 交点位于边 σ 内部（图 6.13）, 即 $KB\times n_{K\sigma}>0$, $n_{K\sigma}\times KA>0$. 取 $S_1=B$, $S_2=A$;

(2) 交点位于边 σ 的延长线上, 且 $KB\times n_{K\sigma}>0$, $n_{K\sigma}\times KA<0$（图 6.14）. 取 $S_1=\dfrac{3A+B}{4}$, S_2 为 σ 的对边中点, $u_{S_1}=\dfrac{3u_A+u_B}{4}$, $u_{S_2}=\dfrac{u_{p_1}+u_{p_2}}{2}$;

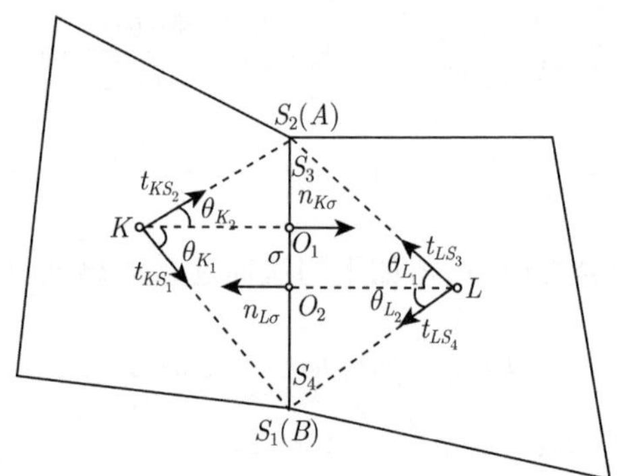

图 6.13　四边形网格上保正格式的设计模板 1

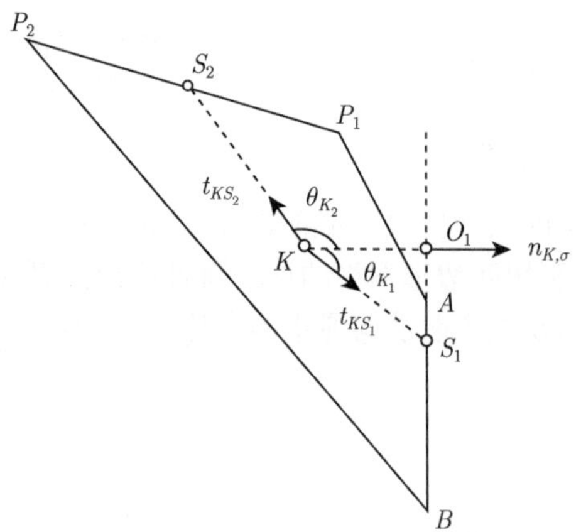

图 6.14　四边形网格上保正格式的设计模板 2

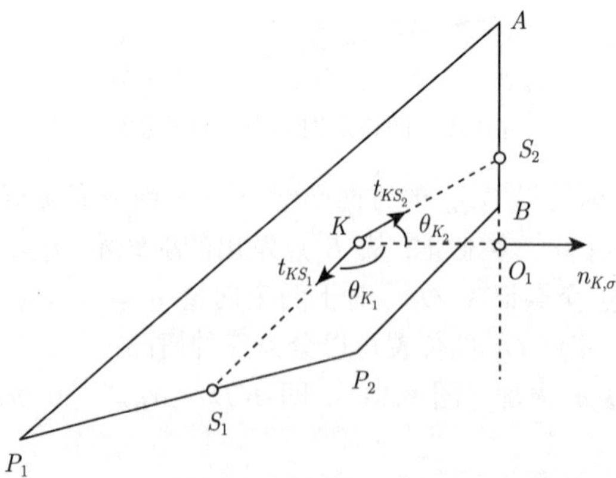

图 6.15　四边形网格上保正格式的设计模板 3

(3) 交点位于边 σ 的延长线上, 且 $KB\times n_{K\sigma}<0$, $n_{K\sigma}\times KA>0$ (图 6.15). 取 S_1 为 σ 的对边中点, $S_2=\dfrac{A+3B}{4}$, $u_{S_1}=\dfrac{u_{p_1}+u_{p_2}}{2}$, $u_{S_2}=\dfrac{u_A+3u_B}{4}$.

类似地, O_2 的位置也可以分为三种情况, 可以同样确定 S_3, S_4.

令 θ_{K_1} 为 KS_1 和 KO_1 之间的夹角, θ_{K_2} 为 KO_1 和 KS_2 之间的夹角, θ_{L_1} 为 LS_3 和 LO_2 之间的夹角, θ_{L_2} 为 LO_2 和 LS_4 之间的夹角. 记 $\theta_K=\theta_{K_1}+\theta_{K_2}$ 和 $\theta_L=\theta_{L_1}+\theta_{L_2}$, 即 θ_K 为 KS_1 和 KS_2 之间的夹角, θ_L 为 LS_3 和 LS_4 之间的夹角.

类似于本章前两节, 可得

$$\mathcal{F}_{K,\sigma}=-\kappa(K)|\sigma|\left(\frac{\sin\theta_{K_2}}{\sin\theta_K}\frac{u(S_1)-u(K)}{|KS_1|}+\frac{\sin\theta_{K_1}}{\sin\theta_K}\frac{u(S_2)-u(K)}{|KS_2|}\right)+O(h^2),$$

$$\mathcal{F}_{L,\sigma}=-\kappa(L)|\sigma|\left(\frac{\sin\theta_{L_2}}{\sin\theta_L}\frac{u(S_3)-u(L)}{|LS_3|}+\frac{\sin\theta_{L_1}}{\sin\theta_L}\frac{u(S_4)-u(L)}{|LS_4|}\right)+O(h^2).$$

记

$$F_1=-\kappa(K)|\sigma|\left(\frac{\sin\theta_{K_2}}{\sin\theta_K}\frac{u_{S_1}-u_K}{|KS_1|}+\frac{\sin\theta_{K_1}}{\sin\theta_K}\frac{u_{S_2}-u_K}{|KS_2|}\right),\tag{6.55}$$

$$F_2=-\kappa(L)|\sigma|\left(\frac{\sin\theta_{L_2}}{\sin\theta_L}\frac{u_{S_3}-u_L}{|LS_3|}+\frac{\sin\theta_{L_1}}{\sin\theta_L}\frac{u_{S_4}-u_L}{|LS_4|}\right).\tag{6.56}$$

可得通量的如下离散表达式:

$$\begin{aligned}F_{K,\sigma}=&\mu_1\frac{\kappa(K)|\sigma|}{\sin\theta_K}\left(\frac{\sin\theta_{K_2}}{|KS_1|}+\frac{\sin\theta_{K_1}}{|KS_2|}\right)u_K\\&-\mu_2\frac{\kappa(L)|\sigma|}{\sin\theta_L}\left(\frac{\sin\theta_{L_2}}{|LS_3|}+\frac{\sin\theta_{L_1}}{|LS_4|}\right)u_L\\&-\mu_1\frac{\kappa(K)|\sigma|}{\sin\theta_K}\left(\frac{\sin\theta_{K_2}}{|KS_1|}u_{S_1}+\frac{\sin\theta_{K_1}}{|KS_2|}u_{S_2}\right)\\&+\mu_2\frac{\kappa(L)|\sigma|}{\sin\theta_L}\left(\frac{\sin\theta_{L_2}}{|LS_3|}u_{S_3}+\frac{\sin\theta_{L_1}}{|LS_4|}u_{S_4}\right).\end{aligned}\tag{6.57}$$

进一步可得

$$F_{K,\sigma}=A_{K,\sigma}u_K-A_{L,\sigma}u_L,\tag{6.58}$$

其中

$$A_{K,\sigma}=\mu_1\frac{\kappa(K)|\sigma|}{\sin\theta_K}\left(\frac{\sin\theta_{K_2}}{|KS_1|}+\frac{\sin\theta_{K_1}}{|KS_2|}\right),$$

$$A_{L,\sigma}=\mu_2\frac{\kappa(L)|\sigma|}{\sin\theta_L}\left(\frac{\sin\theta_{L_2}}{|LS_3|}+\frac{\sin\theta_{L_1}}{|LS_4|}\right).$$

6.4 完全保正格式

前三节分别引入节点未知量和边中点未知量作为中间未知量, 本节首先统一描述这两种构造方式, 然后给出一种完全保正的中间未知量的消去方法.

6.4.1 格式构造

引入新的记号 V_1, V_2, V_3, V_4 等, 其表示定义中间未知量的点. 对于自适应节点型保正格式, $V_i = P_i$ $(i = 1,2,3,4)$, 对于自适应边中点型保正格式, $V_i = M_i$ $(i = 1,2,3,4)$. 实际上, V_i 可以为网格边上任意一组能实现向量的保正分解的点.

记 t_{KV_i} (或 t_{LV_i}) 为 KV_i（或 LV_i）上的单位切向量. 令 θ_{K_1} 为 KV_1 和 KO_1 之间的夹角, θ_{K_2} 为 KO_1 和 KV_2 之间的夹角, θ_{L_1} 为 LV_3 和 LO_2 之间的夹角, θ_{L_2} 为 LO_2 和 LV_4 之间的夹角. 记 $\theta_K = \theta_{K_1} + \theta_{K_2}$ 和 $\theta_L = \theta_{L_1} + \theta_{L_2}$ (图 6.16 和图 6.17).

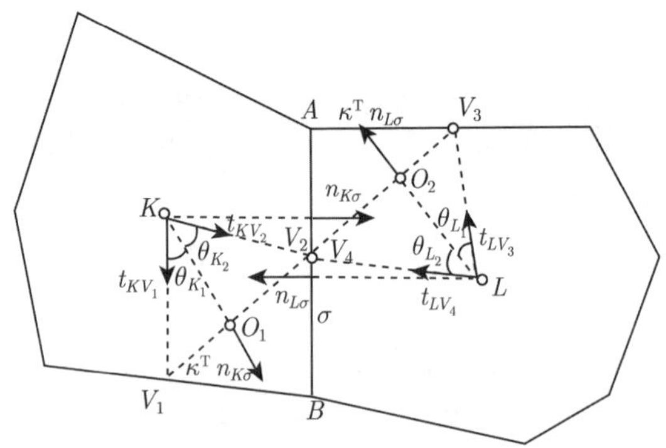

图 6.16　使用边未知量的模板

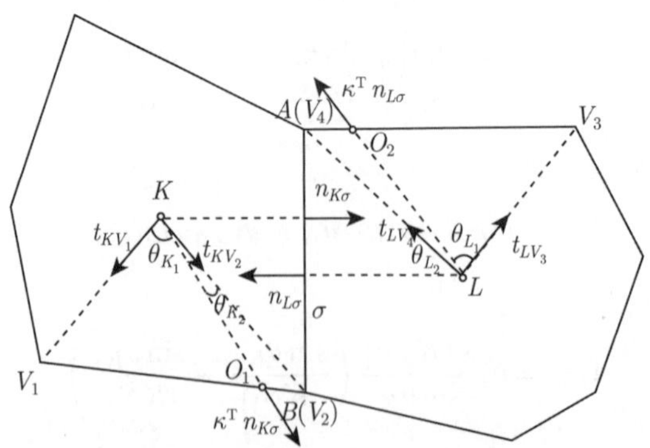

图 6.17　使用节点未知量的模板

记

$$a_1 = \frac{|\kappa^{\mathrm{T}}(K)n_{K\sigma}||\sigma|}{\sin\theta_K}\left(\frac{\sin\theta_{K_2}}{|KV_1|}u_{V_1} + \frac{\sin\theta_{K_1}}{|KV_2|}u_{V_2}\right),$$

$$a_2 = \frac{|\kappa^{\mathrm{T}}(L)n_{L\sigma}||\sigma|}{\sin\theta_L}\left(\frac{\sin\theta_{L_2}}{|LV_3|}u_{V_3} + \frac{\sin\theta_{L_1}}{|LV_4|}u_{V_4}\right).$$

如果 $a_1 + a_2 \neq 0$, 则有

$$\mu_1 = \frac{a_2}{a_1 + a_2}, \quad \mu_2 = \frac{a_1}{a_1 + a_2}. \tag{6.59}$$

如果 $a_1 + a_2 = 0$, 则取

$$\mu_1 = \mu_2 = \frac{1}{2}.$$

守恒通量的表达式为

$$F_{K,\sigma} = A_{K,\sigma}u_K - A_{L,\sigma}u_L, \tag{6.60}$$

其中

$$A_{K,\sigma} = \mu_1\frac{|\kappa^{\mathrm{T}}(K)n_{K\sigma}||\sigma|}{\sin\theta_K}\left(\frac{\sin\theta_{K_2}}{|KV_1|} + \frac{\sin\theta_{K_1}}{|KV_2|}\right),$$

$$A_{L,\sigma} = \mu_2\frac{|\kappa^{\mathrm{T}}(L)n_{L\sigma}||\sigma|}{\sin\theta_L}\left(\frac{\sin\theta_{L_2}}{|LV_3|} + \frac{\sin\theta_{L_1}}{|LV_4|}\right).$$

如果以下条件满足:

$$u_{V_i} \geqslant 0, \quad i = 1, 2, 3, 4, \cdots, \tag{6.61}$$

则有

$$A_{K,\sigma} \geqslant 0, \quad A_{L,\sigma} \geqslant 0.$$

显然, 格式中除了单元中心未知量还用到了中间未知量. 通常, 可用相邻单元中心未知量消去中间未知量, 但是, 即使在所有单元中心未知量为正的情况下, 也不能保证中间未知量为正. 这时, 为了保证格式保正, 需要强制中间未知量非负. 为此, 下一节将给出完全保正的消去中间未知量的方法.

6.4.2 边中点未知量的消去方法

本节给出利用中心未知量和节点未知量消去边中点未知量的方法.

记 M 为边 σ 的中点. 从 M 点沿 $-\kappa_K^{\mathrm{T}}n_{K\sigma}$ 方向发出的射线必定与 KA 或 KB 相交, 相交的线段记为 P_1P_2, 交点记为 O_1 (图 6.18). 类似地, 从 M 点沿 $-\kappa^{\mathrm{T}}n_{L\sigma}$ 方向发出的射线必定与 LA 或 LB 相交, 相交的线段记为 P_3P_4, 交点记为 O_2.

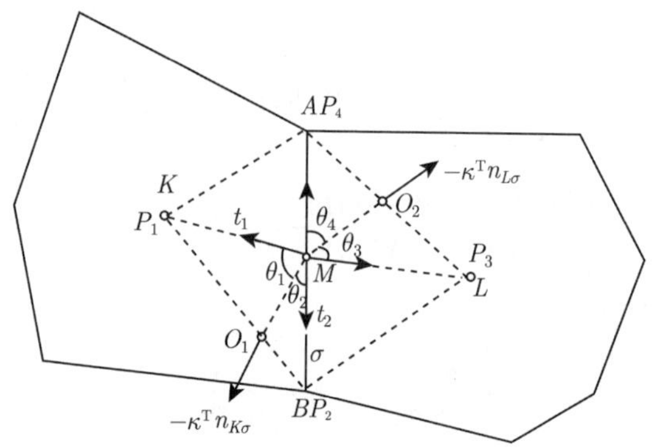

图 6.18　消去边未知量的模板

令 θ_1 为 MP_1 和 MO_1 之间的夹角, θ_2 为 MO_1 和 MP_2 之间的夹角, θ_3 为 MP_3 和 MO_2 之间的夹角, θ_4 为 MO_2 和 MP_4 之间的夹角.

类似于保正格式的构造, 可以得到 AB 边上通量的表达式

$$F_1=-|\kappa_K^{\mathrm{T}}n_{K,\sigma}||\sigma|\left(\frac{\sin\theta_2}{\sin(\theta_1+\theta_2)}\frac{u_{P_1}-u_M}{|MP_1|}+\frac{\sin\theta_1}{\sin(\theta_1+\theta_2)}\frac{u_{P_2}-u_M}{|MP_2|}\right),$$

$$F_2=-|\kappa_L^{\mathrm{T}}n_{L,\sigma}||\sigma|\left(\frac{\sin\theta_4}{\sin(\theta_3+\theta_4)}\frac{u_{P_3}-u_M}{|MP_3|}+\frac{\sin\theta_3}{\sin(\theta_3+\theta_4)}\frac{u_{P_4}-u_M}{|MP_4|}\right).$$

使用法向通量连续条件 $F_1+F_2=0$, 得到

$$u_M=\alpha_1u_K+\alpha_2u_L+\alpha_3u_A+\alpha_4u_B. \tag{6.62}$$

显然有

$$\alpha_k\geqslant 0,\quad k=1,\cdots,4;\quad \sum_{k=1}^{4}\alpha_k=1. \tag{6.63}$$

6.4.3　节点未知量的消去方法

本节给出利用单元中心未知量和边中点未知量消去节点未知量的方法.

令 Ω' 为包围节点 P 的控制体, n 为 Ω' 的边 $\sigma'=M_k'M_{k+1}'$ 上的单位外法向量 (图 6.19). 在控制体 Ω' 上积分方程 (6.1), 得

$$\sum_{\sigma'\in\partial\Omega'}F_{P,\sigma'}=\int_{\Omega'}f(x)dx,$$

其中

$$F_{P,\sigma'}=-\int_{\sigma'}\nabla u(x)\cdot\kappa(x)^{\mathrm{T}}ndl. \tag{6.64}$$

当控制体 Ω' 的面积足够小时,

$$\sum_{\sigma' \in \partial\Omega'} F_{P,\sigma'} \approx 0. \tag{6.65}$$

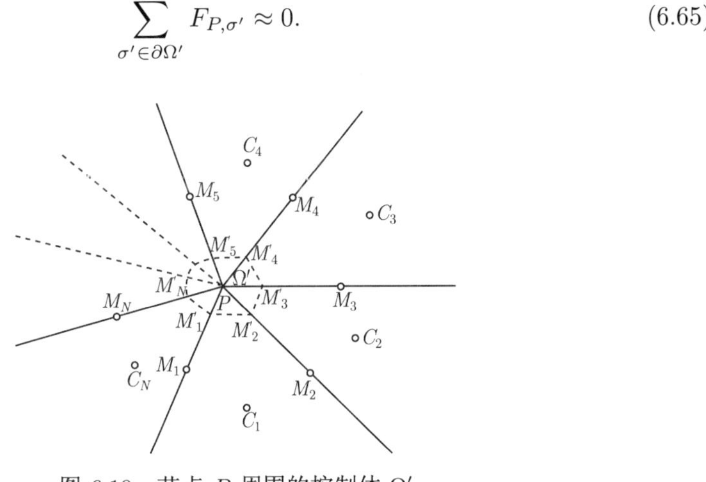

图 6.19 节点 P 周围的控制体 Ω'

6.4.3.1 光滑情形

当扩散系数 κ 光滑时, 从 P 点沿 $\kappa_k^{\mathrm{T}} n$ 方向发出的射线必定与 Ω' 的一条边相交, 相交的边记为 $M_l' M_{l+1}'$. 因此, 该射线一定与线段 $M_l C_l$ 或 $C_l M_{l+1}$ 相交, 将该线段记为 $P_{k,1}P_{k,2}$, 交点记为 O（图 6.20）.

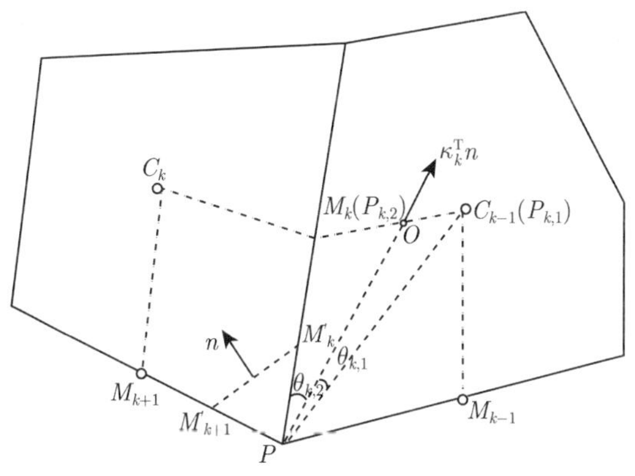

图 6.20 光滑情形

记 $t_{PP_{k,i}}$ 为线段 $PP_{k,i}$ $(i = 1, 2)$ 的单位切向量. 显然有

$$\frac{\kappa_k^{\mathrm{T}} n}{|\kappa_k^{\mathrm{T}} n|} = \frac{\sin\theta_{k,2}}{\sin(\theta_{k,1} + \theta_{k,2})} t_{PP_{k,1}} + \frac{\sin\theta_{k,1}}{\sin(\theta_{k,1} + \theta_{k,2})} t_{PP_{k,2}}.$$

将上式代入式 (6.64), 得到

$$F_{P,\sigma'} = -|\kappa_k^{\mathrm{T}} n||M_k' M_{k+1}'| \left(\frac{\sin\theta_{k,2}}{\sin(\theta_{k,1} + \theta_{k,2})} \nabla u \cdot t_{PP_{k,1}} + \frac{\sin\theta_{k,1}}{\sin(\theta_{k,1} + \theta_{k,2})} \nabla u \cdot t_{PP_{k,2}} \right)$$

$$\approx -|\kappa_k^{\mathrm{T}} n||M_k' M_{k+1}'| \left(\frac{\sin\theta_{k,2}}{\sin(\theta_{k,1}+\theta_{k,2})} \frac{u_{P_{k,1}} - u_P}{|PP_{k,1}|} + \frac{\sin\theta_{k,1}}{\sin(\theta_{k,1}+\theta_{k,2})} \frac{u_{P_{k,2}} - u_P}{|PP_{k,2}|} \right)$$
$$= -\alpha_{k,1} u_{P_{k,1}} - \alpha_{k,2} u_{P_{k,2}} + (\alpha_{k,1}+\alpha_{k,2}) u_P, \tag{6.66}$$

其中 $\alpha_{k,1} = |\kappa_k^{\mathrm{T}} n| \dfrac{|M_k' M_{k+1}'|}{|PP_{k,1}|} \dfrac{\sin\theta_{k,2}}{\sin(\theta_{k,1}+\theta_{k,2})}$, $\alpha_{k,2} = |\kappa_k^{\mathrm{T}} n| \dfrac{|M_k' M_{k+1}'|}{|PP_{k,2}|} \dfrac{\sin\theta_{k,1}}{\sin(\theta_{k,1}+\theta_{k,2})}$. 显然有 $\alpha_{k,1} \geqslant 0$, $\alpha_{k,2} \geqslant 0$.

6.4.3.2 间断情形

当扩散系数 κ 过网格边间断时, 如果从 P 点沿 $\kappa_k^{\mathrm{T}} n$ 方向发出的射线与线段 $M_k C_k$ 或 $C_k M_{k+1}$ 相交 (图 6.21), 可以类似得到通量 $F_{P,\sigma'}$ 的表达式.

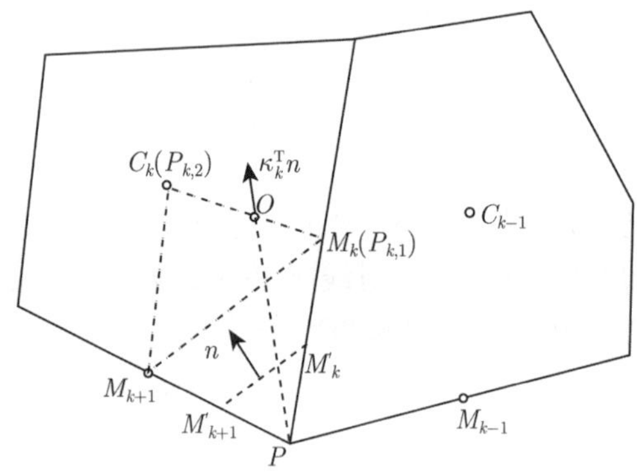

图 6.21 间断情形 1

如果从 P 点沿 $\kappa_k^{\mathrm{T}} n$ 方向发出的射线不与线段 $M_k C_k$ 或 $C_k M_{k+1}$ 相交, 将考虑从 O' 点发出的射线, 其中 O' 是线段 $M_k' M_{k+1}'$ 上的一个点. 对于这种情形, 可选择一个点 O' 使得从 O' 点发出的射线沿方向 $\kappa_k^{\mathrm{T}} n$ 一定与线段 PM_k 或 PM_{k+1} 相交（图 6.22）.

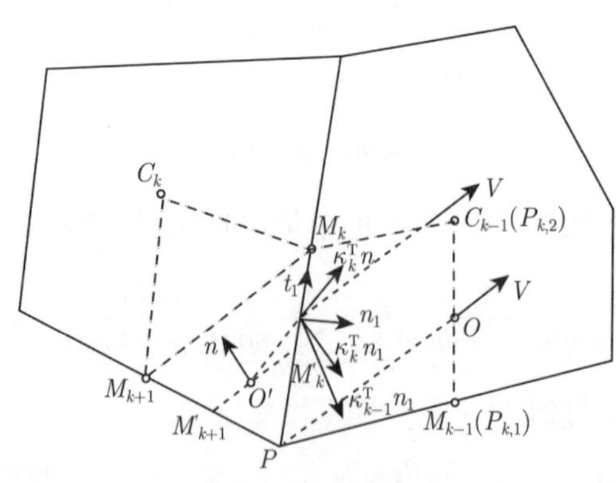

图 6.22 间断情形 2

考虑从 O' 点沿 $\kappa_k^{\mathrm{T}} n$ 方向发出的射线与线段 PM_k 相交的情况. 记 n_1 为边 PM_k 的单位外法向量, t_1 为单位切向量. 显然有

$$\frac{\kappa_k^{\mathrm{T}} n}{|\kappa_k^{\mathrm{T}} n|} = \gamma_1 t_1 + \gamma_2 \frac{\kappa_k^{\mathrm{T}} n_1}{|\kappa_k^{\mathrm{T}} n_1|},$$

其中 γ_1 和 γ_2 为非负常数. 将上式代入 (6.64) 得到

$$\begin{aligned}F_{P,\sigma'} &= -|\kappa_k^{\mathrm{T}} n||M_k' M_{k+1}'| \left(\gamma_1 \nabla u|_{C_k} \cdot t_1 + \gamma_2 \nabla u|_{C_k} \cdot \frac{\kappa_k^{\mathrm{T}} n_1}{|\kappa_k^{\mathrm{T}} n_1|} \right) \\ &= -|\kappa_k^{\mathrm{T}} n||M_k' M_{k+1}'| \left(\gamma_1 \nabla u|_{C_{k-1}} \cdot t_1 + \gamma_2 \nabla u|_{C_{k-1}} \cdot \frac{\kappa_{k-1}^{\mathrm{T}} n_1}{|\kappa_k^{\mathrm{T}} n_1|} \right) \\ &= -|\kappa_k^{\mathrm{T}} n||M_k' M_{k+1}'| \nabla u|_{C_{k-1}} \cdot V,\end{aligned}$$

其中 $V = \left(\gamma_1 t_1 + \gamma_2 \frac{\kappa_{k-1}^{\mathrm{T}} n_1}{|\kappa_k^{\mathrm{T}} n_1|} \right)$, 并用到了法向通量连续条件 $\nabla u|_{C_k} \cdot \kappa_k^{\mathrm{T}} n_1 = \nabla u|_{C_{k-1}} \cdot \kappa_{k-1}^{\mathrm{T}} n_1$.

如果从 P 点沿 V 方向发出的射线与线段 $C_{k-1}M_k$ 或 $C_{k-1}M_{k-1}$ 相交, 则记该线段为 $P_{k,1}P_{k,2}$ （图 6.22）. 如果该射线不与线段 $C_{k-1}M_k$ 和 $C_{k-1}M_{k-1}$ 相交, 则可以类似处理.

令 $\theta_{k,1}$ 为 $PP_{k,1}$ 和 PO 之间的夹角, $\theta_{k,2}$ 为 PO 和 $PP_{k,2}$ 之间的夹角, 可得 $F_{P,\sigma'}$ 的离散表达式

$$\begin{aligned}F_{P,\sigma'} &\approx -|\kappa_k^{\mathrm{T}} n||M_k' M_{k+1}'| \left(\frac{\sin\theta_{k,2}}{\sin(\theta_{k,1}+\theta_{k,2})} \frac{u_{P_{k,1}} - u_P}{|PP_{k,1}|} + \frac{\sin\theta_{k,1}}{\sin(\theta_{k,1}+\theta_{k,2})} \frac{u_{P_{k,2}} - u_P}{|PP_{k,2}|} \right) \\ &= -\alpha_{k,1} u_{P_{k,1}} - \alpha_{k,2} u_{P_{k,2}} + (\alpha_{k,1} + \alpha_{k,2}) u_P,\end{aligned} \tag{6.67}$$

其中 $\alpha_{k,1} = |\kappa_k^{\mathrm{T}} n| \frac{|M_k' M_{k+1}'|}{|PP_{k,1}|} \frac{\sin\theta_{k,2}}{\sin(\theta_{k,1}+\theta_{k,2})}$, $\alpha_{k,2} = |\kappa_k^{\mathrm{T}} n| \frac{|M_k' M_{k+1}'|}{|PP_{k,2}|} \frac{\sin\theta_{k,1}}{\sin(\theta_{k,1}+\theta_{k,2})}$. 显然有 $\alpha_{k,1} \geqslant 0$, $\alpha_{k,2} \geqslant 0$.

将 (6.66) 或 (6.67) 代入 (6.65) 可得

$$\sum_{k=1}^{N} \alpha_{k,1}(u_{P_{k,1}} + \alpha_{k,2} u_{P_{k,2}}) - \sum_{k=1}^{N} (\alpha_{k,1} + \alpha_{k,2}) u_P = 0.$$

从而

$$u_P = \sum_{k=1}^{N} (\beta_{k,1} u_{C_k} + \beta_{k,2} u_{M_k}). \tag{6.68}$$

显然有

$$\beta_{k,1} \geqslant 0, \quad \beta_{k,2} \geqslant 0 \ (k=1,2,\cdots,N), \quad \sum_{k=1}^{N}(\beta_{k,1}+\beta_{k,2})=1. \tag{6.69}$$

由 (6.63) 和 (6.69), 可以看到所有加权系数非负, 因此, 只要单元中心未知量是正的, 则所有中间未知量也是正的.

6.4.4 迭代求解方法

从以上的构造可以看出, 中心未知量、节点未知量和边中点未知量是耦合在一起的, 将使用迭代法计算节点未知量和边中点未知量.

假设节点未知量 $u_P^{(s-1)}$、边中点未知量 $u_M^{(s-1)}$ 和中心未知量 $u_C^{(s)}$ 是已知的, 其中 s 是迭代指标. 用如下的方法消去中间未知量:

$$\begin{aligned} u_P^{(s)} &= \sum_{k=1}^{N}\left(\beta_{k,1}u_{C_k}^{(s)}+\beta_{k,2}u_{M_k}^{(s-1)}\right), \\ u_M^{(s)} &= \alpha_1 u_K^{(s)}+\alpha_2 u_L^{(s)}+\alpha_3 u_A^{(s)}+\alpha_4 u_B^{(s)}, \end{aligned} \tag{6.70}$$

或者

$$\begin{aligned} u_M^{(s)} &= \alpha_1 u_K^{(s)}+\alpha_2 u_L^{(s)}+\alpha_3 u_A^{(s-1)}+\alpha_4 u_B^{(s-1)}, \\ u_P^{(s)} &= \sum_{k=1}^{N}\left(\beta_{k,1}u_{C_k}^{(s)}+\beta_{k,2}u_{M_k}^{(s)}\right), \end{aligned} \tag{6.71}$$

其中 u_K, u_L 和 u_{C_k} 是中心未知量, u_M 和 u_{M_k} 是边中点未知量, u_A, u_B 和 u_P 是节点未知量.

6.5 边中点未知量的消去方法

本节给出边中点未知量的消去方法, 即边中点未知量可用单元中心未知量表示.

为了简单起见, 引入一些新的记号. 令 $u_1,\cdots,u_N$ 为网格节点 A 周围定义在 $x_1,\cdots,x_N$ 的单元中心未知量, $\bar{u}_1,\cdots,\bar{u}_N$ 为网格节点 A 周围定义在 $\bar{x}_1,\cdots,\bar{x}_N$ 的边中点未知量, 其中 x_k 为单元中心坐标, $\bar{x}_k$ 为网格边中点坐标, N 为与节点 A 相邻的单元个数（图 6.23）.

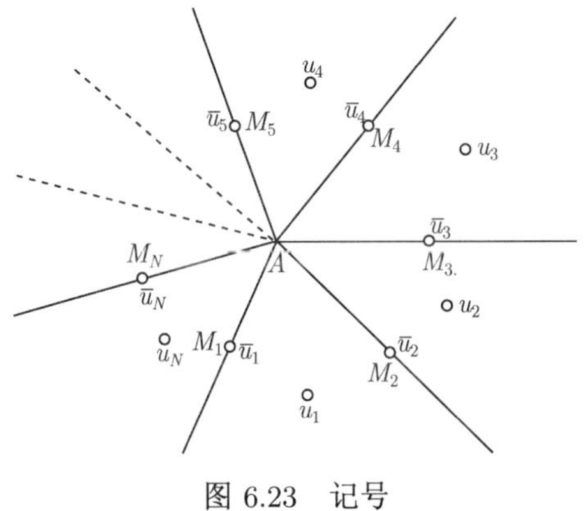

图 6.23 记号

类似于多点通量逼近方法, 可得如下等式 (图 6.24):

$$\nabla U_k \cdot (\bar{x}_{k+1} - x_k) = \bar{u}_{k+1} - u_k,$$

$$\nabla U_k \cdot (\bar{x}_k - x_k) = \bar{u}_k - u_k,$$

其中 ∇U_k 是在以节点 A, 边中点 $\bar{x}_k$, $\bar{x}_{k+1}$ 以及单元中心 x_k 组成的子单元上未知量的梯度. 以上方程组可以改写为

$$X_k \nabla U_k = \begin{pmatrix} \bar{u}_{k+1} - u_k \\ \bar{u}_k - u_k \end{pmatrix},$$

其中

$$X_k = \begin{pmatrix} (\bar{x}_{k+1} - x_k)^{\mathrm{T}} \\ (\bar{x}_k - x_k)^{\mathrm{T}} \end{pmatrix}.$$

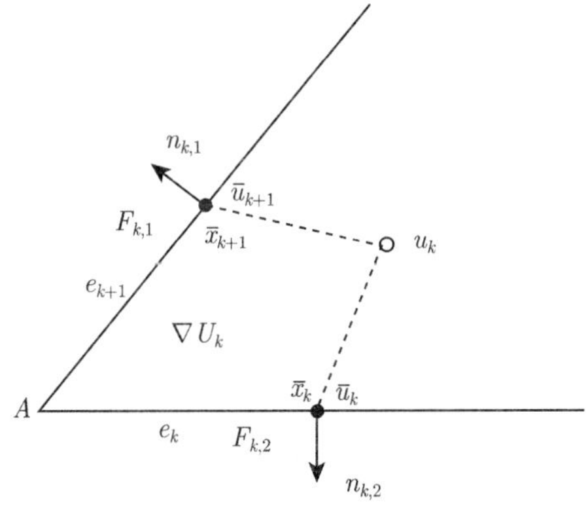

图 6.24 节点 A 周围的记号

可得

$$\nabla U_k = \frac{1}{T_k}[R(\bar{x}_k - x_k)(\bar{u}_{k+1} - u_k) - R(\bar{x}_{k+1} - x_k)(\bar{u}_k - u_k)],$$

其中 $T_k = (\bar{x}_{k+1} - x_k)^{\mathrm{T}} R(\bar{x}_k - x_k)$. 从而, 子边 $e_{k+1} = AM_{k+1}$ 上的通量为

$$\begin{aligned} F_{k,1} =& -|e_{k+1}|\nabla U_k \cdot \kappa_k^{\mathrm{T}} n_{k,1} \\ =& -\frac{|e_{k+1}|}{T_k}[R(\bar{x}_k - x_k)\cdot \kappa_k^{\mathrm{T}} n_{k,1}(\bar{u}_{k+1} - u_k) \\ & -R(\bar{x}_{k+1} - x_k)\cdot \kappa_k^{\mathrm{T}} n_{k,1}(\bar{u}_k - u_k)] \\ =& \omega_{k,1,1}(\bar{u}_{k+1} - u_k) + \omega_{k,1,2}(\bar{u}_k - u_k), \end{aligned}$$

其中 $\omega_{k,1,1} = -\frac{|e_{k+1}|}{T_k}R(\bar{x}_k - x_k)\cdot\kappa_k^{\mathrm{T}} n_{k,1}$, $\omega_{k,1,2} = \frac{|e_{k+1}|}{T_k}R(\bar{x}_{k+1} - x_k)\cdot\kappa_k^{\mathrm{T}} n_{k,1}$. 类似地,

$$\begin{aligned} F_{k,2} =& -|e_k|\nabla U_k \cdot \kappa_k^{\mathrm{T}} n_{k,2} \\ =& -\frac{|e_k|}{T_k}[R(\bar{x}_k - x_k)\cdot \kappa_k^{\mathrm{T}} n_{k,2}(\bar{u}_{k+1} - u_k) \\ & -R(\bar{x}_{k+1} - x_k)\cdot \kappa_k^{\mathrm{T}} n_{k,2}(\bar{u}_k - u_k)] \\ =& \omega_{k,2,1}(\bar{u}_{k+1} - u_k) + \omega_{k,2,2}(\bar{u}_k - u_k), \end{aligned}$$

其中 $\omega_{k,2,1} = -\frac{|e_k|}{T_k}R(\bar{x}_k - x_k)\cdot\kappa_k^{\mathrm{T}} n_{k,2}$, $\omega_{k,2,2} = \frac{|e_k|}{T_k}R(\bar{x}_{k+1} - x_k)\cdot\kappa_k^{\mathrm{T}} n_{k,2}$.

利用子边 e_{k+1} 上的法向通量连续条件:

$$F_{k,1} + F_{k+1,2} = 0,$$

可得

$$\begin{aligned} &\omega_{k,1,1}(\bar{u}_{k+1} - u_k) + \omega_{k,1,2}(\bar{u}_k - u_k) \\ &+\omega_{k+1,2,1}(\bar{u}_{k+2} - u_{k+1}) + \omega_{k+1,2,2}(\bar{u}_{k+1} - u_{k+1}) = 0, \end{aligned}$$

即

$$\begin{aligned} &\omega_{k,1,2}\bar{u}_k + (\omega_{k,1,1} + \omega_{k+1,2,2})\bar{u}_{k+1} + \omega_{k+1,2,1}\bar{u}_{k+2} \\ =& (\omega_{k,1,1} + \omega_{k,1,2})u_k + (\omega_{k+1,2,1} + \omega_{k+1,2,2})u_{k+1}. \end{aligned}$$

令 $\bar{u} = [\bar{u}_1, \bar{u}_2, \cdots, \bar{u}_N]^{\mathrm{T}}$, $u = [u_1, u_2, \cdots, u_N]^{\mathrm{T}}$, 以上方程组可以改写为如下的矩阵形式:

$$A\bar{u} = Bu.$$

从而有

$$\bar{u} = A^{-1}Bu. \tag{6.72}$$

即

$$\bar{u}_k = \sum_{j=1}^{N} \omega_{k,j} u_j. \tag{6.73}$$

从而, 将网格边未知量表示成了单元中心未知量的组合. 然而, 即使在单元中心未知量全为正的情况下, 该方法也无法保证网格边中点未知量为正. 因此, 在算例中, 当 $\bar{u}_k$ 为负时, 可取 $\bar{u}_k = 0$.

6.6 数 值 算 例

本节用一些数值例子说明格式的精度和保正性. 这里用离散 L_2 范数估计误差, 对于解 u, 使用如下的 L_2 范数:

$$\varepsilon_2^u = \left[\sum_{k \in \mathcal{J}} (u_K - u(K))^2 m(K) \right]^{1/2}.$$

对于通量 F, 使用如下的 L_2 范数:

$$\varepsilon_2^F = \left[\sum_{\sigma \in \mathcal{E}} (F_{K,\sigma} - \mathcal{F}_{K,\sigma})^2 \right]^{1/2}.$$

6.6.1 精度

考虑问题 (6.1)–(6.2). 令 $\kappa = RDR^{\mathrm{T}}$,

$$R = \begin{pmatrix} \cos\theta & -\sin\theta \\ \sin\theta & \cos\theta \end{pmatrix}, \quad D = \begin{pmatrix} k_1 & 0 \\ 0 & k_2 \end{pmatrix},$$

其中 $\theta = \dfrac{5\pi}{12}$, $k_1 = 1 + 2x^2 + y^2$, $k_2 = 1 + x^2 + 2y^2$. 精确解取为

$$u(x, y) = \sin(\pi x)\sin(\pi y).$$

6.6.1.1 自适应节点型保正格式的精度

首先, 在随机四边形网格（图 6.25）和随机三角形网格（图 6.26）上测试自适应节点型保正格式. 表 6.1 给出了随机四边形网格上数值解和通量的 L_2 范数. 可见, 保正格式的数值解为二阶收敛, 数值通量为一阶收敛.

表 6.1 自适应节点型格式在随机四边形网格上的数值结果

单元总数	64	256	1024	4096	16384
ε_2^u	1.37×10^{-2}	2.54×10^{-3}	6.61×10^{-4}	1.64×10^{-4}	3.83×10^{-5}
收敛阶	—	2.43	1.94	2.01	2.10
ε_2^F	1.76×10^{-1}	7.11×10^{-2}	3.28×10^{-2}	1.59×10^{-2}	7.91×10^{-3}
收敛阶	—	1.31	1.12	1.04	1.01

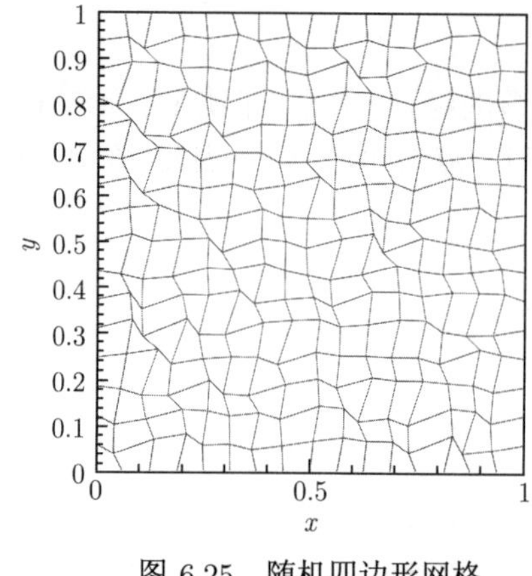

图 6.25 随机四边形网格

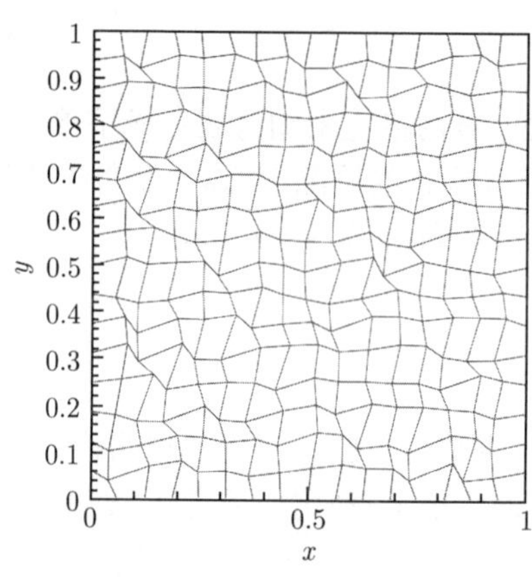

图 6.26 随机三角形网格

表 6.2 给出了随机三角形网格上误差的 L_2 范数. 可见, 保正格式的数值解为二阶收敛, 数值通量为一阶收敛.

表 6.2 自适应节点型格式在随机三角形网格上的数值结果

单元总数	128	512	2048	8192	32768
ε_2^u	1.06×10^{-2}	2.23×10^{-3}	6.43×10^{-4}	1.70×10^{-4}	4.48×10^{-5}
收敛阶	—	2.25	1.79	1.92	1.92
ε_2^F	1.27×10^{-1}	5.91×10^{-2}	2.56×10^{-2}	9.36×10^{-3}	4.16×10^{-3}
收敛阶	—	1.10	1.21	1.45	1.17

表 6.3 给出了 Kershaw 网格 (图 6.27) 上数值解和通量的 L_2 范数. 可见, 该格式在网格比较粗的情况下收敛阶比较低, 随着网格的加密收敛阶有所提高.

表 6.3 自适应节点型格式在 Kershaw 网格上的精度

单元总数	144	576	2304	9216	36864
ε_2^u	3.42×10^{-2}	2.14×10^{-2}	9.63×10^{-3}	3.22×10^{-3}	9.02×10^{-4}
收敛阶	—	0.68	1.15	1.58	1.84
ε_2^F	1.39	8.78×10^{-1}	4.23×10^{-1}	1.69×10^{-1}	6.33×10^{-2}
收敛阶	—	0.66	1.05	1.32	1.42

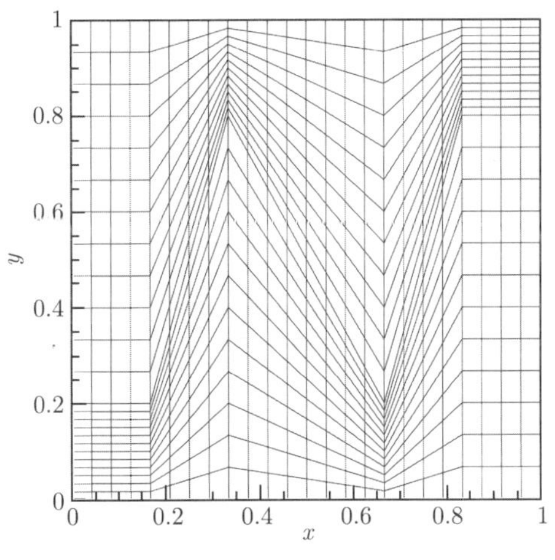

图 6.27 Kershaw 网格

6.6.1.2 自适应边中点型保正格式的精度

本小节给出自适应边中点型保正格式的数值结果.

表 6.4 给出了随机四边形网格上数值解和通量的 L_2 范数. 可见, 自适应边中点型保正格式的数值解为二阶收敛, 数值通量为一阶收敛. 在随机四边形网格上, 自适应边中点型保正格式获得的结果与自适应节点型保正格式获得的结果非常类似.

表 6.4 自适应边中点型保正格式在随机四边形网格上的精度

单元总数	144	576	2304	9216	36864
ε_2^u	3.96×10^{-3}	9.78×10^{-4}	2.74×10^{-4}	7.45×10^{-5}	2.27×10^{-5}
收敛阶	—	2.02	1.84	1.88	1.71
ε_2^F	9.33×10^{-2}	4.51×10^{-2}	2.33×10^{-2}	1.11×10^{-2}	5.49×10^{-3}
收敛阶	—	1.05	0.95	1.07	1.02

表 6.5 给出了 Kershaw 网格上数值解和通量的 L_2 范数. 可见, 自适应边中点型保正格式的数值解获得了近似二阶收敛, 数值通量为一阶收敛. 显然, 在 Kershaw 网格上自适应边中点型保正格式的精度要高于自适应节点型保正格式的精度.

表 6.5 自适应边中点型保正格式在 Kershaw 网格上的精度

单元总数	144	576	2304	9216	36864
ε_2^u	1.96×10^{-2}	5.91×10^{-3}	1.24×10^{-3}	3.47×10^{-4}	9.43×10^{-5}
收敛阶	—	1.73	2.25	1.84	1.88
ε_2^F	6.70×10^{-1}	2.66×10^{-1}	1.04×10^{-1}	3.85×10^{-2}	1.39×10^{-2}
收敛阶	—	1.33	1.35	1.43	1.47

6.6.2 保正性

下面测试格式的保正性. 考虑单位区域上的问题 (6.1)–(6.2), 并令

$$\kappa = \begin{pmatrix} y^2 + \varepsilon x^2 & -(1-\varepsilon)xy \\ -(1-\varepsilon)xy & \varepsilon y^2 + x^2 \end{pmatrix}, \qquad \varepsilon = 5.0 \times 10^{-3} \tag{6.74}$$

和

$$f(x,y) = \begin{cases} 1, & (x,y) \in [3/8, 5/8]^2, \\ 0, & \text{其他}. \end{cases}$$

在区域 $\Omega = (0,1)^2$ 的边界上为齐次边界条件. 首先, 在随机四边形网格（图 6.28）上测试保正格式. 该问题的精确解是未知的, 但极值原理保证了解是非负的. 图 6.29 给出了多点通量逼近格式 (MPFA) 和自适应节点型保正格式在随机四边形

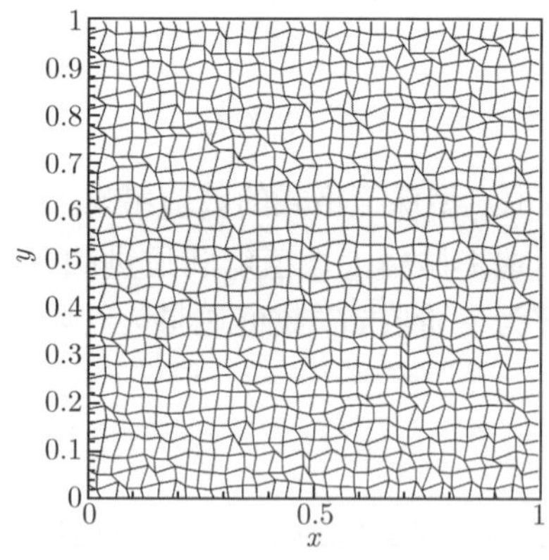

图 6.28　随机四边形网格

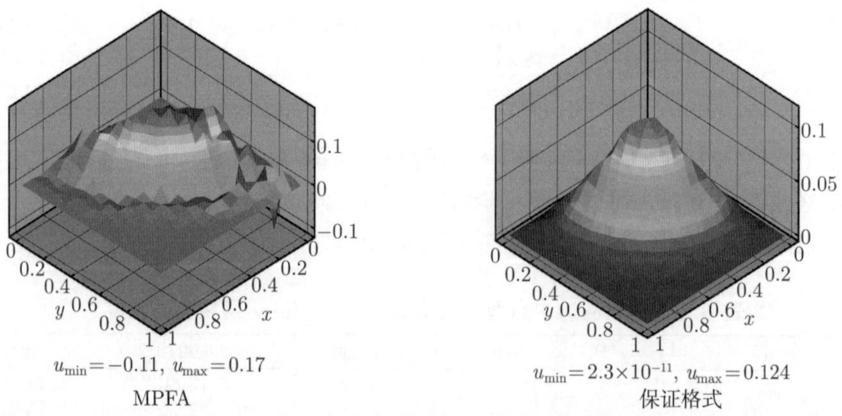

图 6.29　MPFA 和保正格式在随机四边形网格上结果的比较 (详见书后彩图)

网格上获得的结果. 可以看到 MPFA 获得的结果出现了大量的负值, 并出现了非物理的振荡, 而自适应节点型保正格式保持解的正性. 自适应边中点型保正格式能获得与自适应节点型保正格式相类似的结果.

6.6.3 强间断全张量问题

最后, 应用保正格式处理强间断的全扩散张量问题. 考虑单位区域 $\Omega = (0,1)^2$ 上的问题 (6.1)–(6.2), 扩散张量为

$$\kappa = \begin{pmatrix} \cos\theta & \sin\theta \\ -\sin\theta & \cos\theta \end{pmatrix} \begin{pmatrix} k_1 & 0 \\ 0 & k_2 \end{pmatrix} \begin{pmatrix} \cos\theta & -\sin\theta \\ \sin\theta & \cos\theta \end{pmatrix}. \tag{6.75}$$

源项为

$$f(x,y) = \begin{cases} 10000, & (x,y) \in [7/18, 11/18]^2, \\ 0, & \text{其他}. \end{cases}$$

边界条件为齐次边界条件 $g = 0$.

区域 Ω 被剖分为 4 个子区域, 在不同的子区域上取不同的 k_1, k_2 和 θ, 见图 6.31(a). 在随机四边形网格（图 6.30）上计算该问题, 网格规模为 72×72. 图 6.31(b) 给出了自适应节点型保正格式的数值结果, 可见, 该保正格式能获得非负解. 自适应边中点型保正格式能获得类似的结果.

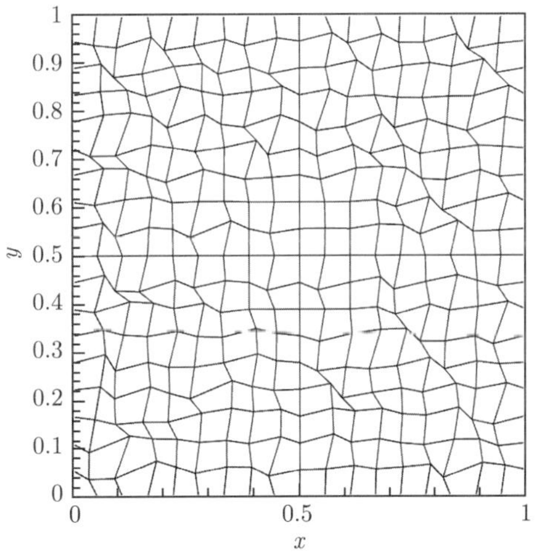

图 6.30 随机四边形网格

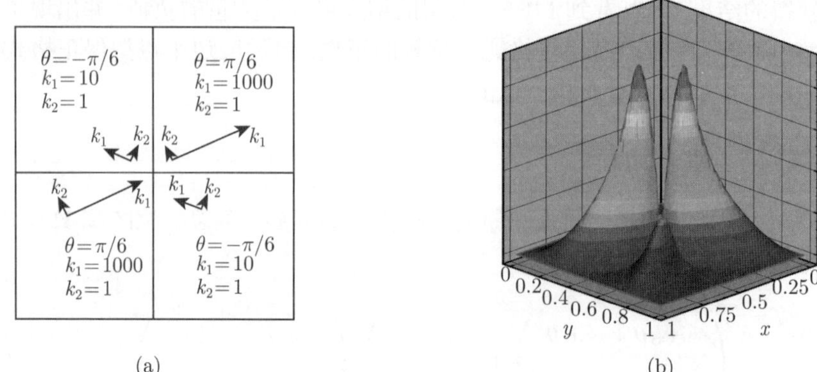

(a)　　　　(b)

图 6.31　不同子区域取不同变量的结果 (详见书后彩图)

第 7 章　保持离散极值原理的格式

本章介绍保极值原理格式的构造方法以及相应的理论结果[26].

7.1　自适应保极值原理格式

考虑以下扩散方程:

$$-\nabla \cdot (\kappa(x)\nabla u(x)) = f(x), \quad x \in \Omega, \tag{7.1}$$

$$u(x) = g(x), \quad x \in \partial\Omega, \tag{7.2}$$

其中 Ω 是一个有界多边形区域, $\partial\Omega$ 是区域边界.

7.1.1　单边法向通量

本节单边通量的构造与保正格式单边通量的构造相同, 可参见第 6 章. 令

$$F_1 = -|\kappa^{\mathrm{T}}(K)n_{K\sigma}||\sigma|\left(\frac{\sin\theta_{K_2}}{\sin\theta_K}\frac{u_{M_1}-u_K}{|KM_1|}+\frac{\sin\theta_{K_1}}{\sin\theta_K}\frac{u_{M_2}-u_K}{|KM_2|}\right), \tag{7.3}$$

$$F_2 = -|\kappa^{\mathrm{T}}(L)n_{L\sigma}||\sigma|\left(\frac{\sin\theta_{L_2}}{\sin\theta_L}\frac{u_{M_3}-u_L}{|LM_3|}+\frac{\sin\theta_{L_1}}{\sin\theta_L}\frac{u_{M_4}-u_L}{|LM_4|}\right). \tag{7.4}$$

以上表达式含有网格边未知量. 显然可以采用周围的一些单元中心未知量来局部的消去网格边未知量. 记

$$u_{M_i} = \sum_{j=1}^{J_{i,n}} \omega_{M_i,j} u_{K_{M_i,j}}, \tag{7.5}$$

其中 $u_{K_{M_i,j}}$ 是在边中点 M_i 周围的单元中心未知量, $\omega_{M_i,j}$ 是加权系数, $J_{i,n}$ 是围绕该边中点的单元中心未知量的个数, 且有

$$\sum_{j=1}^{J_{i,n}} \omega_{M_i,j} = 1.$$

为了满足离散极值原理, 要求

$$\omega_{M_i,j} \geqslant 0, \quad j = 1, \cdots, J_{i,n}, \tag{7.6}$$

即要求加权系数 $\omega_{M_i,j}$ 都是非负的. 为了保持格式的精度, 要求逼近阶达到二阶.

下面说明如何确定 (7.5) 中的加权系数. 首先, 考虑扩散系数光滑的情况. 对于每一个网格边中点 M, 可在与其相邻的单元中找到三个单元中心, 使得 M 落在这三个单元中心组成的三角形内部（图 7.1）. 由于点 M 位于三角形 K_1LK 内, 因此可以用 u_K, u_L 和 u_{K_1} 逼近 u_M. 对于这种情形, 可以利用类似于文献 [5] 中的方法确定 (7.5) 中的加权系数.

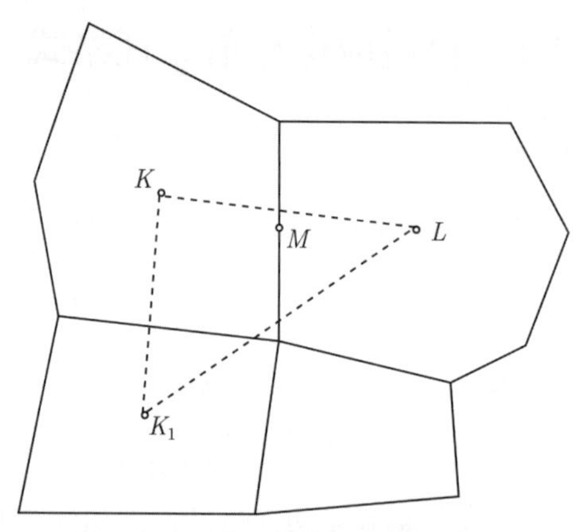

图 7.1　光滑系数问题的模板

接下来, 再考虑扩散系数是间断的情形, 即 M 点位于间断线上. 从 M 点发出的射线沿方向 $-\kappa^{\mathrm{T}}n_{K\sigma}$ 必定交于单元 K 的某条边, 交点记为 P_1（图 7.2）. 类似地, 从 M 点沿方向 $-\kappa^{\mathrm{T}}n_{L\sigma}$ 发出的射线必定交于单元 L 的某条边, 交点记为 P_2.

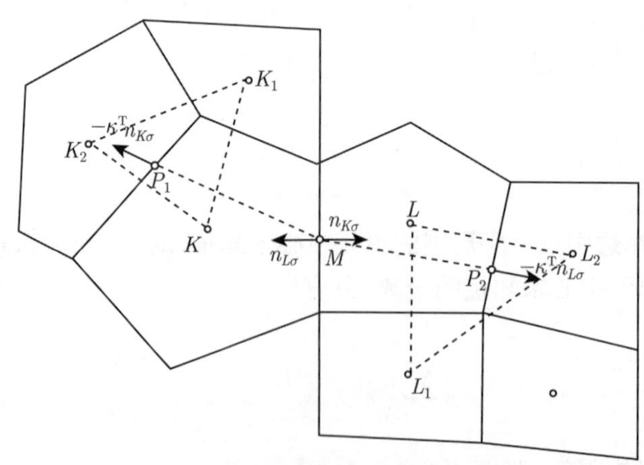

图 7.2　间断系数问题的模板

利用法向通量连续条件

$$|\kappa_K^{\mathrm{T}} n_{K\sigma}||\sigma|\frac{u_{P_1}-u_M}{|MP_1|}=-|\kappa_L^{\mathrm{T}} n_{L\sigma}||\sigma|\frac{u_{P_2}-u_M}{|MP_2|},$$

可得

$$u_M=\frac{|\kappa_K^{\mathrm{T}} n_{K\sigma}||MP_2|u_{P_1}+|\kappa_L^{\mathrm{T}} n_{L\sigma}||MP_1|u_{P_2}}{|\kappa_L^{\mathrm{T}} n_{L\sigma}||MP_1|+|\kappa_K^{\mathrm{T}} n_{K\sigma}||MP_2|},$$

其中 u_{P_1} 和 u_{P_2} 可由与其相邻的单元中心未知量逼近, 逼近方法类似于扩散系数光滑的情形. 从而 u_M 可表示成一些单元中心未知量的组合.

注记 7.1.1 *以上的方法仅能处理部分间断系数问题. 如果 P_1 或 P_2 也位于间断线上, 以上方法就不再适用.*

将 (7.5) 代入 (7.3) 可得

$$\begin{aligned}F_1=&-|\kappa^{\mathrm{T}}(K)n_{K\sigma}||\sigma|\left(\frac{\sin\theta_{K_2}}{\sin\theta_K}\frac{1}{|KM_1|}\sum_{j=1}^{J_{M_1,n}}\omega_{M_1,j}(u_{K_{M_1,j}}-u_K)\right.\\&\left.+\frac{\sin\theta_{K_1}}{\sin\theta_K}\frac{1}{|KM_2|}\sum_{j=1}^{J_{M_2,n}}\omega_{M_2,j}(u_{K_{M_2,j}}-u_K)\right).\end{aligned}\tag{7.7}$$

类似地

$$\begin{aligned}F_2=&-|\kappa^{\mathrm{T}}(L)n_{L\sigma}||\sigma|\left(\frac{\sin\theta_{L_2}}{\sin\theta_L}\frac{1}{|LM_3|}\sum_{j=1}^{J_{M_3,n}}\omega_{M_3,j}(u_{L_{M_3,j}}-u_L)\right.\\&\left.+\frac{\sin\theta_{L_1}}{\sin\theta_L}\frac{1}{|LM_4|}\sum_{j=1}^{J_{M_4,n}}\omega_{M_4,j}(u_{K_{M_4,j}}-u_L)\right).\end{aligned}\tag{7.8}$$

7.1.2 守恒法向通量

显然上面给出的网格边上的离散通量不是唯一的. 为了得到唯一的守恒通量, 令离散通量为

$$F_{K,\sigma}=\mu_1F_1-\mu_2F_2,\tag{7.9}$$

$$F_{L,\sigma}=\mu_2F_2-\mu_1F_1,\tag{7.10}$$

其中 μ_1 和 μ_2 是满足 $\mu_1+\mu_2=1$ 的系数, 具体形式将在后面给出. 显然有 $F_{K,\sigma}+F_{L,\sigma}=0$. 下面给出守恒法向通量的两种表达式.

7.1.2.1　守恒法向通量 1

为了使格式满足极值原理, 可按如下方式选取系数 μ_1 和 μ_2 :

如果 $|F_1|+|F_2|\neq 0$, 取

$$\mu_1=\frac{|F_2|}{|F_1|+|F_2|},\tag{7.11}$$

$$\mu_2=\frac{|F_1|}{|F_1|+|F_2|}.\tag{7.12}$$

如果 $|F_1|+|F_2|=0$, 取

$$\mu_1=\mu_2=\frac{1}{2}.$$

在 $|F_1|+|F_2|=0$ 的情形, $F_{K,\sigma}=0$. 下面只考虑 $|F_1|+|F_2|\neq 0$ 的情形.

将 (7.11) 和 (7.12) 代入 (7.9) 可得

$$F_{K,\sigma}=\frac{|F_2|}{|F_1|+|F_2|}F_1-\frac{|F_1|}{|F_1|+|F_2|}F_2.\tag{7.13}$$

类似地

$$F_{L,\sigma}=\frac{|F_1|}{|F_1|+|F_2|}F_2-\frac{|F_2|}{|F_1|+|F_2|}F_1.\tag{7.14}$$

下面分别考虑 $F_1F_2\leqslant 0$ 和 $F_1F_2>0$ 的情形. 当 $F_1F_2\leqslant 0$ 时, 有 $|F_1|F_2=-|F_2|F_1$. 利用 (7.13) 可得

$$F_{K,\sigma}=\frac{2|F_2|}{|F_1|+|F_2|}F_1.\tag{7.15}$$

类似地, 有

$$F_{L,\sigma}=\frac{2|F_1|}{|F_1|+|F_2|}F_2.\tag{7.16}$$

将 (7.7) 代入 (7.15) 可得

$$\begin{aligned}F_{K,\sigma}=&-\frac{2|F_2||\kappa^{\mathrm{T}}(K)n_{K\sigma}||\sigma|}{|F_1|+|F_2|}\left(\frac{\sin\theta_{K_2}}{\sin\theta_K}\frac{1}{|KM_1|}\sum_{j=1}^{J_{M_1,n}}\omega_{M_1,j}(u_{K_{M_1,j}}-u_K)\right.\\&\left.+\frac{\sin\theta_{K_1}}{\sin\theta_K}\frac{1}{|KM_2|}\sum_{j=1}^{J_{M_2,n}}\omega_{M_2,j}(u_{K_{M_2,j}}-u_K)\right).\end{aligned}\tag{7.17}$$

类似地

$$F_{L,\sigma}=-\frac{2|F_1||\kappa^{\mathrm{T}}(L)n_{L\sigma}||\sigma|}{|F_1|+|F_2|}\left(\frac{\sin\theta_{L_2}}{\sin\theta_L}\frac{1}{|LM_3|}\sum_{j=1}^{J_{M_3,n}}\omega_{M_3,j}(u_{L_{M_3,j}}-u_L)\right.$$
$$\left.+\frac{\sin\theta_{L_1}}{\sin\theta_L}\frac{1}{|LM_4|}\sum_{j=1}^{J_{M_4,n}}\omega_{M_4,j}(u_{K_{M_4,j}}-u_L)\right). \tag{7.18}$$

当 $F_1F_2>0$ 时, 有 $|F_1|F_2=|F_2|F_1$, 从而有

$$F_{K,\sigma}=0.$$

然而, 这时无法确定系数 μ_1 和 μ_2. 当然, 可以简单地将这些系数设为 0, 但这样会导致矩阵奇异. 对于这种情形, 可将表达式 (7.7) 改写为

$$F_1=\bar{F}_1+a_K(u_K-u_L), \tag{7.19}$$

其中 $\bar{F}_1$ 不包含 u_L. 类似地,

$$F_2=\bar{F}_2+a_L(u_L-u_K), \tag{7.20}$$

其中 $\bar{F}_2$ 不包含 u_K.

将 (7.19) 和 (7.20) 代入 (7.9) 可得

$$F_{K,\sigma}=\mu_1\bar{F}_1-\mu_2\bar{F}_2+(\mu_1a_K+\mu_2a_L)(u_K-u_L).$$

如果 $|\bar{F}_1|+|\bar{F}_2|=0$, 取

$$\mu_1=\mu_2=\frac{1}{2}.$$

如果 $|\bar{F}_1|+|\bar{F}_2|\neq 0$, 取

$$\mu_1=\frac{|\bar{F}_2|}{|\bar{F}_1|+|\bar{F}_2|},$$

$$\mu_2=\frac{|\bar{F}_1|}{|\bar{F}_1|+|\bar{F}_2|}.$$

从而有

$$F_{K,\sigma}=\frac{|\bar{F}_2|}{|\bar{F}_1|+|\bar{F}_2|}\bar{F}_1-\frac{|\bar{F}_1|}{|\bar{F}_1|+|\bar{F}_2|}\bar{F}_2+(\mu_1a_K+\mu_2a_L)(u_K-u_L).$$

如果 $\bar{F}_1\bar{F}_2 \leqslant 0$, 则有 $|\bar{F}_1|\bar{F}_2 = -|\bar{F}_2|\bar{F}_1$. 从而可得

$$F_{K,\sigma} = \frac{2|\bar{F}_2|}{|\bar{F}_1| + |\bar{F}_2|}\bar{F}_1 + (\mu_1 a_K + \mu_2 a_L)(u_K - u_L).$$

类似地, 可得

$$F_{L,\sigma} = \frac{2|\bar{F}_1|}{|\bar{F}_1| + |\bar{F}_2|}\bar{F}_2 + (\mu_1 a_K + \mu_2 a_L)(u_L - u_K).$$

如果 $\bar{F}_1\bar{F}_2 > 0$, 则有 $|\bar{F}_1|\bar{F}_2 = |\bar{F}_2|\bar{F}_1$. 从而可得

$$F_{K,\sigma} = (\mu_1 a_K + \mu_2 a_L)(u_K - u_L),$$

$$F_{L,\sigma} = (\mu_1 a_K + \mu_2 a_L)(u_L - u_K).$$

下面, 将离散通量的表达式总结如下:

情形 1. $F_1F_2 \leqslant 0$.

情形 1.1. $|F_1| + |F_2| \neq 0$.

$$\mu_1 = \frac{|F_2|}{|F_1| + |F_2|}, \qquad \mu_2 = \frac{|F_1|}{|F_1| + |F_2|},$$
$$F_{K,\sigma} = 2\mu_1 F_1,$$
$$F_{L,\sigma} = 2\mu_2 F_2.$$

情形 1.2. $|F_1| + |F_2| = 0$.

$$\mu_1 = \mu_2 = \frac{1}{2},$$
$$F_{K,\sigma} = 2\mu_1 F_1,$$
$$F_{L,\sigma} = 2\mu_2 F_2.$$

情形 2. $F_1F_2 > 0$.

情形 2.1. $\bar{F}_1\bar{F}_2 \leqslant 0$.

情形 2.1.1. $|\bar{F}_1| + |\bar{F}_2| \neq 0$.

$$\mu_1 = \frac{|\bar{F}_2|}{|\bar{F}_1| + |\bar{F}_2|}, \qquad \mu_2 = \frac{|\bar{F}_1|}{|\bar{F}_1| + |\bar{F}_2|},$$
$$F_{K,\sigma} = 2\mu_1\bar{F}_1 + (\mu_1 a_K + \mu_2 a_L)(u_K - u_L),$$
$$F_{L,\sigma} = 2\mu_2\bar{F}_2 + (\mu_1 a_K + \mu_2 a_L)(u_L - u_K).$$

情形 2.1.2. $|\bar{F}_1| + |\bar{F}_2| = 0$.

$$\mu_1 = \mu_2 = \frac{1}{2},$$
$$F_{K,\sigma} = 2\mu_1\bar{F}_1 + (\mu_1 a_K + \mu_2 a_L)(u_K - u_L),$$
$$F_{L,\sigma} = 2\mu_2\bar{F}_2 + (\mu_1 a_K + \mu_2 a_L)(u_L - u_K).$$

情形 2.2. $\bar{F}_1\bar{F}_2 > 0$.

$$\mu_1 = \frac{|\bar{F}_2|}{|\bar{F}_1| + |\bar{F}_2|}, \qquad \mu_2 = \frac{|\bar{F}_1|}{|\bar{F}_1| + |\bar{F}_2|},$$
$$F_{K,\sigma} = (\mu_1 a_K + \mu_2 a_L)(u_K - u_L),$$
$$F_{L,\sigma} = (\mu_1 a_K + \mu_2 a_L)(u_L - u_K).$$

注记 7.1.2 对于扩散系数是标量的情形, 保极值原理的格式在均匀矩形网格上退化为标准的五点格式. 为了简单起见, 令扩散系数为 1. 在这种情形, 有 $\theta_{K_1} = \frac{\pi}{2}$, $\theta_{K_2} = 0, \theta_{L_1} = \frac{\pi}{2}$ 和 $\theta_{L_2} = 0$, 且有 $u_{M_2} = \frac{1}{2}u_K + \frac{1}{2}u_L$ 和 $u_{M_4} = \frac{1}{2}u_K + \frac{1}{2}u_L$ (图 7.3). 而且有 $|KM_2| = |LM_4| = \frac{1}{2}|KL|$. 从而有 $F_1 = -|\sigma|\frac{u_{M_2} - u_K}{|KM_2|} = -|\sigma|\frac{u_L - u_K}{|KL|}$ 和 $F_2 = -|\sigma|\frac{u_{M_4} - u_L}{|LM_4|} = -|\sigma|\frac{u_K - u_L}{|KL|}$. 注意到表达式 (7.15) 和 (7.16), 可得 $F_{K,\sigma} = -|\sigma|\frac{u_L - u_K}{|KL|}$, $F_{L,\sigma} = -|\sigma|\frac{u_K - u_L}{|KL|}$. 显然该格式就是标准的五点格式.

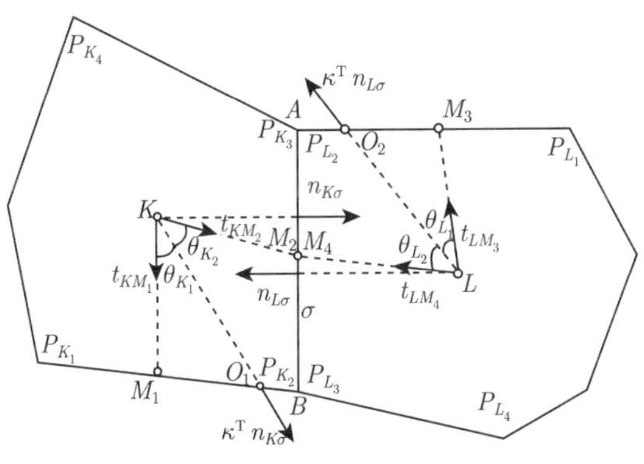

图 7.3 模板与记号

7.1.2.2 守恒法向通量的表达式 2

本节给出另外一个守恒通量的表达式. 记

$$a_\sigma = \min\{a_K, a_L\},$$

则 (7.19) 和 (7.20) 分别可改写为

$$F_1 = \hat{F}_1 + a_\sigma(u_K - u_L), \tag{7.21}$$

$$F_2 = \hat{F}_2 + a_\sigma(u_L - u_K). \tag{7.22}$$

将 (7.21) 和 (7.22) 代入 (7.9) 可得

$$F_{K,\sigma} = \mu_1 \hat{F}_1 - \mu_2 \hat{F}_2 + a_\sigma (u_K - u_L).$$

如果 $|\hat{F}_1| + |\hat{F}_2| = 0$, 取

$$\mu_1 = \mu_2 = \frac{1}{2}.$$

如果 $|\hat{F}_1| + |\hat{F}_2| \neq 0$, 取

$$\mu_1 = \frac{|\hat{F}_2|}{|\bar{F}_1| + |\hat{F}_2|},$$

$$\mu_2 = \frac{|\hat{F}_1|}{|\bar{F}_1| + |\hat{F}_2|}.$$

从而有

$$F_{K,\sigma} = \frac{|\hat{F}_2|}{|\hat{F}_1| + |\hat{F}_2|}\hat{F}_1 - \frac{|\hat{F}_1|}{|\hat{F}_1| + |\hat{F}_2|}\hat{F}_2 + a_\sigma (u_L - u_K).$$

如果 $\hat{F}_1 \hat{F}_2 < 0$, 则有 $|\hat{F}_1|\hat{F}_2 = -|\hat{F}_2|\hat{F}_1$. 从而可得

$$\begin{aligned} F_{K,\sigma} &= \frac{2|\hat{F}_2|}{|\hat{F}_1| + |\hat{F}_2|}\hat{F}_1 + a_\sigma (u_K - u_L), \\ &= -\frac{2\hat{F}_2}{\hat{F}_1 - \hat{F}_2}\hat{F}_1 + a_\sigma (u_K - u_L). \end{aligned}$$

类似地, 可得

$$\begin{aligned} F_{L,\sigma} &= \frac{2|\hat{F}_1|}{|\hat{F}_1| + |\hat{F}_2|}\hat{F}_2 + a_\sigma (u_L - u_K), \\ &= \frac{2\hat{F}_1}{\hat{F}_1 - \hat{F}_2}\hat{F}_2 + a_\sigma (u_L - u_K). \end{aligned}$$

如果 $\hat{F}_1 \hat{F}_2 \geqslant 0$, 则有 $|\hat{F}_1|\hat{F}_2 = |\hat{F}_2|\hat{F}_1$. 从而可得

$$F_{K,\sigma} = a_\sigma (u_K - u_L),$$

$$F_{L,\sigma} = a_\sigma (u_L - u_K).$$

下面, 将离散通量的表达式总结如下:

情形 1. $\hat{F}_1\hat{F}_2 < 0$.

$$F_{K,\sigma} = -\frac{2\hat{F}_2}{\hat{F}_1 - \hat{F}_2}\hat{F}_1 + a_\sigma(u_K - u_L),$$

$$F_{L,\sigma} = \frac{2\hat{F}_1}{\hat{F}_1 - \hat{F}_2}\hat{F}_2 + a_\sigma(u_L - u_K).$$

情形 2. $\hat{F}_1\hat{F}_2 \geqslant 0$.

$$F_{K,\sigma} = a_\sigma(u_K - u_L),$$
$$F_{L,\sigma} = a_\sigma(u_L - u_K).$$

7.1.3 格式及其求解方法

所构造的有限体积格式如下:

$$\sum_{\sigma\in\mathcal{E}_K} F_{K,\sigma} = f_K m(K), \quad \forall K \in \mathcal{P}_{\text{in}}, \tag{7.23}$$

$$u_{M_i} = g_{M_i}, \qquad \forall M_i \in \mathcal{P}_{\text{out}}, \tag{7.24}$$

其中 $F_{K,\sigma}$ 由上面两小节的定义给出, 且 $f_K = f(K)$.

当 $\sigma \in \mathcal{E}_{\text{ext}}$, 由 (7.7), 定义

$$F_{K,\sigma} = \sum_i a_{K,i}(u_K - u_{K_i}) + \sum_j a_{M,j}(u_K - u_{M_j}), \tag{7.25}$$

其中 u_{K_i} 为与 K 单元相关的中心未知量, u_{M_j} 为与 K 单元相关的在区域边界上的边中点未知量.

由以上格式, 可以得到一个非线性代数方程组. 令 U 为离散未知向量, $A(U)$ 为与该代数方程组相应的系数矩阵. 则所得的非线性代数方程组为:

$$A(U)U = F.$$

以上的非线性代数方程组可用多种方法求解. 为了简单起见, 采用 Picard 迭代求解: 选取两个小的参数 $\varepsilon_{\text{non}} > 0$, $\varepsilon_{\text{Lin}} > 0$ 和初始向量 $U^0 \geqslant 0$, 对 $k = 1, 2, \cdots$, 循环如下过程:

(1) 求解 $A(U^{k-1})U^k = F$,

(2) 如果 $\|A(U^k)U^k - F\| \leqslant \varepsilon_{\text{non}}\|A(U^0)U^0 - F\|$, 则计算停止.

与线性代数方程组相应的矩阵 $A(U^{k-1})$ 是非对称的, 可采用 BiCGStab 等线性方程组迭代算法求解. 当与初始残差的相对误差小于 ε_{lin} 时, 迭代停止.

7.2　极值原理和存在性

本节针对上一节给出的非线性有限体积格式, 证明格式满足离散极值原理, 且解是存在的.

7.2.1　极值原理

对上一节构造的非线性有限体积格式, 其满足如下定理:

定理 7.2.1　假设条件 (7.6) 成立, 则有限体积格式 (7.23)–(7.24) 满足离散极值原理. 令 $u_{\min}=\min\limits_{K\in\mathcal{P}_{\text{in}}\cup\mathcal{P}_{\text{out}}} u_K$ 和 $u_{\max}=\max\limits_{K\in\mathcal{P}_{\text{in}}\cup\mathcal{P}_{\text{out}}} u_K$, 则有: (1) 对 $f\geqslant 0$, 除非在整个区域上 u 是常数, 否则 $u_{\min}$ 只能在区域的边界达到; (2) 对 $f\leqslant 0$, 除非在整个区域上 u 是常数, 否则 $u_{\max}$ 只能在区域的边界达到; (3) 对 $f=0$, 除非在整个区域上 u 是常数, 否则 $u_{\min}$ 和 $u_{\max}$ 都只能在区域的边界达到.

证明　由 $F_{K,\sigma}$ 的定义可知, 离散通量具有如下形式:

$$F_{K,\sigma}=-\sum_{j=1}^{N_{K,\sigma}} A_{K,\sigma,j}(u_{L_j}-u_K), \tag{7.26}$$

其中 $N_{K,\sigma}$ 是在通量 $F_{K,\sigma}$ 的定义中与单元 K 相关的单元的个数. 从 $\theta_{K_1},\theta_{K_2},\theta_{L_1}$, θ_{L_2}, θ_K 和 θ_L 的定义, 可知

$$\sin\theta_{K_1}\geqslant 0,\quad \sin\theta_{K_2}\geqslant 0,\quad \sin\theta_{L_1}\geqslant 0,\quad \sin\theta_{L_2}\geqslant 0,$$

以及

$$\sin\theta_K>0,\quad \sin\theta_L>0.$$

注意到条件 (7.6) 和如下条件:

$$\mu_1\geqslant 0,\quad \mu_2\geqslant 0,$$

可知

$$A_{K,\sigma,j}\geqslant 0.$$

将 (7.26) 代入 (7.23) 得

$$-\sum_{j=1}^{N_K} A_{K,j}(u_{L_j}-u_K)=f_K m(K), \tag{7.27}$$

其中 $A_{K,j}$ 是某些 $A_{K,\sigma,j}$ 之和, N_K 是在格式中与单元 K 相关的单元个数. 显然

$$A_{K,j}\geqslant 0.$$

首先, 考虑 $f \geqslant 0$ 的情形. 假设 $u_{K_0} = u_{\min}$, 且 $K_0 \in \mathcal{P}_{\text{in}}$, 则对所有 $L_j \in \mathcal{P}_{\text{in}} \cup \mathcal{P}_{\text{out}}$, 有 $u_{L_j} - u_{K_0} \geqslant 0$. 从而

$$-\sum_{j=1}^{N_{K_0}} A_{K_0,j}(u_{L_j} - u_{K_0}) \leqslant 0.$$

然而 $f_{K_0} m(K_0) \geqslant 0$. 注意到 (7.27), 可知, 在整个区域上 u_K 是常数.

下面考虑 $f \leqslant 0$ 的情形. 假设 $u_{K_0} = u_{\max}$, 且 $K_0 \subset \mathcal{P}_{\text{in}}$, 则对所有 $L_j \in \mathcal{P}_{\text{in}} \cup \mathcal{P}_{\text{out}}$, 有 $u_{L_j} - u_{K_0} \leqslant 0$. 从而

$$-\sum_{j=1}^{N_{K_0}} A_{K_0,j}(u_{L_j} - u_{K_0}) \geqslant 0.$$

然而 $f_{K_0} m(K_0) \leqslant 0$. 注意到 (7.27), 可知, 在整个区域上 u_K 是常数. 当 $f = 0$ 时, 由前面两个结论直接推出相应的结论. 因此, 完成了定理的证明.

7.2.2 存在性

本小节给出满足极值原理的非线性格式解的存在性证明. 这里只考虑 7.1.2.2 小节给出的离散通量 2 的情形.

为简单起见, 不妨设 $\min\limits_{\partial\Omega} g = 0, \max\limits_{\partial\Omega} g = 1$, 且只考虑 $f = 0$ 的情形. 记 $u \in \mathbf{R}^N$ 为格式的解组成的解向量, 其中 N 为所有单元的个数, 则有如下的存在性定理.

定理 7.2.2 假设条件 (7.6) 成立. 那么, 非线性格式 (7.23)–(7.24) 至少存在一个解 $\{u_K\}$.

证明 定义 $\mathbf{R}^N$ 中的闭凸集

$$\mathfrak{C} = \{w = \{w_K\} \in \mathbf{R}^N : 0 \leqslant w_K \leqslant 1, \forall K \in \mathcal{T}\},$$

定义映射 $T : \mathfrak{C} \to \mathbf{R}^N$ 如下. 对 $\forall w \in \mathfrak{C}$, $u = Tw$ 为以下线性格式的解:

$$\sum_{\sigma \in \mathcal{E}_K} F_{K,\sigma}(u, w)|\sigma| = 0, \quad \forall K \in \mathcal{T}, \tag{7.28}$$

其中当 $\sigma = K|L \in \mathcal{E}_{\text{int}}$ 时, 定义

$$F_{K,\sigma}(u, w) = a_\sigma(u_K - u_L) + \bar{F}_{K,\sigma}(u, w),$$

这里

$$\bar{F}_{K,\sigma}(u, w) = \begin{cases} -\dfrac{2\hat{F}_2(w)}{\hat{F}_1(w) - \hat{F}_2(w)}\hat{F}_1(u), & \hat{F}_1(w)\hat{F}_2(w) < 0, \\ 0, & \hat{F}_1(w)\hat{F}_2(w) \geqslant 0. \end{cases}$$

对于 $\sigma \in \mathcal{E}_{\text{ext}}$, 由 (7.25), 定义

$$F_{K,\sigma}(u,w) = \sum_i a_{K,i}(u_K - u_{K_i}) + \sum_j a_{M,j}(u_K - u_{M_j}).$$

与定理 7.2.1 的证明类似, 可知离散解 $u = Tw \in \mathfrak{C}$, 即 T 是 $\mathfrak{C}$ 到自身的映射. 然而, T 不一定是连续映射. 因此, 考虑如下正则化映射, $\forall \varepsilon > 0$, $T_\varepsilon : \mathfrak{C} \to \mathbf{R}^N$, 其中对 $\forall w \in \mathfrak{C}$, 定义 $u = T_\varepsilon w$ 为以下线性格式的解:

$$\sum_{\sigma \in \partial K} F^\varepsilon_{K,\sigma}(u,w)|\sigma| = 0, \quad \forall K \in \mathcal{T}, \tag{7.29}$$

其中当 $\sigma = K|L \in \mathcal{E}_{\text{int}}$, 定义

$$F^\varepsilon_{K,\sigma}(u,w) = a_\sigma(u_K - u_L) + \mu_1^\varepsilon \bar{F}_1(u,w) + \mu_2^\varepsilon \bar{F}_2(u,w),$$

这里

$$\mu_1^\varepsilon(w) = \begin{cases} \dfrac{|\bar{F}_1(w)||\hat{F}_2(w)|}{|\bar{F}_1(w)|(|\bar{F}_1(w)| + |\hat{F}_2(w)|) + \varepsilon}, & \hat{F}_1(w)\hat{F}_2(w) < 0, \\ 0, & \hat{F}_1(w)\hat{F}_2(w) \geqslant 0. \end{cases}$$

$$\mu_2^\varepsilon(w) = \begin{cases} \dfrac{|\bar{F}_1(w)||\hat{F}_2(w)|}{|\bar{F}_2(w)|(|\bar{F}_1(w)| + |\hat{F}_2(w)|) + \varepsilon}, & \hat{F}_1(w)\hat{F}_2(w) < 0, \\ 0, & \hat{F}_1(w)\hat{F}_2(w) \geqslant 0. \end{cases}$$

记

$$\bar{F}^\varepsilon_{K,\sigma}(u,w) = \mu_1^\varepsilon \bar{F}_1(u,w) + \mu_2^\varepsilon \bar{F}_2(u,w).$$

对于 $\sigma \in \mathcal{E}_{\text{ext}}$, $F^\varepsilon_{K,\sigma}(u,w)$ 的定义与 $F_{K,\sigma}(u,w)$ 相同.

与定理 7.2.1 的证明类似, 可知对 $\forall w \in \mathfrak{C}$, 格式 (7.29) 的解 u 是唯一存在的. 因此, T_ε 是定义好的, 且 $u = T_\varepsilon w \in \mathfrak{C}$. 由集合 $\mathfrak{C}$ 的紧性以及格式 (7.29) 解的唯一性, 可知映射 T_ε 是连续的. 由 Brouwer 不动点定理 (见文献 [27]), 在 $\mathfrak{C}$ 中存在不动点 u_ε, 使得 $u_\varepsilon = T_\varepsilon u_\varepsilon$. 于是 u_ε 满足

$$\sum_{\sigma \in \mathcal{E}_K} F^\varepsilon_{K,\sigma}(u_\varepsilon, u_\varepsilon)|\sigma| = 0, \quad \forall K \in \mathcal{T}, \tag{7.30}$$

由 $u_\varepsilon \in \mathfrak{C}$ 以及 Weierstrass 定理, 存在子列 $u_{\varepsilon_i} \to \bar{u} \in \mathfrak{C}$, $(\varepsilon_i \to 0)$. 由 $\bar{F}^\varepsilon_{K,\sigma}(u,w)$ 的定义, 不难验证 $\bar{F}^{\varepsilon_i}_{K,\sigma}(u_{\varepsilon_i}, u_{\varepsilon_i}) \to \bar{F}_{K,\sigma}(\bar{u}, \bar{w})$ $(\varepsilon_i \to 0)$. 因此, $\bar{u}$ 为保极值原理的非线性格式的解.

7.3 数值算例

本节首先用数值结果验证采用 7.1.2.1 小节的通量表达式的格式满足极值原理, 然后测试该格式的精度.

7.3.1 极值原理

考虑具有各向异性扩散系数的问题 (7.1)–(7.2). 计算区域为一个带洞的正方形区域 $\Omega=(0,1)^2\setminus[4/9,5/9]^2$, 因此边界 $\partial\Omega$ 由两部分 Γ_1 和 Γ_0 组成, 见图 7.4 和图 7.5, 其中 Γ_1 是内部边界, Γ_0 是外部边界.

取 $f=0$, 在 Γ_0 上取 $g=0$, 在 Γ_1 上取 $g=2$, 并将各向异性扩散张量取为如下形式:

$$\kappa=\begin{pmatrix}\cos\theta & \sin\theta\\ -\sin\theta & \cos\theta\end{pmatrix}\begin{pmatrix}k_1 & 0\\ 0 & k_2\end{pmatrix}\begin{pmatrix}\cos\theta & -\sin\theta\\ \sin\theta & \cos\theta\end{pmatrix},\tag{7.31}$$

其中 $k_1=1$, $k_2=100$, $\theta=\pi/6$.

首先, 在带洞区域上的随机四边形网格 (图 7.4) 上计算该问题, 单元数为 72×72. 图 7.6 给出了随机四边形网格上的数值解. 在区域内部的极小值是 3.01×10^{-10}, 极大值是 1.97. 这意味着该问题的极小值 0 只能在区域的边界 Γ_0 上取到, 最大值 2 只能在边界 Γ_1 上取到. 这些结果验证了保极值原理的格式在四边形网格上满足离散极值原理.

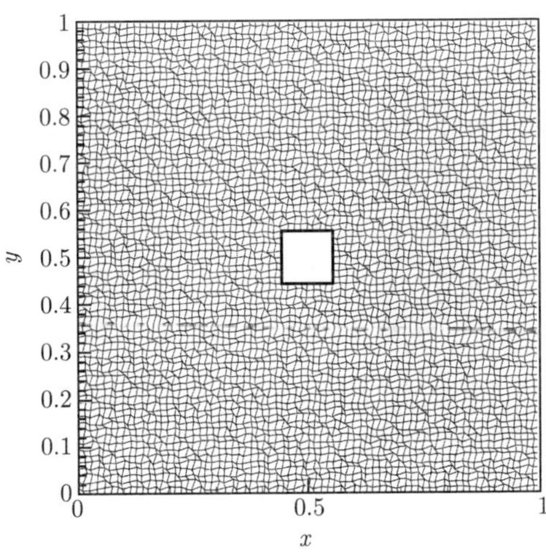

图 7.4 带洞区域上的随机四边形网格 (单元数为 72×72)

接下来, 在带洞区域上的随机三角形网格 (图 7.5) 上计算该问题, 单元数为 $72\times72\times2$. 图 7.7 给出了随机三角形网格上的数值解. 在区域内部的极小值是 1.75×10^{-8}, 极大值是 1.98. 这验证了保极值原理的格式在随机三角形网格上也满足离散极值原理.

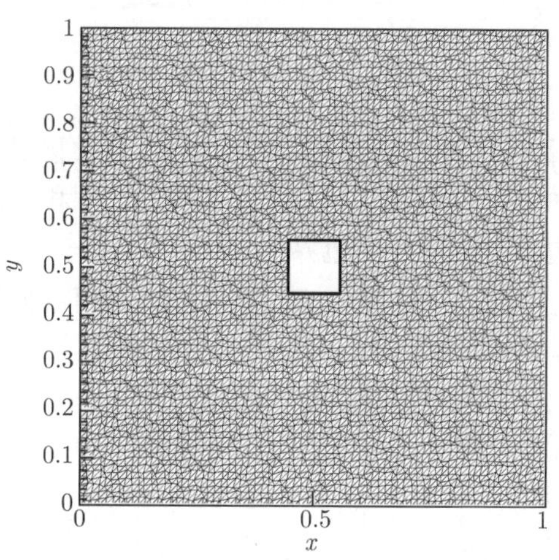

图 7.5　带洞区域上的随机三角形网格 (单元数为 $72\times72\times2$)

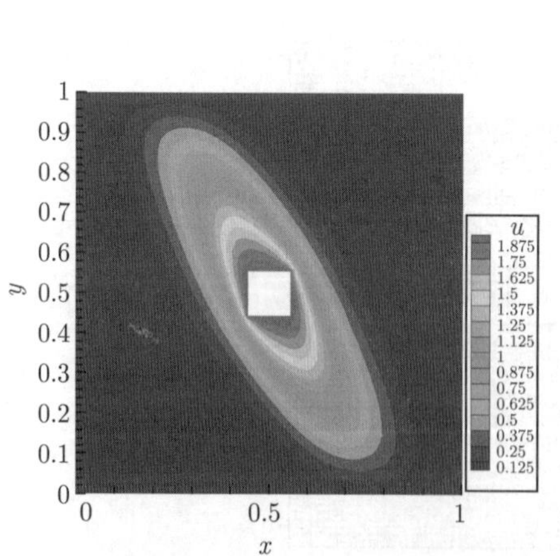

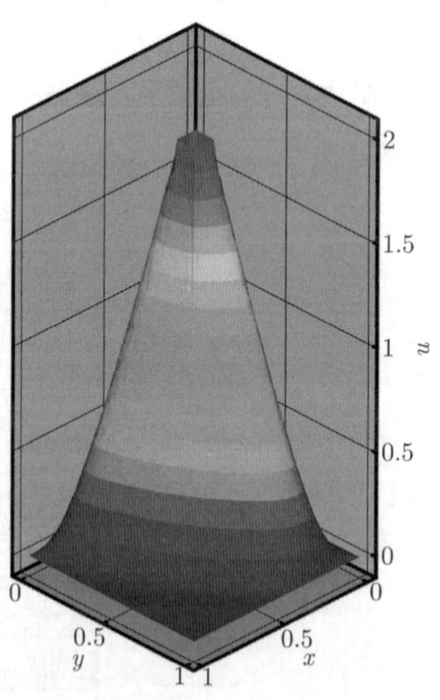

图 7.6　带洞区域上随机四边形网格上的数值结果 ($u_{\min}^{\text{in}}=3.01\times10^{-10}$, $u_{\max}^{\text{in}}=1.97$) (详见书后彩图)

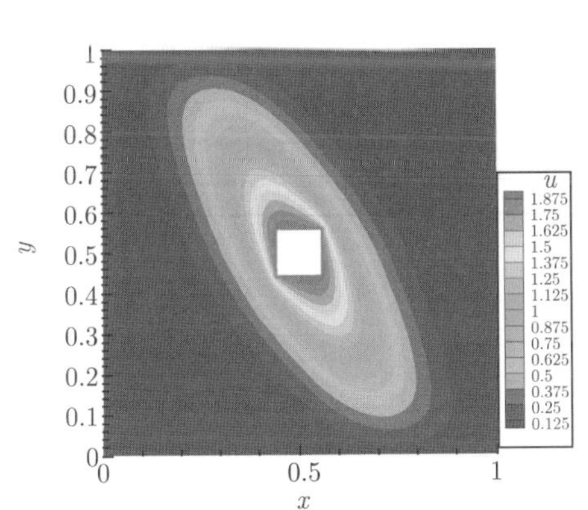

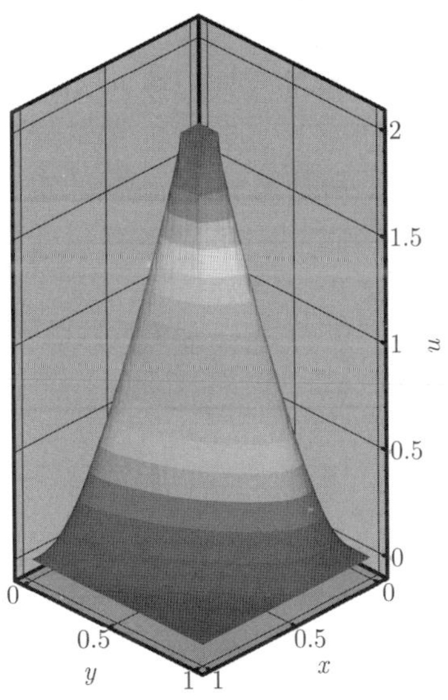

图 7.7 带洞区域上随机三角形网格上的数值结果 ($u_{\min}^{\rm in} = 1.75 \times 10^{-8}$, $u_{\max}^{\rm in} = 1.98$)
(详见书后彩图)

7.3.2 精度

下面测试格式的精度. 考虑区域 $\Omega = (0,1)^2$ 上的问题 (7.1)–(7.2), 边界条件取 Dirichlet 边界条件. 令 $\kappa = RDR^{\rm T}$,

$$R = \begin{pmatrix} \cos\theta & -\sin\theta \\ \sin\theta & \cos\theta \end{pmatrix}, \quad D = \begin{pmatrix} k_1 & 0 \\ 0 & k_2 \end{pmatrix},$$

其中 $\theta = \dfrac{5\pi}{12}$, $k_1 = 1 + 2x^2 + y^2$, $k_2 = 1 + x^2 + 2y^2$. 精确解取为 $u(x,y) = \sin(\pi x)\sin(\pi y)$.

在随机四边形网格和随机三角形网格上测试保极值原理的格式. 表 7.1 给出了随机四边形网格上数值解和通量误差的 L_2 范数. 可见, 保极值原理的格式的数值解接近二阶收敛, 数值通量为一阶收敛. 与保正格式的结果比较可知, 保极值原理的格式的精度稍低于保正格式的精度, 然而, 两个格式的收敛阶是接近的.

表 7.1 随机四边形网格上的结果

单元总数	64	256	1024	4096	16384
ε_2^u	2.00×10^{-2}	2.99×10^{-3}	8.64×10^{-4}	2.27×10^{-4}	5.37×10^{-5}
收敛阶	—	2.74	1.79	1.93	2.08
ε_2^F	2.71×10^{-1}	8.41×10^{-2}	4.31×10^{-2}	1.90×10^{-2}	9.24×10^{-3}
收敛阶	—	1.69	0.96	1.18	1.04

表 7.2 给出了随机三角形网格上解和通量的误差的 L_2 范数. 可见, 随着网格加密, 数值解的收敛阶接近二阶, 通量的收敛阶高于一阶.

表 7.2　随机三角形网格上的结果

单元总数	128	512	2048	8192	32768
ε_2^u	2.37×10^{-2}	7.56×10^{-3}	2.45×10^{-3}	7.23×10^{-4}	1.86×10^{-4}
收敛阶	—	1.65	1.63	1.76	1.96
ε_2^F	8.37×10^{-1}	3.13×10^{-1}	1.27×10^{-1}	4.77×10^{-2}	1.90×10^{-2}
收敛阶	—	1.42	1.30	1.41	1.33

第 8 章　非线性迭代方法

8.1 节介绍非线性扩散方程的全隐 Picard 迭代 (简单迭代), 证明散度型扩散方程全隐 Picard 迭代方法的一阶 (线性) 收敛性, 其迭代解与全隐格式解之差是压缩的[28]. 8.2 节讨论基于 LD(linearization-discretization) 途径的 Newton 迭代法的构造[29], 即直接针对非线性扩散方程设计 Newton 迭代法, 然后针对得到的线性对流扩散方程设计空间离散格式, 针对对流项设计了边中心型和迎风型两种离散方式, 并在可允许网格上证明方法具有二次收敛速度, 同时给出迭代序列的误差估计[30]. 8.3 节介绍两种时间步长控制方法[31]. 最后一节给出数值算例.

8.1 Picard 迭代

考虑如下散度型非线性抛物方程的定解问题:

$$u_t - (\kappa(x,t,u)u_x)_x = f(x,t,u), \quad 0 < x < l, 0 < t \leqslant T, \tag{8.1}$$

$$u(x,0) = u^0(x), \quad 0 \leqslant x \leqslant l, \tag{8.2}$$

$$u(0,t) = u(l,t) = 0, \quad 0 \leqslant t \leqslant T, \tag{8.3}$$

其中 $\kappa(x,t,u)$ 和 $f(x,t,u)$ 是给定的关于 (x,t,u) 的函数, $u^0(x)$ 是给定 x 的函数. 为叙述简单起见, 仅考虑 $\kappa = \kappa(u)$, $f = f(u)$.

假设 8.1.1　*假定存在常数 $\kappa_1 > 0$, 使得 $\kappa(v) \geqslant \kappa_1$ $(\forall\ v \in \mathbf{R}^1)$, 并且满足 $\kappa(v) \in C^1(\mathbf{R}^1)$. 且 $f(v) \in C^1(\mathbf{R}^1)$.*

记 $Q_T = \{0 \leqslant x \leqslant l, 0 \leqslant t \leqslant T\}$, 用平行线 $x = x_j$ $(j = 0,1,\cdots,J)$ 和 $t = t^n$ $(n = 0,1,\cdots,N)$ 剖分 Q_T, 其中 $x_j = jh$, $t^n = n\tau$, 且 $Jh = l$, $N\tau = T$, J 和 N 是正整数, h 为空间步长, τ 为时间步长. 记 $Q_j^n = \{x_j < x \leqslant x_{j+1}, t^n < t \leqslant t^{n+1}\}$, 其中 $j = 0,1,\cdots,J-1; n = 0,1,\cdots,N-1$. 记 $u_\Delta = u_h^\tau = \{u_j^n | j = 0,1,\cdots,J; n = 0,1,\cdots,N\}$ 为定义在离散点集 $Q_\Delta = \{(x_j,t^n) | j = 0,1,\cdots,J; n = 0,1,\cdots,N\}$ 上的离散函数. 对 $0 \leqslant n \leqslant N$, 记一阶差商 $\delta u_{j+\frac{1}{2}}^n = \dfrac{1}{h}\left(u_{j+1}^n - u_j^n\right)$ $(j = 0,1,\cdots,J-1)$, 二阶差商 $\delta^2 u_j^n = \dfrac{1}{h}\left(\delta u_{j+\frac{1}{2}}^n - \delta u_{j-\frac{1}{2}}^n\right)$ $(j = 1,\cdots,J-1)$.

求解 (8.1)–(8.3) 的全隐格式为

$$\frac{u_j^{n+1} - u_j^n}{\tau} = \frac{1}{h}\left(\kappa_{j+\frac{1}{2}}^{n+1}\delta u_{j+\frac{1}{2}}^{n+1} - \kappa_{j-\frac{1}{2}}^{n+1}\delta u_{j-\frac{1}{2}}^{n+1}\right) + f_j^{n+1}, \quad 1 \leqslant j \leqslant J-1, 0 \leqslant n \leqslant N-1, \tag{8.4}$$

$$u_j^0 = u^0(x_j), \quad 0 \leqslant j \leqslant J, \tag{8.5}$$

$$u_0^{n+1} = u_J^{n+1} = 0, \quad 0 \leqslant n \leqslant N-1, \tag{8.6}$$

其中

$$\kappa_{j+\frac{1}{2}}^{n+1} = \kappa(u_{j+\frac{1}{2}}^{n+1}), \quad f_j^{n+1} = f(u_j^{n+1}),$$

这里 $u_{j+\frac{1}{2}}^{n+1} = \dfrac{1}{2}(u_{j+1}^{n+1} + u_j^{n+1})$. 文献 [32] 研究了非散度型非线性抛物方程的全隐格式的基本性质. 类似地, 可得到关于散度型非线性抛物方程的全隐格式基本性质的结果.

全隐 Picard 迭代方法 (fully implicit Picard, FIP, 通常称为简单迭代): 对任一固定的非负整数 n $(0 \leqslant n \leqslant N-1)$, 定义一列离散函数序列 $\{u_j^{n+1,s} | j = 0, 1, \cdots, J\}$ $(s = 0, 1, \cdots)$: $u_j^{n+1,0} = u_j^n$, $\{u_j^{n+1,s+1} | j = 0, 1, \cdots, J\}$ 为如下差分格式的解:

$$\frac{u_j^{n+1,s+1} - u_j^n}{\tau} = \frac{1}{h}\left(\kappa_{j+\frac{1}{2}}^{n+1,s} \delta u_{j+\frac{1}{2}}^{n+1,s+1} - \kappa_{j-\frac{1}{2}}^{n+1,s} \delta u_{j-\frac{1}{2}}^{n+1,s+1}\right) + f_j^{n+1,s},$$

$$1 \leqslant j \leqslant J-1, 0 \leqslant n \leqslant N-1, \tag{8.7}$$

$$u_0^{n+1,s+1} = u_J^{n+1,s+1} = 0, \ \ 0 \leqslant n \leqslant N-1, \tag{8.8}$$

其中 s 为迭代次数, 且

$$\kappa_{j+\frac{1}{2}}^{n+1,s} = \kappa(u_{j+\frac{1}{2}}^{n+1,s}), \quad f_j^{n+1,s} = f(u_j^{n+1,s}). \tag{8.9}$$

在本节的叙述中取非线性迭代的迭代初值为前一时刻的值, $u^{n+1,0} = u^n$. 在不会引起混淆的情况下, 将使用简写形式 $u^{(s)}$ 来表示 $u^{n+1,s}$. 当 $f = f(u) = u^k$ $(k > 1)$, 也可取 $f^{(s)}$ 为 $u^{(s+1)}(u^{(s)})^{k-1}$ 或 $(ku^{(s+1)} - (k-1)u^{(s)})(u^{(s)})^{k-1}$.

文献 [33] 讨论了非散度型扩散方程的全隐 Picard 迭代方法的收敛性, 证明了迭代序列前后两次迭代值之差形成的序列是压缩的. 下面证明: 散度型扩散方程全隐 Picard 迭代方法的一阶 (线性) 收敛性, 其迭代值与全隐格式的解之差是压缩的.

对离散函数 $\{u_j | j = 0, 1, \cdots, J\}$ (其中 $u_0 = u_J = 0$), 引入如下离散范数:

$$\|u_h\|_\infty = \max_{0 \leqslant j \leqslant J} |u_j|, \quad \|\delta u_h\|_\infty = \max_{0 \leqslant j \leqslant J-1} |\delta u_{j+\frac{1}{2}}|,$$

$$\|u_h\|_2^2 = \sum_{j=1}^{J-1} |u_j|^2 h, \quad \|\delta u_h\|_2^2 = \sum_{j=0}^{J-1} |\delta u_{j+\frac{1}{2}}|^2 h.$$

假设 8.1.2 假定非线性隐式格式 (8.4)–(8.6) 存在唯一解, 且

$$\max_{0\leqslant n\leqslant N-1}\|u_h^{n+1}\|_\infty\leqslant M,\quad \max_{0\leqslant n\leqslant N-1}\|\delta u_h^{n+1}\|_\infty\leqslant M_1,$$

其中 M,M_1 为与步长 h,τ 和迭代次数 s 无关的常数.

记 $w_j^{(s)}=u_j^{(s)}-u_j^{n+1}$, 由 (8.4) 和 (8.7) 有

$$\begin{aligned}\frac{w_j^{(s+1)}}{\tau}=&\frac{1}{h}\left(\kappa_{j+\frac12}^{(s)}\delta w_{j+\frac12}^{(s+1)}-k_{j-\frac12}^{(s)}\delta w_{j-\frac12}^{(s+1)}\right)\\&+\frac{1}{h}\left((\kappa_{j+\frac12}^{(s)}-\kappa_{j+\frac12}^{n+1})\delta u_{j+\frac12}^{n+1}-(\kappa_{j-\frac12}^{(s)}-\kappa_{j-\frac12}^{n+1})\delta u_{j-\frac12}^{n+1}\right)+f_j^{(s)}-f_j^{n+1},\end{aligned}\tag{8.10}$$

其中

$$\kappa_{j+\frac12}^{(s)}-\kappa_{j+\frac12}^{n+1}=\kappa(u_{j+\frac12}^{(s)})-\kappa(u_{j+\frac12}^{n+1})=\int_0^1\kappa'(rw_{j+\frac12}^{(s)}+u_{j+\frac12}^{n+1})drw_{j+\frac12}^{(s)},$$

$$f_j^{(s)}-f_j^{n+1}=f(u_j^{(s)})-f(u_j^{n+1})=\int_0^1 f'(rw_j^{(s)}+u_j^{n+1})drw_j^{(s)}.$$

将 (8.10) 乘以 $w_j^{(s+1)}h$, 并将所得乘积对 $j=1,\cdots,J-1$ 求和, 得

$$\begin{aligned}&\frac{1}{\tau}\sum_{j=1}^{J-1}|w_j^{(s+1)}|^2h+\sum_{j=0}^{J-1}\kappa_{j+\frac12}^{(s)}|\delta w_{j+\frac12}^{(s+1)}|^2h+\sum_{j=0}^{J-1}(\kappa_{j+\frac12}^{(s)}-\kappa_{j+\frac12}^{n+1})\delta u_{j+\frac12}^{n+1}\delta w_{j+\frac12}^{(s+1)}h\\=&\sum_{j=1}^{J-1}\int_0^1 f'(rw_j^{(s)}+u_j^{n+1})drw_j^{(s)}w_j^{(s+1)}h.\end{aligned}\tag{8.11}$$

假设

$$\left|\int_0^1 f'(rw_j^{(s)}+u_j^{n+1})dr\right|\leqslant C_f,\quad \left|\int_0^1\kappa'(rw_{j+\frac12}^{(s)}+u_{j+\frac12}^{n+1})dr\right|\leqslant C_\kappa,$$

这里 C_f 和 C_κ 为待定正常数.

当假设 8.1.2 成立, 即当 $\|\delta u_h^{n+1}\|_\infty\leqslant M_1$, 有

$$\begin{aligned}&\left|\sum_{j=0}^{J-1}(\kappa_{j+\frac12}^{(s)}-\kappa_{j+\frac12}^{n+1})\delta u_{j+\frac12}^{n+1}\delta w_{j+\frac12}^{(s+1)}h\right|\leqslant C_\kappa M_1\sum_{j=0}^{J-1}|w_{j+\frac12}^{(s)}||\delta w_{j+\frac12}^{(s+1)}|h\\\leqslant&\frac{\sigma}{2}\sum_{j=0}^{J-1}|\delta w_{j+\frac12}^{(s+1)}|^2h+\frac{2C_\kappa^2M_1^2}{\sigma}\sum_{j=0}^{J-1}|w_{j+\frac12}^{(s)}|^2h.\end{aligned}$$

注意到如下离散 Sobolev 不等式 (见文献 [32]):

$$\|w_h^{(s)}\|_\infty \leqslant C\|\delta w_h^{(s)}\|_2$$

成立, 其中 C 为与步长 h,τ 和迭代次数 s 无关的常数, 可推出

$$\frac{1}{\tau}\|w_h^{(s+1)}\|_2^2 + \frac{\sigma}{2}\|\delta w_h^{(s+1)}\|_2^2 \leqslant C_1\|w_h^{(s)}\|_2^2 + C_2\|w_h^{(s+1)}\|_2^2, \tag{8.12}$$

其中 C_1, C_2 仅依赖 $C, \kappa_1, C_f, C_\kappa, M, M_1$. 所以, 有

$$\|w_h^{(s+1)}\|_2^2 \leqslant \frac{C_1\tau}{1-C_2\tau}\|w_h^{(s)}\|_2^2 \leqslant \cdots \leqslant \left(\frac{C_1\tau}{1-C_2\tau}\right)^{s+1}\|w_h^{(0)}\|_2^2.$$

因此, 只要 $(C_1+C_2)\tau<1$, 即 $\dfrac{C_1\tau}{1-C_2\tau}<1$, 序列 $w_h^{(s)}$ 是压缩的迭代序列, 且有

$$\|w_h^{(s+1)}\|_2 \leqslant \|w_h^{(0)}\|_2 \leqslant M + M_0, \tag{8.13}$$

这里 $M_0 = \max\limits_{0\leqslant n\leqslant N-1}\|u_h^{(0)}\|_\infty$. 根据 (8.12) 和 (8.13), 并利用离散 Sobolev 不等式, 可知

$$\|w_h^{(s+1)}\|_\infty \leqslant C\|w_h^{(s+1)}\|_2^{\frac12}\|\delta w_h^{(s+1)}\|_2^{\frac12} \leqslant M + M_0,$$

只要 $C\left(\dfrac{2(C_1+C_2)}{\sigma}\right)^{\frac12}\tau^{\frac14} \leqslant 1$, 可取

$$C_f = \max_{|v|\leqslant 2M+M_0}|f'(v)|, \quad C_\kappa = \max_{|v|\leqslant 2M+M_0}|\kappa'(v)|.$$

所以, 得到下述结论.

定理 8.1.1 如果假设 8.1.1 和假设 8.1.2 成立, 那么, 存在仅依赖已知数据的正常数 τ_0, 当 $0<\tau<\tau_0$ 时, 成立

$$\lim_{s\to\infty}\|w_h^{(s+1)}\|_2 = 0.$$

8.2 Picard-Newton 迭代

8.2.1 迭代格式设计

考虑如下二维非线性抛物型方程的定解问题:

$$u_t - \nabla\cdot(\kappa(u)\nabla u(x,t)) = 0, \quad (x,t)\in\Omega\times(0,T], \tag{8.14}$$

$$u(x,t) = 0, \quad (x,t)\in\partial\Omega\times(0,T], \tag{8.15}$$

$$u(x,0)=\varphi(x),\quad x\in\Omega,\tag{8.16}$$

其中 Ω 为 $\mathbf{R}^2$ 中有界多边形区域, κ 为非线性系数, φ 为初值. 为叙述简单起见, 本节仅考虑 $\kappa=\kappa(u)$ 以及齐次边界条件 (8.15).

Picard-Newton 迭代格式求解步骤为:

(1) 首先考虑方程 (8.14) 的一阶向后欧拉时间离散:

$$\frac{u^{n+1}-u^n}{\Delta t}-\nabla\cdot(\kappa(u^{n+1})\nabla u^{n+1})=0.\tag{8.17}$$

(2) 对时间离散的非线性偏微分方程做 Newton 线性化, 得到一组由线性偏微分方程组成的迭代序列. 将 (8.17) 中的 $\kappa(u^{n+1})$ 用一阶 Taylor 展开逼近

$$\kappa(u^{n+1})\approx\kappa(u^{(s)})+\frac{\partial\kappa}{\partial u}(u^{(s)})(u^{(s+1)}-u^{(s)}),$$

其中 s 为迭代指标. 对应于上式右端两项, 将扩散项中的 ∇u^{n+1} 分别用当前迭代步的值 $\nabla u^{(s+1)}$ 和前一迭代步的值 $\nabla u^{(s)}$ 近似, 得到线性偏微分方程迭代序列

$$\begin{aligned}\frac{u^{(s+1)}-u^n}{\Delta t}=&\nabla\cdot\left(\kappa(u^{(s)})\nabla u^{(s+1)}\right)\\&+\nabla\cdot\left(\frac{\partial\kappa}{\partial u}(u^{(s)})(u^{(s+1)}-u^{(s)})\nabla u^{(s)}\right),\\&s=0,1,2,\cdots,\end{aligned}\tag{8.18}$$

这是一个关于 $u^{(s+1)}$ 的线性对流扩散型方程.

(3) 考虑 (8.18) 的空间离散格式的构造, 即将散度算子 $\nabla\cdot$ 和梯度算子 ∇ 分别进行离散化, 成为 $\nabla_h\cdot$ 和 ∇_h, 或者 $\widetilde{\nabla}_h\cdot$ 和 $\widetilde{\nabla}_h$, 得到如下离散迭代格式:

$$\begin{aligned}\frac{u^{(s+1)}-u^n}{\Delta t}=&\nabla_h\cdot\left(\kappa(u^{(s)})\nabla_h u^{(s+1)}\right)\\&+\widetilde{\nabla}_h\cdot\left(\frac{\partial\kappa}{\partial u}(u^{(s)})(u^{(s+1)}-u^{(s)})\widetilde{\nabla}_h u^{(s)}\right),\\&s=0,1,2,\cdots.\end{aligned}\tag{8.19}$$

(4) 使用线性迭代方法求解上面得到的线性代数方程组.

注记 8.2.1 称 (8.19) 为全隐 Picard-Newton (P-N) 迭代格式. 由不同的空间离散格式, 可得到不同的线性代数方程组, 从而得到不同的迭代格式. 特别要强调的是, 先将非线性偏微分方程线性化, 再考虑其离散格式, 与采用 Discretization-Linearization (DL) 途径的迭代方法相比, 只需增加考虑对流项的离散, 即可得到与通常的 Newton 和 JFNK 等不同的迭代方法. 并且这里导出了有显式系数矩阵的线性代数方程组.

8.2.2 理论分析

为叙述简单起见, 考虑网格剖分为 1.1 节中定义的可允许网格 $(\mathcal{T},\mathcal{E},\mathcal{P})$ (以下简写成 $\mathcal{T}$). 记网格大小 $h\equiv \mathrm{size}(\mathcal{T})=\sup\{\mathrm{diam}(K),K\in\mathcal{T}\}$. 对任意 $K\in\mathcal{T}$, $\sigma\in\mathcal{E}$, $m(K)$ 是 K 的面积, $m(\sigma)$ 为 σ 的长度. $\mathcal{E}_{\mathrm{int}}$ 代表所有不位于 $\partial\Omega$ 上的网格边 (即内部网格边) 的集合, $\mathcal{E}_{\mathrm{ext}}$ 表示位于 $\partial\Omega$ 上的网格边的集合, 即 $\mathcal{E}_{\mathrm{int}}=\{\sigma\in\mathcal{E};\sigma\not\subseteq\partial\Omega\}$, $\mathcal{E}_{\mathrm{ext}}=\{\sigma\in\mathcal{E};\sigma\subset\partial\Omega\}$. $\mathcal{E}=\mathcal{E}_{\mathrm{int}}\cup\mathcal{E}_{\mathrm{ext}}$ 表示全体网格边的集合.

如果 $\sigma=K|L$, 记 $d_\sigma=d_{K|L}=|x_K-x_L|, d_{K,\sigma}$ 为 x_K 到 σ 的距离. 对任意 $\sigma\in\mathcal{E}$, 定义 $\tau_\sigma=\dfrac{m(\sigma)}{d_\sigma}$ 为通过 σ 的“横截性”.

现在引入可允许网格 $\mathcal{T}$ 上的分片常数函数空间, 以及该空间的 L^2 范数和离散 H_0^1 范数.

定义 8.2.1 记 Ω 为 $\mathbf{R}^2$ 中有界多边形开子集, $\mathcal{T}$ 是可允许网格, 定义 $X(\mathcal{T})$ 是 Ω 到 $\mathbf{R}$ 的函数集合, 这些函数在网格的每一单元上是常数.

定义 8.2.2 (离散 L^q 范数) 对 $u\in X(\mathcal{T})$, $q\geqslant 1$, 定义离散 L^q 范数为

$$\|u\|_q=\left(\sum_{K\in\mathcal{T}}|u_K|^q m(K)\right)^{\frac{1}{q}}.$$

定义 8.2.3 (离散 H_0^1 范数) 对 $u\in X(\mathcal{T})$, 定义离散 H_0^1 范数为

$$\|Du\|_2=\left(\sum_{\sigma\in\mathcal{E}}\tau_\sigma(D_\sigma u)^2\right)^{\frac{1}{2}},$$

其中

$$\begin{aligned}&D_\sigma u=|u_K-u_L|, \quad \sigma\in\mathcal{E}_{\mathrm{int}},\sigma=K|L,\\&D_\sigma u=|u_K|, \qquad\quad\ \sigma\in\mathcal{E}_{\mathrm{ext}}\cap\mathcal{E}_K,\end{aligned}$$

这里 u_K 是 u 在单元 K 上的值.

为简单起见, 当 $\sigma\in\mathcal{E}_{\mathrm{ext}}\cap\mathcal{E}_K$, 约定 $u_L=0$, 此时 $u_K-u_L=u_K$.

将方程 (8.17) 在网格单元 K 上积分, 利用 Gauss 定理, 得

$$\int_K\frac{u^{n+1}-u^n}{\Delta t}dx+\sum_{\sigma\in\mathcal{E}_K}F_{K,\sigma}^{n+1}=0, \tag{8.20}$$

其中在 σ 上的连续法向通量定义为

$$F_{K,\sigma}^{n+1}=-\int_\sigma\kappa(u(x,t^{n+1}))\nabla u(x,t^{n+1})\cdot n_{K,\sigma}dl, \tag{8.21}$$

其中 $\mathcal{E}_K$ 为 K 单元的所有边的集合, $n_{K,\sigma}$ 为边 σ 上单位外法向量.

(8.21) 的空间离散采用单元中心型有限体积格式, 得到离散通量

$$\mathcal{F}_{K,\sigma}^{n+1} = -\tau_\sigma \kappa(u_\sigma^{n+1})\left(u_L^{n+1} - u_K^{n+1}\right),$$

其中当 $\sigma = K|L \in \mathcal{E}_{\text{int}}$, $u_\sigma^{n+1} = \dfrac{1}{d_\sigma}\left(d_{K,\sigma}u_L^{n+1} + d_{L,\sigma}u_K^{n+1}\right)$; 当 $\sigma \in \mathcal{E}_K \cap \mathcal{E}_{\text{ext}}$, $u_\sigma^{n+1} = 0$. 于是, 全隐有限体积格式构造如下:

$$m(K)\frac{u_K^{n+1} - u_K^n}{\Delta t} + \sum_{\sigma\in\mathcal{E}_K} \mathcal{F}_{K,\sigma}^{n+1} = 0, \quad \forall K \in \mathcal{T}, \ 0 \leqslant n \leqslant N, \tag{8.22}$$

$$u_K^0 \equiv \varphi_K = \frac{1}{m(K)}\int_K \varphi(x)dx, \quad \forall K \in \mathcal{T}. \tag{8.23}$$

传统的迭代方法都是从 (8.22) 出发来构造迭代序列. 为了得到 Picard-Newton 迭代格式, 这里从时间离散的偏微分方程 (8.17) 出发, 得到线性化方程 (8.18), 将其在单元 K 上积分, 并利用 Gauss 定理, 得

$$\int_K \frac{u^{n+1,s+1} - u^n}{\Delta t}dx + \sum_{\sigma\in\mathcal{E}_K} \widetilde{F}_{K,\sigma}^{n+1,s,s+1} = 0,$$

其中在 σ 上的连续法向通量定义为

$$\widetilde{F}_{K,\sigma}^{(s,s+1)} = -\int_\sigma \left(\kappa(u^{(s)})\nabla u^{(s+1)} + \kappa'(u^{(s)})(u^{(s+1)} - u^{(s)})\nabla u^{(s)}\right)\cdot n_{K,\sigma}dl, \tag{8.24}$$

相应的离散通量表达式为

$$F_{K,\sigma}^{(s,s+1)} = -\tau_\sigma\left(\kappa_\sigma^{(s)}(u_L^{(s+1)} - u_K^{(s+1)}) + {\kappa'}_\sigma^{(s)}(u_\sigma^{(s+1)} - u_\sigma^{(s)})(u_L^{(s)} - u_K^{(s)})\right). \tag{8.25}$$

这样就得到 Picard-Newton 迭代格式

$$m(K)\frac{u_K^{(s+1)} - u_K^n}{\Delta t} + \sum_{\sigma\in\mathcal{E}_K} F_{K,\sigma}^{(s,s+1)} = 0, \tag{8.26}$$

这里 $\kappa_\sigma^{(s)} = \kappa(u_\sigma^{(s)})$, ${\kappa'}_\sigma^{(s)} = \kappa'(u_\sigma^{(s)})$, $u_\sigma^{(s)} = \dfrac{1}{d_\sigma}(d_{K,\sigma}u_L^{(s)} + d_{L,\sigma}u_K^{(s)})$, 称 (8.25) 为边中心型离散, (8.26) 为边中心型 Picard-Newton 迭代 (P-NC).

如果对 (8.24) 中右端第二项采用迎风型离散格式, 则有

$$F_{K,\sigma}^{(s,s+1)} = \begin{cases} -\tau_\sigma\left(\kappa_\sigma^{(s)}(u_L^{(s+1)} - u_K^{(s+1)}) + {\kappa'}_\sigma^{(s)}(u_K^{(s+1)} - u_K^{(s)})(u_L^{(s)} - u_K^{(s)})\right), \\ \qquad\qquad {\kappa'}_\sigma^{(s)}(u_L^{(s)} - u_K^{(s)}) \leqslant 0, \\ -\tau_\sigma\left(\kappa_\sigma^{(s)}(u_L^{(s+1)} - u_K^{(s+1)}) + {\kappa'}_\sigma^{(s)}(u_L^{(s+1)} - u_L^{(s)})(u_L^{(s)} - u_K^{(s)})\right), \\ \qquad\qquad {\kappa'}_\sigma^{(s)}(u_L^{(s)} - u_K^{(s)}) > 0, \end{cases} \tag{8.27}$$

所得到的迭代格式称为迎风型 Picard-Newton 迭代 (P-NU).

注记 8.2.2 从上面迭代格式的构造可以看出, 迎风型 Picard-Newton 迭代格式得到的线性代数方程组的系数矩阵的对角占优性优于 Picard 迭代和边中心型 Picard-Newton 迭代格式.

与可允许网格上 Picard-Newton 迭代格式的构造类似, 可以得到任意多边形网格上的迭代格式.

在全隐 Picard-Newton 迭代方法 (FIPN)(8.26) 的构造中会出现导数值 ${\kappa'}_{\sigma}^{(s)} = \kappa'(u_{\sigma}^{(s)})$, 在实际计算中常常无法得到该解析表达式, 所以, 将该导数用如下差商代替

$$
{\kappa'}_{\epsilon\sigma}^{(s)} \equiv \frac{1}{\epsilon_{\sigma}^{(s)}}\left(\kappa(u_{\sigma}^{(s)} + \epsilon_{\sigma}^{(s)}) - \kappa(u_{\sigma}^{(s)})\right), \tag{8.28}
$$

这里 $\epsilon_{\sigma}^{(s)}$ 为某个小正数. 这样便得到无导数的 Picard-Newton 迭代方法 (DFPN).

假定如下条件满足:

(I) $\kappa(v) \in C^2(\mathbf{R}^1)$, 且存在常数 $\kappa_1 > 0$ 使得 $\kappa(v) \geqslant \kappa_1$, $\forall v \in \mathbf{R}^1$.

(II) $\varphi(x) \in C^1(\bar{\Omega})$, $\varphi(x)|_{\partial\Omega} = 0$.

(III) $\mathcal{T}$ 为 Ω 上的可允许网格剖分, 且存在常数 $C > 0$, 使得对 $\forall K \in \mathcal{T}$, $\forall \sigma \in \mathcal{E}_K$, 有 $\max\{d_\sigma, \operatorname{diam} K\} \leqslant C d_{K,\sigma}$, $h^2 \leqslant Cm(K)$.

(IV) 存在常数 $C > 0$ 使得定解问题 (8.14)–(8.16) 的解满足 $\max\limits_{0\leqslant t\leqslant T} \|\nabla u(\cdot,t)\|_\infty \leqslant C$, 且全隐格式 (8.22), (8.23) 的解满足 $\max\limits_{0\leqslant n\leqslant N+1} |D_\sigma u^n| \leqslant C d_\sigma$ $(\forall \sigma \in \mathcal{E})$, $\max\limits_{0\leqslant n\leqslant N+1} \|e^n\|_\infty \leqslant C(\Delta t + h)$, 其中 $e_K^n = u_K^n - u(x_K, t^n)$.

由**(III)**可推出: 对 $\forall K \in \mathcal{T}, \forall \sigma \in \mathcal{E}_K$, 有 $d_\sigma m(\sigma) \leqslant Cm(K)$.

引理 8.2.1(离散 Poincaré 不等式, [1]) 设 Ω 为 $\mathbf{R}^2$ 中有界多边形区域, $\mathcal{T}$ 是可允许有限体积网格, $u \in X(\mathcal{T})$. 那么,

$$
\|u\|_2 \leqslant \operatorname{diam}(\Omega)\|Du\|_2.
$$

引理 8.2.2(离散 Sobolev 不等式, [1]) 设 Ω 为 $\mathbf{R}^2$ 中有界多边形区域, $\mathcal{T}$ 是可允许有限体积网格, 满足条件**(III)**, $u \in X(\mathcal{T})$. 那么,

$$
\|u\|_q \leqslant Cq\|Du\|_2, \quad \forall q \geqslant 1.
$$

易见如下事实成立: 当 $h \leqslant e^{-\frac{1}{2}}$ 时, 有 $\min\limits_{q\geqslant 1} \dfrac{q}{h^{\frac{2}{q}}} = -2e\ln h$ 成立. 于是, 由引理 8.2.2 可得如下引理成立.

引理 8.2.3 在引理 8.2.2 的条件下, 有

$$
\|u\|_\infty \leqslant C|\ln h|\|Du\|_2.
$$

不难证明如下初等引理成立.

引理 8.2.4 (递推不等式) 设 $\{x_s\}$ 为非负常数序列, 满足

$$x_{s+1} \leqslant \kappa_1 x_s^2 + \kappa_2 x_{s+1} x_s + \kappa_3, \quad \forall s \geqslant 0,$$

其中 κ_i $(i=1,2,3)$ 是非负数, 那么, 当 $4\kappa_3(\kappa_1+\kappa_2) \leqslant 1$, 且 $x_0 \leqslant 2\kappa_3$, 则有

$$x_s \leqslant 2\kappa_3, \quad \forall s \geqslant 1.$$

下面将证明全隐 Picard-Newton(FIPN) 迭代格式 (8.26) 具有二次收敛速度并给出迭代解的误差估计.

定理 8.2.1 (FIPN 迭代序列的二次收敛速度) 假定条件**(I)–(IV)**成立. 那么, 存在仅依赖已知数据的常数 $C>0, \Delta t_0>0$ 和 $h_0>0$, 当 $\Delta t \leqslant \Delta t_0$, $h \leqslant h_0$, 且 $C(1+|\ln h|)\|Dw^{(0)}\|_2 \leqslant \dfrac{1}{2}$时, 由 (8.26) 定义的全隐 Picard-Newton 迭代序列 $\{u_K^{(s)}: K\in\mathcal{T}\}_{s=0,1,\cdots}$ 满足

$$\|Dw^{(s+1)}\|_2 \leqslant C(1+|\ln h|)\|Dw^{(s)}\|_2^2, \quad \forall s \geqslant 0,$$

其中 $w^{(s+1)} = u^{(s+1)} - u^{n+1}$.

证明 记 $w_K^{(s)} = u_K^{(s)} - u_K^{n+1}$, $w_\sigma^{(s)} = u_\sigma^{(s)} - u_\sigma^{n+1}$. 取 $u_K^{(0)} = u_K^n$ 或其他迭代初值. 则由 (8.22) 和 (8.26), 可知 $w_K^{(s)}$ 满足

$$m(K)\frac{w_K^{(s+1)}}{\Delta t} + \sum_{\sigma\in\mathcal{E}_K}\left(F_{K,\sigma}^{(s,s+1)} - \mathcal{F}_{K,\sigma}^{n+1}\right) = 0. \tag{8.29}$$

当 $\sigma = K|L \in \mathcal{E}_{\text{int}}$, 有

$$\begin{aligned}
&F_{K,\sigma}^{(s,s+1)} - \mathcal{F}_{K,\sigma}^{n+1} \\
=&-\tau_\sigma\left[\kappa_\sigma^{(s)}\left(w_L^{(s+1)} - w_K^{(s+1)}\right) + \left(\kappa_\sigma^{(s)} - \kappa_\sigma^{n+1}\right)\left(u_L^{n+1} - u_K^{n+1}\right)\right.\\
&\left.+\kappa'^{(s)}_\sigma\left(u_\sigma^{(s+1)} - u_\sigma^{(s)}\right)\left(u_L^{(s)} - u_K^{(s)}\right)\right]\\
=&-\tau_\sigma\left\{\kappa_\sigma^{(s)}\left(w_L^{(s+1)} - w_K^{(s+1)}\right) + \kappa'^{(s)}_\sigma\left(u_\sigma^{(s+1)} - u_\sigma^{(s)}\right)\left(w_L^{(s)} - w_K^{(s)}\right)\right.\\
&\left.+\left[\kappa_\sigma^{(s)} - \kappa_\sigma^{n+1} + \kappa'^{(s)}_\sigma\left(u_\sigma^{(s+1)} - u_\sigma^{(s)}\right)\right]\left(u_L^{n+1} - u_K^{n+1}\right)\right\},
\end{aligned}$$

且当 $\sigma \in \mathcal{E}_K \cap \mathcal{E}_{\text{ext}}$ 时, 上式仍成立, 只要在其中取 $w_L^{(s+1)} = w_L^{(s)} = 0, u_L^{(s+1)} = u_L^{(s)} = 0, u_L^{n+1} = 0$.

注意到上式右端 { } 中第二项等于 ${\kappa'}_\sigma^{(s)}\left(w_\sigma^{(s+1)}-w_\sigma^{(s)}\right)\left(w_L^{(s)}-w_K^{(s)}\right)$, 并且上式右端 { } 中第三项 [ ] 内的表达式等于

$$\begin{aligned}
&\kappa_\sigma^{(s)}-\kappa_\sigma^{n+1}+{\kappa'}_\sigma^{(s)}\left(u_\sigma^{(s+1)}-u_\sigma^{(s)}\right)\\
=&{\kappa^*}_\sigma^{(s)}\left(u_\sigma^{(s)}-u_\sigma^{n+1}\right)+{\kappa'}_\sigma^{(s)}\left(u_\sigma^{(s+1)}-u_\sigma^{n+1}-(u_\sigma^{(s)}-u_\sigma^{n+1})\right)\\
=&\left({\kappa^*}_\sigma^{(s)}-{\kappa'}_\sigma^{(s)}\right)w_\sigma^{(s)}+{\kappa'}_\sigma^{(s)}w_\sigma^{(s+1)}\\
=&{\kappa''}_\sigma^{(s)}\left|w_\sigma^{(s)}\right|^2+{\kappa'}_\sigma^{(s)}w_\sigma^{(s+1)},
\end{aligned}$$

其中

$$\begin{aligned}
\kappa_\sigma^{(s)}-\kappa_\sigma^{n+1}&\equiv\kappa(u_\sigma^{(s)})-\kappa(u_\sigma^{n+1})\\
&=\int_0^1\kappa'(ru_\sigma^{(s)}+(1-r)u_\sigma^{n+1})dr\left(u_\sigma^{(s)}-u_\sigma^{n+1}\right),
\end{aligned}$$

$${\kappa^*}_\sigma^{(s)}=\int_0^1\kappa'(ru_\sigma^{(s)}+(1-r)u_\sigma^{n+1})dr,\quad {\kappa'}_\sigma^{(s)}=\kappa'(u_\sigma^{(s)}),$$

$${\kappa''}_\sigma^{(s)}=\int_0^1(r-1)dr\int_0^1\kappa''(\bar r(r-1)(u_\sigma^{(s)}-u_\sigma^{n+1})+u_\sigma^{(s)})d\bar r.$$

先假设

$$\left|{\kappa'}_\sigma^{(s)}\right|\leqslant C',\ \left|{\kappa''}_\sigma^{(s)}\right|\leqslant C'',\tag{8.30}$$

这里 C' 和 C'' 为待定正常数.

将式 (8.29) 乘以 $w_K^{(s+1)}$, 所得乘积对 $K\in\mathcal{T}$ 求和, 得

$$\frac{1}{\Delta t}\sum_{K\in\mathcal{T}}\left|w_K^{(s+1)}\right|^2m(K)+\sum_{K\in\mathcal{T}}\sum_{\sigma\in\mathcal{E}_K}\left(F_{K,\sigma}^{(s,s+1)}-\mathcal{F}_{K,\sigma}^{n+1}\right)w_K^{(s+1)}=0.$$

利用 (8.30), 则得

$$\begin{aligned}
&\frac{1}{\Delta t}\|w^{(s+1)}\|_2^2+\sum_{\sigma\in\mathcal{E}}\tau_\sigma\kappa_\sigma^{(s)}\left(w_K^{(s+1)}-w_L^{(s+1)}\right)^2\\
\leqslant&C\sum_{\sigma\in\mathcal{E}}\tau_\sigma\left(|w_\sigma^{(s)}|^2+|w_\sigma^{(s+1)}|\right)|w_K^{(s+1)}-w_L^{(s+1)}||u_K^{n+1}-u_L^{n+1}|\\
&+C\sum_{\sigma\in\mathcal{E}}\tau_\sigma|w_\sigma^{(s+1)}-w_\sigma^{(s)}||w_K^{(s+1)}-w_L^{(s+1)}||w_K^{(s)}-w_L^{(s)}|.
\end{aligned}\tag{8.31}$$

由条件(**III**), 可知存在正常数 C, 使得 $m(\sigma)d_\sigma \leqslant Cm(K)$ 对 $\forall K\in\mathcal{T},\forall\sigma\in\mathcal{E}_K$ 成立. 于是, 有

$$\sum_{\sigma\in\mathcal{E}}\tau_\sigma\left|w_\sigma^{(s)}\right|^4 d_\sigma^2 \leqslant C\sum_{K\in\mathcal{T}}\left|w_K^{(s)}\right|^4 m(K)=C\|w^{(s)}\|_4^4.$$

所以,

$$\frac{1}{\Delta t}\|w^{(s+1)}\|_2^2+\|Dw^{(s+1)}\|_2^2\leqslant C\left(\|w^{(s)}\|_4^4+\|w^{(s+1)}\|_2^2+\|w^{(s+1)}-w^{(s)}\|_\infty^2\|Dw^{(s)}\|_2^2\right). \tag{8.32}$$

根据引理 8.2.3, 成立如下不等式: 存在常数 $C>0$, 使得对 $\forall s\geqslant 0$, 有

$$\|w^{(s+1)}-w^{(s)}\|_\infty\leqslant C|\ln h|\|D(w^{(s+1)}-w^{(s)})\|_2.$$

取 $\Delta t\leqslant\dfrac{1}{C}$, 并利用引理 8.2.2, 得

$$\|Dw^{(s+1)}\|_2\leqslant C\left[\|Dw^{(s)}\|_2^2+|\ln h|\left(\|Dw^{(s+1)}\|_2+\|Dw^{(s)}\|_2\right)\|Dw^{(s)}\|_2\right]. \tag{8.33}$$

记 $y_s=C(1+|\ln h|)\|Dw^{(s)}\|_2$. 由式 (8.33) 即得

$$y_{s+1}\leqslant y_s^2+y_{s+1}y_s,\quad \forall s\geqslant 0.$$

因此, 只要 $y_0=C(1+|\ln h|)\|Dw^{(0)}\|_2\leqslant\dfrac{1}{2}$, 那么,

$$y_{s+1}\leqslant\frac{1}{2},\quad y_{s+1}\leqslant 2y_s^2,\quad \forall s\geqslant 0. \tag{8.34}$$

又由 $\|w^{(s)}\|_\infty\leqslant C|\ln h|\|Dw^{(s)}\|_2\leqslant Cy_s\leqslant C$ ($\forall s\geqslant 0$), 并利用条件(**IV**)可知

$$\|u^{(s)}\|_\infty\leqslant C,\quad \forall s\geqslant 0.$$

于是, 存在正常数 C' 和 C'' 使得假设 (8.30) 成立. 式 (8.34) 表明序列 $\{y_s\}$ 以二次速度收敛, 可见 Picard-Newton 迭代为二次收敛. 定理 8.2.1 证毕.

定理 8.2.2 (FIPN 迭代序列的误差估计) 假定条件(**I**)–(**IV**) 成立. 那么, 存在仅依赖已知数据的常数 $C>0,\Delta t_0>0$ 和 $h_0>0$, 当 $\Delta t\leqslant\Delta t_0$, $h\leqslant h_0$, $C(\Delta t+h)\left(1+\dfrac{1}{\sqrt{\Delta t}}\right)(1+|\ln h|)\leqslant 1$, 且$\|De^{(0)}\|_2\sqrt{\Delta t}\leqslant C(\Delta t+h)$ 时, 由 (8.26) 定义的全隐 Picard-Newton 迭代序列 $\{u_K^{(s)}:K\in\mathcal{T}\}_{s=0,1,\cdots}$ 满足如下估计式:

$$\|e^{(s+1)}\|_2^2+\|De^{(s+1)}\|_2^2\Delta t\leqslant C(\Delta t+h)^2,\quad \forall s\geqslant 0,$$

$$\|e^{(s+1)}\|_\infty\sqrt{\Delta t}\leqslant C(\Delta t+h)|\ln h|,\quad \forall s\geqslant 0,$$

其中 $e_K^{(s)}=u_K^{(s)}-u(x_K,t^{n+1})$.

证明　对任一固定的 n, $0 \leqslant n \leqslant N$, 将证明由 (8.26) 给出的全隐 Picard-Newton 迭代序列 $\{u_K^{(s+1)} : K \in \mathcal{T}\}_{s=0,1,\cdots}$ 的误差估计.

记

$$\widehat{F}_{K,\sigma}^{n+1} = \begin{cases} -\tau_\sigma \widehat{\kappa}_\sigma^{n+1} \left(u(x_L, t^{n+1}) - u(x_K, t^{n+1})\right), & \sigma = K|L \in \mathcal{E}_{\rm int}; \\ \tau_\sigma \widehat{\kappa}_\sigma^{n+1} u(x_K, t^{n+1}), & \sigma \in \mathcal{E}_K \bigcap \mathcal{E}_{\rm ext}, \end{cases}$$

其中 $\widehat{\kappa}_\sigma^{n+1} = \kappa(\widehat{u}_\sigma^{n+1})$, $\widehat{u}_\sigma^{n+1} = \dfrac{1}{d_\sigma}\left(d_{K,\sigma} u(x_L, t^{n+1}) + d_{L,\sigma} u(x_K, t^{n+1})\right)$. 记 $\widehat{F}_{K,\sigma}^{n+1} - F_{K,\sigma}^{n+1} \equiv m(\sigma) R_{K,\sigma}^{n+1}$, 易见 $R_{K,\sigma}^{n+1} = -R_{L,\sigma}^{n+1} = O(h)$.

由 (8.20), 得

$$m(K)\frac{u(x_K, t^{n+1}) - u(x_K, t^n)}{\Delta t} + \sum_{\sigma \in \mathcal{E}_K} \widehat{F}_{K,\sigma}^{n+1} = S_K^{n+1} + \sum_{\sigma \in \mathcal{E}_K} (\widehat{F}_{K,\sigma}^{n+1} - F_{K,\sigma}^{n+1}), \quad (8.35)$$

其中

$$S_K^{n+1} = \int_K s_K^{n+1}(x) dx, \ \ s_K^{n+1}(x) = \frac{u(x_K, t^{n+1}) - u(x_K, t^n)}{\Delta t} - u_t(x, t^{n+1}),$$

$$|s_K^{n+1}(x)| \leqslant C(h + \Delta t), \text{ 所以 } |S_K^{n+1}| \leqslant C(h + \Delta t) m(K).$$

记 $e_K^{(s)} = u_K^{(s)} - u(x_K, t^{n+1})$, $e_K^n = u_K^n - u(x_K, t^n)$, $e_\sigma^{(s)} = u_\sigma^{(s)} - \widehat{u}_\sigma^{n+1}$. 则由 (8.26) 和 (8.35), 可知 $e_K^{(s)}$ 满足

$$m(K)\frac{e_K^{(s+1)} - e_K^n}{\Delta t} + \sum_{\sigma \in \mathcal{E}_K} \left(F_{K,\sigma}^{(s,s+1)} - \widehat{F}_{K,\sigma}^{n+1}\right) = -S_K^{n+1} - \sum_{\sigma \in \mathcal{E}_K} m(\sigma) R_{K,\sigma}^{n+1}. \quad (8.36)$$

当 $\sigma = K|L \in \mathcal{E}_{\rm int}$, 有

$$\begin{aligned} & F_{K,\sigma}^{(s,s+1)} - \widehat{F}_{K,\sigma}^{n+1} \\ = & -\tau_\sigma \left[\kappa_\sigma^{(s)} \left(e_L^{(s+1)} - e_K^{(s+1)}\right) + \left(\kappa_\sigma^{(s)} - \widehat{\kappa}_\sigma^{n+1}\right) \left(u(x_L, t^{n+1}) - u(x_K, t^{n+1})\right) \right. \\ & \left. + \kappa_\sigma'^{(s)} \left(e_\sigma^{(s+1)} - e_\sigma^{(s)}\right) \left(e_L^{(s)} - e_K^{(s)} + u(x_L, t^{n+1}) - u(x_K, t^{n+1})\right)\right], \end{aligned}$$

且当 $\sigma \in \mathcal{E}_K \cap \mathcal{E}_{\rm ext}$ 时, 上式仍成立, 只要在其中取 $e_L^{(s+1)} = e_L^{(s)} = 0, u_L^{(s+1)} = u_L^{(s)} =$

$u_L^{n+1}=0, u(x_L,t^{n+1})=0$. 注意到

$$\kappa_\sigma^{(s)}-\widehat{\kappa}_\sigma^{n+1}+\kappa'^{(s)}_\sigma\left(e_\sigma^{(s+1)}-e_\sigma^{(s)}\right)$$
$$=\kappa^{*(s)}_\sigma\left(u_\sigma^{(s)}-\widehat{u}_\sigma^{n+1}\right)+\kappa'^{(s)}_\sigma\left(e_\sigma^{(s+1)}-e_\sigma^{(s)}\right)$$
$$=\left(\kappa^{*(s)}_\sigma-\kappa'^{(s)}_\sigma\right)e_\sigma^{(s)}+\kappa'^{(s)}_\sigma e_\sigma^{(s+1)}$$
$$=\kappa''^{(s)}_\sigma\left|e_\sigma^{(s)}\right|^2+\kappa'^{(s)}_\sigma e_\sigma^{(s+1)},$$

这里使用了如下简写:

$$\kappa_\sigma^{(s)}-\widehat{\kappa}_\sigma^{n+1}\equiv\kappa(u_\sigma^{(s)})-\kappa(\widehat{u}_\sigma^{n+1})$$
$$=\int_0^1\kappa'(ru_\sigma^{(s)}+(1-r)\widehat{u}_\sigma^{n+1})dr\left(u_\sigma^{(s)}-\widehat{u}_\sigma^{n+1}\right),$$
$$\kappa^{*(s)}_\sigma=\int_0^1\kappa'(ru_\sigma^{(s)}+(1-r)\widehat{u}_\sigma^{n+1})dr,\quad \kappa'^{(s)}_\sigma=\kappa'(u_\sigma^{(s)}),$$
$$\kappa''^{(s)}_\sigma=\int_0^1(r-1)dr\int_0^1\kappa''(\bar{r}(r-1)(u_\sigma^{(s)}-\widehat{u}_\sigma^{n+1})+u_\sigma^{(s)})d\bar{r}.$$

先假设

$$\left|\kappa'^{(s)}_\sigma\right|\leqslant C',\quad \left|\kappa''^{(s)}_\sigma\right|\leqslant C'',\tag{8.37}$$

这里 C' 和 C'' 为待定正常数.

将式 (8.36) 乘以 $e_K^{(s+1)}$, 所得乘积对 $K\in\mathcal{T}$ 求和, 得

$$\frac{1}{\Delta t}\sum_{K\in\mathcal{T}}(e_K^{(s+1)}-e_K^n)e_K^{(s+1)}m(K)+\sum_{K\in\mathcal{T}}\sum_{\sigma\in\mathcal{E}_K}\left(F_{K,\sigma}^{(s,s+1)}-\widehat{F}_{K,\sigma}^{n+1}\right)e_K^{(s+1)}$$
$$=-\sum_{K\in\mathcal{T}}S_K^{n+1}e_K^{(s+1)}-\sum_{K\in\mathcal{T}}\sum_{\sigma\in\mathcal{E}_K}m(\sigma)R_{K,\sigma}^{n+1}e_K^{(s+1)}.$$

利用 (8.37), 则得

$$\frac{1}{2\Delta t}\left(\|e^{(s+1)}\|_2^2-\|e^n\|_2^2\right)+\sum_{\sigma\in\mathcal{E}}\tau_\sigma\kappa_\sigma^{(s)}\left(e_K^{(s+1)}-e_L^{(s+1)}\right)^2$$
$$\leqslant C\sum_{\sigma\in\mathcal{E}}\tau_\sigma\left(|e_\sigma^{(s)}|^2+e_\sigma^{(s+1)}|\right)|e_K^{(s+1)}-e_L^{(s+1)}|d_\sigma$$
$$+C\sum_{\sigma\in\mathcal{E}}\tau_\sigma|e_\sigma^{(s+1)}-e_\sigma^{(s)}||e_K^{(s+1)}-e_L^{(s+1)}||e_K^{(s)}-e_L^{(s)}|$$
$$+C\sum_{\sigma\in\mathcal{E}}hm(\sigma)|e_L^{(s+1)}-e_K^{(s+1)}|+\sum_{K\in\mathcal{T}}|S_K^{n+1}||e_K^{(s+1)}|.\tag{8.38}$$

在式 (8.38) 的推导中利用了如下事实: 对 $\sigma = K|L$, 有 $R_{K,\sigma}^{n+1} = -R_{L,\sigma}^{n+1} = O(h)$ 成立. 于是,

$$\frac{1}{2\Delta t}\left(\|e^{(s+1)}\|_2^2 - \|e^n\|_2^2\right) + \|De^{(s+1)}\|_2^2$$
$$\leqslant C\left(\|e^{(s)}\|_4^4 + \|e^{(s+1)}\|_2^2 + \|e^{(s+1)} - e^{(s)}\|_\infty^2\|De^{(s)}\|_2^2 + (\Delta t + h)^2\right).$$

取 $\Delta t \leqslant \frac{1}{4C}$, 并利用条件**(IV)**, 得

$$\frac{1}{4\Delta t}\|e^{(s+1)}\|_2^2 + \|De^{(s+1)}\|_2^2$$
$$\leqslant C\left(\|e^{(s)}\|_4^4 + \|e^{(s+1)} - e^{(s)}\|_\infty^2\|De^{(s)}\|_2^2 + (\Delta t + h)^2\right) + \frac{1}{2\Delta t}\|e^n\|_2^2. \quad (8.39)$$

根据引理 8.2.2, $\|e^{(s)}\|_4 \leqslant C\|De^{(s)}\|_2$. 由条件**(III)**和引理 8.2.3, 有

$$\|e^{(s+1)} - e^{(s)}\|_\infty \leqslant C|\ln h|\left(\|De^{(s+1)}\|_2 + \|De^{(s)}\|_2\right). \quad (8.40)$$

记 $x_s = \|De^{(s)}\|_2$. 联合 (8.39) 和 (8.40), 得

$$x_{s+1} \leqslant C\left(x_s^2 + |\ln h|(x_{s+1} + x_s)x_s + \Delta t + h\right) + \frac{1}{\sqrt{2\Delta t}}\|e^n\|_2, \quad \forall s \geqslant 0.$$

从而由条件**(IV)**, 有

$$x_{s+1} \leqslant C(1 + |\ln h|)x_s^2 + C|\ln h|x_{s+1}x_s + C(\Delta t + h)\left(1 + \frac{1}{\sqrt{\Delta t}}\right), \quad \forall s \geqslant 0. \quad (8.41)$$

利用引理 8.2.4, 可见当 $C(\Delta t+h)\left(1 + \frac{1}{\sqrt{\Delta t}}\right)(1+|\ln h|) \leqslant 1$, 且 $\|De^{(0)}\|_2 \leqslant C(\Delta t+h)\left(1 + \frac{1}{\sqrt{\Delta t}}\right)$ 成立时, 则由式 (8.41), 得到

$$\|De^{(s)}\|_2 \leqslant C(\Delta t + h)\left(1 + \frac{1}{\sqrt{\Delta t}}\right), \quad \forall s \geqslant 1. \quad (8.42)$$

再由式 (8.39), 可得

$$\|e^{(s)}\|_2 \leqslant C(\Delta t + h), \quad \forall s \geqslant 1. \quad (8.43)$$

又由 $\|e^{(s)}\|_\infty \leqslant C|\ln h|\|De^{(s)}\|_2$, 可知, 只要 Δt 和 h 足够小, 使得 $(\Delta t+h)\left(1+\frac{1}{\sqrt{\Delta t}}\right)\cdot(1 + |\ln h|) \leqslant C$, 则

$$\|e^{(s)}\|_\infty \leqslant C(\Delta t + h)\left(1 + \frac{1}{\sqrt{\Delta t}}\right)|\ln h| \leqslant C$$

对 $\forall s \geqslant 0$ 成立. 从而

$$\|u^{(s)}\|_\infty \leqslant C, \quad \forall s \geqslant 0.$$

于是, (8.37) 成立. 定理 8.2.2 证毕.

8.2.3 Picard-Newton 方法与 Newton 方法的区别

本节将说明上面由 LD 途径得到的迭代格式不同于标准的 Newton 方法, 即不同于对单元中心型格式进行传统的 Newton 线性化所得到的非线性迭代格式. 考虑以下一维光滑系数抛物问题

$$u_t - (\kappa(u)u_x)_x = 0. \tag{8.44}$$

数值求解该非线性扩散问题的传统途径如下：首先, 对 (8.44) 作一阶向后欧拉时间离散, 得到

$$\frac{u^{n+1}-u^n}{\Delta t} - \left(\kappa^{n+1}u_x^{n+1}\right)_x = 0. \tag{8.45}$$

在均匀网格单元上对 (8.45) 进行单元中心型空间离散：

$$\frac{u_i^{n+1}-u_i^n}{\Delta t} - \frac{\kappa_{i+1/2}^{n+1}(u_{i+1}^{n+1}-u_i^{n+1}) - \kappa_{i-1/2}^{n+1}(u_i^{n+1}-u_{i-1}^{n+1})}{\Delta x^2} = 0, \tag{8.46}$$

其中

$$\kappa_{i+1/2}^{n+1} = \kappa(u_{i+1/2}^{n+1}), \quad u_{i+1/2}^{n+1} = \frac{1}{2}(u_i^{n+1}+u_{i+1}^{n+1}).$$

下面介绍标准的 Newton 方法. 由 (8.46) 可得到如下的非线性代数方程组:

$$F(u) = \mathbf{0}, \tag{8.47}$$

其中

$$F(u) = \{F_1, F_2, \cdots, F_i, \cdots, F_N\},$$

它的第 i 个分量的表达式为

$$F_i = \frac{u_i^{n+1}-u_i^n}{\Delta t} - \frac{\kappa_{i+1/2}^{n+1}(u_{i+1}^{n+1}-u_i^{n+1}) - \kappa_{i-1/2}^{n+1}(u_i^{n+1}-u_{i-1}^{n+1})}{\Delta x^2}, \tag{8.48}$$

u 为未知量组成的向量

$$u = \{u_1, u_2, \cdots, u_i, \cdots, u_N\},$$

其中 i 为单元标号, N 是所有单元个数. 标准的 Newton 方法是求解如下线性代数方程组:

$$F(u^{(s)}) + J^{(s)}(u^{(s+1)} - u^{(s)}) = \mathbf{0}, \quad s = 0, 1, 2, \cdots, \tag{8.49}$$

其中 J 为 Jacobi 矩阵. (8.49) 的第 i 个方程为

$$\frac{u_i^{(s+1)}-u_i^n}{\Delta t}-\frac{\kappa_{i+1/2}^{(s)}(u_{i+1}^{(s+1)}-u_i^{(s+1)})-\kappa_{i-1/2}^{(s)}(u_i^{(s+1)}-u_{i-1}^{(s+1)})}{\Delta x^2}$$
$$-\frac{1}{\Delta x^2}\left(\frac{\partial\kappa_{i+1/2}^{(s)}}{\partial u_{i+1}}(u_{i+1}^{(s+1)}-u_{i+1}^{(s)})+\frac{\partial\kappa_{i+1/2}^{(s)}}{\partial u_i}(u_i^{(s+1)}-u_i^{(s)})\right)(u_{i+1}^{(s)}-u_i^{(s)})$$
$$+\frac{1}{\Delta x^2}\left(\frac{\partial\kappa_{i-1/2}^{(s)}}{\partial u_i}(u_i^{(s+1)}-u_i^{(s)})+\frac{\partial\kappa_{i-1/2}^{(s)}}{\partial u_{i-1}}(u_{i-1}^{(s+1)}-u_{i-1}^{(s)})\right)(u_i^{(s)}-u_{i-1}^{(s)})=0. \quad (8.50)$$

注意到

$$\frac{\partial\kappa_{i+1/2}^{(s)}}{\partial u_{i+1}}(u_{i+1}^{(s+1)}-u_{i+1}^{(s)})+\frac{\partial\kappa_{i+1/2}^{(s)}}{\partial u_i}(u_i^{(s+1)}-u_i^{(s)})$$
$$=\frac{\partial\kappa_{i+1/2}^{(s)}}{\partial u_{i+1/2}}(u_{i+1/2}^{(s+1)}-u_{i+1/2}^{(s)}). \quad (8.51)$$

(8.50) 可以写成

$$\frac{u_i^{(s+1)}-u_i^n}{\Delta t}-\frac{\kappa_{i+1/2}^{(s)}(u_{i+1}^{(s+1)}-u_i^{(s+1)})-\kappa_{i-1/2}^{(s)}(u_i^{(s+1)}-u_{i-1}^{(s+1)})}{\Delta x^2}$$
$$-\frac{1}{\Delta x^2}\left(\frac{\partial\kappa_{i+1/2}^{(s)}}{\partial u_{i+1/2}}(u_{i+1}^{(s)}-u_i^{(s)})(u_{i+1/2}^{(s+1)}-u_{i+1/2}^{(s)})\right.$$
$$\left.-\frac{\partial\kappa_{i-1/2}^{(s)}}{\partial u_{i-1/2}}(u_i^{(s)}-u_{i-1}^{(s)})(u_{i-1/2}^{(s+1)}-u_{i-1/2}^{(s)})\right)=0. \quad (8.52)$$

以上先对非线性偏微分方程进行离散再进行线性化的途径, 称为 **DL 途径**.

Picard-Newton 迭代格式的设计是先对 (8.45) 作 Newton 线性化, 得到如下半离散线性迭代序列 (s 为迭代指标):

$$\frac{u^{(s+1)}-u^n}{\Delta t}-\left(\kappa^{(s)}u_x^{(s+1)}+\kappa_u'^{(s)}(u^{(s+1)}-u^{(s)})u_x^{(s)}\right)_x=0,\quad s=0,1,2,\cdots. \quad (8.53)$$

然后, 为 (8.53) 设计空间离散格式. 边中心型 Picard-Newton 迭代格式为

$$\frac{u_i^{(s+1)}-u_i^n}{\Delta t}-\frac{\kappa_{i+1/2}^{(s)}(u_{i+1}^{(s+1)}-u_i^{(s+1)})-\kappa_{i-1/2}^{(s)}(u_i^{(s+1)}-u_{i-1}^{(s+1)})}{\Delta x^2}$$

$$
-\frac{1}{\Delta x^2}\left(\frac{\partial \kappa_{i+1/2}^{(s)}}{\partial u_{i+1/2}}(u_{i+1}^{(s)}-u_i^{(s)})(u_{i+1/2}^{(s+1)}-u_{i+1/2}^{(s)})\right.
$$

$$
\left.-\frac{\partial \kappa_{i-1/2}^{(s)}}{\partial u_{i-1/2}}(u_i^{(s)}-u_{i-1}^{(s)})(u_{i-1/2}^{(s+1)}-u_{i-1/2}^{(s)})\right)=0. \tag{8.54}
$$

记

$$
L_{i+1/2}^{(s)}=\frac{\partial \kappa_{i+1/2}^{(s)}}{\partial u_{i+1/2}}(u_{i+1}^{(s)}-u_i^{(s)}).
$$

迎风型 Picard-Newton 迭代格式为

$$
\frac{u_i^{(s+1)}-u_i^n}{\Delta t}-\frac{\kappa_{i+1/2}^{(s)}(u_{i+1}^{(s+1)}-u_i^{(s+1)})-\kappa_{i-1/2}^{(s)}(u_i^{(s+1)}-u_{i-1}^{(s+1)})}{\Delta x^2}
$$

$$
+\left(\mathcal{F}_{i+1/2}^{(s,s+1)}-\mathcal{F}_{i-1/2}^{(s,s+1)}\right)=0, \tag{8.55}
$$

其中

$$
\mathcal{F}_{i+1/2}^{(s,s+1)}=-\frac{1}{\Delta x^2}\begin{cases} L_{i+1/2}^{(s)}(u_i^{(s+1)}-u_i^{(s)}), & L_{i+1/2}^{(s)}\leqslant 0,\\ L_{i+1/2}^{(s)}(u_{i+1}^{(s+1)}-u_{i+1}^{(s)}), & L_{i+1/2}^{(s)}>0,\end{cases}
$$

$$
\mathcal{F}_{i-1/2}^{(s,s+1)}=-\frac{1}{\Delta x^2}\begin{cases} L_{i-1/2}^{(s)}(u_i^{(s+1)}-u_i^{(s)}), & L_{i-1/2}^{(s)}\leqslant 0,\\ L_{i-1/2}^{(s)}(u_{i-1}^{(s+1)}-u_{i-1}^{(s)}), & L_{i-1/2}^{(s)}>0.\end{cases}
$$

易见, 边中心型 Picard-Newton 迭代格式 (8.54) 与标准的 Newton 方法得到的 (8.52) 一致, 而迎风型 Picard-Newton 迭代格式 (8.55) 则不同于标准的 Newton 方法. 以上先对非线性偏微分方程线性化, 再进行离散的途径称为 **LD 途径**.

对于多介质问题, 扩散系数 $\kappa=\kappa(x,u)$ 关于 x 是间断的. 令 $\xi=x_{k+\frac{1}{2}}$ $(1<k<N)$ 为物质界面, 记 $\kappa^+(u)=\lim\limits_{x\to\xi+0}\kappa(x,u)$, $\kappa^-(u)=\lim\limits_{x\to\xi-0}\kappa(x,u)$. 在物质界面上法向通量的守恒型离散格式为

$$
\kappa(x,u)u_x|_{x=\xi}^{t=t^{n+1}}\approx\kappa_{k+\frac{1}{2}}^{n+1}\frac{u_{k+1}^{n+1}-u_k^{n+1}}{\Delta x},
$$

其中

$$
\kappa_{k+\frac{1}{2}}^{n+1}=\frac{2\kappa^+(u_{k+\frac{1}{2}}^{n+1})\kappa^-(u_{k+\frac{1}{2}}^{n+1})}{\kappa^+(u_{k+\frac{1}{2}}^{n+1})+\kappa^-(u_{k+\frac{1}{2}}^{n+1})},
$$

且 $u_{k+\frac{1}{2}}^{n+1}$ 隐式地满足

$$
u_{k+\frac{1}{2}}^{n+1}=\frac{\kappa^+(u_{k+\frac{1}{2}}^{n+1})u_{k+1}^{n+1}+\kappa^-(u_{k+\frac{1}{2}}^{n+1})u_k^{n+1}}{\kappa^+(u_{k+\frac{1}{2}}^{n+1})+\kappa^-(u_{k+\frac{1}{2}}^{n+1})}.
$$

如果 κ 可写成 $\kappa_1(x)\kappa_2(u)$ 这种变量分离的形式, 记 $\kappa_1^+(\xi)=\lim\limits_{x\to\xi+0}\kappa_1(x)$, $\kappa_1^-(\xi)=\lim\limits_{x\to\xi-0}\kappa_1(x)$, 那么

$$u_{k+\frac{1}{2}}^{n+1}=\frac{\kappa_1^+(x_{k+\frac{1}{2}})u_{k+1}^{n+1}+\kappa_1^-(x_{k+\frac{1}{2}})u_k^{n+1}}{\kappa_1^+(x_{k+\frac{1}{2}})+\kappa_1^-(x_{k+\frac{1}{2}})}.$$

如果 κ 不能写成 $\kappa_1(x)\kappa_2(u)$ 的变量分离形式, 那么由 LD 途径得到的边中心型 Picard-Newton 迭代格式与由 DL 途径得到的标准的 Newton 方法也是不同的.

总之, 由 LD 途径可以得到新的非线性迭代格式.

8.3　时间步长控制

对于在一个时间步内非线性迭代不收敛的数值方法, 传统的时间步长控制算法为

$$\Delta t_{\mathrm{re}}^{n+1}=\Delta t^n\left[\frac{\eta_{\mathrm{target}}}{\eta^n}\right]^{0.5},\tag{8.56}$$

其中

$$\eta^n=\max_{K\in\mathcal{T}}\left(\frac{|u_K^n-u_K^{n-1}|}{u_K^{n-1/2}}\right),\tag{8.57}$$

η_{target} 为给定的目标相对能量变化数, $u_K^{n-1/2}=(u_K^n+u_K^{n-1})/2$. 该方法使得能量的相对变化最大值由指定的值 η_{target} 控制. 为了方便起见, 称这种方法为 $\Delta u/u$ 方法. $\Delta u/u$ 方法对应的最终时间步长选取为

$$\Delta t^{n+1}=\min(1.1\Delta t^n,\Delta t_{\mathrm{re}}^{n+1},\Delta t_{\max}^{n+1}),\tag{8.58}$$

即每一步限制时间步长增长不超过 10%, 并且时间步长不能超过一个给定的最大值 $\Delta t_{\max}^{n+1}$. 因此, 给定初始时间步长和 “目标最大变化值 η_{target}”, 可以通过计算 (8.58) 得到每一时间步的时间步长.

另一类时间步长控制方法是文献 [34] 中首次提出的热波 CFL 方法. 该方法的基本思想是估计问题的热波传播速度. 在一维问题中热波传播速度是变量的时间导数与空间导数的比值, 可以假设如下的双曲模型:

$$\frac{\partial u}{\partial t}+v_{\mathrm{rad}}\frac{\partial u}{\partial x}=0,\tag{8.59}$$

则有

$$v_{\mathrm{rad}}=-\frac{\partial u/\partial t}{\partial u/\partial x},$$

其离散近似取为

$$v_{\rm rad}^n = \frac{\displaystyle\sum_{K\in\mathcal{T}} |u_k^n - u_K^{n-1}|/\Delta t^n}{\displaystyle\sum_{K\in\mathcal{T}} |\nabla u_K^n|},$$

其中 ∇u_K^n 为 u^n 在单元 K 上的离散梯度. 给定一个 CFL 数, 取时间步长为

$$\Delta t_{\rm CFL}^{n+1} = \frac{\text{CFL} \parallel \Delta x \parallel}{v_{\rm rad}^n}, \tag{8.60}$$

其中

$$\parallel \Delta x \parallel = \sqrt{2m(K)}.$$

下面以图 8.1 中所示的四边形网格单元为例, 介绍一种 u 在单元 K 上的离散梯度近似. 记 $\nabla u_{K,\sigma_1}$ 为 u 在三角形 $\triangle KP_1P_2$ (图 8.1) 上的梯度近似. $u_\sigma = \frac{1}{2}(u_{P_1} + u_{P_2})$. 下面介绍离散梯度 $\nabla u_{K,\sigma_1}$ 的定义方式.

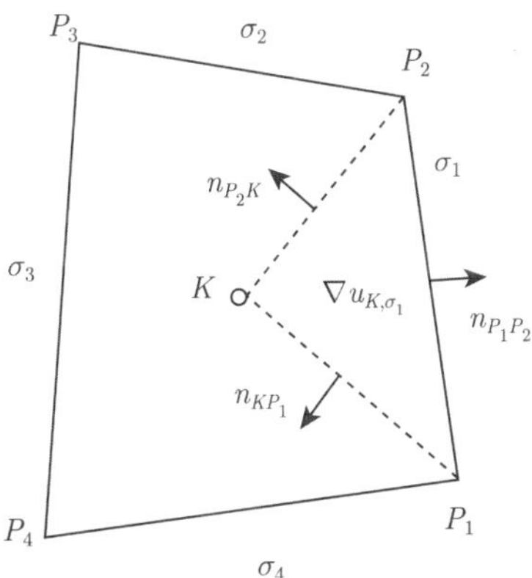

图 8.1 离散梯度的模板

令 Ω_{K,σ_1} 表示 $\triangle KP_1P_2$, 由 Green 公式和梯形求积公式, 有

$$\begin{aligned}\int_{\Omega_{K,\sigma_1}} \nabla u d\Omega &= \int_{\partial\Omega_{K,\sigma_1}} und l \\ &\approx \frac{1}{2}(u_{P_1} + u_{P_2})|P_1P_2|n_{P_1P_2} + \frac{1}{2}(u_{P_2} + u_K)|P_2K|n_{P_2K} \\ &\quad + \frac{1}{2}(u_K + u_{P_1})|KP_1|n_{KP_1} \\ &= \frac{1}{2}|KP_1|n_{KP_1}(u_K - u_{P_2}) + \frac{1}{2}|P_2K|n_{P_2K}(u_K - u_{P_1}),\end{aligned}$$

其中 $n_{P_1P_2}$ 为 P_1P_2 的单位外法向量, n_{P_2K}, n_{KP_1} 的定义类似. 因此有

$$\frac{1}{2}|KP_2||KP_1|\sin\widetilde{\theta}_K\nabla u_{K,\sigma_1}=\frac{1}{2}|KP_2||KP_1|\left[\frac{u_K-u_{P_2}}{|KP_2|}n_{KP_1}+\frac{u_K-u_{P_1}}{|KP_1|}n_{P_2K}\right],$$

其中 $\widetilde{\theta}_K$ 为 KP_1 与 KP_2 之间的夹角. 由上式可得

$$\nabla u_{K,\sigma_1}=\frac{1}{\sin\widetilde{\theta}_K}\left[\frac{u_K-u_{P_2}}{|KP_2|}n_{KP_1}+\frac{u_K-u_{P_1}}{|KP_1|}n_{P_2K}\right]. \tag{8.61}$$

因此

$$|\nabla u_{K,\sigma_1}|=\frac{1}{\sin\widetilde{\theta}_K}\left[\left(\frac{u_K-u_{P_2}}{|KP_2|}\right)^2+\left(\frac{u_K-u_{P_1}}{|KP_1|}\right)^2-2\frac{u_K-u_{P_2}}{|KP_2|}\frac{u_K-u_{P_1}}{|KP_1|}\cos\widetilde{\theta}_K\right]^{1/2}.$$

取

$$|\nabla u_K^n|=\frac{1}{4}\sum_{i=1}^{4}|\nabla u_{K,\sigma_i}|.$$

基于 CFL 方法的最终时间步长取为

$$\Delta t^{n+1}=\min(1.1\Delta t^n,\Delta t_{\mathrm{CFL}}^{n+1},\Delta t_{\max}^{n+1}). \tag{8.62}$$

给定初始时间步长和“目标 CFL 数”, 时间步长可以通过计算 (8.62) 而得到.

8.4 数 值 算 例

考虑非平衡辐射扩散方程, 其中辐射能量方程为

$$\frac{\partial E}{\partial t}-\nabla\cdot(D\nabla E)=\sigma_a(T^4-E), \tag{8.63}$$

E 为辐射能量, D 为辐射扩散系数, σ_a 为光子吸收截面, T 为物质温度. 物质热传导方程为

$$\frac{\partial T}{\partial t}-\nabla\cdot(\kappa\nabla T)=\sigma_a(E-T^4), \tag{8.64}$$

其中 κ 为物质热传导系数. 温度平衡的情况下有 $E=T^4$, 在非平衡情况下定义 (等效的) 辐射温度为 $T_r=E^{\frac{1}{4}}$. 能量交换由光子吸收截面

$$\sigma_a(T)=\frac{z^3}{T^3} \tag{8.65}$$

控制, z 为原子质量数, 其值与物质有关, 是空间变量的一个函数, 当 z 的值变大、T 的值变小, 会导致能量交换剧烈, 方程 (8.63) 和 (8.64) 的耦合更紧密. 辐射扩散系数取为

$$D = \frac{1}{3\sigma_a}. \tag{8.66}$$

在辐射能量梯度大的区域, 该模型可能是非物理的, 会出现能量流的速度比光速快的现象, 为了避免出现这种非物理现象, 可以在扩散系数中加入限流项, 减慢扩散速度, 这里采用文献 [35] 中的限流形式

$$D = \frac{1}{3\sigma_a + \dfrac{|\nabla E|}{E}}. \tag{8.67}$$

限流项的加入会增加数值模拟的难度. 对多介质问题, z 的取值会不同, 此时出现间断系数问题. 由于 D 与 z 有关, 因此, 在计算区域的某些子区域上扩散系数变化会很剧烈. 扩散系数的梯度很大时, 计算变得非常困难.

物质热传导系数为

$$\kappa = c_0 T^{5/2}, \tag{8.68}$$

其中 $c_0 = 1.0 \times 10^{-2}$.

测试问题的计算区域取为 $\Omega = (0,1) \times (0,1)$, 辐射能量方程的左边界条件 ($x = 0, 0 \leqslant y \leqslant 1$) 为

$$\frac{1}{4}E - \frac{D}{2}\frac{\partial E}{\partial x} = 1,$$

右边界条件 ($x = 1, 0 \leqslant y \leqslant 1$) 为

$$\frac{1}{4}E + \frac{D}{2}\frac{\partial E}{\partial x} = 0.$$

在上下边界 ($y = 0, y = 1, 0 \leqslant x \leqslant 1$) 上取

$$\frac{\partial E}{\partial y} = 0.$$

物质热传导方程的边界条件为

$$\left.\frac{\partial T}{\partial x}\right|_{x=0} = \left.\frac{\partial T}{\partial x}\right|_{x=1} = \left.\frac{\partial T}{\partial y}\right|_{y=0} = \left.\frac{\partial T}{\partial y}\right|_{y=1} = 0.$$

在障碍区 $\left\{(x,y) \middle| \frac{1}{3} \leqslant x \leqslant \frac{2}{3}, \frac{1}{3} \leqslant y \leqslant \frac{2}{3}\right\}$ 上取 $z = 10$, 在 Ω 的其余部分取 $z = 1$. 初始辐射能量分布为 $E_0 = 1 \times 10^{-5}$, 初始物质温度为 $T_0 = (E_0)^{1/4}$. 计算到 $t = 3$ 时刻. 物质初始是“冷的”, 在左边界上有常数能量流进入. 在 $t = 3$ 时刻物质温度达到图 8.2 所示状态. 图 8.2 显示高 z 物质妨碍了能量流入障碍区, 该区的中心仍是“冷的”.

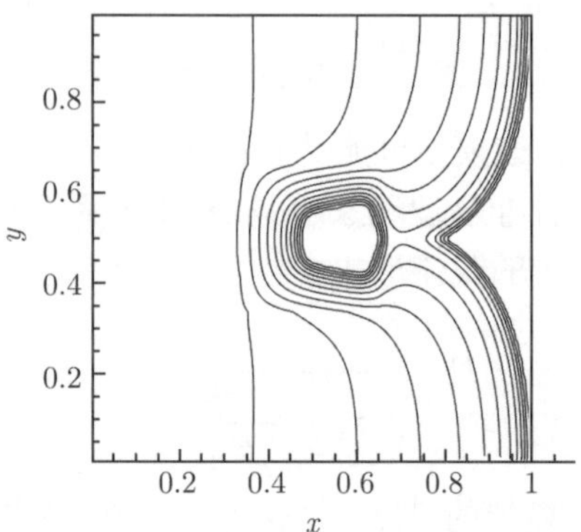

图 8.2　$t=3$ 时刻的物质温度等值线

分别采用 Picard 和 P-N 方法求解非线性方程, 使用带 ILUT 预处理的 GMRES 方法求解线性代数方程组. 非线性收敛的判断准则为 $\|F(u^{(s+1)})\| \leqslant 10^{-6}$, 或者 $\|F(u^{(s+1)})\| \leqslant 10^{-2}\|F(u^{(0)})\|$, 其中 $F(u)$ 为残量函数. Picard 与 P-N 的残量函数表达式相同. 最大非线性迭代次数取为 20. 由于上述问题精确解未知, 这里将 Picard 方法的解作为基准解, 基准解的时间步长控制采用 (8.58), 取 $\eta_{\text{target}}=0.005$, 非线性收敛的判断准则为 $\|F(u^{(s+1)})\| \leqslant 10^{-8}$ 或 $\|F(u^{(s+1)})\| \leqslant 10^{-4}\|F(u^{(0)})\|$. 在研究时间步长收敛性时, 取辐射温度作为变量来计算数值解与基准解之间的 L_2 误差:

$$L_2(\text{Error})=\sqrt{\sum_{K\in\mathcal{T}}(T_r(K)-T_r^b(K))^2 m(K)},$$

其中 T_r^b 是基准解, T_r 是数值解.

8.4.1　$\Delta u/u$ 方法的结果

本节给出了使用 $\Delta u/u$ 方法控制时间步长得到的时间步长收敛性分析. 图 8.3 和图 8.4 分别给出 P-NU 和 Picard 方法在 (8.58) 中取 $\eta_{\text{target}}=0.2$ 对应的时间步

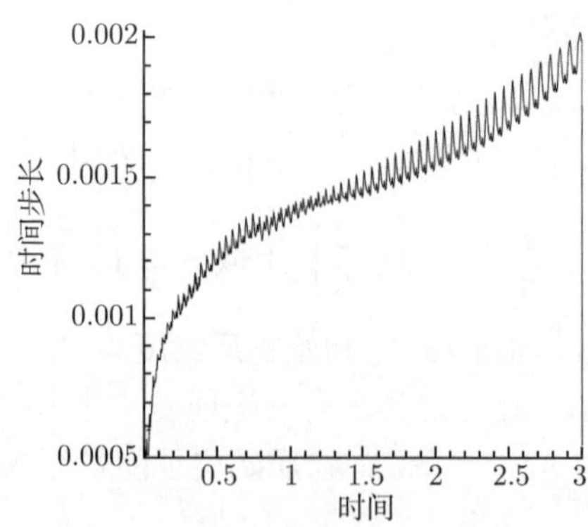

图 8.3　P-NU 迭代在 60×60 网格上取 $\eta_{\text{target}}=0.2$ 的时间步长变化曲线

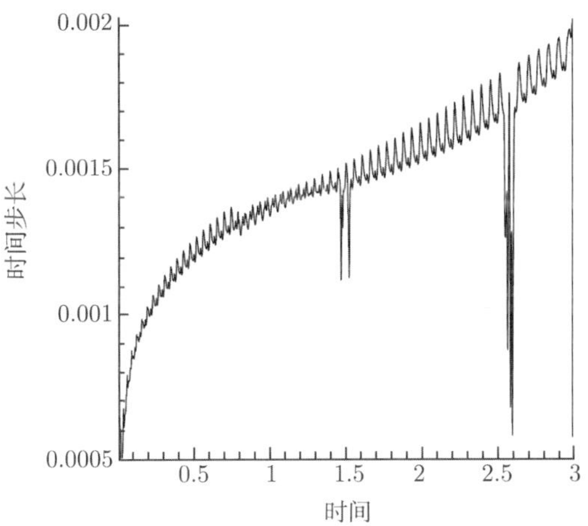

图 8.4 Picard 迭代在 60×60 网格上取 $\eta_{\text{target}} = 0.2$ 的时间步长变化曲线

长变化曲线. 两种方法对应的时间步长基本相同, 只是 Picard 方法得到的时间步长在 $t = 1.6$ 和 $t = 2.6$ 时刻附近突然出现大幅度下降的现象.

图 8.5 给出了在 60×60 等步长矩形网格上, 取 $0.1 \leqslant \eta_{\text{target}} \leqslant 1$ 时 Picard 和 P-N 方法的时间步长收敛性分析, 其中 x 轴表示 η_{target}, y 轴表示 L_2 误差. 其中 "dash-dot" 线是零阶精度线, 点虚线是一阶精度线. P-N 方法达到了设计所要求的一阶时间精度, 而 Picard 方法只显示了 0 阶时间精度, 这是因为 Picard 方法在取 $0.1 \leqslant \eta_{\text{target}} \leqslant 1$ 时无法在每一时间层都在 20 个非线性迭代步内收敛, 即使将最大非线性迭代次数取为 100, Picard 方法仍不收敛. 因而误差逐渐累计, 导致数值解偏离精确解. 对于给定的 η_{target}, Picard 方法的误差比 P-N 方法的误差高出一个数量级, P-NU 比 P-NC 精度稍高.

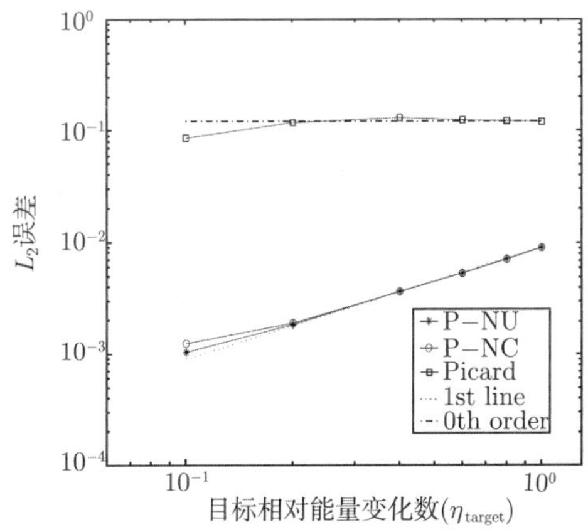

图 8.5 在 60×60 网格上取 $0.1 \leqslant \eta_{\text{target}} \leqslant 1$ 的时间步长收敛性

图 8.6 给出了在 60×60 网格上取 $0.1 \leqslant \eta_{\text{target}} \leqslant 1$ 时, Picard 和 P-N 方法的计算效率图, y 轴表示与图 8.5 中相同的 L_2 误差, x 轴对应模拟所需的 CPU 时间. 该图显示出 P-NU 的效率最高.

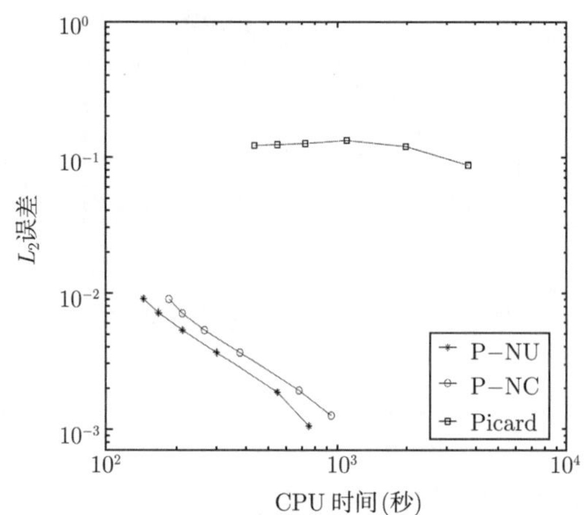

图 8.6 在 60×60 网格上取 $0.1 \leqslant \eta_{\text{target}} \leqslant 1$ 的效率比较

表 8.1 比较了每一时间步的平均非线性迭代次数 $\left(\dfrac{\text{nonlinear}}{\text{time-step}}\right)$, 每一非线性迭代步的平均线性迭代次数 $\left(\dfrac{\text{linear}}{\text{nonlinear}}\right)$ 和每一时间步的平均线性迭代次数 $\left(\dfrac{\text{linear}}{\text{time-step}}\right)$. 该表显示, P-NU 方法在每一非线性迭代步内所用的平均线性迭代次数要少于 P-NC.

表 8.1 计算到 $t=3$ 时取不同时间步长 (η_{target}) 的迭代次数比较

方法, η_{target}	$\dfrac{\text{nonlinear}}{\text{time-step}}$	$\dfrac{\text{linear}}{\text{nonlinear}}$	$\dfrac{\text{linear}}{\text{time-step}}$
P-NU, 0.2	1.852	3.264	6.045
P-NC, 0.2	1.856	3.282	6.092
P-NU, 0.6	2.272	3.516	7.988
P-NC, 0.6	2.273	3.733	8.487
P-NU, 1.0	2.837	3.691	10.472
P-NC, 1.0	2.851	3.863	11.012

当时间步长控制取为 (8.58) 时, Picard 方法在取较小的 η_{target} 值时可以在 20 个非线性迭代步内收敛. 图 8.7 给出了在 60×60 网格上取 $0.03 \leqslant \eta_{\text{target}} \leqslant 0.07$ 时, Picard 和 P-N 方法的时间步长收敛性分析. 点虚线是一阶精度线, P-N 方法对应的曲线斜率接近 1, Picard 方法对应的曲线稍有偏差. 图 8.8 是与图 8.7 对应的

效率图, P-NU 效率最高.

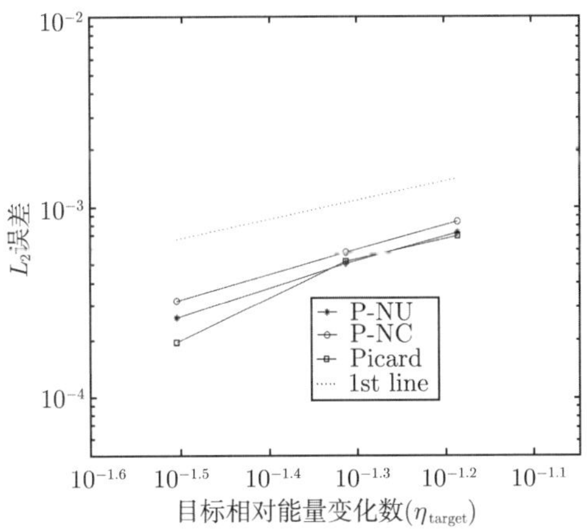

图 8.7 在 60×60 网格上取 $0.03 \leqslant \eta_{\text{target}} \leqslant 0.07$ 的时间步长收敛性

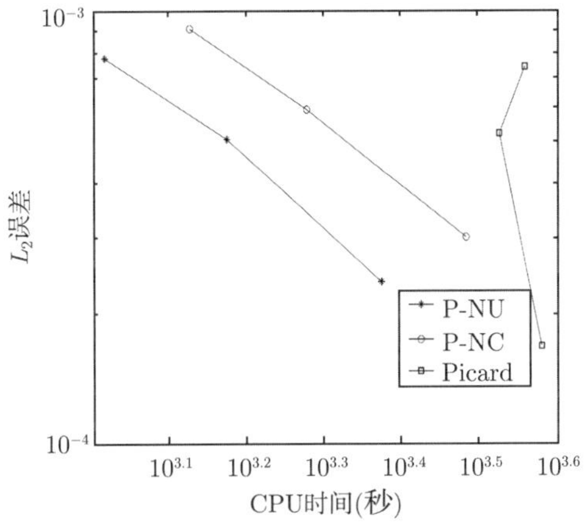

图 8.8 在 60×60 网格上取 $0.03 \leqslant \eta_{\text{target}} \leqslant 0.07$ 的效率比较

8.4.2 CFL 方法的结果

本节使用热波 CFL 方法控制时间步长. 表 8.2 给出了使用不同的 CFL 条件数计算得到的平均能量变化 η. 图 8.9 给出了 P-NU 在 (8.62) 中取 $\mathrm{CFL} = 0.01$ 的时间步长.

表 8.2 CFL 数和相对应的 η 值比较

CFL	0.01	0.02	0.04	0.08	0.1
η	0.1839	0.3603	0.6766	1.1332	1.2770

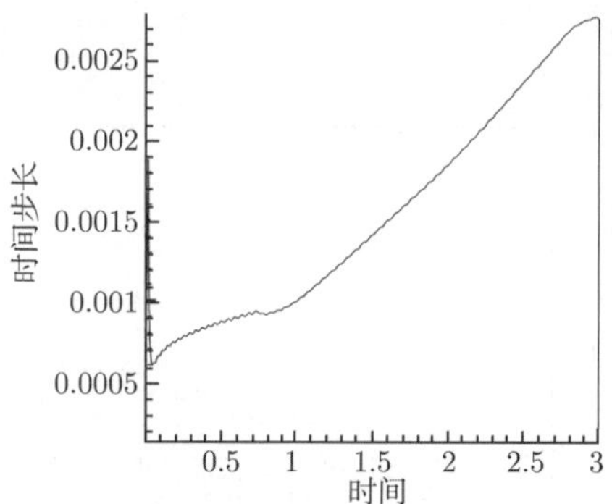

图 8.9 P-NU 在 60×60 网格上取 CFL $= 0.01$ 的时间步长变化曲线

图 8.10 给出了在 60×60 和 120×120 网格上 P-N 方法的时间步长收敛性分析, x 轴表示 CFL 数, y 轴表示 L_2 误差. P-NU 比 P-NC 精度稍高. 图 8.11 是与图 8.10 对应的效率图, P-NU 的效率高于 P-NC.

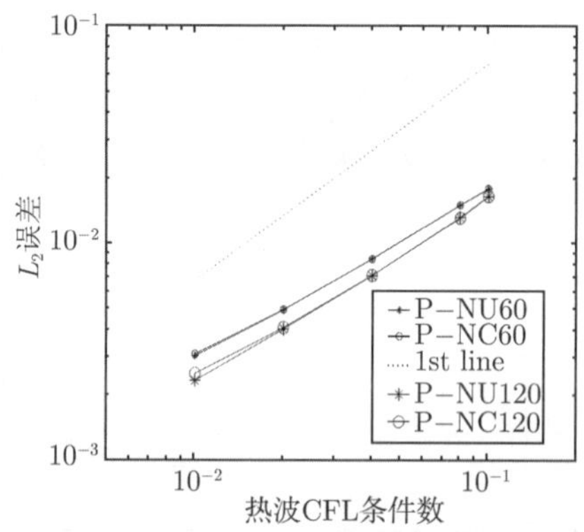

图 8.10 P-N 在 CFL 方法控制下的时间步长收敛性

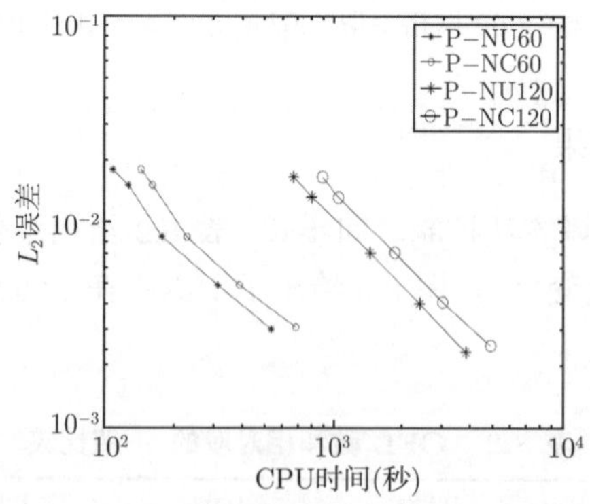

图 8.11 P-N 在 CFL 方法控制下的效率比较

与上一节的结果类似, 时间步长控制采用 CFL 方法 (8.62) 时, Picard 方法在图 8.10 和图 8.11 中使用的 CFL 条件数范围内未能在每一时间层都非线性迭代收敛, 因此只显示零阶时间收敛率.

8.4.3 无导数的 Picard-Newton 迭代方法

本节比较了 Picard-Newton 方法和无导数的 Picard-Newton 方法 (derivative free Picard-Newton, DFPN), 数值模拟使用了两种网格: 矩形网格和随机四边形网格. 物质界面与网格边重合, 即不存在混合物质网格单元. 在 DFPN 方法中, 取 (8.28) 中的扰动参数 $\epsilon_\sigma^{(s)}$ 为常数 ϵ, 在数值实验中分别取 $\epsilon = 10^{-1}, 10^{-3}, 10^{-5}$.

定义数值解的 L_2 范数为

$$L_2(E+T) = \sqrt{\sum_{K\in\mathcal{T}} (E+T)^2 m(K)}.$$

为了进一步分析无导数方法与有导数方法数值解之间的误差关系, 将有导数方法得到的解作为基准解, 来测试无导数方法的精度.

表 8.3 和表 8.4 比较了在矩形网格和随机四边形网格上, P-NC 和 DFPNC, P-NU 和 DFPNU 所用的平均非线性迭代次数、平均线性迭代次数和数值解的 L_2 范数. 其中 DFPNC-10^{-5} 表示取 $\epsilon = 10^{-5}$ 的无导数的 P-NC 方法. 无导数方法所用的迭代次数相差不多. ϵ 越小, 无导数方法解的 L_2 范数与有导数方法相应的 L_2 范数越接近. 无导数方法表现出较好的健壮性.

表 8.3 矩形网格上的数值结果

$t=3$	Avg. nonl.	Avg. lin.	$L_2(E+T)$
P-NC (有导数)	1.1964	4.0561	2.777903250
DFPNC-10^{-5}	1.1964	4.0561	2.777903252
DFPNC-10^{-3}	1.1964	4.0545	2.777903261
DFPNC-10^{-1}	1.2014	3.8820	2.777878611
P-NU (有导数)	1.1941	4.1110	2.777951879
DFPNU-10^{-5}	1.1941	4.1110	2.777951881
DFPNU-10^{-3}	1.1941	4.1110	2.777952019
DFPNU-10^{-1}	1.1981	4.1319	2.777963128

表 8.4 随机四边形网格上的数值结果

$t=3$	Avg. nonl.	Avg. lin.	$L_2(E+T)$
P-NC (有导数)	2.6299	8.4886	2.777457336
DFPNC-10^{-5}	2.6299	8.4886	2.777457334
DFPNC-10^{-3}	2.6299	8.4886	2.777457195
DFPNC-10^{-1}	2.6353	8.4494	2.777442311

续表

$t=3$	Avg. nonl.	Avg. lin.	$L_2(E+T)$
P-NU (有导数)	2.5947	8.3570	2.777441940
DFPNU-10^{-5}	2.5957	8.3600	2.777441925
DFPNU-10^{-3}	2.5947	8.3570	2.777441801
DFPNU-10^{-1}	2.6013	8.3773	2.777426848

图 8.12 给出了无导数方法得到的数值解与基准解的差的 L_2 范数, 其大小为 $O(\epsilon)$.

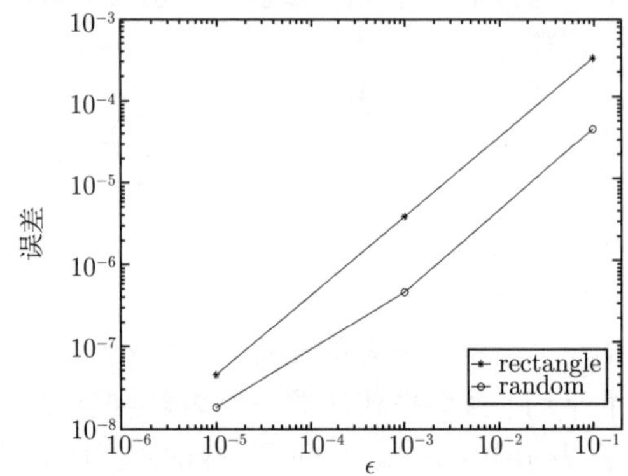

图 8.12　无导数方法的计算精度

第 9 章 线性问题的并行差分格式

长期以来, 设计的大量并行格式都是条件稳定的, 或者是无条件稳定但空间只有一阶精度. 为了得到更高精度和稳定性条件更宽松的格式, 可以采用一些无条件稳定的高精度显式计算格式进行界面预估, 或者采用移动界面的技术进行计算, 也可以通过界面外推的方法构造高精度的稳定并行格式. 本章的并行差分格式包括基于 Du Fort-Frankel 格式构造的并行差分格式, 基于移动界面的并行格式和基于界面外推的并行格式. 这些格式都具有较好的精度和稳定性, 并且理论分析和数值计算都表明这些格式具有无条件稳定和空间二阶精度等性质.

9.1 DFF-I 并行格式的稳定性

Du Fort-Frankel(DFF)[36] 格式是无条件稳定的三层显式差分格式, 可用于并行差分格式的设计. K. Black[37] 用 DFF 格式来预估并行区域分解内界面处的值, 再用隐格式计算子区域内部的值, 设计了并行差分格式, 记为 DFF-I. 该并行格式是空间不一致格式, 即在不同的网格点上, 差分格式的形式是不一样的. 对于空间不一致格式, 无法用 Fourier 方法进行分析, 常用的方法是能量估计方法[38],[39], 而本节对 DFF-I 格式采用矩阵分析方法, 证明其增长矩阵的所有特征值的模都严格小于 1.

9.1.1 稳定性的概念

简单回顾一下相关的几个稳定性概念. 经典的 Lax-Richtmyer(LR) 稳定性定义如下: 设 v^n, u^n 是差分格式分别以初值条件 v^0, u^0 的两个数值解, 记 $\varepsilon^n = v^n - u^n$, 如果有范数 $\|\cdot\|$ 和 r_0, h_0, τ_0, 对于任意 $h < h_0, \tau < \tau_0, \tau/h^2 \leqslant r_0$, 存在与初值无关的常数 $C_1 > 0$, 成立如下不等式:

$$\| \varepsilon^n \| \leqslant C_1 \| \varepsilon^0 \|, \quad \forall n\tau \leqslant T, \tag{9.1}$$

则称差分格式是 **LR 稳定**的, 其中 h 是空间步长, τ 是时间步长, $C_1 = C_1(r_0, T)$ 与时间步长和空间步长无关, 但可以与 T 相关. 对线性问题, 其等价于差分格式的增长矩阵 G 满足

$$\|G^n\| \leqslant C_1, \quad \forall n\tau \leqslant T. \tag{9.2}$$

对于抛物型方程, 如果对任意给定的网格比 $r = \tau/h^2$, 差分格式都是 LR 稳定的, 则称该格式是**无条件 LR 稳定**的. 如果稳定性常数 C_1 与网格比无关, 则称差分格式是**绝对稳定**的.

抛物型方程的全隐格式的扰动误差满足 (9.1), 并且初始扰动在 L_2 范数意义下是不增长的, 即稳定性常数 $C_1 = 1$, 与网格数和时间 T 无关, 所以是无条件 LR 稳定的, 并且是绝对 LR 稳定的.

9.1.2 DFF-I 并行差分格式的稳定性分析

考虑一维抛物型方程

$$\frac{\partial u}{\partial t} - \frac{\partial^2 u}{\partial x^2} = 0 \tag{9.3}$$

的 Dirichlet 问题. 标准的隐格式可以写成

$$u_j^{n+1} - u_j^n = \frac{\tau}{h^2}(u_{j-1}^{n+1} - 2u_j^{n+1} + u_{j+1}^{n+1}), \quad 1 \leqslant j \leqslant J, \tag{9.4}$$

其中 J 是网格节点数, τ, h 分别是时间步长和空间步长. 方程 (9.4) 可以重新写为

$$(1+2r)u_j^{n+1} - r(u_{j+1}^{n+1} + u_{j-1}^{n+1}) = u_j^n,$$

其中 $r = \dfrac{\tau}{h^2}$.

DFF 格式为

$$u_j^{n+1} - u_j^{n-1} = \frac{2\tau}{h^2}(u_{j+1}^n - u_j^{n+1} - u_j^{n-1} + u_{j-1}^n),$$

即

$$(1+2r)u_j^{n+1} = 2r(u_{j+1}^n + u_{j-1}^n) + (1-2r)u_j^{n-1}. \tag{9.5}$$

DFF 格式是无条件稳定的, 其截断误差中有一项是 $O\left(\dfrac{\tau^2}{h^2}\right)$, 当时间步长和空间步长的比值不趋向于零时, 其截断误差不趋向于零. 因此, 该格式和原偏微分方程只是条件相容的.

并行的 DFF-I 格式的设计思想是, 在区域分解的界面上用 DFF 格式 (9.5) 预估给出内界面处的值, 作为子区域的 Dirichlet 边界条件, 再同时并行求解各子区域上标准隐格式 (9.4) 的值. 具体的算法如下: 第一步, 将整个空间区域分解成多个不重叠子区域; 第二步, 在分区内界面点上用 DFF 格式计算界面处的值; 第三步, 用第二步计算的分区界面值作为子区域内边界处的 Dirichlet 边界条件, 用全隐式离散格式并行独立计算每个子区域上的问题; 第四步, 转入下一个时间层.

在初始的启动步, DFF 格式需要前面两个时间层的值作为初始条件, 可以首先用一个两层格式先计算一个时间层, 然后再采用并行 DFF-I 格式计算. DFF-I 并行格式的设计简单, 数值试验表明格式有很好的计算精度, 而且对于不同的网格比, 该并行差分格式表现出很好的稳定性. 本节将对 DFF-I 格式估计所有特征值的模, 得到该格式的稳定性结果. DFF-I 格式涉及三个时间层的未知量, 分析时将 n 层未知量和 $n-1$ 层的界面处的未知量作为一个整体, 并且将它们重新排序: 先将差分解的网格点按照子区域内部点排在前面、当前层的内界面点排在后面, 最后排前一层的界面点. 记 n 层上所有的内点处的值为 u_I^n, 而内边界点处的值为 u_B^n, 同时, 令

$$U^n = \begin{pmatrix} u_I^n \\ u_B^n \\ u_B^{n-1} \end{pmatrix}.$$

根据并行差分格式的构造, 此时可以将差分格式写成如下的形式:

$$MU^n = NU^{n-1},$$

其中

$$M = \begin{pmatrix} D & -R & 0 \\ 0 & (1+2r)I & 0 \\ 0 & 0 & I \end{pmatrix}, \quad N = \begin{pmatrix} I & 0 & 0 \\ 2R^{\mathrm{T}} & 0 & (1-2r)I \\ 0 & I & 0 \end{pmatrix},$$

$D = \mathrm{diag}[D_j]_{j=1}^p$ 是由每个子区域上的离散 Laplace 算子 (二阶差商) 对应的矩阵, p 是子区域的个数, R 的形式如下:

$$R^{\mathrm{T}} = \begin{pmatrix} 0 & r & r & 0 & & & & & & \\ & & & 0 & r & r & 0 & & & \\ & & & & & \ddots & & & & \\ & & & & & & 0 & r & r & 0 \end{pmatrix}.$$

当 $r \leqslant \dfrac{1}{2}$ 时, 可以直接验证增长矩阵的特征值的模恒小于 1, 且增长矩阵是一个可以对角化的矩阵, 差分格式满足 LR 稳定性, 故以下考虑 $r > \dfrac{1}{2}$.

可以证明如下引理

引理 9.1.1 并行差分格式DFF-I的增长矩阵的复特征值的模都不大于$\sqrt{\dfrac{2r-1}{2r+1}}$.

证明　为叙述清晰并不失一般性, 仅考虑有 3 个内界面点的情形, 即取 $p=4$.

$$R^{\mathrm{T}}=\begin{pmatrix} 0 & r & r & 0 & & & & & \\ & & & 0 & r & r & 0 & & \\ & & & & & & 0 & r & r & 0 \end{pmatrix}.$$

因此,

$$M^{-1}N=\begin{pmatrix} D^{-1} & \dfrac{D^{-1}R}{1+2r} & 0 \\ 0 & \dfrac{I}{1+2r} & 0 \\ 0 & 0 & I \end{pmatrix}\begin{pmatrix} I & 0 & 0 \\ 2R^{\mathrm{T}} & 0 & (1-2r)I \\ 0 & I & 0 \end{pmatrix}$$

$$=\begin{pmatrix} D^{-1}+\dfrac{2D^{-1}RR^{\mathrm{T}}}{1+2r} & 0 & \dfrac{1-2r}{1+2r}D^{-1}R \\ \dfrac{2R^{\mathrm{T}}}{1+2r} & 0 & \dfrac{1-2r}{1+2r}I \\ 0 & I & 0 \end{pmatrix}.$$

为了计算其特征值, 考虑

$$\begin{aligned}
&\det(M^{-1}N-\lambda I)\\
&=\det\begin{pmatrix} D^{-1}+\dfrac{2D^{-1}RR^{\mathrm{T}}}{1+2r}-\lambda I & 0 & \dfrac{1-2r}{1+2r}D^{-1}R \\ \dfrac{2R^{\mathrm{T}}}{1+2r} & -\lambda I & \dfrac{1-2r}{1+2r}I \\ 0 & I & -\lambda I \end{pmatrix}\\
&=(-1)^p\det\begin{pmatrix} D^{-1}+\dfrac{2D^{-1}RR^{\mathrm{T}}}{1+2r}-\lambda I & \dfrac{1-2r}{1+2r}D^{-1}R \\ \dfrac{2R^{\mathrm{T}}}{1+2r} & \left(\dfrac{1-2r}{1+2r}-\lambda^2\right)I \end{pmatrix}\\
&=\det\begin{pmatrix} D^{-1}+\dfrac{2D^{-1}RR^{\mathrm{T}}}{1+2r}-\lambda I-\dfrac{2\dfrac{1-2r}{1+2r}}{(1-2r-(1+2r)\lambda^2)}D^{-1}RR^{\mathrm{T}} & \dfrac{1-2r}{1+2r}D^{-1}R \\ 0 & \left(\dfrac{1-2r}{1+2r}-\lambda^2\right)I \end{pmatrix}\\
&=0.
\end{aligned}$$

对于 $\lambda^2 \neq \dfrac{1-2r}{1+2r}$ 有

$$\det\left[D^{-1}+\frac{2D^{-1}RR^{\mathrm{T}}}{1+2r}-\lambda I-\frac{2\dfrac{1-2r}{1+2r}}{(1-2r-(1+2r)\lambda^2)}D^{-1}RR^{\mathrm{T}}\right]=0 \tag{9.6}$$

等价于

$$0=\det\left[(2r-1+(2r+1)\lambda^2)(I-\lambda D)+2\lambda^2RR^{\mathrm{T}}\right]. \tag{9.7}$$

假设 $\lambda=\rho e^{i\theta}(\rho>0)$, 将 (9.7) 中矩阵的两边乘以 $\overline{(2r-1+(2r+1)\lambda^2)\lambda}$, 并且令

$$\begin{aligned}
a=&(2r-1+(2r+1)\lambda^2)\lambda\times\overline{(2r-1+(2r+1)\lambda^2)\lambda}\\
=&\left[(2r-1)\rho e^{i\theta}+(2r+1)\rho^3e^{i3\theta}\right]\times\left[(2r-1)\rho e^{-i\theta}+(2r+1)\rho^3e^{-i3\theta}\right]\\
=&(2r-1)^2\rho^2+(2r+1)\rho^6+2(2r+1)(2r-1)\rho^4\cos(2\theta)\geqslant 0,\\
b=&a/\lambda=\frac{a}{\rho}(\cos\theta-i\sin\theta)\equiv b_r+ib_i,\\
c=&\overline{(2r-1+(2r+1)\lambda^2)\lambda}\times 2\lambda^2\\
=&\left[(2r-1)\rho e^{-i\theta}+(2r+1)\rho^3e^{-i3\theta}\right]\times\rho^2e^{i2\theta}\\
=&(2r-1)\rho^3e^{i\theta}+(2r+1)\rho^5e^{-i\theta}\\
=&2[(2r-1)\rho^3+(2r+1)\rho^5]\cos\theta+i\left[(2r-1)\rho^3-(2r+1)\rho^5\right]\sin\theta\\
\equiv&c_r+ic_i,
\end{aligned}$$

则 (9.6) 成立等价于矩阵

$$aD-(bI+cRR^{\mathrm{T}})\equiv P-Qi$$

是奇异的, 其中 $P=aD-(b_rI+c_rRR^{\mathrm{T}})$, $Q-(b_iI+c_iRR^{\mathrm{T}})$. 因此存在对应于零特征值的非零向量 $v=x+iy$ 使得

$$Px+Qy=0,\quad Py-Qx=0,$$

其中 x,y,P,Q 分别是实向量和实矩阵.

由于 M 和 N 是对称的, 因此有

$$(x,Qx)+(y,Qy)=0.$$

由于

$$Q = b_i I + c_i R R^{\mathrm{T}},$$

其中 $b_i = -\dfrac{a}{\rho}\sin\theta, c_i = \left[(2r-1)-(2r+1)\rho^2\right]\rho^3\sin\theta$, 所以只有当 $b_i c_i \leqslant 0$ 时, 才有 Q 非正定或非负定. 因此 $(2r-1)\rho-(2r+1)\rho^3 \geqslant 0$, 考虑到 $\rho > 0$, 从而 $0 \leqslant \rho \leqslant \sqrt{\dfrac{2r-1}{2r+1}}$. 证毕.

对于实的特征值的情况有如下引理

引理 9.1.2 并行差分格式 DFF-I 的实特征值的模小于 1 且大于等于零.

证明 此时, 设 $\rho = \pm\lambda$. 如果 $\lambda < 0$, 由于 D 是对称正定的矩阵, 则 (9.7) 不成立, 所以只考虑 $\lambda \geqslant 0$ 的情形. 如果 $\lambda \geqslant 1$, 考虑如下矩阵的对角占优性质:

$$\left[(2r-1+(2r+1)\lambda^2)(I-\lambda D)+2\lambda^2 R R^{\mathrm{T}}\right]. \tag{9.8}$$

显然, 对应于子区域的内部点的离散格式的系数矩阵的每一行, 满足行对角占优性. 下面仅考虑子区域的边界. 首先, 在与边界相邻的点上, 其对角元为

$$(\lambda(1+2r)-1)(2r-1+(2r+1)\lambda^2)-2\lambda^2 r^2,$$

而其非对角元的绝对值的和为 $(2r-1+(2r+1)\lambda^2)\lambda r+2\lambda^2 r^2$. 将两个值相减, 有

$$\begin{aligned}
&((2r+1)\lambda^2+2r-1)(\lambda(1+2r)-1-\lambda r)-2\lambda^2 r^2-2\lambda^2 r^2\\
={}&((2r+1)\lambda^2+2r-1)((1+r)\lambda-1)-4r^2\lambda^2\\
\geqslant{}&((2r+1)\lambda^2+2r-1)r\lambda-4r^2\lambda^2\\
\geqslant{}&2r^2\lambda^3+2r^2\lambda-4r^2\lambda^2=2r^2\lambda(\lambda-1)^2\geqslant 0.
\end{aligned}$$

易见 (9.8) 是不可约矩阵. 由于对角占优不可约矩阵是非奇异的, 所以当 $\lambda \geqslant 1$ 时, 矩阵 (9.8) 是非奇异的. 综上, 可知并行差分格式 DFF-I 的实特征值严格小于 1 且非负, 证毕.

综合上面的结果, 有

定理 9.1.1 DFF-I 并行差分格式的增长矩阵的特征值的模都小于 1.

根据线性代数中 Jordan 标准型的知识, 容易证明如下定理.

定理 9.1.2 设矩阵 A 的所有特征值的模都小于 1, 则存在一个可逆矩阵 X 使得

$$A = X\Lambda X^{-1}, \tag{9.9}$$

其中 Λ 是矩阵 A 的 Jordan 标准型且满足 $\|\Lambda\|_2 < 1$.

因此, 根据定理 9.1.2, 对于确定的时间、空间步长 τ,h, DFF-I 并行差分格式满足

$$\|\varepsilon^n\| \leqslant C_2\|\varepsilon^0\|, \quad n=1,2,3,\cdots, \tag{9.10}$$

其中 $C_2=C_2(\tau,h)$ 和 τ,h 相关, 而与 n 无关. 从而计算任意多个时间步都不会出现数值溢出, 并且当 n 趋于无穷时,

$$\|\varepsilon^n\| \to 0. \tag{9.11}$$

因此可以期望 DFF-I 并行格式有较好的精度和稳定性.

9.2 抛物型方程移动界面的并行差分格式

本节介绍基于移动界面技术的无条件稳定的并行差分格式.

考虑抛物型问题

$$u_t=u_{xx}, \quad (x,t)\in Q_T=(0,l)\times(0,T], \tag{9.12}$$

其中 $u=u(x,t)$ 是未知量, 初边值条件是

$$\begin{aligned} &u(0,t)=u(l,t)=0, \quad t\in[0,T],\\ &u(x,0)=u_0(x), \quad x\in[0,l]. \end{aligned} \tag{9.13}$$

用平行线 $x=x_j=jh\ (j=0,1,\cdots,J)$ 和 $t=t^n=n\tau\ (n=0,1,\cdots,N)$ 剖分区域 Q_T, 其中 $Jh=l$, $N\tau=T$, J 和 N 是正数, h 和 τ 是空间和时间步长. 记 $r=\dfrac{\tau}{h^2}$, 并且定义

$$\begin{aligned} &\delta v_j^{n+\xi_j}=\xi_j\delta v_j^{n+1}+(1-\xi_j)\delta v_j^n, \quad \delta v_j^n=\frac{1}{h}(v_{j+1}^n-v_j^n),\\ &\partial_t v_j^n=\frac{v_j^{n+1}-v_j^n}{\tau}, \quad \delta^2 v_j^n=\frac{1}{h}\left(\delta v_j^n-\delta v_{j-1}^n\right), \end{aligned}$$

构造一般的并行差分格式.

在奇数层上,

$$\frac{v_j^{2k+1}-v_j^{2k}}{\tau}=\frac{1}{h}\left(\delta v_j^{2k+\xi_j}-\delta v_{j-1}^{2k+\xi_{j-1}}\right); \tag{9.14}$$

在偶数层上,

$$\frac{v_j^{2k+2}-v_j^{2k+1}}{\tau}=\frac{1}{h}\left(\delta v_j^{2k+1+\xi_j'}-\delta v_{j-1}^{2k+1+\xi_{j-1}'}\right), \tag{9.15}$$

其中

$$j=1,2,\cdots,J-1,k=0,1,\cdots,K,N=2K+2,$$

离散初边值条件如下:

$$v_0^n=v_J^n=0,\quad n=0,1,\cdots,N,v_j^0=u_0(x_j),j=0,1,\cdots,J. \tag{9.16}$$

对格式 (9.14)–(9.16), 证明了如下的定理:

定理 9.2.1 假设 $0\leqslant\xi_j,\xi_j'\leqslant 1$, 并且 $\xi_j+\xi_j'\geqslant 1$, 此处 $j=0,1,\cdots,J-1$. 则并行差分格式 (9.14)–(9.16) 是无条件稳定的, 也就是对任意 $r>0$ 成立如下不等式 (n 是偶数)

$$\begin{aligned}\|\partial_t\ v^{n+1}\|\ &\leqslant\sqrt{1+2r}\|\ \partial_t\ v^1\ \|\ \leqslant\sqrt{1+2r}\ (1+4r)\ \|\ \delta^2\ v^0\ \|,\\ \|\partial_t\ v^n\|\ &\leqslant\sqrt{1+2r}\|\ \partial_t\ v^0\ \|\ \leqslant\sqrt{1+2r}\ \|\ \delta^2\ v^0\ \|.\end{aligned}$$

9.2.1 并行格式 1

对问题 (9.12)–(9.13), 构造界面移动并行差分格式 1:

在奇数层上,

$$\frac{v_j^{2k+1}-v_j^{2k}}{\tau}=\frac{1}{h}\left(\delta v_j^{2k}-\delta v_{j-1}^{2k}\right),\quad j=l,$$

$$\frac{v_j^{2k+1}-v_j^{2k}}{\tau}=\frac{1}{h}\left(\delta v_j^{2k+1}-\delta v_{j-1}^{2k+1}\right),\quad 1\leqslant j\leqslant J-1,\ \ j\neq l,$$

在偶数层上,

$$\frac{v_j^{2k+2}-v_j^{2k+1}}{\tau}=\frac{1}{h}\left(\delta v_j^{2k+1}-\delta v_{j-1}^{2k+1}\right),\quad j=l+2,$$

$$\frac{v_j^{2k+2}-v_j^{2k+1}}{\tau}=\frac{1}{h}\left(\delta v_j^{2k+2}-\delta v_{j-1}^{2k+2}\right),\quad 1\leqslant j\leqslant J-1,\ \ j\neq l+2,$$

其中 $1<l<J-3$ 是一个固定的整数, $k=0,1,\cdots,K$.

9.2.2 并行格式 2

也可以设计移动界面并行差分格式 2:

在奇数层上,

$$\frac{v_j^{2k+1}-v_j^{2k}}{\tau}=\frac{1}{h}\left(\delta v_j^{2k}-\delta v_{j-1}^{2k+1}\right),\quad j=l-2,$$

$$\frac{v_j^{2k+1}-v_j^{2k}}{\tau}=\frac{1}{h}\left(\delta v_j^{2k}-\delta v_{j-1}^{2k}\right),\quad j=l-1,$$

$$\frac{v_j^{2k+1}-v_j^{2k}}{\tau}=\frac{1}{h}\left(\delta v_j^{2k+1}-\delta v_{j-1}^{2k}\right),\quad j=l,$$

$$\frac{v_j^{2k+1}-v_j^{2k}}{\tau}=\frac{1}{h}\left(\delta v_j^{2k+1}-\delta v_{j-1}^{2k+1}\right),\quad 1\leqslant j\leqslant J,\quad j\neq l-2,l-1,l.$$

在偶数层上,

$$\frac{v_j^{2k+2}-v_j^{2k+1}}{\tau}=\frac{1}{h}\left(\delta v_j^{2k+1}-\delta v_{j-1}^{2k+2}\right),\quad j-l,$$

$$\frac{v_j^{2k+2}-v_j^{2k+1}}{\tau}=\frac{1}{h}\left(\delta v_j^{2k+1}-\delta v_{j-1}^{2k+1}\right),\quad j=l+1,$$

$$\frac{v_j^{2k+2}-v_j^{2k+1}}{\tau}=\frac{1}{h}\left(\delta v_j^{2k+2}-\delta v_{j-1}^{2k+1}\right),\quad j=l+2,$$

$$\frac{v_j^{2k+1}-v_j^{2k}}{\tau}=\frac{1}{h}\left(\delta v_j^{2k+1}-\delta v_{j-1}^{2k+1}\right),\quad 1\leqslant j\leqslant J,\quad j\neq l,l+1,l+2,$$

其中 $3<l<J-3$ 是一个固定的整数, $k=0,1,\cdots,K$, $N=2K+2$. 并行差分格式 1、2 是一般的并行差分格式 (9.14)–(9.16) 的特例.

从并行差分格式的构造看, 差分格式 1 的隐式特性比差分格式 2 强, 因此, 差分格式 1 应比差分格式 2 有更好的性质. 如果对某些 j, $\xi_j=0$, 而对另外一些 j, $\xi_j'=0$, 则这样的差分格式有自然的并行特性, 称为本性并行差分格式. 对应于 $\xi_j=0$ 或 $\xi_j'=0$ 的点 x_j 是子区域的边界点. 由于对 $0\leqslant j\leqslant J-1$, 要求满足 $\xi_j+\xi_j'\geqslant 1$, 子区域的边界的位置在奇数和偶数层上交替变换. 称满足定理 9.2.1 条件的差分格式为移动界面的并行差分格式. 在文献 [40] 中, 对一般的格式 (9.14)–(9.15) 当 $\xi_j'=1-\xi_j$, $j=1,2,\cdots,J-1$ 时, 进行了讨论. 交替组显式格式 (AGE), 交替段 Crank-Nicolson 格式 (Alternative Segment Crank-Nicolson, ASC-N), 和交替段显–隐格式 (Alternative Segment Explicit-Implicit, ASE–I) 都可以看作以上一般并行差分格式的特例, 可以通过选取特殊的 ξ_j 来导出, 例如, 取某些 $\xi_j=0$, 其余的 $\xi_j=1$, 可得到基于 Saul'yev 格式的并行差分格式.

9.3 一维二阶精度无条件稳定格式的构造

为简单起见, 讨论如下一维抛物型方程初边值问题的并行差分格式:

$$u_t=u_{xx},\quad x\in[0,1],t\in(0,T),\tag{9.17}$$

$$u(0,t)=u(1,t)=0,\quad t\in(0,T],\tag{9.18}$$

$$u(x,0)=u_0(x),\quad x\in[0,1],\tag{9.19}$$

其中 $u_0(x)$ 是已知函数, $u_0(0)=u_0(1)=0$.

对函数 $\phi(x,t)$, 令 $\phi_i^n=\phi(x_i,t^n)$. 并引入以下记号:

$$\delta u_j^n=\frac{1}{h}(u_{j+1}^n-u_j^n), \tag{9.20}$$

$$\delta^2 u_j^n=\frac{1}{h}(\delta u_j^n-\delta u_{j-1}^n), \tag{9.21}$$

$$\Delta_\tau u_j^{n+1}=\frac{1}{\tau}(u_j^{n+1}-u_j^n). \tag{9.22}$$

离散范数定义如下:

$$||u_h^n||_2^2=\sum_{j=0}^{J}|u_j^n|^2 h, \tag{9.23}$$

$$||u_h^n||_\infty^2=\max_{0\leqslant j\leqslant J}|u_j^n|^2. \tag{9.24}$$

本节将构造两类具有并行本性的差分格式 [41].

9.3.1 并行格式 3

设 k 为满足 $2<k<J-2$ 的正整数, 且设在第 $n-1$ 层上的离散值 $\{u_j^{n-1}|j=1,2,\cdots,J-1\}$ 和第 n 层上的离散值 $\{u_j^n|j=1,2,\cdots,J-1\}$ 已知, 则首先由如下格式求出第 $n+1$ 层上的值 $\{u_j^{n+1}|j\neq k\}$.

$$\Delta_\tau u_j^{n+1}=\delta^2 u_j^{n+1},\quad j=1,2,\cdots,k-2,k+2,\cdots,J-1, \tag{9.25}$$

$$\Delta_\tau u_{k-1}^{n+1}=\frac{1}{h^2}((2u_k^n-u_k^{n-1})-u_{k-1}^{n+1}-(u_{k-1}^{n+1}-u_{k-2}^{n+1})), \tag{9.26}$$

$$\Delta_\tau u_{k+1}^{n+1}=\frac{1}{h^2}(u_{k+2}^{n+1}-u_{k+1}^{n+1}-(u_{k+1}^{n+1}-(2u_k^n-u_k^{n-1}))). \tag{9.27}$$

然后对 $x=x_k$ 点用纯隐式格式计算, 求得 u_k^{n+1},

$$\Delta_\tau u_k^{n+1}=\delta^2 u_k^{n+1}. \tag{9.28}$$

在格式 (9.25)–(9.28) 中, (9.25) 和 (9.28) 为纯隐式, (9.26) 和 (9.27) 是将纯隐式格式中的 u_k^{n+1} 改取为 $2u_k^n-u_k^{n-1}$, 于是 (9.25)–(9.27) 可分段并行计算. 在求出 u_{k-1}^{n+1} 和 u_{k+1}^{n+1} 后, 由隐式格式 (9.28) 可显式计算出 u_k^{n+1}. 而且易知以上格式在每一点的截断误差都是 $O(\tau+h^2)$. 由于在 (9.26)–(9.27) 中需要前两个时间层的值, 因此在第一个时间层用全隐格式计算, 即

$$\Delta_\tau u_j^1=\delta^2 u_j^1,\quad j=1,2,\cdots,J-1.$$

格式 (9.25)–(9.28) 看上去是一个涉及三个时间层的格式, 但实际上可改写成等价的两层格式, 只需注意到 (9.26) 可改写为

$$\begin{aligned}\Delta_\tau u_{k-1}^{n+1} &= \frac{1}{h^2}(u_k^n - u_{k-1}^{n+1} - (u_{k-1}^{n+1} - u_{k-2}^{n+1})) + \lambda\Delta_\tau u_k^n \\ &= \frac{1}{h^2}(u_k^n - u_{k-1}^{n+1} - (u_{k-1}^{n+1} - u_{k-2}^{n+1})) + \lambda\delta^2 u_j^n.\end{aligned}$$

这显然是一个两层格式.

将格式 (9.25)–(9.28) 改写为

$$\Delta_\tau u_j^{n+1} = \delta^2 u_j^{n+1}, \quad j = 1, 2, \cdots, k-2, k, k+2, \cdots, J-1, \tag{9.29}$$

$$\Delta_\tau u_{k-1}^{n+1} = \delta^2 u_{k-1}^{n+1} - \lambda\Delta_\tau u_k^{n+1} + \lambda\Delta_\tau u_k^n, \tag{9.30}$$

$$\Delta_\tau u_{k+1}^{n+1} = \delta^2 u_{k+1}^{n+1} - \lambda\Delta_\tau u_k^{n+1} + \lambda\Delta_\tau u_k^n. \tag{9.31}$$

9.3.2 并行格式 4

设 k 为满足 $2 < k < J-2$ 的正整数, 且设在第 $n-1$ 层上的离散值 $\{u_j^{n-1} | j = 1, 2, \cdots, J-1\}$ 和第 n 层上的离散值 $\{u_j^n | j = 1, 2, \cdots, J-1\}$ 已知, 则首先由如下格式求出第 $n+1$ 层上的值 $\{u_j^{n+1} | j \neq k\}$.

$$\Delta_\tau u_j^{n+1} = \delta^2 u_j^{n+1}, \quad j = 1, 2, \cdots, k-1, k+1, \cdots, J-1, \tag{9.32}$$

$$\Delta_\tau \bar{u}_k^{n+1} = \frac{1}{h^2}((2u_{k+1}^n - u_{k+1}^{n-1}) - \bar{u}_k^{n+1} - (\bar{u}_k^{n+1} - u_{k-1}^{n+1})), \tag{9.33}$$

$$\Delta_\tau \tilde{u}_k^{n+1} = \frac{1}{h^2}(u_{k+1}^{n+1} - \tilde{u}_k^{n+1} - (\tilde{u}_k^{n+1} - (2u_{k-1}^n - u_{k-1}^{n-1}))). \tag{9.34}$$

由 (9.33)–(9.34) 得到在 $x = x_k$ 点处的两个值, 可以简单地取 $x = x_k$ 点的值为这两个值的平均, 即

$$u_k^{n+1} = \frac{1}{2}(\bar{u}_k^{n+1} + \tilde{u}_k^{n+1}). \tag{9.35}$$

在格式 (9.32)–(9.35) 中, (9.32) 为纯隐式, (9.33) 和 (9.34) 是分别将纯隐式格式中的 u_{k+1}^{n+1} 改取为 $2u_{k+1}^n - u_{k+1}^{n-1}$, u_{k-1}^{n+1} 改取为 $2u_{k-1}^n - u_{k-1}^{n-1}$, 于是 (9.32)–(9.34) 可分段并行计算. 可以同时利用 (9.32)–(9.33) 和 (9.32)–(9.34) 计算 $j \leqslant k$ 和 $j \geqslant k$ 的值, 在求出 $\bar{u}_k^{n+1}$ 和 $\tilde{u}_k^{n+1}$ 后, 然后再利用 (9.35) 计算 $j = k$ 的值 u_k^{n+1}. 而且易知以上格式在每一点的截断误差都是 $O(\tau + h^2)$.

对 $n > 0$, 将格式 (9.32)–(9.35) 改写为

$$\Delta_\tau u_j^{n+1} = \delta^2 u_j^{n+1}, \quad j = 1, 2, \cdots, k-1, k+1, \cdots, J-1,$$

$$\Delta_\tau \bar{u}_k^{n+1} = \delta^2 \bar{u}_k^{n+1} - \lambda\Delta_\tau u_{k+1}^{n+1} + \lambda\Delta_\tau u_{k+1}^n,$$

$$\Delta_\tau \tilde{u}_k^{n+1} = \delta^2 \tilde{u}_k^{n+1} - \lambda \Delta_\tau u_{k-1}^{n+1} + \lambda \Delta_\tau u_{k-1}^{n},$$

$$u_k^{n+1} = \frac{1}{2}(\bar{u}_k^{n+1} + \tilde{u}_k^{n+1}).$$

进一步改写为

$$\Delta_\tau u_j^{n+1} = \delta^2 u_j^{n+1}, \quad j = 1, 2, \cdots, k-1, k+1, \cdots, J-1, \tag{9.36}$$

$$\Delta_\tau u_k^{n+1} = \delta^2 u_k^{n+1} - \frac{1}{2}\lambda \Delta_\tau u_{k+1}^{n+1} + \frac{1}{2}\lambda \Delta_\tau u_{k+1}^{n} - \frac{1}{2}\lambda \Delta_\tau u_{k-1}^{n+1} + \frac{1}{2}\lambda \Delta_\tau u_{k-1}^{n}. \tag{9.37}$$

对 $n = 0$ 同样采用全隐格式 (9.29) 计算.

9.4　一维格式的理论分析

本节将针对上一节给出的一维并行格式给出稳定性和收敛性证明.

9.4.1　格式的稳定性

对上节构造的格式有以下稳定性定理成立:

定理 9.4.1　并行格式 3 和并行格式 4 在离散 H^1 范数意义下是无条件稳定的, 即对任意固定的 λ, 格式的解满足

$$||\delta u_h^{n+1}||_2^2 \leqslant C||\delta u_h^0||_2^2, \quad \forall n = 0, 1, \cdots, N-1.$$

其中 C 是一个依赖于已知数据的正常数.

在证明中, 需要用到以下引理.

引理 9.4.1 (分部求和公式)　对任意两个数列 a_j 和 b_j, 成立

$$\sum_{j=1}^{J-1}(a_j - a_{j-1})b_j = -\sum_{j=1}^{J-1} a_j(b_{j+1} - b_j) + a_{J-1}b_J - a_0 b_1.$$

9.4.1.1　并行格式 3 的 H^1 稳定性证明

记 $w_j^{n+1} = \Delta_\tau u_j^{n+1}$ $(0 \leqslant j \leqslant J)$, 用 $w_j^{n+1}h$ $(j = 1, 2, \cdots, J-1)$ 分别乘 (9.29)–(9.31) 并对 j 求和得

$$\sum_{j=1}^{J-1} |w_j^{n+1}|^2 h = \sum_{j=1}^{J-1} \delta^2 u_j^{n+1} \Delta_\tau u_j^{n+1} h - \lambda w_k^{n+1}(w_{k-1}^{n+1} + w_{k+1}^{n+1})h + \lambda w_k^{n}(w_{k-1}^{n+1} + w_{k+1}^{n+1})h. \tag{9.38}$$

记 $M^n=\sum_{j=0}^{J-1}|\delta u_j^n|^2h$. 利用引理 9.4.1, 并注意到边界条件 $w_0^{n+1}=w_J^{n+1}=0$, 得

$$\begin{aligned}\sum_{j=1}^{J-1}\delta^2u_j^{n+1}\Delta_{\bar{t}}u_j^{n+1}h&=-\frac{1}{\tau}\sum_{j=0}^{J-1}(\delta u_j^{n+1}-\delta u_j^n)\delta u_j^{n+1}\\&=-\frac{1}{2\tau}\sum_{j=0}^{J-1}(|\delta u_j^{n+1}|^2-|\delta u_j^n|^2+|\delta u_j^{n+1}-\delta u_j^n|^2)h\\&=-\frac{1}{2\tau}(M^{n+1}-M^n)-\frac{\lambda}{2}\sum_{j=0}^{J-1}|w_{j+1}^{n+1}-w_j^{n+1}|^2h.\end{aligned}\tag{9.39}$$

将 (9.39) 代入 (9.38) 得

$$\begin{aligned}&\frac{1}{2\tau}(M^{n+1}-M^n)\\&=-\frac{\lambda h}{2}\Bigg[\sum_{j=0}^{J-1}|w_{j+1}^{n+1}-w_j^{n+1}|^2+\frac{2}{\lambda}\sum_{j=1}^{J-1}|w_j^{n+1}|^2+2w_k^{n+1}(w_{k-1}^{n+1}+w_{k+1}^{n+1})\\&\quad-2w_k^n(w_{k-1}^{n+1}+w_{k+1}^{n+1})\Bigg]\\&=-\frac{\lambda h}{2}\Bigg[\sum_{j\neq k-1,k}|w_{j+1}^{n+1}-w_j^{n+1}|^2+|w_{k-1}^{n+1}|^2+2|w_k^{n+1}|^2+|w_{k+1}^{n+1}|^2\\&\quad+\frac{2}{\lambda}\sum_{j=1}^{J-1}|w_j^{n+1}|^2-2w_k^n(w_{k-1}^{n+1}+w_{k+1}^{n+1})\Bigg]\\&=-\frac{\lambda h}{2}\Bigg[\sum_{j\neq k-1,k}|w_{j+1}^{n+1}-w_j^{n+1}|^2+|w_{k-1}^{n+1}-w_k^n|^2+|w_{k+1}^{n+1}-w_k^n|^2\\&\quad+\frac{2}{\lambda}\sum_{j=1}^{J-1}|w_j^{n+1}|^2\Bigg]-\lambda h(|w_k^{n+1}|^2-|w_k^n|^2).\end{aligned}\tag{9.40}$$

记上式最后一个等式右边方括号中的二次型为 Q_1, 显然对 $\forall\lambda>0$, 有

$$Q_1=\sum_{j\neq k-1,k}|w_{j+1}^{n+1}-w_j^{n+1}|^2+|w_{k-1}^{n+1}-w_k^n|^2+|w_{k+1}^{n+1}-w_k^n|^2+\frac{2}{\lambda}\sum_{j=1}^{J-1}|w_j^{n+1}|^2\geqslant 0.$$

所以有下式成立,

$$\frac{1}{2\tau}(M^{n+1}-M^n)+\lambda h(|w_k^{n+1}|^2-|w_k^n|^2)\leqslant 0.$$

即

$$M^{n+1}+2\lambda\tau h|w_k^{n+1}|^2\leqslant M^n+2\lambda\tau h|w_k^n|^2. \tag{9.41}$$

从而有

$$M^n+2\lambda\tau h|w_k^n|^2\leqslant M^1+2\lambda\tau h|w_k^1|^2. \tag{9.42}$$

显然有如下等式成立:

$$\Delta_\tau u_j^1=\delta^2u_j^1=\tau\delta^2\frac{u_j^1-u_j^0}{\tau}+\delta^2u_j^0=\tau\delta^2\Delta_\tau u_j^1+\delta^2u_j^0. \tag{9.43}$$

假设 $\Delta_\tau u_j^1$ 有正的极大值, 则 $\delta^2\Delta_\tau u_j^1\leqslant 0$, 所以有 $\Delta_\tau u_j^1\leqslant\delta^2u_j^0$; 同理假设 $\Delta_\tau u_j^1$ 有负的极小值, 则 $\delta^2\Delta_\tau u_j^1\geqslant 0$, 所以有 $\Delta_\tau u_j^1\geqslant\delta^2u_j^0$. 总之有

$$\|\Delta_\tau u_h^1\|_\infty\leqslant\|\delta^2u_h^0\|_\infty. \tag{9.44}$$

易见

$$M^1\leqslant M^0. \tag{9.45}$$

将 (9.44) 和 (9.45) 代入 (9.42) 可得

$$M^n+2\lambda\tau h|w_k^n|\leqslant M^0+2\lambda\tau h|\delta^2u_k^0|^2\leqslant M^0+2\lambda\tau h||\delta^2u_h^0||_\infty^2\leqslant M^0+4\lambda^2h||\delta u_h^0||_\infty^2.$$

即有

$$M^n\leqslant CM^0.$$

其中 C 是只依赖于已知数据的正常数. 由上式即知并行格式 3 无条件稳定.

9.4.1.2　并行格式 4 的稳定性证明

用 $w_j^{n+1}h\ (j=1,2,\cdots,J-1)$ 分别乘 (9.36)–(9.37) 并对 j 求和得

$$\begin{aligned}\sum_{j=1}^{J-1}|w_j^{n+1}|^2h=&\sum_{j=1}^{J-1}\delta^2u_j^{n+1}\Delta_\tau u_j^{n+1}h-\frac{1}{2}\lambda(w_{k+1}^{n+1}w_k^{n+1}+w_k^{n+1}w_{k-1}^{n+1})\\&+\frac{1}{2}\lambda(w_{k+1}^nw_k^{n+1}+w_{k-1}^nw_k^{n+1}).\end{aligned}$$

利用 (9.39) 得

$$\begin{aligned}&\frac{1}{2\tau}(M^{n+1}-M^n)\\=&-\frac{\lambda h}{2}\Bigg[\sum_{j=0}^{J-1}|w_{j+1}^{n+1}-w_j^{n+1}|^2+\frac{2}{\lambda}\sum_{j=1}^{J-1}|w_j^{n+1}|^2+w_k^{n+1}w_{k-1}^{n+1}\\&+w_k^{n+1}w_{k+1}^{n+1}-w_{k+1}^nw_k^{n+1}-w_{k-1}^nw_k^{n+1}\\&+\frac{2}{\lambda}\sum_{j=1}^{J-1}|w_j^{n+1}|^2\Bigg]\end{aligned}$$

$$
\begin{aligned}
&= -\frac{\lambda h}{2}\Bigg[\sum_{j\neq k-1,k}|w_{j+1}^{n+1}-w_j^{n+1}|^2+\frac{1}{2}|w_k^{n+1}-w_{k+1}^{n+1}|^2\\
&\quad+\frac{1}{2}|w_{k-1}^{n+1}-w_k^{n+1}|^2+\frac{1}{2}|w_k^{n+1}-w_{k+1}^{n}|^2+\frac{1}{2}|w_k^{n+1}-w_{k-1}^{n}|^2\\
&\quad+\frac{2}{\lambda}\sum_{j=1}^{J-1}|w_j^{n+1}|^2\Bigg]\\
&\quad-\frac{1}{4}\lambda h(|w_{k+1}^{n+1}|^2+|w_{k-1}^{n+1}|^2-|w_{k+1}^{n}|^2-|w_{k-1}^{n}|^2).
\end{aligned}
$$

记上式最后一个等式的右边方括号中的二次型为 Q_2, 显然对 $\forall\lambda>0$, 有

$$
\begin{aligned}
Q_2 = &\Bigg[\sum_{j\neq k-1,k}|w_{j+1}^{n+1}-w_j^{n+1}|^2+\frac{1}{2}|w_k^{n+1}-w_{k+1}^{n+1}|^2+\frac{1}{2}|w_{k-1}^{n+1}-w_k^{n+1}|^2\\
&+\frac{1}{2}|w_k^{n+1}-w_{k+1}^{n}|^2+\frac{1}{2}|w_k^{n+1}-w_{k-1}^{n}|^2+\frac{2}{\lambda}\sum_{j=1}^{J-1}|w_j^{n+1}|^2)\Bigg]\geqslant 0.
\end{aligned}
$$

所以有下式成立:

$$
\frac{1}{2\tau}(M^{n+1}-M^n)+\frac{1}{4}\lambda h(|w_{k+1}^{n+1}|^2+|w_{k-1}^{n+1}|^2-|w_{k+1}^{n}|^2-|w_{k-1}^{n}|^2)\leqslant 0,
$$

即

$$
M^{n+1}+\frac{1}{2}\lambda\tau h(|w_{k+1}^{n+1}|^2+w_{k-1}^{n+1}|^2)\leqslant M^n+\frac{1}{2}\lambda\tau h(|w_{k+1}^{n}|^2+|w_{k-1}^{n}|^2).
$$

从而有

$$
M^{n+1}+\frac{1}{2}\lambda\tau h(|w_{k+1}^{n+1}|^2+w_{k-1}^{n+1}|^2)\leqslant M^1+\frac{1}{2}\lambda\tau h(|w_{k+1}^{1}|^2+|w_{k-1}^{1}|^2).
$$

即

$$
M^{n+1}+\frac{1}{2}\lambda\tau h(|w_{k+1}^{n+1}|^2+w_{k-1}^{n+1}|^2)\leqslant M^0+\lambda\tau h||\delta^2u_h^0||_\infty^2.
$$

所以有

$$
M^{n+1}\leqslant M^0+\lambda\tau h||\delta^2u_h^0||_\infty^2\leqslant CM^0.
$$

由上式即知并行格式 4 无条件稳定.

9.4.2 格式的收敛性

设 $u(x,t)$ 是 (9.25)–(9.27) 的光滑解, $u_h(x,t)$ 是定义在离散点集 $\{(x_j,t^n)\}$ 上的离散函数, 记 $u_j^n=u_h(x_j,t^n)$, $e(x,t)=u(x,t)-u_h(x,t), e_j^n=e(x_j,t^n), 0\leqslant j\leqslant J, 0\leqslant n\leqslant N$. 则对本节的并行格式有如下收敛性定理:

定理 9.4.2 并行格式 3 和并行格式 4 是无条件收敛的, 即对任意固定的 $\lambda>0$, 有

$$||\delta e_h^{n+1}||_2^2=O(\tau+h^2),\quad \forall n=0,1,\cdots,N-1.$$

证明 首先考虑并行格式 3. e_j^{n+1} 满足

$$\Delta_\tau e_j^{n+1}-\delta^2 e_j^{n+1}=G_j^{n+1},$$

$$j=1,2,\cdots,k-2,k,k+2,\cdots,J-1, \tag{9.46}$$

$$\Delta_\tau e_{k-1}^{n+1}-\delta^2 e_{k-1}^{n+1}+\lambda\Delta_\tau e_k^{n+1}-\lambda\Delta_\tau e_k^n=G_{k-1}^{n+1}, \tag{9.47}$$

$$\Delta_\tau e_{k+1}^{n+1}-\delta^2 e_{k+1}^{n+1}+\lambda\Delta_\tau e_k^{n+1}-\lambda\Delta_\tau e_k^n=G_{k+1}^{n+1}, \tag{9.48}$$

$$e_0^{n+1}=e_J^{n+1}=0, n=0,1,\cdots,N-1,\quad e_j^0=0, j=0,1,\cdots,J. \tag{9.49}$$

对 $\forall j,n$, 有 $|G_j^{n+1}|\leqslant C_1(\tau+h^2)$, 其中 C_1 是仅与 $u(x,t)$ 有关的常数.

记 $v_j^{n+1}=\Delta_\tau e_j^{n+1}$, 用 $v_j^{n+1}h$ 分别乘 (9.46)–(9.48), 并对 j 求和得

$$\begin{aligned}\sum_{j=1}^{J-1}|v_j^{n+1}|^2h=&\sum_{j=1}^{J-1}\delta^2 e_j^{n+1}\Delta_\tau e_j^{n+1}h-\lambda v_k^{n+1}(v_{k-1}^{n+1}+v_{k+1}^{n+1})h+\lambda v_k^n(w_{k-1}^{n+1}+v_{k+1}^{n+1})h\\&+\sum_{j=1}^{J-1}v_j^{n+1}G_j^{n+1}h.\end{aligned}$$

与并行格式 3 的 H^1 稳定性证明类似, 可得

$$\begin{aligned}&\frac{1}{2\tau}(||\delta e_h^{n+1}||_2^2-||\delta e_h^n||_2^2)\\=&-\frac{\lambda h}{2}\Bigg[\sum_{j\neq k-1,k}|v_{j+1}^{n+1}-v_j^{n+1}|^2+|v_{k-1}^{n+1}-v_k^n|^2+|v_{k+1}^{n+1}-v_k^n|^2\\&+\frac{2}{\lambda}\sum_{j=1}^{J-1}|v_j^{n+1}|^2-\frac{2}{\lambda}\sum_{j=1}^{J-1}G_j^{n+1}v_j^{n+1}\Bigg]-\lambda h(|v_k^{n+1}|^2-|v_k^n|^2)\\=&-\frac{\lambda h}{2}\Bigg[\sum_{j\neq k-1,k}|v_{j+1}^{n+1}-v_j^{n+1}|^2+|v_{k-1}^{n+1}-v_k^n|^2+|v_{k+1}^{n+1}-v_k^n|^2\end{aligned}$$

$$
\begin{aligned}
&+\frac{2}{\lambda}\sum_{j=1}^{J-1}|v_j^{n+1}|^2+\frac{1}{\lambda}\sum_{j=1}^{J-1}|\frac{1}{\sqrt{2}}G_j^{n+1}-\sqrt{2}v_j^{n+1}|^2-\frac{2}{\lambda}\sum_{j=1}^{J-1}|v_j^{n+1}|^2\\
&-\frac{1}{2\lambda}\sum_{j=1}^{J-1}|G_j^{n+1}|^2\Bigg]-\lambda h(|v_k^{n+1}|^2-|v_k^n|^2)\\
=&-\frac{\lambda h}{2}\Bigg[\sum_{j\neq k-1,k}|v_{j+1}^{n+1}-v_j^{n+1}|^2+|v_{k-1}^{n+1}-v_k^n|^2+|v_{k+1}^{n+1}-v_k^n|^2\\
&+\frac{1}{\lambda}\sum_{j=1}^{J-1}\left|\frac{1}{\sqrt{2}}G_j^{n+1}-\sqrt{2}v_j^{n+1}\right|^2\Bigg]+\frac{h}{4}\sum_{j=1}^{J-1}|G_j^{n+1}|^2\\
&-\lambda h(|v_k^{n+1}|^2-|v_k^n|^2)\\
&\leqslant\frac{h}{4}\sum_{j=1}^{J-1}|G_j^{n+1}|^2-\lambda h(|v_k^{n+1}|^2-|v_k^n|^2),
\end{aligned}
$$

即

$$
\begin{aligned}
||\delta e_h^{n+1}||_2^2+2\lambda\tau h|v_k^{n+1}|^2&\leqslant||\delta e_h^n||_2^2+2\lambda\tau h|v_k^n|^2+\frac{1}{2}\tau h\sum_{j=1}^{J-1}|G_j^{n+1}|^2\\
&\leqslant||\delta e_h^n||_2^2+2\lambda\tau h|v_k^n|^2+\frac{1}{2}\tau C_1^2(\tau+h^2)^2,
\end{aligned}
$$

从而有

$$
||\delta e_h^{n+1}||_2^2+2\lambda\tau h|v_k^{n+1}|^2\leqslant||\delta e_h^1||_2^2+2\lambda\tau h|v_k^1|^2+\frac{1}{2}TC_1^2(\tau+h^2)^2. \tag{9.50}
$$

显然如下等式成立:

$$
\Delta_\tau e_j^1=\delta^2 e_j^1+G_j^1.
$$

则有与 (9.44)–(9.45) 类似的结果, 即

$$
|\Delta_\tau e_k^1|\leqslant|\delta^2 e_k^0|+|G_j^1|\leqslant|\delta^2 e_k^0|+C_1(\tau+h^2),
$$

$$
||\delta e_h^1||_2^2\leqslant||\delta e_h^0||_2^2+2\sum_{j=1}^{J-1}|e_j^1||G_j^1|h.
$$

由以上两式并注意到 $||e_h^1||_2\leqslant C||\delta e_h^1||_2$, 以及初始条件 $e_j^0=0$, 可得

$$
|\Delta_\tau e_k^1|\leqslant C_1(\tau+h^2), \tag{9.51}
$$

$$
||\delta e_h^1||_2^2\leqslant C_2(\tau+h^2)^2. \tag{9.52}
$$

将 (9.51) 和 (9.52) 代入 (9.50) 得

$$||\delta e_h^{n+1}||_2^2 + 2\lambda\tau h|v_k^{n+1}|^2 \leqslant C(\tau + h^2)^2,$$

即有

$$||\delta e_h^{n+1}||_2^2 \leqslant C(\tau + h^2)^2. \tag{9.53}$$

于是证明了并行格式 3 无条件收敛且具有二阶精度. 类似地, 可证并行格式 4 无条件收敛并具有二阶精度.

9.5 二维二阶精度无条件稳定格式的构造

本节讨论如下二维抛物型方程初边值问题的并行差分格式:

$$u_t = u_{xx} + u_{yy}, \quad (x, y) \in (0, 1) \times (0, 1), t \in (0, T], \tag{9.54}$$

$$u(0, y, t) = u(1, y, t) = u(x, 0, t) = u(x, 1, t) = 0, \quad t \in (0, T], \tag{9.55}$$

$$u(x, y, 0) = u_0(x, y), \quad (x, y) \in (0, 1) \times (0, 1), \tag{9.56}$$

其中 $u_0(x, y)$ 是已知函数, $u_0(x, 0) = u_0(x, 1) = u_0(0, y) = u_0(1, y) = 0$.

将区间 $[0, T]$ 和 $[0, 1]$ 分别分成 N 个和 J 个相等的小区间. 令 $\tau = T/N$, $t^n = n\tau$, $h = 1/J$, $x_i = ih$, $y_j = jh$, $\lambda = \tau/h^2$. 对函数 $\phi(x, y, t)$, 令 $\phi_{i,j}^n = \phi(x_i, y_j, t^n)$. 并引入以下记号:

$$\begin{aligned}
\delta_1 u_{i,j}^n &= \frac{1}{h}(u_{i+1,j}^n - u_{i,j}^n),\\
\delta_1^2 u_{i,j}^n &= \frac{1}{h}(\delta_1 u_{i,j}^n - \delta_1 u_{i-1,j}^n),\\
\delta_2 u_{i,j}^n &= \frac{1}{h}(u_{i,j+1}^n - u_{i,j}^n),\\
\delta_2^2 u_{i,j}^n &= \frac{1}{h}(\delta_2 u_{i,j}^n - \delta_2 u_{i,j-1}^n),\\
\Delta_\tau u_{i,j}^{n+1} &= \frac{1}{\tau}(u_{i,j}^{n+1} - u_{i,j}^n).
\end{aligned}$$

离散范数定义如下:

$$\begin{aligned}
||u_h^n||_2^2 &= \sum_{i,j=1}^{J-1} |u_{i,j}^n|^2 h,\\
||u_h^n||_\infty^2 &= \max_{0\leqslant i,j\leqslant J} |u_{i,j}^n|^2,
\end{aligned}$$

其中, $\sum\limits_{i,j=1}^{J-1}$ 表示双重求和 $\sum\limits_{i=1}^{J-1}\sum\limits_{j=1}^{J-1}$.

下面将对二维问题 (9.54)–(9.56) 构造如下两类具有并行本性的差分格式[41].

9.5.1 并行格式 5

设 k 为满足 $2<k<J-2$, l 为满足 $2<l<J-2$ 的正整数, 且设在第 n 层上的离散值 $\{u_{i,j}^n|i=1,2,\cdots,J-1;j=1,2,\cdots,J-1\}$ 和第 $n-1$ 层上的离散值 $\{u_{i,j}^{n-1}|i=1,2,\cdots,J-1;j=1,2,\cdots,J-1\}$ 已知, 则先由如下格式求出第 $n+1$ 层上的值 $\{u_{i,j}^{n+1}|i\neq k,j\neq l\}$.

$$\Delta_\tau u_{i,j}^{n+1}=\delta_1^2 u_{i,j}^{n+1}+\delta_2^2 u_{i,j}^{n+1},\quad i\neq k-1,k,k+1;j\neq l-1,l,l+1,\tag{9.57}$$

$$\begin{aligned}\Delta_\tau u_{k-1,j}^{n+1}=&\frac{1}{h^2}((2u_{k,j}^n-u_{k,j}^{n-1})-2u_{k-1,j}^{n+1}+u_{k-2,j}^{n+1})\\&+\delta_2^2 u_{k-1,j}^{n+1},\quad j\neq l-1,l,l+1,\end{aligned}\tag{9.58}$$

$$\begin{aligned}\Delta_\tau u_{k+1,j}^{n+1}=&\frac{1}{h^2}(u_{k+2,j}^{n+1}-2u_{k+1,j}^{n+1}+(2u_{k,j}^n-u_{k,j}^{n-1}))\\&+\delta_2^2 u_{k+1,j}^{n+1},\quad j\neq l-1,l,l+1,\end{aligned}\tag{9.59}$$

$$\begin{aligned}\Delta_\tau u_{i,l-1}^{n+1}=&\frac{1}{h^2}((2u_{i,l}^n-u_{i,l}^{n-1})-2u_{i,l-1}^{n+1}+u_{i,l-2}^{n+1})\\&+\delta_1^2 u_{i,l-1}^{n+1},\quad i\neq k-1,k,k+1,\end{aligned}\tag{9.60}$$

$$\begin{aligned}\Delta_\tau u_{i,l+1}^{n+1}=&\frac{1}{h^2}(u_{i,l+2}^{n+1}-2u_{i,l+1}^{n+1}+(2u_{i,l}^n-u_{i,l}^{n-1}))\\&+\delta_1^2 u_{i,l+1}^{n+1},\quad i\neq k-1,k,k+1,\end{aligned}\tag{9.61}$$

$$\begin{aligned}\Delta_\tau u_{k-1,l-1}^{n+1}=&\frac{1}{h^2}((2u_{k,l-1}^n-u_{k,l-1}^{n-1})-2u_{k-1,l-1}^{n+1}+u_{k-2,l-1}^{n+1})\\&+\frac{1}{h^2}((2u_{k-1,l}^n-u_{k-1,l}^{n-1})-2u_{k-1,l-1}^{n+1}+u_{k-1,l-2}^{n+1}),\end{aligned}\tag{9.62}$$

$$\begin{aligned}\Delta_\tau u_{k+1,l-1}^{n+1}=&\frac{1}{h^2}(u_{k+2,l-1}^{n+1}-2u_{k+1,l-1}^{n+1}+(2u_{k,l-1}^n-u_{k,l-1}^{n-1})\\&+\frac{1}{h^2}((2u_{k+1,l}^n-u_{k+1,l}^{n-1})-2u_{k+1,l-1}^{n+1}+u_{k+1,l-2}^{n+1}),\end{aligned}\tag{9.63}$$

$$\begin{aligned}\Delta_\tau u_{k-1,l+1}^{n+1}=&\frac{1}{h^2}((2u_{k,l+1}^n-u_{k,l+1}^{n-1})-2u_{k-1,l+1}^{n+1}+u_{k-2,l+1}^{n+1})\\&+\frac{1}{h^2}(u_{k-1,l+2}^{n+1}-2u_{k-1,l+1}^{n+1}+(2u_{k-1,l}^n-u_{k-1,l}^{n-1})),\end{aligned}\tag{9.64}$$

$$\begin{aligned}\Delta_\tau u_{k+1,l+1}^{n+1}=&\frac{1}{h^2}(u_{k+2,l+1}^{n+1}-2u_{k+1,l+1}^{n+1}+(2u_{k,l+1}^n-u_{k,l+1}^{n-1})\\&+\frac{1}{h^2}(u_{k+1,l+2}^{n+1}-2u_{k+1,l+1}^{n+1}+(2u_{k+1,l}^n-u_{k+1,l}^{n-1})).\end{aligned}\tag{9.65}$$

式 (9.58)–(9.65) 是当 $i=k$ 或 $j=l$ 时, 将全隐格式中的 $u_{i,j}^{n+1}$ 换为 $2u_{i,j}^n-u_{i,j}^{n-1}$ 得到的. 为了获得高度并行度, 采用如下方式计算内边界点的值:

$$\Delta_\tau u_{k,j}^{n+1} = \delta_1^2 u_{k,j}^{n+1} + \delta_2^2 u_{k,j}^{n+1}, \quad j \neq l-1, l, l+1, \tag{9.66}$$

$$\Delta_\tau u_{i,l}^{n+1} = \delta_1^2 u_{i,l}^{n+1} + \delta_2^2 u_{i,l}^{n+1}, \quad i \neq k-1, k, k+1, \tag{9.67}$$

$$\Delta_\tau u_{k,l-1}^{n+1} = \frac{1}{h^2}((2u_{k,l}^n - u_{k,l}^{n-1}) - 2u_{k,l-1}^{n+1} + u_{k,l-2}^{n+1}) + \delta_1^2 u_{k,l-1}^{n+1}, \tag{9.68}$$

$$\Delta_\tau u_{k,l+1}^{n+1} = \frac{1}{h^2}(u_{k,l+2}^{n+1} - 2u_{k,l+1}^{n+1} + (2u_{k,l}^n - u_{k,l}^{n-1})) + \delta_1^2 u_{k,l+1}^{n+1}, \tag{9.69}$$

$$\Delta_\tau u_{k-1,l}^{n+1} = \frac{1}{h^2}((2u_{k,l}^n - u_{k,l}^{n-1}) - 2u_{k-1,l}^{n+1} + u_{k-2,l}^{n+1}) + \delta_2^2 u_{k-1,l}^{n+1}, \tag{9.70}$$

$$\Delta_\tau u_{k+1,l}^{n+1} = \frac{1}{h^2}(u_{k+2,l}^{n+1} - 2u_{k+1,l}^{n+1} + (2u_{k,l}^n - u_{k,l}^{n-1})) + \delta_2^2 u_{k+1,l}^{n+1}, \tag{9.71}$$

$$\Delta_\tau u_{k,l}^{n+1} = \delta_1^2 u_{k,l}^{n+1} + \delta_2^2 u_{k,l}^{n+1}. \tag{9.72}$$

式 (9.68)–(9.71) 是将全隐格式中的 $u_{k,l}^{n+1}$ 换为 $2u_{k,l}^n - u_{k,l}^{n-1}$ 得到的. 而且易知格式 (9.57)–(9.72) 在每一点的截断误差都是 $O(\tau + h^2)$.

将格式 (9.57)–(9.72) 改写为

$$\Delta_\tau u_{i,j}^{n+1} = \delta_1^2 u_{i,j}^{n+1} + \delta_2^2 u_{i,j}^{n+1}, \quad i \neq k-1, k+1; j \neq l-1, l+1, \tag{9.73}$$

$$\begin{aligned} \Delta_\tau u_{i,j}^{n+1} = {} & \delta_1^2 u_{i,j}^{n+1} + \delta_2^2 u_{i,j}^{n+1} - \lambda \Delta_\tau u_{k,j}^{n+1} + \lambda \Delta_\tau u_{k,j}^n, \\ & i = k-1, k+1; j \neq l-1, l, l+1, \end{aligned} \tag{9.74}$$

$$\begin{aligned} \Delta_\tau u_{i,j}^{n+1} = {} & \delta_1^2 u_{i,j}^{n+1} + \delta_2^2 u_{i,j}^{n+1} - \lambda \Delta_\tau u_{i,l}^{n+1} + \lambda \Delta_\tau u_{i,l}^n, \\ & j = l-1, l+1; i \neq k-1, k, k+1, \end{aligned} \tag{9.75}$$

$$\begin{aligned} \Delta_\tau u_{k-1,l-1}^{n+1} = {} & \delta_1^2 u_{k-1,l-1}^{n+1} + \delta_2^2 u_{k-1,l-1}^{n+1} - \lambda \Delta_\tau u_{k,l-1}^{n+1} + \lambda \Delta_\tau u_{k,l-1}^n \\ & - \lambda \Delta_\tau u_{k-1,l}^{n+1} + \lambda \Delta_\tau u_{k-1,l}^n, \end{aligned} \tag{9.76}$$

$$\begin{aligned} \Delta_\tau u_{k+1,l-1}^{n+1} = {} & \delta_1^2 u_{k+1,l-1}^{n+1} + \delta_2^2 u_{k+1,l-1}^{n+1} - \lambda \Delta_\tau u_{k,l-1}^{n+1} + \lambda \Delta_\tau u_{k,l-1}^n \\ & - \lambda \Delta_\tau u_{k+1,l}^{n+1} + \lambda \Delta_\tau u_{k+1,l}^n, \end{aligned} \tag{9.77}$$

$$\begin{aligned} \Delta_\tau u_{k-1,l+1}^{n+1} = {} & \delta_1^2 u_{k-1,l+1}^{n+1} + \delta_2^2 u_{k-1,l+1}^{n+1} - \lambda \Delta_\tau u_{k,l+1}^{n+1} + \lambda \Delta_\tau u_{k,l+1}^n \\ & - \lambda \Delta_\tau u_{k-1,l}^{n+1} + \lambda \Delta_\tau u_{k-1,l}^n, \end{aligned} \tag{9.78}$$

$$\begin{aligned} \Delta_\tau u_{k+1,l+1}^{n+1} = {} & \delta_1^2 u_{k+1,l+1}^{n+1} + \delta_2^2 u_{k+1,l+1}^{n+1} - \lambda \Delta_\tau u_{k,l+1}^{n+1} + \lambda \Delta_\tau u_{k,l+1}^n \\ & - \lambda \Delta_\tau u_{k+1,l}^{n+1} + \lambda \Delta_\tau u_{k+1,l}^n. \end{aligned} \tag{9.79}$$

9.5.2 并行格式 6

设 k 为满足 $2<k<J-2$, l 为满足 $2<l<J-2$ 的正整数, 且设在第 n 层上的离散值 $\{u_{i,j}^{n}|i=1,2,\cdots,J-1;j=1,2,\cdots,J-1\}$ 和第 $n-1$ 层上的离散值 $\{u_{i,j}^{n-1}|i=1,2,\cdots,J-1;j=1,2,\cdots,J-1\}$ 已知, 则先由如下格式求出第 $n+1$ 层上的值 $\{u_{i,j}^{n+1}|i\neq k,j\neq l\}$:

$$\Delta_\tau u_{i,j}^{n+1}=\delta_1^2u_{i,j}^{n+1}+\delta_2^2u_{i,j}^{n+1},\quad i\neq k;j\neq l, \tag{9.80}$$

$$\Delta_\tau \bar{u}_{k,j}^{n+1}=\frac{1}{h^2}((2u_{k+1,j}^{n}-u_{k+1,j}^{n-1})-\bar{u}_{k,j}^{n+1}-(\bar{u}_{k,j}^{n+1}-u_{k-1,j}^{n+1}))+\delta_2^2\bar{u}_{k,j}^{n+1},\quad j\neq l, \tag{9.81}$$

$$\Delta_\tau \tilde{u}_{k,j}^{n+1}=\frac{1}{h^2}(u_{k+1,j}^{n+1}-\tilde{u}_{k,j}^{n+1}-(\tilde{u}_{k,j}^{n+1}-(2u_{k-1,j}^{n}-u_{k-1,j}^{n-1})))+\delta_2^2\tilde{u}_{k,j}^{n+1},\quad j\neq l, \tag{9.82}$$

$$\Delta_\tau \bar{u}_{i,l}^{n+1}=\frac{1}{h^2}((2u_{i,l+1}^{n}-u_{i,l+1}^{n-1})-\bar{u}_{i,l}^{n+1}-(\bar{u}_{i,l}^{n+1}-u_{i,l-1}^{n+1}))+\delta_1^2\bar{u}_{i,l}^{n+1},\quad i\neq k, \tag{9.83}$$

$$\Delta_\tau \tilde{u}_{i,l}^{n+1}=\frac{1}{h^2}(u_{i,l+1}^{n+1}-\tilde{u}_{i,l}^{n+1}-(\tilde{u}_{i,l}^{n+1}-(2u_{i,l-1}^{n}-u_{i,l-1}^{n-1})))+\delta_1^2\tilde{u}_{i,l}^{n+1},\quad i\neq k, \tag{9.84}$$

$$\begin{aligned}\Delta_\tau \breve{u}_{k,l}^{n+1}=&\frac{1}{h^2}((2u_{k+1,l}^{n}-u_{k+1,l}^{n-1})-\breve{u}_{k,l}^{n+1}-(\breve{u}_{k,l}^{n+1}-u_{k-1,l}^{n+1}))\\&+\frac{1}{h^2}((2u_{k,l+1}^{n}-u_{k,l+1}^{n-1})-\breve{u}_{k,l}^{n+1}-(\breve{u}_{k,l}^{n+1}-u_{k,l-1}^{n+1})),\end{aligned} \tag{9.85}$$

$$\begin{aligned}\Delta_\tau \hat{u}_{k,l}^{n+1}=&\frac{1}{h^2}(u_{k+1,l}^{n+1}-\hat{u}_{k,l}^{n+1}-(\hat{u}_{k,l}^{n+1}-(2u_{k-1,l}^{n}-u_{k-1,l}^{n-1})))\\&+\frac{1}{h^2}((2u_{k,l+1}^{n}-u_{k,l+1}^{n-1})-\hat{u}_{k,l}^{n+1}-(\hat{u}_{k,l}^{n+1}-u_{k,l-1}^{n+1})),\end{aligned} \tag{9.86}$$

$$\begin{aligned}\Delta_\tau \check{u}_{k,l}^{n+1}=&\frac{1}{h^2}((2u_{k+1,l}^{n}-u_{k+1,l}^{n-1})-\check{u}_{k,l}^{n+1}-(\check{u}_{k,l}^{n+1}-u_{k-1,l}^{n+1}))\\&+\frac{1}{h^2}(u_{k,l+1}^{n+1}-\check{u}_{k,l}^{n+1}-(\check{u}_{k,l}^{n+1}-(2u_{k,l-1}^{n}-u_{k,l-1}^{n-1}))),\end{aligned} \tag{9.87}$$

$$\begin{aligned}\Delta_\tau \acute{u}_{k,l}^{n+1}=&\frac{1}{h^2}(u_{k+1,l}^{n+1}-\acute{u}_{k,l}^{n+1}-(\acute{u}_{k,l}^{n+1}-(2u_{k-1,l}^{n}-u_{k-1,l}^{n-1})))\\&+\frac{1}{h^2}(u_{k,l+1}^{n+1}-\acute{u}_{k,l}^{n+1}-(\acute{u}_{k,l}^{n+1}-(2u_{k,l-1}^{n}-u_{k,l-1}^{n-1}))).\end{aligned} \tag{9.88}$$

由于在 $(x=x_k,y\neq y_l)$ 点和 $(x\neq x_k,y=y_l)$ 点处有两个值, 在 $(x=x_k,y=y_l)$ 点处有四个值, 可以简单地取 $(x=x_k,y\neq y_l)$ 和 $(x\neq x_k,y=y_l)$ 点处的值为这两个值的平均, 在 $(x=x_k,y=y_l)$ 点的值为这四个值的平均, 即

$$u_{k,j}^{n+1}=\frac{1}{2}(\bar{u}_{k,j}^{n+1}+\tilde{u}_{k,j}^{n+1}),\quad j\neq l, \tag{9.89}$$

$$u_{i,l}^{n+1}=\frac{1}{2}(\bar{u}_{i,l}^{n+1}+\tilde{u}_{i,l}^{n+1}),\quad i\neq k, \tag{9.90}$$

$$u_{k,l}^{n+1}=\frac{1}{4}(\hat{u}_{k,l}^{n+1}+\breve{u}_{k,l}^{n+1}+\breve{u}_{k,l}^{n+1}+\acute{u}_{k,l}^{n+1}). \tag{9.91}$$

在格式 (9.80)–(9.91) 中, 式 (9.80) 为纯隐式, 式 (9.81)–(9.84) 是分别将纯隐式格式中的 $u_{k+1,j}^{n+1}$ 改取为 $2u_{k+1,j}^{n}-u_{k+1,j}^{n-1}$, $u_{k-1,j}^{n+1}$ 改取为 $2u_{k-1,j}^{n}-u_{k-1,j}^{n-1}$, $u_{i,l+1}^{n+1}$ 改取为 $2u_{i,l+1}^{n}-u_{i,l+1}^{n-1}$, $u_{i,l-1}^{n+1}$ 改取为 $2u_{i,l-1}^{n}-u_{i,l-1}^{n-1}$. 式 (9.85)–(9.88) 是分别将纯隐式格式中的 $u_{k+1,l}^{n+1}$, $u_{k,l+1}^{n+1}$ 改取为 $2u_{k+1,l}^{n}-u_{k+1,l}^{n-1}$, $2u_{k,l+1}^{n}-u_{k,l+1}^{n-1}$, $u_{k-1,l}^{n+1}$, $u_{k,l+1}^{n+1}$ 改取为 $2u_{k-1,l}^{n}-u_{k-1,l}^{n-1}$, $2u_{k,l+1}^{n}-u_{k,l+1}^{n-1}$, $u_{k+1,l}^{n+1}$, $u_{k,l-1}^{n+1}$ 改取为 $2u_{k+1,l}^{n}-u_{k+1,l}^{n-1}$, $2u_{k,l-1}^{n}-u_{k,l-1}^{n-1}$, $u_{k-1,l}^{n+1}$, $u_{k,l-1}^{n+1}$ 改取为 $2u_{k-1,l}^{n}-u_{k-1,l}^{n-1}$, $2u_{k,l-1}^{n}-u_{k,l-1}^{n-1}$. 于是 (9.80)–(9.88) 可分区并行计算. 然后利用 (9.89)–(9.91) 唯一确定分区界面的值. 而且易知以上格式在每一点的截断误差都是 $O(\tau+h^2)$.

将 (9.81)–(9.88) 改写为

$$\Delta_\tau\bar{u}_{k,j}^{n+1}=\delta_1^2\bar{u}_{k,j}^{n+1}+\delta_2^2\bar{u}_{k,j}^{n+1}-\lambda\Delta_\tau u_{k+1,j}^{n+1}+\lambda\Delta_\tau u_{k+1,j}^{n},\quad j\neq l,$$

$$\Delta_\tau\tilde{u}_{k,j}^{n+1}=\delta_1^2\tilde{u}_{k,j}^{n+1}+\delta_2^2\tilde{u}_{k,j}^{n+1}-\lambda\Delta_\tau u_{k-1,j}^{n+1}+\lambda\Delta_\tau u_{k-1,j}^{n},\quad j\neq l,$$

$$\Delta_\tau\bar{u}_{i,l}^{n+1}=\delta_1^2\bar{u}_{i,l}^{n+1}+\delta_2^2\bar{u}_{i,l}^{n+1}-\lambda\Delta_\tau u_{i,l+1}^{n+1}+\lambda\Delta_\tau u_{i,l+1}^{n},\quad i\neq k,$$

$$\Delta_\tau\tilde{u}_{i,l}^{n+1}=\delta_1^2\tilde{u}_{i,l}^{n+1}+\delta_2^2\tilde{u}_{i,l}^{n+1}-\lambda\Delta_\tau u_{i,l-1}^{n+1}+\lambda\Delta_\tau u_{i,l-1}^{n},\quad i\neq k,$$

$$\Delta_\tau\breve{u}_{k,l}^{n+1}=\delta_1^2\breve{u}_{k,l}^{n+1}+\delta_2^2\breve{u}_{k,l}^{n+1}-\lambda\Delta_\tau u_{k+1,l}^{n+1}+\lambda\Delta_\tau u_{k+1,l}^{n}-\lambda\Delta_\tau u_{k,l+1}^{n+1}+\lambda\Delta_\tau u_{k,l+1}^{n},$$

$$\Delta_\tau\hat{u}_{k,l}^{n+1}=\delta_1^2\hat{u}_{k,l}^{n+1}+\delta_2^2\hat{u}_{k,l}^{n+1}-\lambda\Delta_\tau u_{k-1,l}^{n+1}+\lambda\Delta_\tau u_{k-1,l}^{n}-\lambda\Delta_\tau u_{k,l+1}^{n+1}+\lambda\Delta_\tau u_{k,l+1}^{n},$$

$$\Delta_\tau\breve{u}_{k,l}^{n+1}=\delta_1^2\breve{u}_{k,l}^{n+1}+\delta_2^2\breve{u}_{k,l}^{n+1}-\lambda\Delta_\tau u_{k+1,l}^{n+1}+\lambda\Delta_\tau u_{k+1,l}^{n}-\lambda\Delta_\tau u_{k,l-1}^{n+1}+\lambda\Delta_\tau u_{k,l-1}^{n},$$

$$\Delta_\tau\acute{u}_{k,l}^{n+1}=\delta_1^2\acute{u}_{k,l}^{n+1}+\delta_2^2\acute{u}_{k,l}^{n+1}-\lambda\Delta_\tau u_{k-1,l}^{n+1}+\lambda\Delta_\tau u_{k-1,l}^{n}-\lambda\Delta_\tau u_{k,l-1}^{n+1}+\lambda\Delta_\tau u_{k,l-1}^{n}.$$

于是格式 (9.80)–(9.91) 可改写为

$$\Delta_\tau u_{i,j}^{n+1}=\delta_1^2u_{i,j}^{n+1}+\delta_2^2u_{i,j}^{n+1},\quad i\neq k;j\neq l, \tag{9.92}$$

$$\begin{aligned}\Delta_\tau u_{k,j}^{n+1}=&\delta_1^2u_{k,j}^{n+1}+\delta_2^2u_{k,j}^{n+1}-\frac{1}{2}\lambda(\Delta_\tau u_{k+1,j}^{n+1}+\Delta_\tau u_{k-1,j}^{n+1})\\&+\frac{1}{2}(\lambda\Delta_\tau u_{k+1,j}^{n}+\Delta_\tau u_{k-1,j}^{n}),\quad j\neq l,\end{aligned} \tag{9.93}$$

$$\Delta_\tau u_{i,l}^{n+1} = \delta_1^2 u_{i,l}^{n+1} + \delta_2^2 u_{i,l}^{n+1} - \frac{1}{2}\lambda(\Delta_\tau u_{i,l+1}^{n+1} + \Delta_\tau u_{i,l-1}^{n+1})$$
$$+\frac{1}{2}\lambda(\Delta_\tau u_{i,l+1}^{n} + \Delta_\tau u_{i,l-1}^{n}), \quad i \neq k, \tag{9.94}$$

$$\Delta_\tau u_{k,l}^{n+1} = \delta_1^2 u_{k,l}^{n+1} + \delta_2^2 u_{k,l}^{n+1} - \frac{1}{2}\lambda(\Delta_\tau u_{k+1,l}^{n+1} + \Delta_\tau u_{k-1,l}^{n+1} + \Delta_\tau u_{k,l+1}^{n+1} + \Delta_\tau u_{k,l-1}^{n+1})$$
$$+\frac{1}{2}\lambda(\Delta_\tau u_{k+1,l}^{n} + \Delta_\tau u_{k-1,l}^{n} + \Delta_\tau u_{k,l+1}^{n} + \Delta_\tau u_{k,l-1}^{n}). \tag{9.95}$$

9.6 二维格式的理论分析

本节给出二维并行格式的稳定性和收敛性分析.

9.6.1 格式的稳定性

对上节构造的格式有以下与一维格式类似的定理.

定理 9.6.1 并行格式 5 和并行格式 6 在离散 H^1 范数意义下是无条件稳定的, 即对任意固定的 λ, 格式的解满足

$$||\delta u_h^{n+1}||_2^2 \leqslant C||\delta u_h^0||_2^2, \quad \forall\, n = 0, 1, \cdots, N-1, \tag{9.96}$$

其中 C 是一个仅依赖于已知数据的常数.

9.6.1.1 并行格式 5 的稳定性证明

令 $w_{i,j}^{n+1} = \Delta_\tau u_{i,j}^{n+1}$, 用 $w_{i,j}^{n+1}h$ 分别乘式 (9.73)–(9.79), 并对 i, j 求和得

$$\begin{aligned}
&\sum_{i,j=1}^{J-1} |w_{i,j}^{n+1}|^2 h \\
=&\sum_{i,j=1}^{J-1} (\delta_1^2 u_{i,j}^{n+1} + \delta_2^2 u_{i,j}^{n+1})\Delta_\tau u_{i,j}^{n+1} h - \lambda \sum_{\substack{i=k-1,k+1\\ j\neq l-1,l+1}} w_{k,j}^{n+1} w_{i,j}^{n+1} h \\
&+\lambda \sum_{\substack{i=k-1,k+1\\ j\neq l-1,l+1}} w_{k,j}^{n} w_{i,j}^{n+1} h - \lambda \sum_{\substack{i\neq k-1,k+1\\ j=l-1,l+1}} w_{i,l}^{n+1} w_{i,j}^{n+1} h + \lambda \sum_{\substack{i\neq k-1,k+1\\ j=l-1,l+1}} w_{i,l}^{n} w_{i,j}^{n+1} h \\
&-\lambda w_{k,l-1}^{n+1} w_{k-1,l-1}^{n+1} + \lambda w_{k,l-1}^{n} w_{k-1,l-1}^{n+1} - \lambda w_{k-1,l}^{n+1} w_{k-1,l-1}^{n+1} + \lambda w_{k-1,l}^{n} w_{k-1,l-1}^{n+1} \\
&-\lambda w_{k,l-1}^{n+1} w_{k+1,l-1}^{n+1} + \lambda w_{k,l-1}^{n} w_{k+1,l-1}^{n+1} - \lambda w_{k+1,l}^{n+1} w_{k+1,l-1}^{n+1} + \lambda w_{k+1,l}^{n} w_{k+1,l-1}^{n+1} \\
&-\lambda w_{k,l+1}^{n+1} w_{k-1,l+1}^{n+1} + \lambda w_{k,l+1}^{n} w_{k-1,l+1}^{n+1} - \lambda w_{k-1,l}^{n+1} w_{k-1,l+1}^{n+1} + \lambda w_{k-1,l}^{n} w_{k-1,l+1}^{n+1} \\
&-\lambda w_{k,l+1}^{n+1} w_{k+1,l+1}^{n+1} + \lambda w_{k,l+1}^{n} w_{k+1,l+1}^{n+1} - \lambda w_{k+1,l}^{n+1} w_{k+1,l+1}^{n+1} + \lambda w_{k+1,l}^{n} w_{k+1,l+1}^{n+1}
\end{aligned}$$

$$
\begin{aligned}
&= \sum_{i,j=1}^{J-1} (\delta_1^2 u_{i,j}^{n+1} + \delta_2^2 u_{i,j}^{n+1}) \Delta_\tau u_{i,j}^{n+1} h - \lambda \sum_{\substack{j=1 \\ i=k-1,k+1}}^{J-1} w_{k,j}^{n+1} w_{i,j}^{n+1} h \\
&\quad + \lambda \sum_{\substack{j=1 \\ i=k-1,k+1}}^{J-1} w_{k,j}^{n} w_{i,j}^{n+1} h - \lambda \sum_{\substack{i=1 \\ j=l-1,l+1}}^{J-1} w_{i,l}^{n+1} w_{i,j}^{n+1} h \\
&\quad + \lambda \sum_{\substack{i=1 \\ j=l-1,l+1}}^{J-1} w_{i,l}^{n} w_{i,j}^{n+1} h.
\end{aligned} \tag{9.97}
$$

利用引理 9.4.1, 以及边界条件得

$$
\begin{aligned}
\sum_{i,j=1}^{J-1} \delta_1^2 u_{i,j}^{n+1} \Delta_\tau u_{i,j}^{n+1} h &= -\frac{1}{\tau} \sum_{\substack{i=0 \\ j=1}}^{J-1} (\delta u_{i,j}^{n+1} - \delta u_{i,j}^{n}) \delta u_{i,j}^{n+1} \\
&= -\frac{1}{2\tau} \sum_{\substack{i=0 \\ j=1}}^{J-1} (|\delta u_{i,j}^{n+1}|^2 - |\delta u_{i,j}^{n}|^2 + |\delta u_{i,j}^{n+1} - \delta u_{i,j}^{n}|^2) h \\
&= -\frac{1}{2\tau} (M_1^{n+1} - M_1^{n}) - \frac{\lambda}{2} \sum_{\substack{i=0 \\ j=1}}^{J-1} |w_{i+1,j}^{n+1} - w_{i,j}^{n+1}|^2 h,
\end{aligned} \tag{9.98}
$$

其中 $M_1^n = \sum\limits_{i=0,j=1}^{J-1} |\delta u_{i,j}^n|^2 h$. 同理可得

$$
\sum_{i,j=1}^{J-1} \delta_2^2 u_{i,j}^{n+1} \Delta_\tau u_{i,j}^{n+1} h = -\frac{1}{2\tau} (M_2^{n+1} - M_2^{n}) - \frac{\lambda}{2} \sum_{\substack{i=1 \\ j=0}}^{J-1} |w_{i+1,j}^{n+1} - w_{i,j}^{n+1}|^2 h, \tag{9.99}
$$

其中 $M_2^n = \sum\limits_{i=1,j=0}^{J-1} |\delta u_{i,j}^n|^2 h$. 记 $M^n = M_1^n + M_2^n$, 将 (9.98) 和 (9.99) 代入 (9.97) 得

$$
\begin{aligned}
\frac{1}{2\tau}(M^{n+1} - M^n) = -\frac{\lambda h}{2} \Bigg(& \sum_{i=0,j=1}^{J-1} |w_{i+1,j}^{n+1} - w_{i,j}^{n+1}|^2 + \sum_{i=1,j=0}^{J-1} |w_{i,j+1}^{n+1} - w_{i,j}^{n+1}|^2 \\
& + \sum_{\substack{j=1 \\ i=k-1,k+1}}^{J-1} 2 w_{k,j}^{n+1} w_{i,j}^{n+1} - \sum_{\substack{j=1 \\ i=k-1,k+1}}^{J-1} 2 w_{k,j}^{n} w_{i,j}^{n+1} \\
& + \sum_{\substack{i=1 \\ j=l-1,l+1}}^{J-1} 2 w_{i,l}^{n+1} w_{i,j}^{n+1} - \sum_{\substack{i=1 \\ j=l-1,l+1}}^{J-1} 2 w_{i,l}^{n} w_{i,j}^{n+1} + \frac{2}{\lambda} \sum_{i,j=1}^{J-1} |w_{i,j}^{n+1}|^2 \Bigg)
\end{aligned}
$$

$$
\begin{aligned}
&=-\frac{\lambda h}{2}\Bigg(\sum_{\substack{j=1\\ i\neq k-1,k}}^{J-1}|w_{i+1,j}^{n+1}-w_{i,j}^{n+1}|^2+\sum_{\substack{i=1\\ j\neq l-1,l}}^{J-1}|w_{i,j+1}^{n+1}-w_{i,j}^{n+1}|^2\\
&\quad+\frac{2}{\lambda}\sum_{i,j=1}^{J-1}|w_{i,j}^{n+1}|^2+\sum_{j=1}^{J-1}(|w_{k,j}^{n}-w_{k-1,j}^{n+1}|^2+|w_{k,j}^{n}-w_{k+1,j}^{n+1}|^2)\\
&\quad+\sum_{i=1}^{J-1}(|w_{i,l}^{n}-w_{i,l-1}^{n+1}|^2+|w_{i,l}^{n}-w_{i,l+1}^{n+1}|^2)\Bigg)\\
&\quad-\lambda h\sum_{j=1}^{J-1}(|w_{k,j}^{n+1}|^2-|w_{k,j}^{n}|^2)-\lambda h\sum_{i=1}^{J-1}(|w_{i,l}^{n+1}|^2-|w_{i,l}^{n}|^2)\\
&\leqslant-\lambda h\sum_{j=1}^{J-1}(|w_{k,j}^{n+1}|^2-|w_{k,j}^{n}|^2)-\lambda h\sum_{i=1}^{J-1}(|w_{i,l}^{n+1}|^2-|w_{i,l}^{n}|^2),
\end{aligned}
\tag{9.100}
$$

即有

$$
\begin{aligned}
&M^{n+1}+2\lambda\tau h\left(\sum_{j=1}^{J-1}|w_{k,j}^{n+1}|^2+\sum_{i=1}^{J-1}|w_{i,l}^{n+1}|^2\right)\\
&\leqslant M^{n}+2\lambda\tau h\left(\sum_{j=1}^{J-1}|w_{k,j}^{n}|^2+\sum_{i=1}^{J-1}|w_{i,l}^{n}|^2\right),
\end{aligned}
\tag{9.101}
$$

从而有

$$
\begin{aligned}
&M^{n+1}+2\lambda\tau h\left(\sum_{j=1}^{J-1}|w_{k,j}^{n+1}|^2+\sum_{i=1}^{J-1}|w_{i,l}^{n+1}|^2\right)\\
&\leqslant M^{1}+2\lambda\tau h\left(\sum_{j=1}^{J-1}|w_{k,j}^{1}|^2+\sum_{i=1}^{J-1}|w_{i,l}^{1}|^2\right),
\end{aligned}
\tag{9.102}
$$

与一维情况的证明类似, 最后可得

$$
M^{n+1}\leqslant CM^{0}, \tag{9.103}
$$

其中 C 是仅与已知数据有关的正常数.

9.6.1.2 并行格式 6 的稳定性证明

用 $w_{i,j}^{n+1}h$ 与 (9.92)–(9.95) 相乘, 并对 i,j 求和得,

$$
\begin{aligned}
&\sum_{i,j=1}^{J-1}|w_{i,j}^{n+1}|^2h\\
=&\sum_{i,j=1}^{J-1}(\delta_1^2u_{i,j}^{n+1}+\delta_2^2u_{i,j}^{n+1})\Delta_\tau u_{i,j}^{n+1}h-\frac{1}{2}\lambda\sum_{j\neq l}(w_{k+1,j}^{n+1}+w_{k-1,j}^{n+1})w_{k,j}^{n+1}h\\
&+\frac{1}{2}\lambda\sum_{j\neq l}(w_{k+1,j}^{n}+w_{k-1,j}^{n+1})w_{k,j}^{n+1}h-\frac{1}{2}\lambda\sum_{i\neq k}(w_{i,l+1}^{n+1}+w_{i,l-1}^{n+1})w_{i,l}^{n+1}h\\
&+\frac{1}{2}\lambda\sum_{i\neq k}(w_{i,l+1}^{n}+w_{i,l-1}^{n+1})w_{i,l}^{n+1}h-\frac{1}{2}\lambda(w_{k+1,l}^{n+1}+w_{k-1,l}^{n+1}+w_{k,l+1}^{n+1}\\
&+w_{k,l-1}^{n+1})w_{k,l}^{n+1}h+\frac{1}{2}\lambda(w_{k+1,l}^{n}+w_{k-1,l}^{n}+w_{k,l+1}^{n}+w_{k,l-1}^{n})w_{k,l}^{n+1}h\\
=&\sum_{i,j=1}^{J-1}(\delta_1^2u_{i,j}^{n+1}+\delta_2^2u_{i,j}^{n+1})\Delta_\tau u_{i,j}^{n+1}h-\frac{1}{2}\lambda\sum_{j=1}^{J-1}(w_{k+1,j}^{n+1}+w_{k-1,j}^{n+1})w_{k,j}^{n+1}h\\
&+\frac{1}{2}\lambda\sum_{j=1}^{J-1}(w_{k+1,j}^{n}+w_{k-1,j}^{n+1})w_{k,j}^{n+1}h-\frac{1}{2}\lambda\sum_{i=1}^{J-1}(w_{i,l+1}^{n+1}+w_{i,l-1}^{n+1})w_{i,l}^{n+1}h\\
&+\frac{1}{2}\lambda\sum_{i=1}^{J-1}(w_{i,l+1}^{n}+w_{i,l-1}^{n+1})w_{i,l}^{n+1}h.
\end{aligned}
$$

利用式 (9.98) 和 (9.99) 得

$$
\begin{aligned}
&\frac{1}{2\tau}(M^{n+1}-M^n)\\
=&-\frac{\lambda h}{2}\Bigg(\sum_{i=0,j=1}^{J-1}|w_{i+1,j}^{n+1}-w_{i,j}^{n+1}|^2+\sum_{i=1,j=0}^{J-1}|w_{i,j+1}^{n+1}-w_{i,j}^{n+1}|^2\\
&+\sum_{j=1}^{J-1}(w_{k+1,j}^{n+1}+w_{k-1,j}^{n+1})w_{k,j}^{n+1}-\sum_{j=1}^{J-1}(w_{k+1,j}^{n}+w_{k-1,j}^{n+1})w_{k,j}^{n+1}\\
&+\sum_{i=1}^{J-1}(w_{i,l+1}^{n+1}+w_{i,l-1}^{n+1})w_{i,l}^{n+1}-\sum_{i=1}^{J-1}(w_{i,l+1}^{n}+w_{i,l-1}^{n+1})w_{i,l}^{n+1}\\
&+\frac{2}{\lambda}\sum_{i,j=1}^{J-1}|w_{i,j}^{n+1}|^2\Bigg)
\end{aligned}
$$

$$
\begin{aligned}
&= -\frac{\lambda h}{2}\Bigg(\sum_{\substack{j=1\\ i\neq k-1,k}}^{J-1} |w_{i+1,j}^{n+1} - w_{i,j}^{n+1}|^2 + \sum_{\substack{i=1\\ j\neq l-1,l}}^{J-1} |w_{i,j+1}^{n+1} - w_{i,j}^{n+1}|^2 \\
&\quad + \frac{1}{2}\sum_{j=1}^{J-1}(|w_{k,j}^{n+1} - w_{k-1,j}^{n+1}|^2 + |w_{k+1,j}^{n+1} - w_{k,j}^{n+1}|^2 + |w_{k+1,j}^{n} - w_{k,j}^{n+1}|^2 \\
&\quad + |w_{k-1,j}^{n} - w_{k,j}^{n+1}|^2 + |w_{k-1,j}^{n+1}|^2 + w_{k+1,j}^{n+1}|^2 - |w_{j-1,j}^{n}|^2 - |w_{k+1,j}^{n}|^2) \\
&\quad + \frac{1}{2}\sum_{i=1}^{J-1}(|w_{i,l}^{n+1} - w_{i,l-1}^{n+1}|^2 + |w_{i,l+1}^{n+1} - w_{i,l}^{n+1}|^2 + |w_{i,l+1}^{n} - w_{i,l}^{n+1}|^2 \\
&\quad + |w_{i,l-1}^{n} - w_{i,l}^{n+1}|^2 + |w_{i,l-1}^{n+1}|^2 + |w_{i,l+1}^{n+1}|^2 - |w_{i,l-1}^{n}|^2 - |w_{i,l+1}^{n}|^2)\Bigg) \\
&\leqslant -\frac{\lambda h}{4}\Bigg[\sum_{j=1}^{J-1}(|w_{k-1,j}^{n+1}|^2 + w_{k+1,j}^{n+1}|^2 - |w_{j-1,j}^{n}|^2 - |w_{k+1,j}^{n}|^2) \\
&\quad + \sum_{i=1}^{J-1}(|w_{i,l-1}^{n+1}|^2 + |w_{i,l+1}^{n+1}|^2 - |w_{i,l-1}^{n}|^2 - |w_{i,l+1}^{n}|^2)\Bigg],
\end{aligned}
\tag{9.104}
$$

即有

$$
\begin{aligned}
&M^{n+1} + \frac{\lambda\tau h}{2}\Bigg[\sum_{j=1}^{J-1}(|w_{k-1,j}^{n+1}|^2 + w_{k+1,j}^{n+1}|^2) + \sum_{i=1}^{J-1}(|w_{i,l-1}^{n+1}|^2 + |w_{i,l+1}^{n+1}|^2)\Bigg] \\
&\leqslant M^n + \frac{\lambda\tau h}{2}\Bigg[\sum_{j=1}^{J-1}(|w_{j-1,j}^{n}|^2 + |w_{k+1,j}^{n}|^2) + \sum_{i=1}^{J-1}(|w_{i,l-1}^{n}|^2 + |w_{i,l+1}^{n}|^2)\Bigg],
\end{aligned}
\tag{9.105}
$$

与并行格式 5 的稳定性证明类似, 有

$$
M^{n+1} \leqslant CM^0. \tag{9.106}
$$

9.6.2 格式的收敛性

设 $u(x,y,t)$ 是 (9.54)–(9.56) 的光滑解, $u_h(x,y,t)$ 是定义在离散点集 $\{(x_i,y_j,t^n)\}$ 上的离散函数, 记 $u_{i,j}^n = u_h(x_i,y_j,t^n)$, $e(x,y,t) = u(x,y,t) - u_h(x,y,t), e_{i,j}^n = e(x_i,y_j,t^n), 0 \leqslant i,j \leqslant J, 0 \leqslant n \leqslant N$. 则有

定理 9.6.2 并行格式 5 和并行格式 6 是无条件收敛的, 即对任意固定的 $\lambda > 0$, 有

$$
||\delta e_h^{n+1}||_2^2 = O(\tau + h^2), \quad \forall n = 0,1,\cdots,N-1. \tag{9.107}
$$

证明 考虑并行格式 5, $e_{i,j}^{n+1}$ 满足

$$\Delta_\tau e_{i,j}^{n+1} = \delta_1^2 e_{i,j}^{n+1} + \delta_2^2 e_{i,j}^{n+1} + G_{i,j}^{n+1}, \quad i \neq k-1, k+1; j \neq l-1, l+1, \tag{9.108}$$

$$\Delta_\tau e_{i,j}^{n+1} = \delta_1^2 e_{i,j}^{n+1} + \delta_2^2 e_{i,j}^{n+1} - \lambda \Delta_\tau e_{k,j}^{n+1} + \lambda \Delta_\tau e_{k,j}^{n} + G_{i,j}^{n+1},$$
$$i = k-1, k+1; j \neq l-1, l, l+1, \tag{9.109}$$

$$\Delta_\tau e_{i,j}^{n+1} = \delta_1^2 e_{i,j}^{n+1} + \delta_2^2 e_{i,j}^{n+1} - \lambda \Delta_\tau e_{i,l}^{n+1} + \lambda \Delta_\tau e_{i,l}^{n} + G_{i,j}^{n+1},$$
$$j = l-1, l+1; i \neq k-1, k, k+1, \tag{9.110}$$

$$\Delta_\tau e_{k-1,l-1}^{n+1} = \delta_1^2 e_{k-1,l-1}^{n+1} + \delta_2^2 e_{k-1,l-1}^{n+1} - \lambda \Delta_\tau e_{k,l-1}^{n+1} + \lambda \Delta_\tau e_{k,l-1}^{n}$$
$$-\lambda \Delta_\tau e_{k-1,l}^{n+1} + \lambda \Delta_\tau e_{k-1,l}^{n} + G_{k-1,l-1}^{n+1}, \tag{9.111}$$

$$\Delta_\tau e_{k+1,l-1}^{n+1} = \delta_1^2 e_{k+1,l-1}^{n+1} + \delta_2^2 e_{k+1,l-1}^{n+1} - \lambda \Delta_\tau e_{k,l-1}^{n+1} + \lambda \Delta_\tau e_{k,l-1}^{n}$$
$$-\lambda \Delta_\tau e_{k+1,l}^{n+1} + \lambda \Delta_\tau e_{k+1,l}^{n} + G_{k+1,l-1}^{n+1}, \tag{9.112}$$

$$\Delta_\tau e_{k-1,l+1}^{n+1} = \delta_1^2 e_{k-1,l+1}^{n+1} + \delta_2^2 e_{k-1,l+1}^{n+1} - \lambda \Delta_\tau e_{k,l+1}^{n+1} + \lambda \Delta_\tau e_{k,l+1}^{n}$$
$$-\lambda \Delta_\tau e_{k-1,l}^{n+1} + \lambda \Delta_\tau e_{k-1,l}^{n} + G_{k-1,l+1}^{n+1}, \tag{9.113}$$

$$\Delta_\tau e_{k+1,l+1}^{n+1} = \delta_1^2 e_{k+1,l+1}^{n+1} + \delta_2^2 e_{k+1,l+1}^{n+1} - \lambda \Delta_\tau e_{k,l+1}^{n+1} + \lambda \Delta_\tau e_{k,l+1}^{n}$$
$$-\lambda \Delta_\tau e_{k+1,l}^{n+1} + \lambda \Delta_\tau e_{k+1,l}^{n} + G_{k+1,l+1}^{n+1}, \tag{9.114}$$

$$e_{i,0}^{n+1} = e_{i,J}^{n+1} = e_{0,j}^{n+1} = e_{J,j}^{n+1} = 0, \quad i, j = 1, \cdots, J, \tag{9.115}$$

$$e_{i,j}^{0} = 0, \quad i, j = 1, \cdots, J, \tag{9.116}$$

其中, 对 $\forall i, j, n$, $|G_{i,j}^{n+1}| \leqslant C_3(\tau + h^2)$. C_3 为仅与 $u(x, y, t)$ 有关的常数.

记 $v_{i,j}^{n+1} = \Delta_\tau e_{i,j}^{n+1}$, 用 $v_{i,j}^{n+1} h$ 分别乘 (9.108)–(9.114), 并对 i, j 求和得

$$\sum_{i,j=1}^{J-1} |v_{i,j}^{n+1}|^2 h = \sum_{i,j=1}^{J-1} (\delta_1^2 e_{i,j}^{n+1} + \delta_2^2 e_{i,j}^{n+1}) \Delta_\tau e_{i,j}^{n+1} h - \lambda \sum_{\substack{j=1 \\ i=k-1,k+1}}^{J-1} v_{k,j}^{n+1} v_{i,j}^{n+1} h$$
$$+\lambda \sum_{\substack{j=1 \\ i=k-1,k+1}}^{J-1} v_{k,j}^{n} v_{i,j}^{n+1} h - \lambda \sum_{\substack{i=1 \\ j=l-1,l+1}}^{J-1} v_{i,l}^{n+1} v_{i,j}^{n+1} h$$
$$+\lambda \sum_{\substack{i=1 \\ j=l-1,l+1}}^{J-1} v_{i,l}^{n} v_{i,j}^{n+1} h + \sum_{i,j=1}^{J-1} v_{i,j}^{n+1} G_{i,j}^{n+1}. \tag{9.117}$$

与并行格式 5 的稳定性证明类似, 可得

$$
\begin{aligned}
&\frac{1}{2\tau}(||e_h^{n+1}||_2^2-||e_h^n||_2^2)\\
=&-\frac{\lambda h}{2}\Bigg(\sum_{\substack{j=1\\ i\neq k-1,k}}^{J-1}|v_{i+1,j}^{n+1}-v_{i,j}^{n+1}|^2+\sum_{\substack{i=1\\ j\neq l-1,l}}^{J-1}|v_{i,j+1}^{n+1}-v_{i,j}^{n+1}|^2\\
&+\frac{2}{\lambda}\sum_{i,j=1}^{J-1}|v_{i,j}^{n+1}|^2+\sum_{j=1}^{J-1}(|v_{k,j}^{n}-v_{k-1,j}^{n+1}|^2+|v_{k,j}^{n}-v_{k+1,j}^{n+1}|^2)\\
&+\sum_{i=1}^{J-1}(|v_{i,l}^{n}-v_{i,l-1}^{n+1}|^2+|v_{i,l}^{n}-v_{i,l+1}^{n+1}|^2)-\frac{2}{\lambda}\sum_{i,j=1}^{J-1}v_{i,j}^{n+1}G_{i,j}^{n+1}\Bigg)\\
&-\lambda h\sum_{j=1}^{J-1}(|v_{k,j}^{n+1}|^2-|v_{k,j}^{n}|^2)-\lambda h\sum_{i=1}^{J-1}(|v_{i,l}^{n+1}|^2-|v_{i,l}^{n}|^2)\\
=&-\frac{\lambda h}{2}\Bigg(\sum_{\substack{j=1\\ i\neq k-1,k}}^{J-1}|v_{i+1,j}^{n+1}-v_{i,j}^{n+1}|^2+\sum_{\substack{i=1\\ j\neq l-1,l}}^{J-1}|v_{i,j+1}^{n+1}-v_{i,j}^{n+1}|^2\\
&+\frac{1}{\lambda}\sum_{i,j=1}^{J-1}|v_{i,j}^{n+1}|^2+\sum_{j=1}^{J-1}(|v_{k,j}^{n}-v_{k-1,j}^{n+1}|^2+|v_{k,j}^{n}-v_{k+1,j}^{n+1}|^2)\\
&+\sum_{i=1}^{J-1}(|v_{i,l}^{n}-v_{i,l-1}^{n+1}|^2+|v_{i,l}^{n+1}-v_{i,l+1}^{n+1}|^2)-\frac{1}{\lambda}\sum_{i,j=1}^{J-1}|G_{i,j}^{n+1}|^2\\
&+\frac{1}{\lambda}\sum_{i,j=1}^{J-1}|v_{i,j}^{n}-G_{i,j}^{n+1}|^2\Bigg)\\
&-\lambda h\sum_{j=1}^{J-1}(|v_{k,j}^{n+1}|^2-|v_{k,j}^{n}|^2)-\lambda h\sum_{i=1}^{J-1}(|v_{i,l}^{n+1}|^2-|v_{i,l}^{n}|^2)\\
\leqslant&-\lambda h\sum_{j=1}^{J-1}(|v_{k,j}^{n+1}|^2-|v_{k,j}^{n}|^2)-\lambda h\sum_{i=1}^{J-1}(|v_{i,l}^{n+1}|^2-|v_{i,l}^{n}|^2)+\frac{h}{2}\sum_{i,j=1}^{J-1}|G_{i,j}^{n+1}|^2.
\end{aligned}
$$

从而有

$$
\begin{aligned}
&||e_h^{n+1}||_2^2+2\lambda\tau h\sum_{j=1}^{J-1}|v_{k,j}^{n+1}|^2+2\lambda\tau h\sum_{i=1}^{J-1}|v_{i,l}^{n+1}|^2\\
\leqslant&||e_h^{n}||_2^2+2\lambda\tau h\sum_{j=1}^{J-1}|v_{k,j}^{n}|^2+2\lambda\tau h\sum_{i=1}^{J-1}|v_{i,l}^{n}|^2+\tau h\sum_{i,j=1}^{J-1}|G_{i,j}^{n+1}|^2,
\end{aligned}
$$

即

$$\begin{aligned}&||e_h^{n+1}||_2^2+2\lambda\tau h\sum_{j=1}^{J-1}|v_{k,j}^{n+1}|^2+2\lambda\tau h\sum_{i=1}^{J-1}|v_{i,l}^{n+1}|^2\\ \leqslant&||e_h^1||_2^2+2\lambda\tau h\sum_{j=1}^{J-1}|v_{k,j}^1|^2+2\lambda\tau h\sum_{i=1}^{J-1}|v_{i,l}^1|^2+TC_3^2(\tau+h^2)^2.\end{aligned}\tag{9.118}$$

利用与 (9.51) 和 (9.52) 类似的结果, 可得

$$||e_h^{n+1}||_2^2\leqslant C(\tau+h^2)^2.$$

于是证明了并行格式 5 无条件收敛且具有二阶精度. 类似地可以证明并行格式 6 有相同的结果.

9.7 数值算例

9.7.1 DFF-I 格式的算例

本小节对不同的网格规模和网格比, 验证 DFF-I 并行差分格式的计算稳定性, 并给出对模型问题的计算精度.

考虑抛物型方程

$$\frac{\partial u}{\partial t}=\frac{\partial^2 u}{\partial x^2}+f,\quad (x,t)\in(0,1)\times(0,0.5),$$

其中 $f(x,t)=\left(\pi^2-1\right)e^{-t}\sin\pi x+2$, 边界条件为 $u(0,t)=u(1,t)=0, 0\leqslant t\leqslant 0.5$. 精确解为

$$u=10e^{-t}\sin(\pi x)+(1-x)x.$$

令 ε 表示差分格式的计算误差. 称 $C=\|\varepsilon\|_\infty/(\Delta t+\Delta x^2)$ 为误差系数. 作为参考, 图 9.1(a) 给出 0.5 时刻的精确解, 图 9.1(b) 是采用全隐格式计算的误差系数.

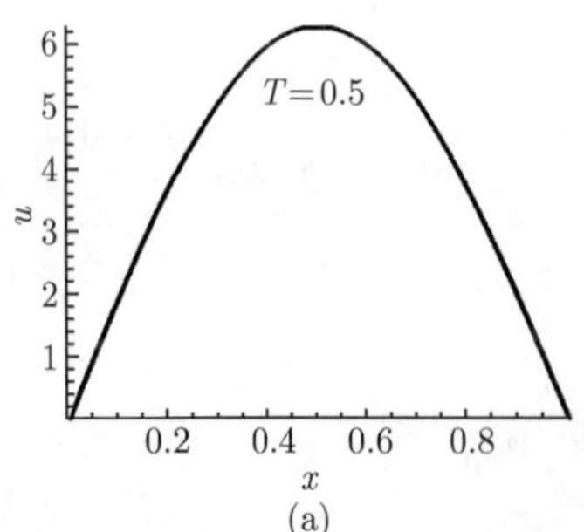

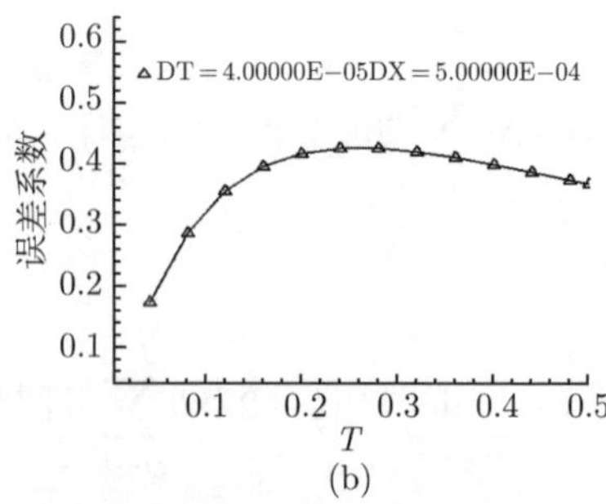

图 9.1　$T=0.5$ 时刻的精确解 (a), 全隐格式计算的误差系数 (b)

将计算区域分为 4 个子区域, 每隔 500 时间步输出一个计算结果 (图中每两个点之间间隔 500 个时间步), 进行如下两类情况测试.

测试 1: 分别取 1000, 2000, 4000, 8000, 16000 个网格, 时间步长和空间步长的比为常数, 即固定 $\Delta t/\Delta x=0.01$, 图 9.2 中给出数值解误差的最大值与 $\Delta t+\Delta x^2$ 的比值, 以及误差的最大模范数.

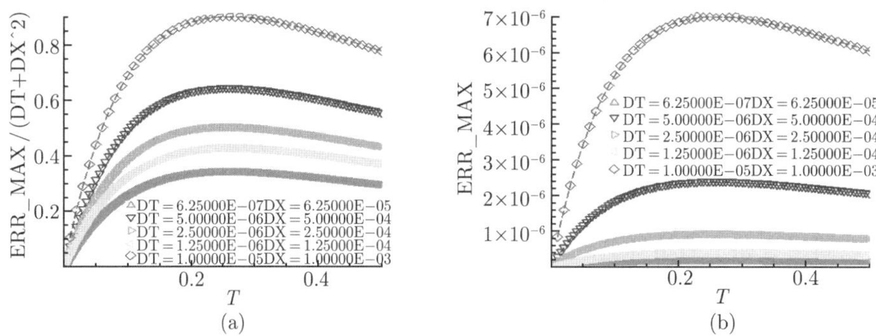

图 9.2 固定时间空间步长比的误差系数 (a), 误差的最大模范数 (b) (详见书后彩图)

数值结果表明, 当固定时间空间步长比为 $\Delta t/\Delta x=0.01$ 时, 随着网格步长的加密误差系数恒不超过 1, 随着模拟的物理时间增长这个系数并非一直单调上升, 而是上升达到极值之后再下降, 表明了 DFF-I 长时间模拟保持了二阶精度. 测试 1 中取 $r=\Delta t/\Delta x^2=10,20,40,80,160$, 验证了格式经典的 LR 稳定性也相当好. 误差曲线图表明, 对于不同的空间和时间步长, 随着 r 的增长误差也在增长. 对固定的空间时间步长, 误差随着时间步的增长的变化规律也是先升后降, 与图 9.1 中的规律是一致的.

测试 2: 固定网格数为 2000 个, 分别取网格比 $r=20,40,80,160,320,640$, 计算结果如图 9.3 所示.

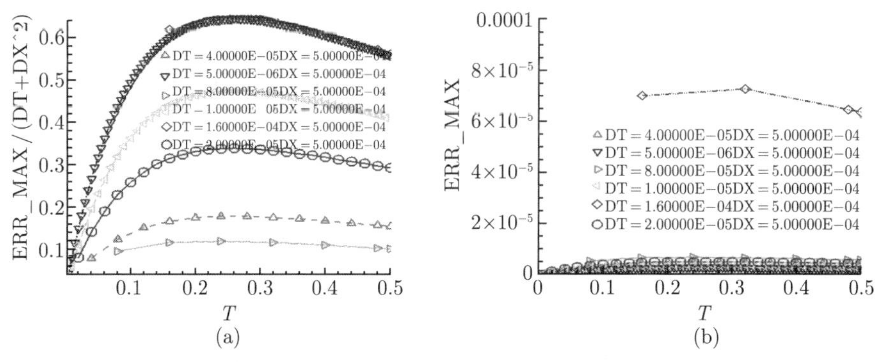

图 9.3 固定空间步长测试的误差系数 (a), 误差的最大模范数 (b)

计算表明, 在网格规模固定的情况下, 时间步长越小, 计算的精度越高. 误差系数都小于 1, 空间精度达到二阶. 对 r 非常大的网格, 结果表明格式的精度和稳定性都非常好, 与全隐格式的数值解相比, 误差更小. 误差曲线的规律和测试 1 相同, 随着 r 的增长而增长, 随着时间步数的增加, 误差也是先增后降.

9.7.2　移动界面并行格式的算例

对移动界面的差分格式, 选取如下的测试算例:

$$\frac{\partial u}{\partial t}-\frac{\partial^2 u}{\partial x^2}=f(x,t),\quad x\in(0,1),t>0,$$

其中

$$f(x,t)=-e^{-t}\sin(\pi x)+(\pi^2 e^{-t}\sin(\pi x)-2c),$$

并使该问题有如下的精确解:

$$u(x,t)=e^{-t}\sin(\pi x)+cx(1-x),$$

初始条件取为 $t=0$ 时的精确解. 在下面的数值试验中, 取 $c=10$, 并取 10^5 个内点.

首先, 对移动界面并行差分格式 1 给出数值试验, 计算结果表明所讨论的并行差分格式是无条件稳定的. 下面分别对应于 $r=10,1000$, 给出两组数值试验. 对每组的测试, 计算 10^5 个时间步. 选取 $r=10$, 数值结果如表 9.1.

表 9.1　$r=10$ 移动界面并行差分格式 1 的计算结果

CPUs	1	4	16	32	64	100
E_∞	8.3×10^{-10}	8.28×10^{-10}	8.28×10^{-10}	8.10×10^{-10}	7.98×10^{-10}	7.84×10^{-10}
$\dfrac{E_\infty}{\Delta t+\Delta x^2}$	0.756	0.753	0.753	0.753	0.753	0.713
计算时间	14051.27	3811.77	894.44	460.22	256.45	157.81
加速比	1	3.68	15.70	30.53	54.79	89.03

网格比为 $r=1000$ 时, 结果见表 9.2.

表 9.2　$r=10^3$ 移动界面并行差分格式 1 的计算结果

CPUs	1	4	16	32	64	100
E_∞	4.38×10^{-8}	4.30×10^{-8}	3.23×10^{-8}	2.71×10^{-8}	1.78×10^{-8}	1.99×10^{-9}
$\dfrac{E_\infty}{\Delta t+\Delta x^2}$	0.459	0.430	0.323	0.271	0.178	0.0199
计算时间	14051.49	3346.58	937.82	513.38	240.24	161.90
加速比	1	4.19	14.98	27.37	58.48	86.79

对并行差分格式 2 得到如下数值结果. 网格比 $r=10$, 结果见表 9.3.

表 9.3 r=10 移动界面并行差分格式 2 的计算结果

CPUs	1	4	16	32	64	100
E_∞	8.3×10^{-10}	5.61×10^{-10}	1.28×10^{-10}	9.12×10^{-11}	8.99×10^{-11}	8.85×10^{-11}
$\dfrac{E_\infty}{\Delta t+\Delta x^2}$	0.756	0.262	0.116	0.0829	0.0818	0.0805
计算时间	14131.62	3779.99	918.19	457.61	250.12	162.33
加速比	1	3.73	15.39	30.88	56.49	87.05

网格比 $r=1000$, 结果见表 9.4.

表 9.4 r=10^3 移动界面并行差分格式 2 的计算结果

CPUs	1	4	16	32	64	100
E_∞	4.59×10^{-8}	3.83×10^{-8}	4.26×10^{-8}	3.71×10^{-8}	2.67×10^{-8}	1.51×10^{-8}
$\dfrac{E_\infty}{\Delta t+\Delta x^2}$	0.459	0.382	0.425	0.371	0.267	0.151
计算时间	14288.42	3615.45	970.62	456.87	234.91	158.40
加速比	1	3.95	14.72	31.27	60.82	90.20

这些计算结果表明, 并行格式 1 的计算精度要比并行格式 2 的精度更好, 随着处理机的个数增多, 精度是上升的. 其主要的原因是, 界面上的显式计算和子区域的隐式格式相互配合, 得到比隐格式的精度更好的并行格式. 并行格式 2 的精度随着处理机的个数的增多有一个下降和升高的规律. 这个规律也验证了前面提到的差分格式 1 的健壮性要高于并行格式 2 的定性判断. 这些具有并行本性的差分格式的主要优势是, 格式可以直接应用到分布式内存的并行计算机系统, 同时可以使得处理机之间的通信量极小. 算法只需要在邻近的处理机之间进行局部消息传递, 所涉及的通信和计算都是局部的, 可以比较容易做到计算和通信的负载平衡, 从而得到好的精度和并行计算的可扩展性.

9.7.3 并行格式 3 的算例

对一维问题, 考虑初值函数为 $u_0(x)=\sin(\pi x)$ 的方程 (9.17)–(9.19), 该问题的精确解是 $u=e^{-\pi^2 t}\sin(\pi x)$, 表 9.5 给出了并行格式 3 的精度.

表 9.5 并行格式 3 的精度测试结果

J-1	10	20	40	50	60	80	100
最大误差	8.18×10^{-6}	2.06×10^{-6}	5.34×10^{-7}	3.50×10^{-7}	2.50×10^{-7}	1.51×10^{-7}	1.07×10^{-7}
R_1	—	2	4	5	6	8	10
R_2	—	4	16	25	36	64	100
R	—	3.96	15.31	23.37	32.70	54.11	76.18

其中 $\tau=10^{-6}$, R_1 和 R_2 是理论值, R 是计算值, 具体意义如下. 记

$$E_\infty^{J-1}=\max_{0\leqslant j\leqslant J-1,0\leqslant n\leqslant N}|u(x_i,t^n)-u_h(x_i,t^n)|,\quad h_{J-1}=\frac{1}{J-1}.$$

格式如果是一阶精度的, 即存在与 τ,h_{J-1} 无关的常数 C_1 使得 $E_\infty^{J-1}\approx C_1(\tau+h_{J-1})$, 记 $R_1=\dfrac{E_\infty^{10}}{E_\infty^{J-1}}\approx\dfrac{\tau+h_{10}}{\tau+h_{J-1}}\approx\dfrac{h_{10}}{h_{J-1}}=\dfrac{J-1}{10}$. 格式如果是二阶精度的, 即有 $E_\infty^{J-1}\approx C_2(\tau+h_{J-1}^2)$, 记 $R_2=\dfrac{E_\infty^{10}}{E_\infty^{J-1}}\approx\dfrac{\tau+h_{10}^2}{\tau+h_{J-1}^2}\approx\dfrac{h_{10}^2}{h_{J-1}^2}=\left(\dfrac{J-1}{10}\right)^2$. 记 $R=\dfrac{E_\infty^{10}}{E_\infty^{J-1}}$. 从表 9.5 可以看出并行格式 3 具有二阶精度.

为说明并行格式是无条件稳定的, 下面分别给出 $\lambda=10,10^3$ 的数值结果, 取网格点 $J-1=10^5$. 其中 $\lambda=\tau/h^2$, CPUs 表示处理机个数, $T_{\rm all}$ 表示计算 10^5 个时间步的总时间 (秒), S_p 是相对加速比, E_{ff} 表示并行效率. 从表 9.6 和表 9.7 可以看出并行格式 3 是无条件稳定的, 且获得了超线性加速比. 并行格式 4 有与并行格式 3 类似的结果.

表 9.6 λ=10 的数值结果

CPUs	1	10	20	40	50
最大误差	4.8283×10^{-7}	4.8283×10^{-7}	4.8283×10^{-7}	4.8281×10^{-7}	4.8282×10^{-7}
$T_{\rm all}$ (s)	4564.816237	337.5801999	173.7949202	91.69451189	74.44798398
S_p	1	13.52	26.27	49.78	61.32
E_{ff}(100%)	1	1.35	1.31	1.24	1.23

表 9.7 λ=1000 的数值结果

CPUs	1	10	20	40	50
最大误差	4.4995×10^{-7}	4.5005×10^{-7}	4.5007×10^{-7}	4.5025×10^{-7}	4.5027×10^{-7}
$T_{\rm all}$ (s)	4481.184426	340.6137840	174.1922719	93.59984016	74.50459218
S_p	1	13.16	25.73	47.88	60.15
E_{ff}(100%)	1	1.32	1.29	1.20	1.20

9.7.4 并行格式 5 的算例

对二维问题, 考虑初值函数为 $u_0(x,y)=\sin(\pi x)\sin(\pi y)$ 的方程 (9.54)–(9.56), 该问题的精确解是 $u=e^{-2\pi^2t}\sin(\pi x)\sin(\pi y)$, 表 9.8 给出了并行格式 5 的精度.

表 9.8 并行格式 5 的精度

网格规模	10 × 10	20 × 20	40 × 40	60 × 60	80 × 80	100 × 100
最大误差	1.6168×10^{-5}	4.0682×10^{-6}	1.0377×10^{-6}	4.8338×10^{-7}	2.9077×10^{-7}	2.0049×10^{-7}
R_1	—	2	4	6	8	10
R_2	—	4	16	36	64	100
R	—	3.97	15.58	33.45	55.74	80.64

其中 $\tau=10^{-6}$, 各记号的意义同一维情形, 从表 9.8 可以看出并行格式 5 也具有二阶精度. 表 9.9 给出了并行格式 5 的稳定性结果, 其中 $\tau=10^{-4}$, 并行计算的处理机个数为 $5\times5=25$, 从表 9.9 可知并行格式 5 是无条件稳定的. 并行格式 6 有与并行格式 5 类似的结果.

表 9.9 并行格式 5 的稳定性

λ	1	6.25	25	56.25	100
最大误差	1.2169×10^{-4}	4.5910×10^{-5}	2.3383×10^{-4}	4.2499×10^{-4}	6.1520×10^{-4}
串行最大误差	1.7303×10^{-4}	1.6187×10^{-4}	1.6028×10^{-4}	1.5998×10^{-4}	1.5989×10^{-4}

第 10 章 非线性问题的并行格式

本章对非线性抛物型方程组构造一类并行格式, 在内界面处取前两个时间层的值的线性组合, 在作启示性假定的条件下, 证明了这类格式是无条件稳定的, 且具有与纯隐格式相同的 (二阶) 空间精度. 该类格式可改写成只涉及前一个时间层的两层并行格式.

10.1 方程和记号

考虑如下非线性抛物型方程组的定解问题

$$u_t = A(x,t,u,u_x)u_{xx} + f(x,t,u,u_x), \quad 0 < x < l, 0 < t \leqslant T, \tag{10.1}$$

$$u(0,t) = u(l,t) = 0, \quad 0 < t \leqslant T, \tag{10.2}$$

$$u(x,0) = \varphi(x), \quad 0 \leqslant x \leqslant l, \tag{10.3}$$

其中 $u(x,t) = (u_1(x,t), \cdots, u_m(x,t))$ 为 m $(m \geqslant 1)$ 维未知向量函数, $u_t = \dfrac{\partial u}{\partial t}$, $u_x = \dfrac{\partial u}{\partial x}$ 和 $u_{xx} = \dfrac{\partial^2 u}{\partial x^2}$ 为对应的向量导数. $A(x,t,u,p)$ 是 $m \times m$ 正定系数矩阵, $f(x,t,u,u_x)$ 和 $\varphi(x)$ 是 m 维向量函数. 记 $Q_T = \{0 \leqslant x \leqslant l, 0 \leqslant t \leqslant T\}$, 其中 $l > 0$, $T > 0$.

假设如下条件成立.

(I) 定解问题 (10.1)–(10.3) 存在唯一光滑解 $u(x,t) \in C^3(Q_T)$, $u(x,t)$ 及其一阶、二阶导数的最大模不超过正常数 G, 即

$$|u(x,t)|, |u_x(x,t)|, |u_{xx}(x,t)|, |u_t(x,t)|, |u_{xt}(x,t)| \leqslant G. \tag{10.4}$$

(II) 存在正常数 σ_0 使得系数矩阵 $A(x,t,u,p)$ 对任意 $\xi \in \mathbf{R}^m$, 所有 $(x,t) \in Q_T$ 和 $u, p \in \mathbf{R}^m$, 满足

$$(\xi, A(x,t,u,p)\xi) \geqslant \sigma_0 |\xi|^2. \tag{10.5}$$

(III) 系数矩阵 $A(x,t,u,p)$ 和向量函数 $f(x,t,u,p)$ 关于 $(x,t) \in Q_T$ 连续, 关于 $u, p \in \mathbf{R}^m$ 连续可微.

(IV) 向量函数 $\varphi(x) \in C^1[0,l]$, 且满足 $\varphi(0) = \varphi(l) = 0$.

10.2 并行格式的构造

用平行线 $x = x_j$ $(j = 0, 1, \cdots, J)$ 和 $t = t^n$ $(n = 0, 1, \cdots, N)$ 剖分 Q_T, 其中 $x_j = jh$, $t^n = n\tau$, 且 $Jh = l$, $N\tau = T$, J 和 N 是正整数, h 和 τ 为网格步长. 记 $Q_j^n = \{x_j < x \leqslant x_{j+1}, t^n < t \leqslant t^{n+1}\}$, 其中 $j = 0, 1, \cdots, J-1; n = 0, 1, \cdots, N-1$. 记 $v_\Delta = v_h^\tau = \{v_j^n | j = 0, 1, \cdots, J; n = 0, 1, \cdots, N\}$ 为定义在离散区域 $Q_\Delta = \{(x_j, t^n) | j = 0, 1, \cdots, J; n = 0, 1, \cdots, N\}$ 上的 m 维离散向量函数.

记$r = \dfrac{\tau}{h^2}$, $\Delta_\tau v_j^{n+1} = \dfrac{v_j^{n+1} - v_j^n}{\tau}$, $v_{j+1}^{\bar{n}+\lambda_j} = \lambda_j v_{j+1}^{n+1} + (1-\lambda_j)(2v_{j+1}^n - v_{j+1}^{n-1})$, $v_{j-1}^{\bar{n}+\mu_j} = \mu_j v_{j-1}^{n+1} + (1-\mu_j)(2v_{j-1}^n - v_{j-1}^{n-1})$, $\delta v_{j+\frac{1}{2}}^n = \dfrac{v_{j+1}^n - v_j^n}{h}$, $\delta v_j^n = \dfrac{1}{2}(\delta v_{j+\frac{1}{2}}^n + \delta v_{j-\frac{1}{2}}^n)$, 且

$$\overset{*}{\delta}{}^2 v_j^{n+1} = \frac{1}{h^2}\left(v_{j+1}^{\bar{n}+\lambda_j} - 2v_j^{n+1} + v_{j-1}^{\bar{n}+\mu_j}\right), \quad n \geqslant 1.$$

当 $n = 0$, 定义

$$\overset{*}{\delta}{}^2 v_j^{n+1} = \delta^2 v_j^1 = \frac{1}{h^2}\left(v_{j+1}^1 - 2v_j^1 + v_{j-1}^1\right).$$

对非线性抛物型方程组初边值问题 (10.1)–(10.3) 构造如下一般的并行差分格式:

$$\frac{v_j^{n+1} - v_j^n}{\tau} = A_j^{n+1}\overset{*}{\delta}{}^2 v_j^{n+1} + f_j^{n+1}, \quad j = 1, 2, \cdots, J-1; n = 0, 1, \cdots, N-1,$$

$$v_0^{n+1} = v_J^{n+1} = 0, \quad n = 0, 1, \cdots, N-1, \tag{10.6}$$

$$v_j^0 = \varphi_j, \quad j = 0, 1, \cdots, J, \tag{10.7}$$

其中 $\varphi_j = \varphi(x_j)$ $(j = 0, 1, \cdots, J)$, $\varphi_0 = \varphi_J = 0$; $A_j^{n+1} = A(x_j, t^{n+1}, v_j^{n+1}, \bar{\delta} v_j^{n+1})$, $f_j^{n+1} = f(x_j, t^{n+1}, v_j^{n+1}, \bar{\delta} v_j^{n+1})$. 这里 $\bar{\delta} v_j^{n+1} = \dfrac{1}{2h}\left(v_{j+1}^{\bar{n}+\lambda_j} - v_{j-1}^{n+\mu_j}\right)$.

假定(**V**)设 $r = \dfrac{\tau}{h^2} \leqslant \Lambda$ 对所有充分小的 τ 和 h 成立, 其中 Λ 为任一固定正常数, 对所有 $1 \leqslant j \leqslant J-1$, 有 $0 \leqslant \lambda_j, \mu_j \leqslant 1, \lambda_j + \mu_{j+1} \geqslant 1$.

常数 λ_j 和 μ_j 依赖指标 $j = 1, 2, \cdots, J-1$. 对不同的 j, 它们可以是不同的. 这些格式中包含了许多具有并行特征的差分格式. 例如, 当在某些网格点处取 $\lambda_j = 0$ 或 $\mu_j = 0$ 时所得到的格式.

由于 $u(x,t)\in C^3(Q_T)$ 为 (10.1)–(10.3) 的光滑解, 所以, 离散向量函数 $u_\Delta=u_h^\tau=\{u_j^n=u(x_j,t^n)|0\leqslant j\leqslant J,0\leqslant n\leqslant N\}$ 满足如下差分方程组:

$$\frac{u_j^{n+1}-u_j^n}{\tau}=\bar{A}_j^{n+1}\overset{*}{\delta}{}^2u_j^{n+1}+\bar{f}_j^{n+1}+R_j^{n+1},\quad j=1,2,\cdots,J-1;n=0,1,\cdots,N-1,\tag{10.8}$$

$$u_0^{n+1}=u_J^{n+1}=0,\quad n=0,1,\cdots,N-1,$$

$$u_j^0=\varphi_j,\quad j=0,1,\cdots,J,$$

其中 $\bar{A}_j^{n+1}=A(x_j,t^{n+1},u_j^{n+1},\bar{\delta}u_j^{n+1}),\bar{f}_j^{n+1}=f(x_j,t^{n+1},u_j^{n+1},\bar{\delta}u_j^{n+1}),R_j^{n+1}=O(\tau+h^2)$.

记 $w_\Delta=v_\Delta-u_\Delta=v_h^\tau-u_h^\tau=\{w_j^n=v_j^n-u_j^n|0\leqslant j\leqslant J,0\leqslant n\leqslant N\}$. 那么, 有

$$\frac{w_j^{n+1}-w_j^n}{\tau}=A(v)_j^{n+1}\overset{*}{\delta}{}^2w_j^{n+1}+B(u,v)_j^{n+1}w_j^{n+1}+C(u,v)_j^{n+1}\bar{\delta}w_j^{n+1}+R_j^{n+1},$$

$$j=1,2,\cdots,J-1;n=0,1,\cdots,N-1,$$

$$w_0^{n+1}=w_J^{n+1}=0,\quad n=0,1,\cdots,N-1,$$

$$w_j^0=0,\quad j=0,1,\cdots,J,$$

其中

$$A(v)_j^{n+1}=A_j^{n+1}=A(x_j,t^{n+1},v_j^{n+1},\bar{\delta}v_j^{n+1}),$$

$$B(u,v)_j^{n+1}=(A_u)_j^{n+1}\overset{*}{\delta}{}^2u_j^{n+1}+(f_u)_j^{n+1},$$

$$C(u,v)_j^{n+1}=(A_p)_j^{n+1}\overset{*}{\delta}{}^2u_j^{n+1}+(f_p)_j^{n+1},$$

$$(A_u)_j^{n+1}=\int_0^1A_u(x_j,t^{n+1},\lambda v_j^{n+1}+(1-\lambda)u_j^{n+1},\bar{\delta}v_j^{n+1})d\lambda,$$

$$(A_p)_j^{n+1}=\int_0^1A_p(x_j,t^{n+1},u_j^{n+1},\lambda\bar{\delta}v_j^{n+1}+(1-\lambda)\bar{\delta}u_j^{n+1})d\lambda.$$

对 $(f_u)_j^{n+1}$ 和 $(f_p)_j^{n+1}$ 类似地定义.

对离散函数 $u_h=\{u_j|j=0,1,\cdots,J\}$, 其中 $u_0=u_J=0$, 定义离散范数:

$$\|u_h\|_\infty=\max_{0\leqslant j\leqslant J}|u_j|,\quad \|u_h\|_2^2=\sum_{j=1}^{J-1}u_j^2h,\quad \|\delta u_h\|_2^2=\sum_{j=0}^{J-1}|\delta u_{j+\frac{1}{2}}|^2h,$$

$$\left\|\overset{*}{\delta}{}^2v_h^{n+1}\right\|_2^2=\sum_{j=1}^{J-1}\left|\overset{*}{\delta}{}^2v_j^{n+1}\right|^2h,\quad \left\|\Delta_\tau v_h^{n+1}\right\|_2^2=\sum_{j=1}^{J-1}\left|\Delta_\tau v_j^{n+1}\right|^2h.$$

下面的证明将需要如下引理 (见文献 [32]).

引理 10.2.1 (离散 Green 公式) 令 u_j 和 v_j 为定义于 $\{x_j|j=0,1,\cdots,J\}$ 上的离散函数. 那么,

$$\sum_{j=0}^{J-1} u_j(v_{j+1}-v_j) = -\sum_{j=1}^{J-1}(u_j-u_{j-1})v_j - u_0v_0 + u_{J-1}v_J.$$

引理 10.2.2 (离散 Gronwall 不等式) (i) 令 $w^n \geqslant 0$ 为定义于 $\{t^n|n=0,1,\cdots,N\}$, 且满足

$$w^{n+1}-w^n \leqslant B\tau(w^{n+1}+w^n)+C_n\tau, \quad n=0,1,\cdots,N-1,$$

其中 B 和 C_n 为非负常数, $N\tau=T$. 那么,

$$w^n \leqslant \left(w^0+\sum_{k=0}^{N} C_k\tau\right)e^{4BT}, \quad n=0,1,\cdots,N,$$

其中 τ 使得 $4B\tau \leqslant \dfrac{N-1}{N}$.

(ii) 假定离散函数 $w^\tau=\{w^n\geqslant 0|n=0,1,\cdots,N\}$, $N\tau=T$, 满足不等式

$$w^n \leqslant B + C\sum_{k=0}^{n} w^k\tau,$$

其中 B 和 C 为非负常数. 那么,

$$w^n \leqslant B(e^{2CT}+1),$$

其中 τ 使得 $C\tau \leqslant \dfrac{1}{2}$.

引理 10.2.3 (内插公式) 对任意离散函数 $u_h=\{u_j|j=0,1,\cdots,J\}$ $(Jh=l)$, 有

(i) 任给 $\varepsilon>0$, 成立

$$\|u_h\|_\infty^2 \leqslant \varepsilon\|\delta u_h\|_2^2 + \frac{C}{\varepsilon}\|u_h\|_2^2,$$

其中 C 为与 l 有关的常数, 但与 ε, h 和 u_h 无关;

(ii) 如果 $u_0=u_J=0$, 则

$$\|u_h\|_2 \leqslant l\|\delta u_h\|_2, \quad \|u_h\|_\infty \leqslant \|\delta u_h\|_2^{\frac{1}{2}}\|u_h\|_2^{\frac{1}{2}};$$

(iii) 存在常数 C 与 h 和 l 无关, 使得

$$\|\delta u_h\|_2 \leqslant C\left(\|u_h\|_2^{\frac{1}{2}}\|\delta^2 u_h\|_2^{\frac{1}{2}} + l^{-1}\|u_h\|_2\right).$$

10.3 先验估计、存在性与收敛性

首先构造从 $m(J+1)(N+1)$ 维欧几里得空间 $\mathbf{R}^*=\mathbf{R}^{m(J+1)(N+1)}$ 到自身的映射 Φ. 对任意 $z_\Delta=z_h^\tau=\{z_j^n|0\leqslant j\leqslant J,0\leqslant n\leqslant N\}\in\mathbf{R}^*$, 定义 $w_\Delta=\Phi(z_\Delta)\in\mathbf{R}^*$ 为如下线性差分方程组的解:

$$\frac{w_j^{n+1}-w_j^n}{\tau}=A(u+z)_j^{n+1}\overset{*}{\delta}{}^2w_j^{n+1}+H_j^{n+1},\quad j=1,2,\cdots,J-1;n=0,1,\cdots,N-1,\tag{10.9}$$

$$w_0^{n+1}=w_J^{n+1}=0,\quad n=0,1,\cdots,N-1,$$

$$w_j^0=0,\quad j=0,1,\cdots,J,$$

其中 $H_j^{n+1}=B(u,u+z)_j^{n+1}w_j^{n+1}+C(u,u+z)_j^{n+1})\bar{\delta}w_j^{n+1}+R_j^{n+1}$.

令 Ω 为 $\mathbf{R}^*$ 中的有界闭凸集:

$$\Omega=\{z_\Delta|\max_{0\leqslant n\leqslant N}\|z_h^n\|_\infty\leqslant G,\max_{0\leqslant n\leqslant N}\|\delta z_h^n\|_\infty\leqslant G\}.$$

将 $\overset{*}{\delta}{}^2w_j^{n+1}h\tau$ 与 (10.9) 作内积, 并对 $j=1,2,\cdots,J-1$ 求和, 得

$$\sum_{j=1}^{J-1}\left(\overset{*}{\delta}{}^2w_j^{n+1},w_j^{n+1}-w_j^n\right)h=\tau\sum_{j=1}^{J-1}\left(\overset{*}{\delta}{}^2w_j^{n+1},A_j^{n+1}\overset{*}{\delta}{}^2w_j^{n+1}+H_j^{n+1}\right)h.$$

显然, 有

$$\overset{*}{\delta}{}^2w_j^{n+1}=\delta^2w_j^{n+1}-r\left[(1-\lambda_j)(\Delta_\tau w_{j+1}^{n+1}-\Delta_\tau w_{j+1}^n)+(1-\mu_j)(\Delta_\tau w_{j-1}^{n+1}-\Delta_\tau w_{j-1}^n)\right].$$

以及

$$\sum_{j=1}^{J-1}\left(\delta^2w_j^{n+1},w_j^{n+1}-w_j^n\right)h=-\frac{1}{2}\|\delta w_h^{n+1}\|_2^2+\frac{1}{2}\|\delta w_h^n\|_2^2-\frac{1}{2}\|\delta w_h^{n+1}-\delta w_h^n\|_2^2.$$

且当 $0\leqslant\lambda_j\leqslant1,0\leqslant\mu_j\leqslant1,\lambda_j+\mu_{j+1}\geqslant1$, 有

$$\begin{aligned}
&-r\sum_{j=1}^{J-1}\left((1-\lambda_j)(\Delta_\tau w_{j+1}^{n+1}-\Delta_\tau w_{j+1}^n)+(1-\mu_j)(\Delta_\tau w_{j-1}^{n+1}-\Delta_\tau w_{j-1}^n),w_j^{n+1}-w_j^n\right)h\\
&-\frac{1}{2}\|\delta w_h^{n+1}-\delta w_h^n\|_2^2\\
\leqslant&\frac{\tau^2}{2h}\sum_{j=0}^{J-1}\Big[-(1-\lambda_j)\left|\Delta_\tau w_{j+1}^{n+1}\right|^2-(1-\mu_{j+1})\left|\Delta_\tau w_j^{n+1}\right|^2\\
&+(1-\lambda_j)\left|\Delta_\tau w_{j+1}^n\right|^2+(1-\mu_{j+1})\left|\Delta_\tau w_j^n\right|^2\Big]\\
=&-\frac{\tau r}{2}\sum_{j=1}^{J-1}(2-\lambda_{j-1}-\mu_{j+1})\left(\left|\Delta_\tau w_j^{n+1}\right|^2-\left|\Delta_\tau w_j^n\right|^2\right)h.
\end{aligned}$$

于是, 得

$$
\begin{aligned}
&\|\delta w_h^{n+1}\|_2^2-\|\delta w_h^n\|_2^2+2\tau\sum_{j=1}^{J-1}\left(\overset{*}{\delta}{}^2 w_j^{n+1},A_j^{n+1}\overset{*}{\delta}{}^2 w_j^{n+1}\right)\\
&+\tau r\sum_{j=1}^{J-1}(2-\lambda_{j-1}-\mu_{j+1})\left(\left|\Delta_\tau w_j^{n+1}\right|^2-\left|\Delta_\tau w_j^n\right|^2\right)h\\
\leqslant&-2\tau\sum_{j=0}^{J-1}\left(\overset{*}{\delta}{}^2 w_j^{n+1},H_j^{n+1}\right)h\leqslant 2\tau\left|\sum_{j=1}^{J-1}\left(\overset{*}{\delta}{}^2 w_j^{n+1},H_j^{n+1}\right)h\right|\\
\leqslant&\frac{\tau}{2}\sum_{j=1}^{J-1}\sigma(A_j^{n+1})\left|\overset{*}{\delta}{}^2 w_j^{n+1}\right|^2 h+2\tau\sum_{j=1}^{J-1}\frac{\left|H_j^{n+1}\right|^2}{\sigma(A_j^{n+1})}h.
\end{aligned}
$$

其中利用了 Cauchy 不等式, 且记

$$
\sigma(A)=\inf_{\xi\in\mathbf{R}^m}\frac{(\xi,A\xi)}{|\xi|^2}.
$$

注意到

$$
\begin{aligned}
\bar{\delta}w_j^{n+1}=&\frac{1}{2h}(w_{j+1}^{n+1}-w_{j-1}^{n+1})\\
&-\frac{\tau}{2h}\left((1-\lambda_j)(\Delta_\tau w_{j+1}^{n+1}-\Delta_\tau w_{j+1}^n)-(1-\mu_j)(\Delta_\tau w_{j-1}^{n+1}-\Delta_\tau w_{j-1}^n)\right).
\end{aligned}
$$

于是, 有

$$
\begin{aligned}
\sum_{j=1}^{J-1}|\bar{\delta}w_j^{n+1}|^2 h\leqslant& C\sum_{j=1}^{J-1}|\delta w_{j+\frac12}^{n+1}|^2 h\\
&+C\tau r\sum_{j=1}^{J-1}\left((1-\lambda_{j-1})^2+(1-\mu_{j+1})^2\right)\left(|\Delta_\tau w_j^{n+1}|^2+|\Delta_\tau w_j^n|^2\right)h.
\end{aligned}
$$

从而

$$
\begin{aligned}
&\|\delta w_h^{n+1}\|_2^2-\|\delta w_h^n\|_2^2+2\tau\sum_{j=1}^{J-1}\left(\overset{*}{\delta}{}^2 w_j^{n+1},A_j^{n+1}\overset{*}{\delta}{}^2 w_j^{n+1}\right)\\
&+\tau r\sum_{j=1}^{J-1}(2-\lambda_{j-1}-\mu_{j+1})\left(\left|\Delta_\tau w_j^{n+1}\right|^2-\left|\Delta_\tau w_j^n\right|^2\right)h\\
\leqslant&\frac{\tau}{2}\sum_{j=1}^{J-1}\left(\overset{*}{\delta}{}^2 w_j^{n+1},A_j^{n+1}\overset{*}{\delta}{}^2 w_j^{n+1}\right)h
\end{aligned}
$$

$$+C\tau\left(\tau r\sum_{j=1}^{J-1}(2-\lambda_{j-1}-\mu_{j+1})\left(\left|\Delta_\tau w_j^{n+1}\right|^2+\left|\Delta_\tau w_j^n\right|^2\right)\right.$$
$$\left.+\|w_h^{n+1}\|_2^2+\|\delta w_h^{n+1}\|_2^2+(\tau+h^2)^2\right).$$

因此, 得

$$\|\delta w_h^{n+1}\|_2^2-\|\delta w_h^n\|_2^2+\tau r\sum_{j=1}^{J-1}(2-\lambda_{j-1}-\mu_{j+1})\left(\left|\Delta_\tau w_j^{n+1}\right|^2-\left|\Delta_\tau w_j^n\right|^2\right)h$$
$$+\sigma_0\tau\|\overset{*}{\delta}{}^2w_h^{n+1}\|_2^2$$
$$\leqslant C\tau\left(\tau r\sum_{j=1}^{J-1}(2-\lambda_{j-1}-\mu_{j+1})\left(\left|\Delta_\tau w_j^{n+1}\right|^2+\left|\Delta_\tau w_j^n\right|^2\right)+\|\delta w_h^{n+1}\|_2^2+(\tau+h^2)^2\right).$$

易见

$$\|\delta w_h^1\|_2^2+\tau\|\Delta_\tau w_h^1\|_2^2\leqslant C(\|\delta w_h^0\|_2^2+(\tau+h^2)^2)=C(\tau+h^2)^2.$$

联合以上两式, 得

$$\max_{0\leqslant n\leqslant N-1}\|\delta w_h^{n+1}\|_2\leqslant C(\tau+h^2),\quad \max_{0\leqslant n\leqslant N-1}\|w_h^{n+1}\|_\infty\leqslant C(\tau+h^2), \tag{10.10}$$

且有

$$\left(\sum_{n=0}^{N-1}\left\|\overset{*}{\delta}{}^2w_h^{n+1}\right\|_2^2\tau\right)^{\frac12}+\left(\sum_{n=0}^{N-1}\left\|\Delta_\tau w_h^{n+1}\right\|_2^2\tau\right)^{\frac12}\leqslant C(\tau+h^2),$$
$$\left(\sum_{n=0}^{N-1}\left\|\delta^2w_h^{n+1}\right\|_2^2\tau\right)^{\frac12}\leqslant C(\tau+h^2),\quad \max_{0\leqslant n\leqslant N-1}\|\delta w_h^{n+1}\|_\infty\leqslant C\left(\frac{\tau}{h^{\frac12}}+h^{\frac32}\right). \tag{10.11}$$

于是, 当 $\tau/h^{\frac12}$ 和 $h^{\frac32}$ 足够小,

$$\max_{0\leqslant n\leqslant N-1}\|w_h^{n+1}\|_\infty\leqslant G,\quad \max_{0\leqslant n\leqslant N-1}\|\delta w_h^{n+1}\|_\infty\leqslant G,$$

即 $w_\Delta\in\Omega$. 所以, 可见映射 Φ 是 Ω 上映到自身的连续映射.

根据 Brouwer 不动点定理, 得到如下结果.

定理 10.3.1 设条件(I)–(V)成立, 且步长 τ, h 和 $\dfrac{\tau}{h^{\frac12}}$ 足够小. 那么, 并行格式 (10.6)–(10.8) 存在解 v_Δ, 且估计式 (10.10)–(10.11) 成立.

注记 10.3.1 (10.10)–(10.11) 说明 (10.6)–(10.8) 的解具有二阶精度.

10.4 稳定性和唯一性

设 $\tilde{v}_\Delta = \{\tilde{v}_j^n | j=0,1,\cdots,J; n=0,1,\cdots,N\}$ 满足

$$\frac{\tilde{v}_j^{n+1}-\tilde{v}_j^n}{\tau} = \tilde{A}_j^{n+1}\overset{*}{\delta}{}^2\tilde{v}_j^{n+1}+\tilde{f}_j^{n+1},\quad j=1,2,\cdots,J-1; n=0,1,\cdots,N-1,$$

$$\tilde{v}_0^{n+1}=\tilde{v}_J^{n+1}=0,\quad n=0,1,\cdots,N-1,$$

$$\tilde{v}_j^0=\tilde{\varphi}_j=\tilde{\varphi}(x_j),\quad j=0,1,\cdots,J,$$

其中

$$\tilde{A}_j^{n+1}=\tilde{A}(x_j,t^{n+1},\tilde{v}_j^{n+1},\bar{\delta}\tilde{v}_j^{n+1}),\quad \tilde{f}_j^{n+1}=\tilde{f}(x_j,t^{n+1},\tilde{v}_j^{n+1},\bar{\delta}\tilde{v}_j^{n+1}).$$

设 $m\times m$ 系数矩阵 $\tilde{A}(x,t,u,p)$, m 维向量函数 $\tilde{f}(x,t,u,p)$ 和 $\tilde{\varphi}(x)$ 满足条件**(I)**–**(IV)**, 且分别近似于 $A(x,t,u,p)$, $f(x,t,u,p)$ 和 $\varphi(x)$, 且 $\tilde{v}_\Delta=\{\tilde{v}_j^n\}\in\Omega$ 满足估计式 (10.10)–(10.11).

记 $w_\Delta=v_\Delta-\tilde{v}_\Delta=\{w_j^n=v_j^n-\tilde{v}_j^n \mid j=0,1,\cdots,J; n=0,1,\cdots,N\}$. 那么,

$$\frac{w_j^{n+1}-w_j^n}{\tau}=A_j^{n+1}\overset{*}{\delta}{}^2w_j^{n+1}+B_j^{n+1}w_j^{n+1}+C_j^{n+1}\bar{\delta}w_j^{n+1}+r_j^{n+1},$$

$$j=1,2,\cdots,J-1; n=0,1,\cdots,N-1, \tag{10.12}$$

$$w_0^{n+1}=w_J^{n+1}=0,\quad n=0,1,\cdots,N-1, \tag{10.13}$$

$$w_j^0=\varphi_j-\tilde{\varphi}_j,\quad j=0,1,\cdots,J, \tag{10.14}$$

其中

$$B_j^{n+1}=(\tilde{A}_u)_j^{n+1}\overset{*}{\delta}{}^2\tilde{v}^{n+1}+(\tilde{f}_u)_j^{n+1},\quad C_j^{n+1}=(\tilde{A}_p)_j^{n+1}\overset{*}{\delta}{}^2\tilde{v}^{n+1}+(\tilde{f}_p)_j^{n+1},$$

$$r_j^{n+1}=A\left[\tilde{v}\right]_j^{n+1}\overset{*}{\delta}{}^2\tilde{v}^{n+1}+f\left[\tilde{v}\right]_j^{n+1},$$

这里

$$(\tilde{A}_u)_j^{n+1}=\int_0^1 A_u(x_j,t^{n+1},\lambda v_j^{n+1}+(1-\lambda)\tilde{v}_j^{n+1},\bar{\delta}v_j^{n+1})d\lambda,$$

$$(\tilde{A}_p)_j^{n+1}=\int_0^1 A_p(x_j,t^{n+1},\tilde{v}_j^{n+1},\lambda\bar{\delta}v_j^{n+1}+(1-\lambda)\bar{\delta}\tilde{v}_j^{n+1})d\lambda,$$

$$A\left[\tilde{v}\right]_j^{n+1}=A\left(x_j,t^{n+1},\tilde{v}_j^{n+1},\bar{\delta}\tilde{v}_j^{n+1}\right)-\tilde{A}\left(x_j,t^{n+1},\tilde{v}_j^{n+1},\bar{\delta}\tilde{v}_j^{n+1}\right),$$

对 $(\tilde{f}_u)_j^{n+1}$, $(\tilde{f}_p)_j^{n+1}$, $f[\tilde{v}]_j^{n+1}$ 有类似的表达式.

将 $\overset{*}{\delta}{}^2 w_j^{n+1} h\tau$ 与 (10.12) 作内积, 并对 $j=1,2,\cdots,J-1$ 求和, 类似于上节的推导, 可得

$$\begin{aligned}
&\|\delta w_h^{n+1}\|_2^2-\|\delta w_h^n\|_2^2+2\tau\sum_{j=1}^{J-1}\left(\overset{*}{\delta}{}^2 w_j^{n+1},A_j^{n+1}\overset{*}{\delta}{}^2 w_j^{n+1}\right)h\\
&+\tau r\sum_{j=1}^{J-1}(2-\lambda_{j-1}-\mu_{j+1})\left(\left|\Delta_\tau w_j^{n+1}\right|^2-\left|\Delta_\tau w_j^n\right|^2\right)h\\
&\leqslant 2\tau\left|\sum_{j=1}^{J-1}\left(\overset{*}{\delta}{}^2 w_j^{n+1},B_j^{n+1}w_j^{n+1}+C_j^{n+1}\bar{\delta}w_j^{n+1}+r_j^{n+1}\right)\right|h. \qquad (10.15)
\end{aligned}$$

注意到

$$\begin{aligned}
&\sum_{j=1}^{J-1}\left|B_j^{n+1}w_j^{n+1}+C_j^{n+1}\bar{\delta}w_j^{n+1}+r_j^{n+1}\right|^2 h\\
\leqslant& C\left(\|w_h^{n+1}\|_\infty^2+\|\delta w_h^{n+1}\|_\infty^2+\|A[\tilde{v}]_h^{n+1}\|_\infty^2+\|f[\tilde{v}]_h^{n+1}\|_2^2\right)(1+\|\overset{*}{\delta}{}^2\tilde{v}_h^{n+1}\|_2^2)\\
&+C(1+\|\overset{*}{\delta}{}^2\tilde{v}_h^{n+1}\|_\infty^2)\tau r\sum_{j=1}^{J-1}(2-\lambda_{j-1}-\mu_{j+1})\left(\left|\Delta_\tau w_j^{n+1}\right|^2+\left|\Delta_\tau w_j^n\right|^2\right)h.
\end{aligned}$$

假定对足够小 τ 和 h, 有

$$\frac{h}{r}\ \text{一致有界}. \qquad (10.16)$$

并利用估计 (10.11), 可知 $\|\overset{*}{\delta}{}^2\tilde{v}_h^{n+1}\|_\infty^2\leqslant C$. 于是, 当 $n\geqslant 1$, 有

$$\begin{aligned}
&\|\delta w_h^{n+1}\|_2^2+\sum_{k=0}^{n}\left\|\overset{*}{\delta}{}^2 w_h^{k+1}\right\|_2^2\tau+\tau r\sum_{j=1}^{J-1}(2-\lambda_{j-1}-\mu_{j+1})\left|\Delta_\tau w_j^{n+1}\right|^2 h\\
\leqslant& C\left(\sum_{k=0}^{n}\|\delta w_h^{k+1}\|_\infty^2\tau+\|\delta w_h^0\|_2^2+R_0\right), \qquad (10.17)
\end{aligned}$$

其中记

$$R_0\equiv\max_{0\leqslant n\leqslant N-1}\left\|A[\tilde{v}]_h^{n+1}\right\|_\infty^2+\sum_{n=0}^{N-1}\left\|f[\tilde{v}]_h^{n+1}\right\|_2^2\tau.$$

当 $k\geqslant 1$ 时, 对任意 $\varepsilon>0$,

$$\begin{aligned}
&\|\delta w_h^{k+1}\|_\infty^2\leqslant\varepsilon\|\delta^2 w_h^{k+1}\|_2^2+\frac{C}{\varepsilon}\|\delta w_h^{k+1}\|_2^2\\
\leqslant& C\varepsilon\left(\left\|\overset{*}{\delta}{}^2 w_h^{k+1}\right\|_2^2+r^2\sum_{j=1}^{J-1}(2-\lambda_{j-1}-\mu_{j+1})\left(\left|\Delta_\tau w_j^{k+1}\right|^2+\left|\Delta_\tau w_j^k\right|^2\right)h\right)+\frac{C}{\varepsilon}\|\delta w_h^{k+1}\|_2^2.
\end{aligned}$$

当 $k=0$ 时,

$$\|\delta w_h^1\|_\infty^2\tau \leqslant \|\delta^2 w_h^1\|_2^2 + C\|\delta w_h^1\|_2^2\tau \leqslant C(\|\delta w_h^0\|_2^2 + \left\|A[\tilde{v}]_h^1\right\|_\infty^2 + \left\|f[\tilde{v}]_h^1\right\|_2^2\tau).$$

将以上两式代入 (10.17), 并取 ε 足够小使得

$$\|\delta w_h^{n+1}\|_2^2 + \sum_{k=0}^{n}\left\|\overset{*}{\delta}{}^2 w_h^{k+1}\right\|_2^2\tau \leqslant C\left(\sum_{k=0}^{n}\|\delta w_h^{k+1}\|_2^2\tau + \|\delta w_h^0\|_2^2 + R_0\right).$$

所以, 得到

$$\|\delta w_h^{n+1}\|_2^2 + \sum_{k=0}^{n}\left\|\overset{*}{\delta}{}^2 w_h^{k+1}\right\|_2^2\tau \leqslant C\left(\|\delta w_h^0\|_2^2 + R_0\right).$$

于是, 证明了如下无条件稳定性定理.

定理 10.4.1 设定理 10.3.1 条件成立, 且式 (10.16) 成立. 那么, 对 $w_\Delta = v_\Delta - \tilde{v}_\Delta$ 成立如下不等式:

$$\|v_\Delta - \tilde{v}_\Delta\|_{W_2^{2,1}(Q_\Delta)}^2 \leqslant C\left(\|\varphi_h - \tilde{\varphi}_h\|_{H_h^1}^2 + R_0\right),$$

其中 C 为不依赖 τ 和 h 的常数, 且

$$\|\varphi_h\|_{H_h^1}^2 \equiv \|\varphi_h\|_2^2 + \|\delta\varphi_h\|_2^2,$$

$$\|w_\Delta\|_{W_2^{2,1}(Q_\Delta)}^2 \equiv \max_{0\leqslant n\leqslant N}\|w_h^n\|_{H_h^1}^2 + \sum_{k=0}^{N-1}\left(\left\|\overset{*}{\delta}{}^2 w_h^{n+1}\right\|_2^2 + \left\|\Delta_\tau w_h^{n+1}\right\|_2^2\right)\tau.$$

注记 10.4.1 由定理 10.4.1, 立即可知并行格式 (10.6)–(10.8) 解的唯一性. 如果在定理 10.4.1 中假设 $A = A(x,t,u)$ 与 p 无关, 那么, 无需假设 (10.16) 满足, 定理 10.4.1 的结论仍然成立. 因为稳定性定理中对网格比 $r = \dfrac{\tau}{h^2}$ 的上界 Λ 没有限制, 所以, 并行格式 (10.6)–(10.8) 是无条件稳定的.

10.5 数值算例

考虑如下问题:

$$\begin{aligned}
u_t &= au_{xx} + uu_x + f(x,t), \quad x\in(0,1),\ t\in(0,T],\\
u(0,t) &= u(1,t) = 0, \quad t\in(0,T],\\
u(x,0) &= \sin(\pi x), \quad x\in[0,1],\\
f(x,t) &= -\frac{\pi}{2}\exp(-0.08\pi^2 t)\sin(2\pi x),
\end{aligned}$$

其中 $a=0.04$, 该问题的精确解是 $u = e^{-0.04\pi^2 t}\sin(\pi x)$.

在表 10.1 中我们给出了并行格式的精度. 其中 $\tau=10^{-6}$, 计算 10^5 个时间步, 使用了 4 个处理机. R_1 和 R_2 是理论值, R 是计算值, 具体意义如下. 记 $E_\infty^{J-1}=\max\limits_{0\leqslant j\leqslant J-1;0\leqslant n\leqslant N}|v_j^n-u_j^n|$, $h_{J-1}=\dfrac{1}{J-1}$. 格式如果是一阶精度的, 即存在与 τ,h_{J-1} 无关的常数 C_1 使得 $E_\infty^{J-1}\approx C_1(\tau+h_{J-1})$, 记 $R_1=\dfrac{E_\infty^{10}}{E_\infty^{J-1}}\approx\dfrac{\tau+h_{10}}{\tau+h_{J-1}}\approx\dfrac{h_{10}}{h_{J-1}}=\dfrac{J-1}{10}$. 格式如果是二阶精度的, 即有 $E_\infty^{J-1}\approx C_2(\tau+h_{J-1}^2)$, 记 $R_2=\dfrac{E_\infty^{10}}{E_\infty^{J-1}}\approx\dfrac{\tau+h_{10}^2}{\tau+h_{J-1}^2}\approx\dfrac{h_{10}^2}{h_{J-1}^2}=\left(\dfrac{J-1}{10}\right)^2$. 记 $R=\dfrac{E_\infty^{10}}{E_\infty^{J-1}}$. 从表 10.1 可以看出本章的并行格式具有二阶精度.

表 10.1　精度测试算例

$J-1$	20	40	80	120	160	180	200
$\max\limits_{j,n}\|v_j^n-u_j^n\|$	5.72×10^{-4}	1.43×10^{-4}	3.58×10^{-5}	1.59×10^{-5}	8.95×10^{-6}	7.07×10^{-6}	5.73×10^{-6}
$\max\limits_{j,n}\dfrac{\|v_j^n-u_j^n\|}{\|u_j^n\|}$	4.11×10^{-5}	3.02×10^{-5}	1.82×10^{-5}	1.44×10^{-3}	1.64×10^{-4}	9.24×10^{-5}	5.92×10^{-5}
R_1	—	2	4	6	8	9	10
R_2	—	4	16	36	64	81	100
R	—	4.00	16.00	36.00	63.97	80.96	99.93

为说明格式是无条件稳定的, 下面分别给出了 $r=10,10^2,10^4$ 的数值结果, 取网格点 $J-1=10^5$. 其中 $r=\tau/h^2$, CPUs 表示处理机个数, T_{all} 表示计算 10^5 个时间步的总时间 (秒), S_p 是相对加速比, E_{ff} 表示并行效率. 从表 10.2 ~ 表 10.4 可以看出并行格式是无条件稳定的, 且具有超线性加速比.

表 10.2　r=10 的数值结果

CPUs	1	10	20	40	80
$\max\limits_{j,n}\|v_j^n-u_j^n\|$	2.5968×10^{-13}	2.5968×10^{-13}	2.5968×10^{-13}	2.5968×10^{-13}	2.5146×10^{-13}
$T_{\rm all}$ (s)	17027.54	1522.76	755.45	382.42	191.37
S_p	1	11.18	22.54	44.52	88.98
E_{ff}(100%)	1	1.12	1.13	1.11	1.11

表 10.3　r=100 的数值结果

CPUs	1	10	20	40	80
$\max\limits_{j,n}\|v_j^n-u_j^n\|$	8.7784×10^{-11}	8.7877×10^{-11}	8.7877×10^{-11}	8.7877×10^{-11}	8.7885×10^{-11}
$T_{\rm all}$ (s)	17009.52	1535.47	762.00	380.77	191.89
S_p	1	11.08	22.32	44.67	88.64
E_{ff}(100%)	1	1.11	1.12	1.12	1.11

表 10.4 $r = 10^4$ 的数值结果

CPUs	1	10	20	40	80
$\max\limits_{j,n} \lvert v_j^n - u_j^n \rvert$	7.5980×10^{-9}	6.4747×10^{-9}	5.2241×10^{-9}	2.7695×10^{-9}	2.1482×10^{-9}
$T_{\rm all}$ (s)	16907.69	1525.20	757.39	380.10	192.86
S_p	1	11.09	22.32	44.48	87.66
E_{ff}(100%)	1	1.11	1.12	1.11	1.10

第 11 章　守恒型并行离散格式

11.1　一维守恒型并行格式

实际应用中对于扩散方程的求解，除了要求离散格式具有必需的精度外, 保持守恒性和无条件稳定性是至关重要的. 在并行格式的设计中, 分区界面处一般采用显式计算, 有些显式计算会影响守恒性，且需要较苛刻的时间步长限制. 对于实际扩散问题的求解，需要研究和设计具有二阶精度的无条件稳定的守恒型并行格式. 本节介绍一些具有守恒性质的稳定的并行差分格式.

考虑变系数问题

$$u_t-(a(x,t)u_x)_x=0,\quad 0<x<1,0<t\leqslant T, \tag{11.1}$$

$$u(0,t)=\psi_0(t),\quad u(1,t)=\psi_1(t),\quad 0<t\leqslant T, \tag{11.2}$$

$$u(x,0)=\phi(x),\quad 0\leqslant x\leqslant 1, \tag{11.3}$$

其中 $\psi_0(0)=\phi(0),\psi_1(0)=\phi(1)$. 将区域 $[0,1]\times[0,T]$ 采用网格剖分

$$0=x_{-\frac{1}{2}}=x_0<x_1<x_2\cdots<x_{I-1}<x_I=x_{I+\frac{1}{2}}=1,$$

$$0=t^0<t^1<\cdots<t^N=T,\quad \Delta t^{n+\frac{1}{2}}=t^{n+1}-t^n,0\leqslant n\leqslant N-1,$$

其中 $x_i(0\leqslant i\leqslant I)$ 为网格节点, 记 $x_{i+\frac{1}{2}}=\dfrac{1}{2}(x_i+x_{i+1})$ 为单元 $[x_i,x_{i+1}](0\leqslant i\leqslant I-1)$ 的中心. 令 k 为满足 $1<k<I-2$ 的固定正整数.

当扩散系数 $a(x,t)$ 为连续函数时, 记 $a_i^{n+1}=a(x_i,t^{n+1})$; 当 $a(x,t)$ 为 $[0,1]\times[0,T]$ 上的分片连续函数时, 假设间断仅出现在网格节点处, 记 $a_{i\pm}^{n+1}=a(x_i\pm 0,t^{n+1})=\lim\limits_{x\to x_i\pm 0}a(x,t^{n+1})$, 此时取 $a_i^{n+1}=\dfrac{a_{i+}^{n+1}a_{i-}^{n+1}(x_{i+\frac{1}{2}}-x_{i-\frac{1}{2}})}{a_{i+}^{n+1}(x_i-x_{i-\frac{1}{2}})+a_{i-}^{n+1}(x_{i+\frac{1}{2}}-x_i)}$.

引入记号

$$\begin{aligned}&h_i=x_{i+\frac{1}{2}}-x_{i-\frac{1}{2}},\quad h_{i+}=x_{i+\frac{1}{2}}-x_i,\\&h_{i-}=x_i-x_{i-\frac{1}{2}},\quad h_{i+\frac{1}{2}}=x_{i+1}-x_i,\quad \Delta t^{n+\frac{1}{2}}=t^{n+1}-t^n.\end{aligned} \tag{11.4}$$

并定义

$$\Delta_\tau u_{i+\frac{1}{2}}^{n+\frac{1}{2}}=\frac{u_{i+\frac{1}{2}}^{n+1}-u_{i+\frac{1}{2}}^{n}}{\Delta t^{n+\frac{1}{2}}},\quad F_i^{n+1}=a_i^{n+1}\frac{u_{i+\frac{1}{2}}^{n+1}-u_{i-\frac{1}{2}}^{n+1}}{x_{i+\frac{1}{2}}-x_{i-\frac{1}{2}}},$$

$$F_i^{n-\frac{\alpha}{2},n+1}=a_i^{n+1}\frac{((1+\alpha)u_{i+\frac{1}{2}}^{n}-\alpha u_{i+\frac{1}{2}}^{n-1})-u_{i-\frac{1}{2}}^{n+1}}{x_{i+\frac{1}{2}}-x_{i-\frac{1}{2}}},\tag{11.5}$$

$$F_i^{n+1,n-\frac{\alpha}{2}}=a_i^{n+1}\frac{u_{i+\frac{1}{2}}^{n+1}-((1+\alpha)u_{i-\frac{1}{2}}^{n}-\alpha u_{i-\frac{1}{2}}^{n-1})}{x_{i+\frac{1}{2}}-x_{i-\frac{1}{2}}},$$

其中 α 为待定参数, 在本节中将取为 0 或 1.

11.1.1 基于界面显式通量的守恒并行格式

格式 (N1) 在界面处采用前一时间层的通量所得到的格式是一个设计简单的守恒格式, 见文献 [42].

取 $x=x_k$ 为分区界面, 即单元节点 (边) 为分区的位置, 见图 11.1.

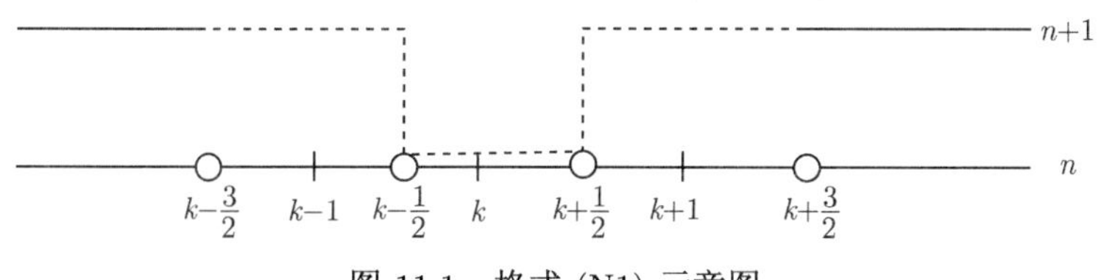

图 11.1 格式 (N1) 示意图

格式具体设计如下, 在界面处,

$$\Delta_\tau u_{k+\frac{1}{2}}^{n+\frac{1}{2}}=\frac{1}{h_{k+\frac{1}{2}}}\left(F_{k+1}^{n+1}-F_k^{n}\right),$$

$$\Delta_\tau u_{k-\frac{1}{2}}^{n+\frac{1}{2}}=\frac{1}{h_{k-\frac{1}{2}}}\left(F_k^{n}-F_{k-1}^{n+1}\right),$$

$$\Delta_\tau u_{i+\frac{1}{2}}^{n+\frac{1}{2}}=\frac{1}{h_{i+\frac{1}{2}}}\left(F_{i+1}^{n+1}-F_i^{n+1}\right),\quad 0\leqslant i\leqslant I-1, i\neq k-1,k,$$

其中该格式的子区域内界面取为 Neumann 边界条件, 即前一时间层在 $x=x_k$ 处的边界通量, 该格式是守恒格式, 具有二阶精度, 但仅为条件稳定, 详见文献 [42] 和 [43]. 根据定理 9.2.1 的结果, 如果将分区界面的位置在奇偶时间层来回移动, 则得到一类无条件稳定、具有二阶精度的守恒型并行格式.

11.1.2 基于界面预估的守恒型并行格式

基于界面预估的并行格式的构造方法是利用已有的 (无条件稳定的) 格式进行界面预估, 给出分区界面附近至少两个相邻单元中心未知量的 (预估) 值. 由此构造出分区界面处的离散通量, 作为子区域上的问题在子区域内边界处的 Neumann 边界条件, 从而可独立求解各子区域问题, 实现整个问题的并行求解.

仍取 $x=x_k$ 为分区界面, 计算界面附近的两个单元中心值 $u_{k-\frac{1}{2}}^{n+1}, u_{k+\frac{1}{2}}^{n+1}$ 的 (预估) 近似值 $u_{k-\frac{1}{2}}^{n+1} \approx \bar{u}_{k-\frac{1}{2}}^{n+1}, u_{k+\frac{1}{2}}^{n+1} \approx \bar{u}_{k+\frac{1}{2}}^{n+1}$, 构造分区界面 $x=x_k$ 处的离散通量

$$F_k^{n+1}=a_k^{n+1} \frac{\bar{u}_{k+\frac{1}{2}}^{n+1}-\bar{u}_{k-\frac{1}{2}}^{n+1}}{x_{k+\frac{1}{2}}-x_{k-\frac{1}{2}}}. \tag{11.6}$$

记 $\Delta_\tau u_{i+\frac{1}{2}}^{n+\frac{1}{2}}=\dfrac{u_{i+\frac{1}{2}}^{n+1}-u_{i+\frac{1}{2}}^{n}}{\Delta t^{n+\frac{1}{2}}}, F_i^{n+1}=a_i^{n+1} \dfrac{u_{i+\frac{1}{2}}^{n+1}-u_{i-\frac{1}{2}}^{n+1}}{x_{i+\frac{1}{2}}-x_{i-\frac{1}{2}}}, 0 \leqslant i \leqslant I-1, i \neq k$. 所构造的并行格式为

$$\Delta_\tau u_{i+\frac{1}{2}}^{n+\frac{1}{2}}=\frac{1}{h_{i+\frac{1}{2}}}\left(F_{i+1}^{n+1}-F_i^{n+1}\right), \quad 0 \leqslant i \leqslant I-1.$$

显然, 这是守恒的并行计算格式, 在分区界面 $x=x_k$ 处给出的离散通量 (11.6) 为子区域上的子问题的 Neumann 边界条件.

下面分别给出具体计算 (预估) 近似值 $u_{k-\frac{1}{2}}^{n+1} \approx \bar{u}_{k-\frac{1}{2}}^{n+1}, u_{k+\frac{1}{2}}^{n+1} \approx \bar{u}_{k+\frac{1}{2}}^{n+1}$ 的方法. 引入记号

$$\begin{aligned}
\Delta_\tau \bar{u}_{k+\frac{1}{2}}^{n+\frac{1}{2}} &= \frac{\bar{u}_{k+\frac{1}{2}}^{n+1}-u_{k+\frac{1}{2}}^{n}}{\Delta t^{n+\frac{1}{2}}}, \\
\overline{F}_k^{n-\frac{\alpha}{2}, n+1} &= a_k^{n+1} \frac{\left((1+\alpha) u_{k+\frac{1}{2}}^{n}-\alpha u_{k+\frac{1}{2}}^{n-1}\right)-\bar{u}_{k-\frac{1}{2}}^{n+1}}{h_k}, \\
\overline{F}_{k-1}^{n+1, n-\frac{\alpha}{2}} &= a_{k-1}^{n+1} \frac{\bar{u}_{k-\frac{1}{2}}^{n+1}-\left((1+\alpha) u_{k-\frac{3}{2}}^{n}-\alpha u_{k-\frac{3}{2}}^{n-1}\right)}{h_{k-1}}.
\end{aligned}$$

格式 (N2)　使用 Saul'yev 型格式同时求出 $\bar{u}_{k-\frac{1}{2}}^{n+1}, \bar{u}_{k+\frac{1}{2}}^{n+1}$ (图 11.2),

$$\Delta_\tau \bar{u}_{k+\frac{1}{2}}^{n+\frac{1}{2}}=\frac{1}{h_{k+\frac{1}{2}}}\left(F_{k+1}^{n}-F_k^{n+1}\right), \tag{11.7}$$

$$\Delta_\tau \bar{u}_{k-\frac{1}{2}}^{n+\frac{1}{2}}=\frac{1}{h_{k-\frac{1}{2}}}\left(F_k^{n+1}-F_{k-1}^{n}\right). \tag{11.8}$$

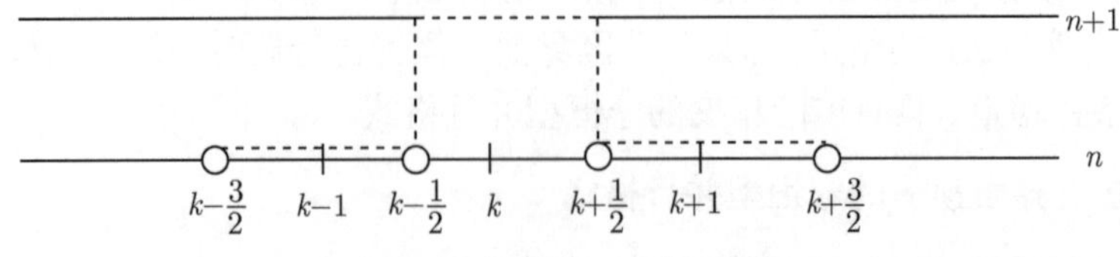

图 11.2　格式 (N2) 示意图

格式 (N3) 第一类修改的 Saul'yev 型格式, 使用 $\frac{1}{2}(\bar{u}_{k\pm\frac{1}{2}}^{n+1}+u_{k\pm\frac{1}{2}}^{n})$ 替换格式中的 $u_{k\pm\frac{1}{2}}^{n}$, 同时求出 $\bar{u}_{k-\frac{1}{2}}^{n+1}, \bar{u}_{k+\frac{1}{2}}^{n+1}$ (图 11.3),

$$\frac{\bar{u}_{k+\frac{1}{2}}^{n+1}-u_{k+\frac{1}{2}}^{n}}{\Delta t^{n+\frac{1}{2}}}=\frac{1}{x_{k+1}-x_{k}}\left(a_{k+1}^{n+\frac{1}{2}}\frac{u_{k+\frac{3}{2}}^{n}-\frac{1}{2}(\bar{u}_{k+\frac{1}{2}}^{n+1}+u_{k+\frac{1}{2}}^{n})}{x_{k+\frac{3}{2}}-x_{k+\frac{1}{2}}}\right.$$

$$\left.-a_{k}^{n+\frac{1}{2}}\frac{\bar{u}_{k+\frac{1}{2}}^{n+1}-\frac{1}{2}(u_{k-\frac{1}{2}}^{n}+\bar{u}_{k-\frac{1}{2}}^{n+1})}{x_{k+\frac{1}{2}}-x_{k-\frac{1}{2}}}\right), \tag{11.9}$$

$$\frac{\bar{u}_{k-\frac{1}{2}}^{n+1}-u_{k-\frac{1}{2}}^{n}}{\Delta t^{n+\frac{1}{2}}}=\frac{1}{x_{k}-x_{k-1}}\left(a_{k}^{n+\frac{1}{2}}\frac{\frac{1}{2}(u_{k+\frac{1}{2}}^{n}+\bar{u}_{k+\frac{1}{2}}^{n+1})-\bar{u}_{k-\frac{1}{2}}^{n+1}}{x_{k+\frac{1}{2}}-x_{k-\frac{1}{2}}}\right.$$

$$\left.-a_{k-1}^{n+\frac{1}{2}}\frac{\frac{1}{2}(u_{k-\frac{1}{2}}^{n}+\bar{u}_{k-\frac{1}{2}}^{n+1})-u_{k-\frac{3}{2}}^{n}}{x_{k-\frac{1}{2}}-x_{k-\frac{3}{2}}}\right). \tag{11.10}$$

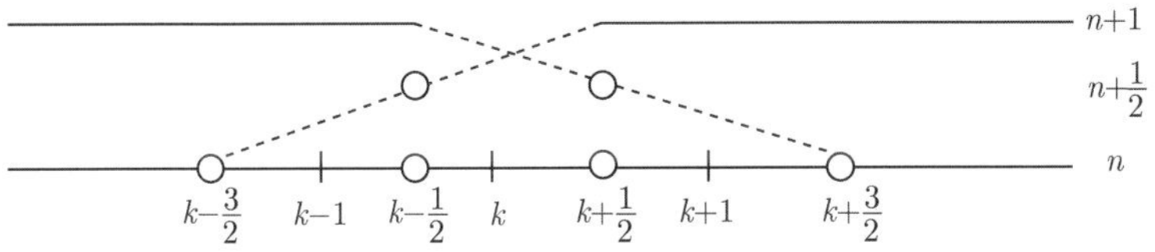

图 11.3 修改的 Saul'yev 型格式 (N3) 示意图

第二类修改的 Saul'yev 型格式 (N3)′ 只是使用 $\frac{1}{2}(\bar{u}_{k+\frac{1}{2}}^{n+1}+u_{k+\frac{1}{2}}^{n})$ 代替 $u_{k+\frac{1}{2}}^{n}$ (图 11.4),

$$\frac{\bar{u}_{k+\frac{1}{2}}^{n+1}-u_{k+\frac{1}{2}}^{n}}{\Delta t^{n+\frac{1}{2}}}$$

$$=\frac{1}{x_{k+1}-x_{k}}\left(a_{k+1}^{n+\frac{1}{2}}\frac{u_{k+\frac{3}{2}}^{n}-\frac{1}{2}(\bar{u}_{k+\frac{1}{2}}^{n+1}+u_{k+\frac{1}{2}}^{n})}{x_{k+\frac{3}{2}}-x_{k+\frac{1}{2}}}-a_{k}^{n+1}\frac{\bar{u}_{k+\frac{1}{2}}^{n+1}-\bar{u}_{k-\frac{1}{2}}^{n+1}}{x_{k+\frac{1}{2}}-x_{k-\frac{1}{2}}}\right), \tag{11.11}$$

$$\frac{\bar{u}_{k-\frac{1}{2}}^{n+1}-u_{k-\frac{1}{2}}^{n}}{\Delta t^{n+\frac{1}{2}}}$$

$$=\frac{1}{x_{k}-x_{k-1}}\left(a_{k}^{n+1}\frac{\bar{u}_{k+\frac{1}{2}}^{n+1}-\bar{u}_{k-\frac{1}{2}}^{n+1}}{x_{k+\frac{1}{2}}-x_{k-\frac{1}{2}}}-a_{k-1}^{n+\frac{1}{2}}\frac{\frac{1}{2}(\bar{u}_{k-\frac{1}{2}}^{n+1}+u_{k-\frac{1}{2}}^{n})-u_{k-\frac{3}{2}}^{n}}{x_{k-\frac{1}{2}}-x_{k-\frac{3}{2}}}\right). \tag{11.12}$$

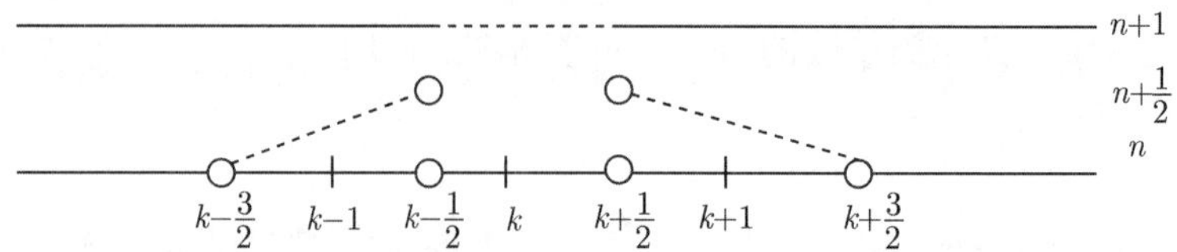

图 11.4　第二类修改的 Saul'yev 型格式 (N3)′ 示意图

格式 (N4)　在格式 (N3) 中, 对外侧值改用时间方向外插, 并使用修改的 Saul'yev 型格式同时求出 $\bar{u}^{n+1}_{k-\frac{1}{2}}, \bar{u}^{n+1}_{k+\frac{1}{2}}$ (图 11.5),

$$\frac{\bar{u}^{n+1}_{k+\frac{1}{2}} - u^n_{k+\frac{1}{2}}}{\Delta t^{n+\frac{1}{2}}} = \frac{1}{x_{k+1} - x_k}\left(a^{n+\frac{1}{2}}_{k+1}\frac{(2u^n_{k+\frac{3}{2}} - u^{n-1}_{k+\frac{3}{2}}) - \frac{1}{2}(\bar{u}^{n+1}_{k+\frac{1}{2}} + u^n_{k+\frac{1}{2}})}{x_{k+\frac{3}{2}} - x_{k+\frac{1}{2}}} - a^{n+\frac{1}{2}}_k\frac{\bar{u}^{n+1}_{k+\frac{1}{2}} - \frac{1}{2}(u^n_{k-\frac{1}{2}} + \bar{u}^{n+1}_{k-\frac{1}{2}})}{x_{k+\frac{1}{2}} - x_{k-\frac{1}{2}}}\right),$$

$$\frac{\bar{u}^{n+1}_{k-\frac{1}{2}} - u^n_{k-\frac{1}{2}}}{\Delta t^{n+\frac{1}{2}}} = \frac{1}{x_k - x_{k-1}}\left(a^{n+\frac{1}{2}}_k\frac{\frac{1}{2}(u^n_{k+\frac{1}{2}} + \bar{u}^{n+1}_{k+\frac{1}{2}}) - \bar{u}^{n+1}_{k-\frac{1}{2}}}{x_{k+\frac{1}{2}} - x_{k-\frac{1}{2}}} - a^{n+\frac{1}{2}}_{k-1}\frac{\frac{1}{2}(u^n_{k-\frac{1}{2}} + \bar{u}^{n+1}_{k-\frac{1}{2}}) - (2u^n_{k-\frac{3}{2}} - u^{n-1}_{k-\frac{3}{2}})}{x_{k-\frac{1}{2}} - x_{k-\frac{3}{2}}}\right).$$

图 11.5　修改的 Saul'yev 型格式 (N4) 示意图

类似地，采用时间外插, 并用 $\frac{1}{2}(\bar{u}^{n+1}_{k+\frac{1}{2}} + u^n_{k+\frac{1}{2}})$ 代替 $u^n_{k+\frac{1}{2}}$, 可将 (N3)′ 改为如下修改的 Saul'yev 型格式 (N4)′ (图 11.6),

$$\frac{\bar{u}^{n+1}_{k+\frac{1}{2}} - u^n_{k+\frac{1}{2}}}{\Delta t^{n+\frac{1}{2}}} = \frac{1}{x_{k+1} - x_k}\left(a^{n+\frac{1}{2}}_{k+1}\frac{(2u^n_{k+\frac{3}{2}} - u^{n-1}_{k+\frac{3}{2}}) - \frac{1}{2}(\bar{u}^{n+1}_{k+\frac{1}{2}} + u^n_{k+\frac{1}{2}})}{x_{k+\frac{3}{2}} - x_{k+\frac{1}{2}}} - a^{n+1}_k\frac{\bar{u}^{n+1}_{k+\frac{1}{2}} - \bar{u}^{n+1}_{k-\frac{1}{2}}}{x_{k+\frac{1}{2}} - x_{k-\frac{1}{2}}}\right), \tag{11.13}$$

$$\frac{\bar{u}_{k-\frac{1}{2}}^{n+1} - u_{k-\frac{1}{2}}^{n}}{\Delta t^{n+\frac{1}{2}}} = \frac{1}{x_k - x_{k-1}} \left(a_k^{n+1} \frac{\bar{u}_{k+\frac{1}{2}}^{n+1} - \bar{u}_{k-\frac{1}{2}}^{n+1}}{x_{k+\frac{1}{2}} - x_{k-\frac{1}{2}}} \right.$$

$$\left. a_{k-1}^{n+\frac{1}{2}} \frac{\frac{1}{2}(\bar{u}_{k-\frac{1}{2}}^{n+1} + u_{k-\frac{1}{2}}^{n}) - (2u_{k-\frac{3}{2}}^{n} - u_{k-\frac{3}{2}}^{n-1})}{x_{k-\frac{1}{2}} - x_{k-\frac{3}{2}}} \right). \tag{11.14}$$

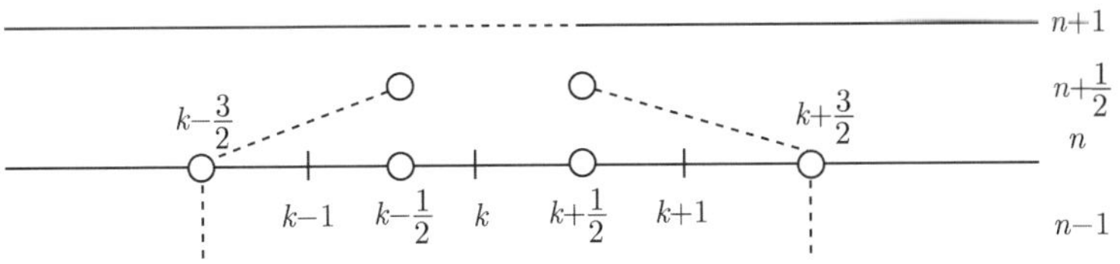

图 11.6 修改的 Saul'yev 型格式 (N4)$'$(11.13)–(11.14) 示意图

格式 (N5) 使用 Jacobi 型格式分别求出 $\bar{u}_{k-\frac{1}{2}}^{n+1}, \bar{u}_{k+\frac{1}{2}}^{n+1}$ (图 11.7),

$$\Delta_\tau \bar{u}_{k+\frac{1}{2}}^{n+\frac{1}{2}} = \frac{1}{h_{k+\frac{1}{2}}} \left(\overline{F}_{k+1}^{n,n+1} - \overline{F}_{k}^{n+1,n} \right), \tag{11.15}$$

$$\Delta_\tau \bar{u}_{k-\frac{1}{2}}^{n+\frac{1}{2}} = \frac{1}{h_{k-\frac{1}{2}}} \left(\overline{F}_{k}^{n,n+1} - \overline{F}_{k-1}^{n+1,n} \right). \tag{11.16}$$

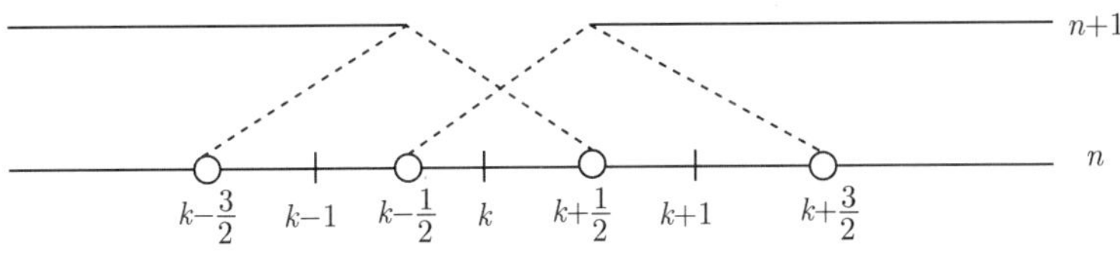

图 11.7 格式 (N5) 示意图 ($\alpha = 0$)

格式 (N6) 使用块 Jacobi 型格式同时求出 $\bar{u}_{k-\frac{1}{2}}^{n+1}, \bar{u}_{k+\frac{1}{2}}^{n+1}$ (图 11.8),

$$\Delta_\tau \bar{u}_{k+\frac{1}{2}}^{n+\frac{1}{2}} = \frac{1}{h_{k+\frac{1}{2}}} \left(\overline{F}_{k+1}^{n,n+1} - F_{k}^{n+1} \right),$$

$$\Delta_\tau \bar{u}_{k-\frac{1}{2}}^{n+\frac{1}{2}} = \frac{1}{h_{k-\frac{1}{2}}} \left(F_{k}^{n+1} - \overline{F}_{k-1}^{n+1,n} \right).$$

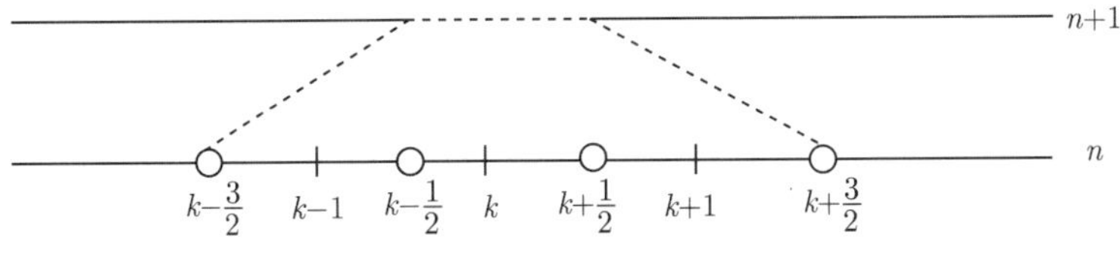

图 11.8 格式 (N6) 示意图 ($\alpha = 0$)

格式 (N7) 对格式 (N5) 中的外侧点使用时间外插, 得到改进的 Jacobi 型格式分别求出 $\bar{u}_{k-\frac{1}{2}}^{n+1}, \bar{u}_{k+\frac{1}{2}}^{n+1}$ (图 11.9),

$$\Delta_\tau \bar{u}_{k+\frac{1}{2}}^{n+\frac{1}{2}} = \frac{1}{h_{k+\frac{1}{2}}} \left(\overline{F}_{k+1}^{n-\frac{1}{2},n+1} - \overline{F}_{k}^{n+1,n-\frac{1}{2}} \right),$$

$$\Delta_\tau \bar{u}_{k-\frac{1}{2}}^{n+\frac{1}{2}} = \frac{1}{h_{k-\frac{1}{2}}} \left(\overline{F}_{k}^{n-\frac{1}{2},n+1} - \overline{F}_{k-1}^{n+1,n-\frac{1}{2}} \right).$$

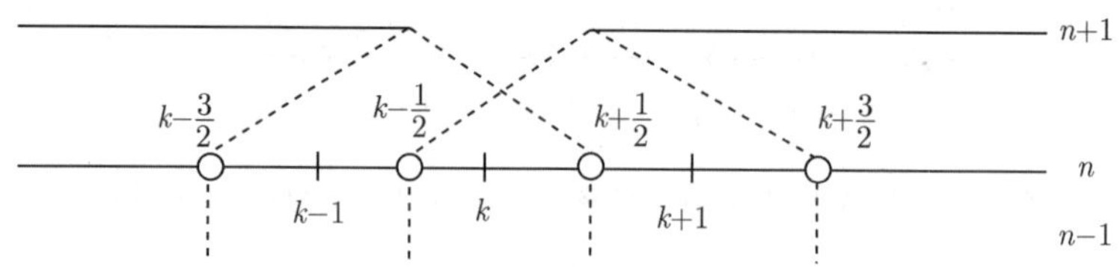

图 11.9 格式 (N7) 示意图 ($\alpha = 1$)

格式 (N8) 在 (N7) 中对外侧点使用时间插值, 得到改进的块 Jacobi 型格式同时求出 $\bar{u}_{k-\frac{1}{2}}^{n+1}, \bar{u}_{k+\frac{1}{2}}^{n+1}$ (图 11.10),

$$\Delta_\tau \bar{u}_{k+\frac{1}{2}}^{n+\frac{1}{2}} = \frac{1}{h_{k+\frac{1}{2}}} \left(\overline{F}_{k+1}^{n-\frac{1}{2},n+1} - F_{k}^{n+1} \right), \tag{11.17}$$

$$\Delta_\tau \bar{u}_{k-\frac{1}{2}}^{n+\frac{1}{2}} = \frac{1}{h_{k-\frac{1}{2}}} \left(F_{k}^{n+1} - \overline{F}_{k-1}^{n+1,n-\frac{1}{2}} \right). \tag{11.18}$$

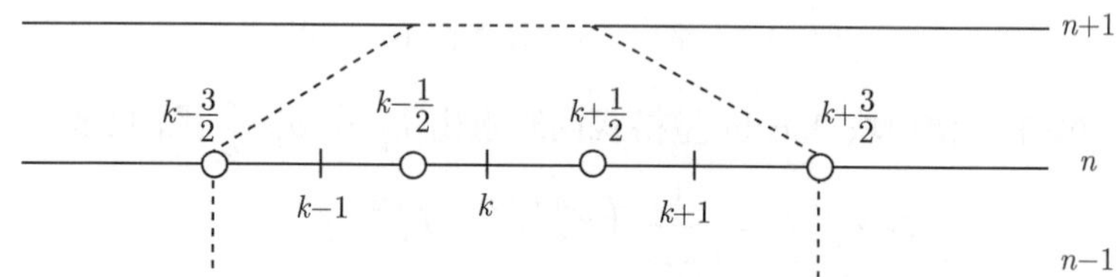

图 11.10 格式 (N8) 示意图 ($\alpha = 1$)

格式 (N9) 使用 Du Fort-Frankel 型格式求出 $\bar{u}_{k-\frac{1}{2}}^{n+1}, \bar{u}_{k+\frac{1}{2}}^{n+1}$ (图 11.11),

$$\frac{\bar{u}_{k-\frac{1}{2}}^{n+1} - u_{k-\frac{1}{2}}^{n-1}}{\Delta t^{n+\frac{1}{2}} + \Delta t^{n-\frac{1}{2}}} = \frac{1}{x_k - x_{k-1}} \left(a_k^{n+1} \frac{u_{k+\frac{1}{2}}^{n} - \bar{u}_{k-\frac{1}{2}}^{n+1}}{x_{k+\frac{1}{2}} - x_{k-\frac{1}{2}}} - a_{k-1}^{n+1} \frac{u_{k-\frac{1}{2}}^{n-1} - u_{k-\frac{3}{2}}^{n}}{x_{k-\frac{1}{2}} - x_{k-\frac{3}{2}}} \right),$$

$$\frac{\bar{u}_{k+\frac{1}{2}}^{n+1} - u_{k+\frac{1}{2}}^{n-1}}{\Delta t^{n+\frac{1}{2}} + \Delta t^{n-\frac{1}{2}}} = \frac{1}{x_{k+1} - x_k} \left(a_{k+1}^{n+1} \frac{u_{k+\frac{3}{2}}^{n} - \bar{u}_{k+\frac{1}{2}}^{n+1}}{x_{k+\frac{3}{2}} - x_{k+\frac{1}{2}}} - a_{k}^{n+1} \frac{u_{k+\frac{1}{2}}^{n-1} - u_{k-\frac{1}{2}}^{n}}{x_{k+\frac{1}{2}} - x_{k-\frac{1}{2}}} \right);$$

或

$$\frac{\bar{u}_{k-\frac{1}{2}}^{n+1}-u_{k-\frac{1}{2}}^{n-1}}{\Delta t^{n+\frac{1}{2}}+\Delta t^{n-\frac{1}{2}}}=\frac{1}{x_k-x_{k-1}}\left(a_k^{n+1}\frac{u_{k+\frac{1}{2}}^{n}-u_{k-\frac{1}{2}}^{n-1}}{x_{k+\frac{1}{2}}-x_{k-\frac{1}{2}}}-a_{k-1}^{n+1}\frac{\bar{u}_{k-\frac{1}{2}}^{n+1}-u_{k-\frac{3}{2}}^{n}}{x_{k-\frac{1}{2}}-x_{k-\frac{3}{2}}}\right),$$

$$\frac{\bar{u}_{k+\frac{1}{2}}^{n+1}-u_{k+\frac{1}{2}}^{n-1}}{\Delta t^{n+\frac{1}{2}}+\Delta t^{n-\frac{1}{2}}}=\frac{1}{x_{k+1}-x_k}\left(a_{k+1}^{n+1}\frac{u_{k+\frac{3}{2}}^{n}-u_{k+\frac{1}{2}}^{n-1}}{x_{k+\frac{3}{2}}-x_{k+\frac{1}{2}}}-a_{k}^{n+1}\frac{\bar{u}_{k+\frac{1}{2}}^{n+1}-u_{k-\frac{1}{2}}^{n}}{x_{k+\frac{1}{2}}-x_{k-\frac{1}{2}}}\right).$$

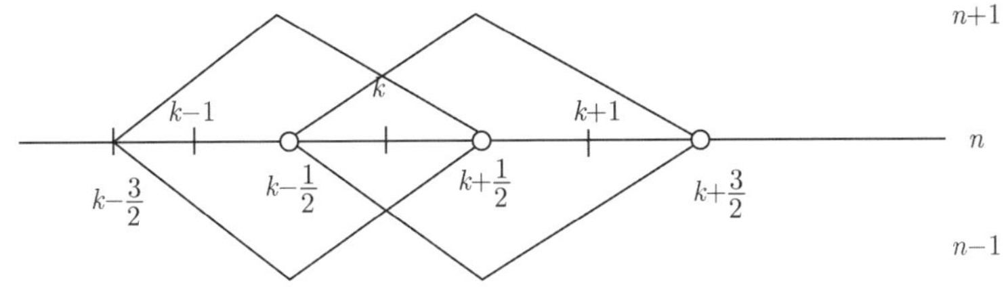

图 11.11 格式 (N9) 示意图

11.1.3 基于界面守恒修正的并行格式

非守恒型的无条件稳定的并行格式 (参见文献 [44]-[50]) 在越过分区界面处不能保持离散通量连续 (即离散通量不唯一), 存在能量损益. 通过界面守恒修正, 可以得到守恒的并行格式. 这里叙述两种守恒修正方式：第一种方法采用文献 [51] 中提出的方法并予以推广, 更新当前时间层在分区界面处或界面附近未知量的值, 以保证越过界面处的离散通量是守恒的；第二种方法来自于文献 [52] 中的一个做法, 在分区计算完成后, 计算分区界面处的离散通量之差, 在下一时间层重新将所损失的能量按一定比例分别沉积到分区界面两侧的单元中.

常见的守恒型并行格式是条件稳定的. 在本节中将对这类格式作稳定化修正, 使其既保持守恒性, 又提高稳定性. 构造方法是: 对已有的重叠型或非重叠型的 (无条件稳定的) 并行格式, 包括基于界面预估的并行格式, 在分区并行计算完成后, 再在分区界面处, 计算更新界面处及其附近的值. 这里将描述两种更新方式: 一是在分区界面处将已计算得到的值进行平均; 二是利用子区域附近已计算得到的值, 采用 (隐式) 格式更新分区界面处或界面附近未知量的值.

格式 (C1)([48]) 取单元中心 $x=x_{k+\frac{1}{2}}$ 为分区界面, 作为两相邻子区域的重叠单元. 首先用已求出的单元中心值 $u_{k-\frac{1}{2}}^{n},u_{k-\frac{1}{2}}^{n-1},u_{k+\frac{1}{2}}^{n},u_{k+\frac{1}{2}}^{n-1}$, 进行并行分区计算 (图 11.12),

$$\frac{u_{i+\frac{1}{2}}^{n+1}-u_{i+\frac{1}{2}}^{n}}{\Delta t^{n+\frac{1}{2}}}=\frac{1}{x_{i+1}-x_i}\left(a_{i+1}^{n+1}\frac{u_{i+\frac{3}{2}}^{n+1}-u_{i+\frac{1}{2}}^{n+1}}{x_{i+\frac{3}{2}}-x_{i+\frac{1}{2}}}-a_{i}^{n+1}\frac{u_{i+\frac{1}{2}}^{n+1}-u_{i-\frac{1}{2}}^{n+1}}{x_{i+\frac{1}{2}}-x_{i-\frac{1}{2}}}\right),$$

$$0\leqslant i\leqslant k-2,k+2\leqslant i\leqslant I-1, \quad (11.19)$$

$$\frac{u_{k-\frac{1}{2}}^{n+1}-u_{k-\frac{1}{2}}^{n}}{\Delta t^{n+\frac{1}{2}}}=\frac{1}{x_k-x_{k-1}}\left(a_k^{n+1}\frac{\bar{u}_{k+\frac{1}{2}}^{n+1}-u_{k-\frac{1}{2}}^{n+1}}{x_{k+\frac{1}{2}}-x_{k-\frac{1}{2}}}-a_{k-1}^{n+1}\frac{u_{k-\frac{1}{2}}^{n+1}-u_{k-\frac{3}{2}}^{n+1}}{x_{k-\frac{1}{2}}-x_{k-\frac{3}{2}}}\right), \tag{11.20}$$

$$\frac{u_{k+\frac{3}{2}}^{n+1}-u_{k+\frac{3}{2}}^{n}}{\Delta t^{n+\frac{1}{2}}}=\frac{1}{x_{k+2}-x_{k+1}}\left(a_{k+2}^{n+1}\frac{u_{k+\frac{5}{2}}^{n+1}-u_{k+\frac{3}{2}}^{n+1}}{x_{k+\frac{5}{2}}-x_{k+\frac{3}{2}}}-a_{k+1}^{n+1}\frac{u_{k+\frac{3}{2}}^{n+1}-\tilde{u}_{k+\frac{1}{2}}^{n+1}}{x_{k+\frac{3}{2}}-x_{k+\frac{1}{2}}}\right), \tag{11.21}$$

$$\begin{aligned}\frac{\bar{u}_{k+\frac{1}{2}}^{n+1}-u_{k+\frac{1}{2}}^{n}}{\Delta t^{n+\frac{1}{2}}}=\frac{1}{x_{k+1}-x_k}&\left(a_{k+1}^{n+1}\frac{(2u_{k+\frac{3}{2}}^{n}-u_{k+\frac{3}{2}}^{n-1})-\bar{u}_{k+\frac{1}{2}}^{n+1}}{x_{k+\frac{3}{2}}-x_{k+\frac{1}{2}}}\right.\\&\left.-a_k^{n+1}\frac{\bar{u}_{k+\frac{1}{2}}^{n+1}-u_{k-\frac{1}{2}}^{n+1}}{x_{k+\frac{1}{2}}-x_{k-\frac{1}{2}}}\right),\end{aligned} \tag{11.22}$$

$$\begin{aligned}\frac{\tilde{u}_{k+\frac{1}{2}}^{n+1}-u_{k+\frac{1}{2}}^{n}}{\Delta t^{n+\frac{1}{2}}}=\frac{1}{x_{k+1}-x_k}&\left(a_{k+1}^{n+1}\frac{u_{k+\frac{3}{2}}^{n+1}-\tilde{u}_{k+\frac{1}{2}}^{n+1}}{x_{k+\frac{3}{2}}-x_{k+\frac{1}{2}}}\right.\\&\left.-a_k^{n+1}\frac{\tilde{u}_{k+\frac{1}{2}}^{n+1}-(2u_{k-\frac{1}{2}}^{n}-u_{k-\frac{1}{2}}^{n-1})}{x_{k+\frac{1}{2}}-x_{k-\frac{1}{2}}}\right).\end{aligned} \tag{11.23}$$

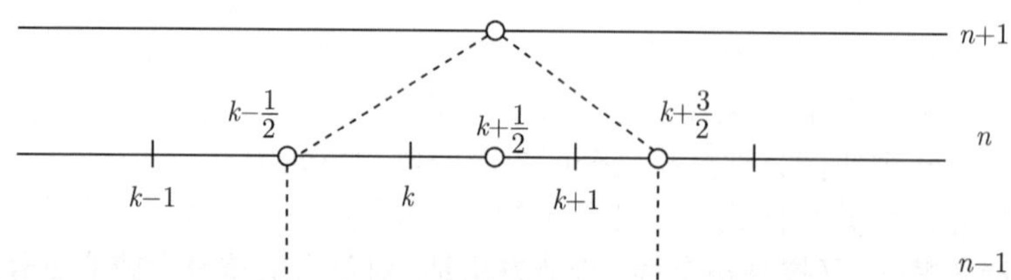

图 11.12　格式 (C1) 示意图

其中在 $x=x_{k+\frac{1}{2}}$ 处已计算出两个值 $\tilde{u}_{k+\frac{1}{2}}^{n+1}$ 和 $\bar{u}_{k+\frac{1}{2}}^{n+1}$. 为了得到 $x=x_{k+\frac{1}{2}}$ 处的唯一值, 可以采用如下两种修正方式: 一种是取两者的平均值

$$u_{k+\frac{1}{2}}^{n+1}=\frac{1}{2}(\bar{u}_{k+\frac{1}{2}}^{n+1}+\tilde{u}_{k+\frac{1}{2}}^{n+1}), \tag{11.24}$$

另一种是利用已计算出的界面附近的值, 使用隐格式计算 $u_{k+\frac{1}{2}}^{n+1}$,

$$\frac{u_{k+\frac{1}{2}}^{n+1}-u_{k+\frac{1}{2}}^{n}}{\Delta t^{n+\frac{1}{2}}}=\frac{1}{x_{k+1}-x_k}\left(a_{k+1}^{n+1}\frac{u_{k+\frac{3}{2}}^{n+1}-u_{k+\frac{1}{2}}^{n+1}}{x_{k+\frac{3}{2}}-x_{k+\frac{1}{2}}}-a_k^{n+1}\frac{u_{k+\frac{1}{2}}^{n+1}-u_{k-\frac{1}{2}}^{n+1}}{x_{k+\frac{1}{2}}-x_{k-\frac{1}{2}}}\right). \tag{11.25}$$

这样得到的并行格式是不守恒的.

11.1.3.1 第一种界面守恒修正方式

这种修正方式在当前时间层更新在分区界面处或界面附近未知量的值.

格式 (C2) 对格式 (11.19)–(11.23), 不是采用 (11.24) 和 (11.25) 进行修正, 而是采用在 $x - x_{k+\frac{1}{2}}$ 处两侧已计算出的离散通量, 通过要求满足守恒性来更新 $u^{n+1}_{k+\frac{1}{2}}$ (见文献 [51]),

$$\frac{u^{n+1}_{k+\frac{1}{2}} - u^{n}_{k+\frac{1}{2}}}{\Delta t^{n+\frac{1}{2}}} = \frac{1}{x_{k+1} - x_k}\left(a^{n+1}_{k+1}\frac{u^{n+1}_{k+\frac{3}{2}} - \tilde{u}^{n+1}_{k+\frac{1}{2}}}{x_{k+\frac{3}{2}} - x_{k+\frac{1}{2}}} - a^{n+1}_{k}\frac{\bar{u}^{n+1}_{k+\frac{1}{2}} - u^{n+1}_{k-\frac{1}{2}}}{x_{k+\frac{1}{2}} - x_{k-\frac{1}{2}}}\right). \tag{11.26}$$

一般地, 对于在相邻子区域之间重叠了一个点 $x = x_{k+\frac{1}{2}}$ 的并行计算格式, 如果在 $x = x_{k+\frac{1}{2}}$ 处两侧已计算出的离散通量分别为 $F^{n+1}_{k}, F^{n+1}_{k+1}$, 那么可以采用如下格式来获得更新值 $u^{n+1}_{k+\frac{1}{2}}$, 从而得到守恒格式

$$\frac{u^{n+1}_{k+\frac{1}{2}} - u^{n}_{k+\frac{1}{2}}}{\Delta t^{n+\frac{1}{2}}} = \frac{1}{x_{k+1} - x_k}\left(F^{n+1}_{k+1} - F^{n+1}_{k}\right).$$

格式 (C3) 取网格中心 $x = x_{k+\frac{1}{2}}$ 为分区界面, 取 $\bar{u}^{n+1}_{k+\frac{1}{2}} = 2u^{n}_{k+\frac{1}{2}} - u^{n-1}_{k+\frac{1}{2}}$ 作为内边界处预估值, 进行分区并行计算

$$\begin{aligned}
\Delta_\tau u^{n+1}_{i+\frac{1}{2}} &= \frac{1}{h_{i+\frac{1}{2}}}\left(F^{n+1}_{i+1} - F^{n+1}_{i}\right), \quad 0 \leqslant i \leqslant k-2, k+2 \leqslant i \leqslant I-1,\\
\Delta_\tau u^{n+1}_{k-\frac{1}{2}} &= \frac{1}{h_{k-\frac{1}{2}}}\left(\overline{F}^{n-\frac{1}{2},n+1}_{k} - F^{n+1}_{k-1}\right),\\
\Delta_\tau u^{n+1}_{k+\frac{3}{2}} &= \frac{1}{h_{k+\frac{3}{2}}}\left(F^{n+1}_{k+2} - \overline{F}^{n+1,n-\frac{1}{2}}_{k+1}\right).
\end{aligned}$$

然后计算 $x = x_{k+\frac{1}{2}}$ 处的更新值 $u^{n+1}_{k+\frac{1}{2}}$ (图 11.13),

$$\Delta_\tau u^{n+1}_{k+\frac{1}{2}} = \frac{1}{h_{k+\frac{1}{2}}}\left(\overline{F}^{n+1,n-\frac{1}{2}}_{k+1} - \overline{F}^{n-\frac{1}{2},n+1}_{k}\right). \tag{11.27}$$

对这一类守恒型并行格式, 如果将 (11.27) 改为纯隐式格式, 可以进一步提高稳定性, 但不再保持守恒性.

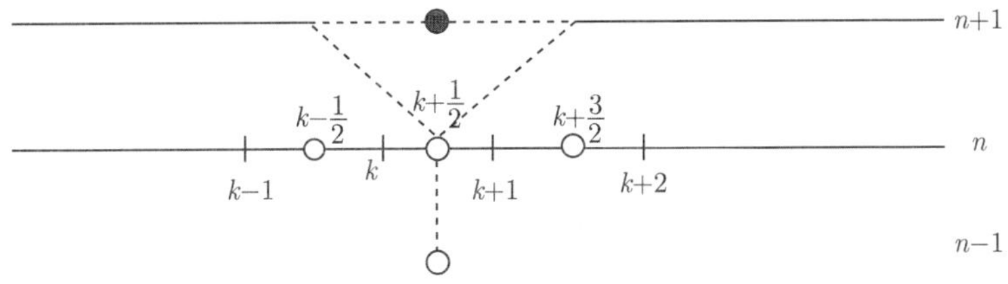

图 11.13 格式 (C3) 示意图

格式 (C4) 取网格中心 $x=x_{k+\frac{1}{2}}$ 为分区界面, 对非守恒型并行格式, 也可采用与 (C2)、(C3) 类似的方式进行守恒修正. 例如, 分区计算完成后, 在 $x=x_k$ 分区界面处有两个不同的离散通量, 用守恒修正得到唯一的通量, 当第 $n+1$ 时间层分区计算完成后将得到的值记为

$$\{\bar{u}_{k-\frac{1}{2}}^{n+1},\bar{u}_{k+\frac{1}{2}}^{n+1},u_{i+\frac{1}{2}}^{n+1}|i\neq k-1,k\},$$

然后, 为得到守恒格式, 可采用如下等式获得更新值 $u_{k-\frac{1}{2}}^{n+1}$ 和 $u_{k+\frac{1}{2}}^{n+1}$:

$$\frac{u_{k-\frac{1}{2}}^{n+1}-u_{k-\frac{1}{2}}^{n}}{\Delta t^{n+\frac{1}{2}}}=\frac{1}{x_k-x_{k-1}}\left(a_k^{n+1}\frac{\bar{u}_{k+\frac{1}{2}}^{n+1}-\bar{u}_{k-\frac{1}{2}}^{n+1}}{x_{k+\frac{1}{2}}-x_{k-\frac{1}{2}}}-a_{k-1}^{n+1}\frac{\bar{u}_{k-\frac{1}{2}}^{n+1}-u_{k-\frac{3}{2}}^{n+1}}{x_{k-\frac{1}{2}}-x_{k-\frac{3}{2}}}\right),\tag{11.28}$$

$$\frac{u_{k+\frac{1}{2}}^{n+1}-u_{k+\frac{1}{2}}^{n}}{\Delta t^{n+\frac{1}{2}}}=\frac{1}{x_{k+1}-x_k}\left(a_{k+1}^{n+1}\frac{u_{k+\frac{3}{2}}^{n+1}-\bar{u}_{k+\frac{1}{2}}^{n+1}}{x_{k+\frac{3}{2}}-x_{k+\frac{1}{2}}}-a_k^{n+1}\frac{\bar{u}_{k+\frac{1}{2}}^{n+1}-\bar{u}_{k-\frac{1}{2}}^{n+1}}{x_{k+\frac{1}{2}}-x_{k-\frac{1}{2}}}\right).\tag{11.29}$$

也可通过求解如下 2×2 代数方程组获得更新值 $u_{k-\frac{1}{2}}^{n+1}$ 和 $u_{k+\frac{1}{2}}^{n+1}$:

$$\frac{u_{k-\frac{1}{2}}^{n+1}-u_{k-\frac{1}{2}}^{n}}{\Delta t^{n+\frac{1}{2}}}=\frac{1}{x_k-x_{k-1}}\left(a_k^{n+1}\frac{u_{k+\frac{1}{2}}^{n+1}-u_{k-\frac{1}{2}}^{n+1}}{x_{k+\frac{1}{2}}-x_{k-\frac{1}{2}}}-a_{k-1}^{n+1}\frac{\bar{u}_{k-\frac{1}{2}}^{n+1}-u_{k-\frac{3}{2}}^{n+1}}{x_{k-\frac{1}{2}}-x_{k-\frac{3}{2}}}\right),\tag{11.30}$$

$$\frac{u_{k+\frac{1}{2}}^{n+1}-u_{k+\frac{1}{2}}^{n}}{\Delta t^{n+\frac{1}{2}}}=\frac{1}{x_{k+1}-x_k}\left(a_{k+1}^{n+1}\frac{u_{k+\frac{3}{2}}^{n+1}-\bar{u}_{k+\frac{1}{2}}^{n+1}}{x_{k+\frac{3}{2}}-x_{k+\frac{1}{2}}}-a_k^{n+1}\frac{u_{k+\frac{1}{2}}^{n+1}-u_{k-\frac{1}{2}}^{n+1}}{x_{k+\frac{1}{2}}-x_{k-\frac{1}{2}}}\right).\tag{11.31}$$

对任一非守恒型并行格式, 在出现离散通量不唯一的网格节点处, 均可按照以上方式进行守恒修正. 例如, 若在单元中心 $x=x_{k+\frac{1}{2}}$ 两侧 $x=x_k$ 和 $x=x_{k+1}$ 已计算出的离散通量不唯一, 记第 $n+1$ 时间层分区计算完成后得到的值为 $\{\bar{u}_{k-\frac{1}{2}}^{n+1},\bar{u}_{k+\frac{1}{2}}^{n+1},\bar{u}_{k+\frac{3}{2}}^{n+1},u_{i+\frac{1}{2}}^{n+1}|i\neq k-1,k,k+1\}$, 那么可通过对 $u_{k-\frac{1}{2}}^{n+1}$, $u_{k+\frac{1}{2}}^{n+1}$ 和 $u_{k+\frac{3}{2}}^{n+1}$ 进行如下更新实现守恒修正:

$$\frac{u_{k-\frac{1}{2}}^{n+1}-u_{k-\frac{1}{2}}^{n}}{\Delta t^{n+\frac{1}{2}}}=\frac{1}{x_k-x_{k-1}}\left(a_k^{n+1}\frac{\bar{u}_{k+\frac{1}{2}}^{n+1}-\bar{u}_{k-\frac{1}{2}}^{n+1}}{x_{k+\frac{1}{2}}-x_{k-\frac{1}{2}}}-a_{k-1}^{n+1}\frac{\bar{u}_{k-\frac{1}{2}}^{n+1}-u_{k-\frac{3}{2}}^{n+1}}{x_{k-\frac{1}{2}}-x_{k-\frac{3}{2}}}\right),$$

$$\frac{u_{k+\frac{1}{2}}^{n+1}-u_{k+\frac{1}{2}}^{n}}{\Delta t^{n+\frac{1}{2}}}=\frac{1}{x_{k+1}-x_k}\left(a_{k+1}^{n+1}\frac{\bar{u}_{k+\frac{3}{2}}^{n+1}-\bar{u}_{k+\frac{1}{2}}^{n+1}}{x_{k+\frac{3}{2}}-x_{k+\frac{1}{2}}}-a_k^{n+1}\frac{\bar{u}_{k+\frac{1}{2}}^{n+1}-\bar{u}_{k-\frac{1}{2}}^{n+1}}{x_{k+\frac{1}{2}}-x_{k-\frac{1}{2}}}\right),$$

$$\frac{u_{k+\frac{3}{2}}^{n+1}-u_{k+\frac{3}{2}}^{n}}{\Delta t^{n+\frac{1}{2}}}=\frac{1}{x_{k+2}-x_{k+1}}\left(a_{k+2}^{n+1}\frac{u_{k+\frac{5}{2}}^{n+1}-\bar{u}_{k+\frac{3}{2}}^{n+1}}{x_{k+\frac{5}{2}}-x_{k+\frac{3}{2}}}-a_{k+1}^{n+1}\frac{\bar{u}_{k+\frac{3}{2}}^{n+1}-\bar{u}_{k+\frac{1}{2}}^{n+1}}{x_{k+\frac{3}{2}}-x_{k+\frac{1}{2}}}\right).$$

也可按照 (11.30)–(11.31) 的方式求解一个 3×3 代数方程组来获得更新值 $u_{k-\frac{1}{2}}^{n+1}$, $u_{k+\frac{1}{2}}^{n+1}$ 和 $u_{k+\frac{3}{2}}^{n+1}$.

格式 (C5) 取网格节点 $x = x_k$ 为分区界面, 采用守恒型并行计算格式 (N1) (或其他任何一类已有的并行计算格式) 进行求解, 将其在第 $n+1$ 时间层分区计算完成后得到的值记为 $\{\bar{u}_{k-\frac{1}{2}}^{n+1}, \bar{u}_{k+\frac{1}{2}}^{n+1}, u_{i+\frac{1}{2}}^{n+1} | i \neq k-1, k\}$. 然后, 采用如下 2×2 方程组来获得更新值 $u_{k-\frac{1}{2}}^{n+1}$ 和 $u_{k+\frac{1}{2}}^{n+1}$ (图 11.14):

$$\frac{u_{k-\frac{1}{2}}^{n+1} - u_{k-\frac{1}{2}}^{n}}{\Delta t^{n+\frac{1}{2}}} = \frac{1}{x_k - x_{k-1}} \left(a_k^{n+1} \frac{u_{k+\frac{1}{2}}^{n+1} - u_{k-\frac{1}{2}}^{n+1}}{x_{k+\frac{1}{2}} - x_{k-\frac{1}{2}}} - a_{k-1}^{n+1} \frac{\bar{u}_{k-\frac{1}{2}}^{n+1} - u_{k-\frac{3}{2}}^{n+1}}{x_{k-\frac{1}{2}} - x_{k-\frac{3}{2}}} \right),$$

$$\frac{u_{k+\frac{1}{2}}^{n+1} - u_{k+\frac{1}{2}}^{n}}{\Delta t^{n+\frac{1}{2}}} = \frac{1}{x_{k+1} - x_k} \left(a_{k+1}^{n+1} \frac{u_{k+\frac{3}{2}}^{n+1} - \bar{u}_{k+\frac{1}{2}}^{n+1}}{x_{k+\frac{3}{2}} - x_{k+\frac{1}{2}}} - a_k^{n+1} \frac{u_{k+\frac{1}{2}}^{n+1} - u_{k-\frac{1}{2}}^{n+1}}{x_{k+\frac{1}{2}} - x_{k-\frac{1}{2}}} \right).$$

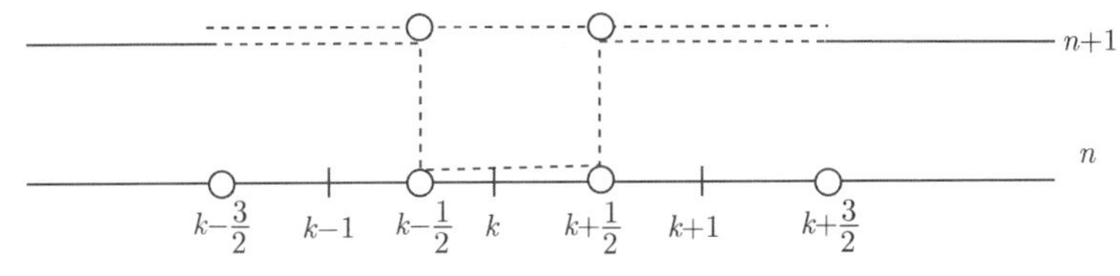

图 11.14 格式 (C5) 示意图

易见, 对于条件稳定的并行格式均可按这种方式进行保持守恒性的稳定化修正, 这样得到的并行格式是守恒的.

11.1.4 第二种界面守恒修正方式

基于区域分解的并行计算格式在子区域内部通常采用守恒格式, 只在分区界面处或分区界面附近可能不守恒. 将分区界面处不同的离散通量之差按一定比例重新分配, 在下一时间层将所损失的能量重新沉积到分区界面两侧的单元中, 从而得到基于界面守恒修正的并行计算格式. 该修正方式来自文献 [52] 中守恒的对称半隐 (symmetric semi-implicit, SSI) 格式的构造思路, 这里将其应用于并行格式的构造.

取单元节点 (边)$x = x_k$ 为分区界面, 若已用某个非守恒的并行计算格式完成了分区计算, 越过分区界面 $x = x_k$ 处, 假设已得到两个不同的离散通量 F_{k-}^{n+1} 和 F_{k+}^{n+1}, 即 F_{k-}^{n+1} 表示在单元 $x_{k-\frac{1}{2}}$ 的边 $x = x_k$ 处的流入量, F_{k+}^{n+1} 表示在单元 $x_{k+\frac{1}{2}}$ 的边 $x = x_k$ 处的流出量, 于是

$$\frac{u_{i+\frac{1}{2}}^{n+1} - u_{i+\frac{1}{2}}^{n}}{\Delta t^{n+\frac{1}{2}}} = \frac{1}{x_{i+1} - x_i} \left(F_{i+1}^{n+1} - F_i^{n+1} \right), \quad 0 \leqslant i \leqslant I-1, i \neq k-1, k,$$

$$\frac{u_{k-\frac{1}{2}}^{n+1}-u_{k-\frac{1}{2}}^{n}}{\Delta t^{n+\frac{1}{2}}}=\frac{1}{x_k-x_{k-1}}\left(F_{k-}^{n+1}-F_{k-1}^{n+1}-\delta_{k-\frac{1}{2}}^{n}\right),$$

$$\frac{u_{k+\frac{1}{2}}^{n+1}-u_{k+\frac{1}{2}}^{n}}{\Delta t^{n+\frac{1}{2}}}=\frac{1}{x_{k+1}-x_k}\left(F_{k+1}^{n+1}-F_{k+}^{n+1}-\delta_{k+\frac{1}{2}}^{n}\right),$$

其中 $\delta_{k-\frac{1}{2}}^{n}$ 和 $\delta_{k+\frac{1}{2}}^{n}$ 为来自前一时间层的守恒修正项. 现在介绍界面守恒修正方式, 即如何确定 $\delta_{k-\frac{1}{2}}^{n+1}$ 和 $\delta_{k+\frac{1}{2}}^{n+1}$：当第 $n+1$ 时间层的值 $\{u_{i+\frac{1}{2}}^{n+1}|0\leqslant i\leqslant I-1\}$ 全部求出后, 计算下一时刻所需的能量修正项

$$\delta_{k-\frac{1}{2}}^{n+1}=(1-\chi_k)\left(F_{k-}^{n+1}-F_{k+}^{n+1}\right),\quad \delta_{k+\frac{1}{2}}^{n+1}=\chi_k\left(F_{k-}^{n+1}-F_{k+}^{n+1}\right),$$

其中 $\chi_k=\frac{x_{k+\frac{1}{2}}-x_k}{x_{k+\frac{1}{2}}-x_{k-\frac{1}{2}}}$ 为距离 (在二维情形为三角形面积) 加权因子, 即在下一时间步将能量损益按比例分别沉积到 $x=x_k$ 两侧的单元中. 于是, 可认为从网格 $k-\frac{1}{2}$ 的网格边 x_k 流入的通量为

$$F_{k-}^{n+1}-(1-\chi_k)\left(F_{k-}^{n+1}-F_{k+}^{n+1}\right)=\chi_kF_{k-}^{n+1}+(1-\chi_k)\,F_{k+}^{n+1},$$

而从 $k+\frac{1}{2}$ 网格的网格边 x_k 流出的通量为

$$F_{k+}^{n+1}+\chi_k\left(F_{k-}^{n+1}-F_{k+}^{n+1}\right)=\chi_kF_{k-}^{n+1}+(1-\chi_k)\,F_{k+}^{n+1}.$$

由此可见, 这一修正方式保证了守恒性.

由分区界面 $x=x_k$ 处离散通量 F_{k-}^{n+1} 和 F_{k+}^{n+1} 的不同定义方式, 可得到不同的基于界面守恒修正的并行格式, 下面具体给出一种方式.

格式 (C6) 取

$$F_{k-}^{n+1}=a_k^{n+1}\frac{\bar{u}_{k+\frac{1}{2}}^{n+1}-u_{k-\frac{1}{2}}^{n+1}}{x_{k+\frac{1}{2}}-x_{k-\frac{1}{2}}},\quad F_{k+}^{n+1}=a_k^{n+1}\frac{u_{k+\frac{1}{2}}^{n+1}-\bar{u}_{k-\frac{1}{2}}^{n+1}}{x_{k+\frac{1}{2}}-x_{k-\frac{1}{2}}},$$

其中 $\bar{u}_{k-\frac{1}{2}}^{n+1},\bar{u}_{k+\frac{1}{2}}^{n+1}$ 为 (预估) 近似值, 可以采用上节任何一种预估方式得到.

11.1.5 非线性并行迭代格式

非线性扩散方程的求解需要考虑非线性迭代方法, 在文献 [29] 中已指出存在两种途径来设计非线性迭代方法, 一是首先对非线性扩散方程进行隐式离散, 得到非线性代数方程组, 再对该方程组进行线性化, 形成线性代数方程组进行求解；二是首先对非线性扩散方程进行线性化, 即构造非线性迭代方法, 再对形成的线性扩散方程构造离散格式, 从而求解所形成的线性代数方程组. 对这两种途径均可分别

设计并行计算方法. 为明确起见, 这里将仅限于考虑后一种途径, 且仅考虑对非线性方程进行 Picard 线性化. 有如下三种设计并行迭代格式的方式: ① 方程线性化以后采用守恒型并行格式, 这样得到的并行格式在每一个非线性迭代步都是保证守恒性的; ② 借鉴基于界面预估的守恒型并行格式的构造思路, 在第一个非线性迭代步可采用已有的无条件稳定的并行格式进行分区并行求解, 然后构造分区界面处的离散通量, 将其作为子区域上的非线性定解问题在子区域内边界处的 Neumann 边界条件, 于是在以后的每一个非线性迭代步可采用守恒型的无条件稳定的并行格式, 并行求解各子区域问题; ③ 将方程线性化以后, 采用已有的非守恒型并行格式进行并行求解, 在非线性迭代收敛后, 进行界面守恒性修正, 这样得到的并行格式在每一个时间层是守恒的. 在每一非线性迭代步, 子区域内界面的 Dirichlet 边界条件或 Neumann 边界条件可取为前两个非线性迭代步的值的组合; 而在第一个非线性迭代步, 子区域内界面的 Dirichlet 边界条件或 Neumann 边界条件可取前两个时间层的值的组合.

考虑非线性扩散方程

$$u_t - \nabla\cdot(a(x,t,u)\nabla u) = f(x,t,u),$$

其中初边值条件仍为 (11.2) 和 (11.3). Picard 非线性迭代为

$$\overset{(s+1)}{u}_t - \nabla\cdot(a(x,t,\overset{(s)}{u})\nabla \overset{(s+1)}{u}) = f(x,t,\overset{(s)}{u}),$$

其中 s 为非线性迭代指标, 可以采用前面构造的并行格式求解该线性方程. 下面只给出一个设计简单的守恒型并行迭代格式和一个基于界面守恒修正的并行迭代格式.

11.1.6 守恒型并行迭代格式

取单元节点 (边) $x = x_k$ 为分区界面, 子区域内界面的 Neumann 边界条件取为前一非线性迭代步的通量 (或前两个非线性迭代步的通量的组合); 守恒型并行迭代 (conservative parallel iteration, CPI) 格式如下,

$$\frac{\overset{(s+1)}{u}{}^{n+1}_{i+\frac12}-u^n_{i+\frac12}}{\Delta t^{n+\frac12}}=\frac{1}{x_{i+1}-x_i}\left(\overset{(s+1)}{F}{}^{n+1}_{i+1}-\overset{(s+1)}{F}{}^{n+1}_{i}\right),\quad 0\leqslant i\leqslant I-1, i\neq k-1,k, \tag{11.32}$$

$$\frac{\overset{(s+1)}{u}{}^{n+1}_{k-\frac12}-u^n_{k-\frac12}}{\Delta t^{n+\frac12}}=\frac{1}{x_k-x_{k-1}}\left(\overset{(s)}{F}{}^{n+1}_{k}-\overset{(s+1)}{F}{}^{n+1}_{k-1}\right), \tag{11.33}$$

$$\frac{\overset{(s+1)}{u}{}^{n+1}_{k+\frac12}-u^n_{k+\frac12}}{\Delta t^{n+\frac12}}=\frac{1}{x_{k+1}-x_k}\left(\overset{(s+1)}{F}{}^{n+1}_{k+1}-\overset{(s)}{F}{}^{n+1}_{k}\right), \tag{11.34}$$

其中 s 为非线性迭代指标, 且

$$\overset{(s+1)}{F}{}^{n+1}_{i}=\overset{(s)}{a}{}^{n+1}_{i}\frac{\overset{(s+1)}{u}{}^{n+1}_{i+\frac{1}{2}}-\overset{(s+1)}{u}{}^{n+1}_{i-\frac{1}{2}}}{x_{i+\frac{1}{2}}-x_{i-\frac{1}{2}}},$$

$$\overset{(s)}{a}{}^{n+1}_{i}=\frac{\overset{(s)}{a}{}^{n+1}_{i+}\overset{(s)}{a}{}^{n+1}_{i-}(x_{i+\frac{1}{2}}-x_{i-\frac{1}{2}})}{\overset{(s)}{a}{}^{n+1}_{i+}(x_i-x_{i-\frac{1}{2}})+\overset{(s)}{a}{}^{n+1}_{i-}(x_{i+\frac{1}{2}}-x_i)},$$

$$\overset{(s)}{a}{}^{n+1}_{i\pm}=a(x_i\pm 0,t^{n+1},\overset{(s)}{u}{}^{n+1}_{i})=\lim_{x\to x_i\pm 0}a(x,t^{n+1},\overset{(s)}{a}(x_i,t^{n+1})),$$

并且取 $\overset{(s)}{F}{}^{n+1}_{k}=\overset{(s)}{a}{}^{n+1}_{k}\frac{\overset{(s)}{u}{}^{n+1}_{k+\frac{1}{2}}-\overset{(s)}{u}{}^{n+1}_{k-\frac{1}{2}}}{x_{k+\frac{1}{2}}-x_{k-\frac{1}{2}}}$, 或 $\overset{(s)}{F}{}^{n+1}_{k}=\overset{(s-1)}{a}{}^{n+1}_{k}\frac{\overset{(s)}{u}{}^{n+1}_{k+\frac{1}{2}}-\overset{(s)}{u}{}^{n+1}_{k-\frac{1}{2}}}{x_{k+\frac{1}{2}}-x_{k-\frac{1}{2}}}$, 见图 11.15.

图 11.15　格式 (11.32)–(11.34) 示意图

对于界面附近的迭代初始值, 即 $s=0$ 时, 可取 $\overset{(s)}{u}{}^{n+1}_{k+\frac{1}{2}}=u^n_{k+\frac{1}{2}}$, $\overset{(s)}{u}{}^{n+1}_{k-\frac{1}{2}}=u^n_{k-\frac{1}{2}}$, 或前两个时间层的值的组合; 可按照前面给出的界面预估方法来计算 $\overset{(0)}{u}{}^{n+1}_{k+\frac{1}{2}}$, $\overset{(0)}{u}{}^{n+1}_{k-\frac{1}{2}}$, 例如, 格式 (N2)~(N8).

11.1.7　基于界面守恒修正的并行迭代格式

仍取单元节点 (边) $x=x_k$ 为分区界面, 子区域内界面处为 Drichlet 边界条件, 其值取为另一子区域相邻的单元中心处前一非线性迭代步的值, 见图 11.16.

$$\frac{\overset{(s+1)}{u}{}^{n+1}_{i+\frac{1}{2}}-u^n_{i+\frac{1}{2}}}{\Delta t^{n+\frac{1}{2}}}=\frac{1}{x_{i+1}-x_i}\left(\overset{(s+1)}{F}{}^{n+1}_{i+1}-\overset{(s+1)}{F}{}^{n+1}_{i}\right),$$

$$0\leqslant i\leqslant I-1, i\neq k-1,k, \tag{11.35}$$

$$\frac{\overset{(s+1)}{u}{}^{n+1}_{k-\frac{1}{2}}-u^n_{k-\frac{1}{2}}}{\Delta t^{n+\frac{1}{2}}}=\frac{1}{x_k-x_{k-1}}\left(\overset{(s+1)}{F}{}^{n+1}_{k-}-\overset{(s+1)}{F}{}^{n+1}_{k-1}-\overset{(s)}{\delta}{}^{n+1}_{k-\frac{1}{2}}\right), \tag{11.36}$$

$$\frac{\overset{(s+1)}{u}{}^{n+1}_{k+\frac{1}{2}}-u^n_{k+\frac{1}{2}}}{\Delta t^{n+\frac{1}{2}}}=\frac{1}{x_{k+1}-x_k}\left(\overset{(s+1)}{F}{}^{n+1}_{k+1}-\overset{(s+1)}{F}{}^{n+1}_{k+}-\overset{(s)}{\delta}{}^{n+1}_{k+\frac{1}{2}}\right), \tag{11.37}$$

其中 $\overset{(s)}{\delta}{}^{n+1}_{k-\frac{1}{2}}, \overset{(s)}{\delta}{}^{n+1}_{k+\frac{1}{2}}$ 为守恒修正项, 且

$$\overset{(s+1)}{F}{}^{n+1}_{i} = \overset{(s)}{a}{}^{n+1}_{i} \frac{\overset{(s+1)}{u}{}^{n+1}_{i+\frac{1}{2}} - \overset{(s+1)}{u}{}^{n+1}_{i-\frac{1}{2}}}{x_{i+\frac{1}{2}} \quad x_{i-\frac{1}{2}}},$$

$$\overset{(s)}{a}{}^{n+1}_{i} = \frac{\overset{(s)}{a}{}^{n+1}_{i+} \ \overset{(s)}{a}{}^{n+1}_{i-}(x_{i+\frac{1}{2}} - x_{i-\frac{1}{2}})}{\overset{(s)}{a}{}^{n+1}_{i+}(x_i - x_{i-\frac{1}{2}}) + \overset{(s)}{a}{}^{n+1}_{i-}(x_{i+\frac{1}{2}} - x_i)},$$

$$\overset{(s)}{a}{}^{n+1}_{i\pm} = a(x_i \pm 0, t^{n+1}, \overset{(s)}{u}{}^{n+1}_{i}) = \lim_{x \to x_i \pm 0} a(x, t^{n+1}, \overset{(s)}{a}(x_i, t^{n+1})),$$

$$\overset{(s+1)}{F}{}^{n+1}_{k-} = \overset{(s)}{a}{}^{n+1}_{k-} \frac{\overset{(s)}{u}{}^{n+1}_{k+\frac{1}{2}} - \overset{(s+1)}{u}{}^{n+1}_{k-\frac{1}{2}}}{x_{k+\frac{1}{2}} - x_{k-\frac{1}{2}}},$$

$$\overset{(s+1)}{F}{}^{n+1}_{k+} = \overset{(s)}{a}{}^{n+1}_{k+} \frac{\overset{(s+1)}{u}{}^{n+1}_{k+\frac{1}{2}} - \overset{(s)}{u}{}^{n+1}_{k-\frac{1}{2}}}{x_{k+\frac{1}{2}} - x_{k-\frac{1}{2}}}.$$

注意到 $\overset{(s+1)}{F}{}^{n+1}_{k-} \neq \overset{(s+1)}{F}{}^{n+1}_{k+}$, 其差是越过 $x = x_k$ 处的能量损益. 当非线性迭代的第 $s+1$ 迭代步的值 $\left\{\overset{(s+1)}{u}{}^{n+1}_{i+\frac{1}{2}} | 0 \leqslant i \leqslant I-1\right\}$ 全部求出后, 下一非线性迭代步所需的能量修正为

$$\overset{(s+1)}{\delta}{}^{n+1}_{k-\frac{1}{2}} = (1-\chi_k)\left(\overset{(s+1)}{F}{}^{n+1}_{k-} - \overset{(s+1)}{F}{}^{n+1}_{k+}\right),$$

$$\overset{(s+1)}{\delta}{}^{n+1}_{k+\frac{1}{2}} = \chi_k\left(\overset{(s+1)}{F}{}^{n+1}_{k-} - \overset{(s+1)}{F}{}^{n+1}_{k+}\right),$$

其中 $\chi_k = \frac{x_{k+\frac{1}{2}} - x_k}{x_{k+\frac{1}{2}} - x_{k-\frac{1}{2}}}$ 为距离 (在二维情形为三角形面积) 加权因子. 这样就在下一迭代步将损失的能量重新沉积到 $x = x_k$ 两侧的单元中. 于是, 从 $k - \frac{1}{2}$ 网格的网格边 x_k 流入的通量为

$$\begin{aligned}
\overset{(s+1)}{F}{}^{n+1}_{k-} - \overset{(s+1)}{\delta}{}^{n+1}_{k-\frac{1}{2}} &= \overset{(s+1)}{F}{}^{n+1}_{k-} - (1-\chi_k)\left(\overset{(s+1)}{F}{}^{n+1}_{k-} - \overset{(s+1)}{F}{}^{n+1}_{k+}\right) \\
&= \chi_k \overset{(s+1)}{F}{}^{n+1}_{k-} + (1-\chi_k)\overset{(s+1)}{F}{}^{n+1}_{k+},
\end{aligned}$$

而从 $k+\frac{1}{2}$ 网格的网格边 x_k 流出的通量为

$$
\begin{aligned}
\overset{(s+1)}{F}{}^{n+1}_{k+}+\overset{(s+1)}{\delta}{}^{n+1}_{k+\frac{1}{2}}&=\overset{(s+1)}{F}{}^{n+1}_{k+}+\chi_k\left(\overset{(s+1)}{F}{}^{n+1}_{k-}-\overset{(s+1)}{F}{}^{n+1}_{k+}\right)\\
&=\chi_k\overset{(s+1)}{F}{}^{n+1}_{k-}+(1-\chi_k)\overset{(s+1)}{F}{}^{n+1}_{k+}.
\end{aligned}
$$

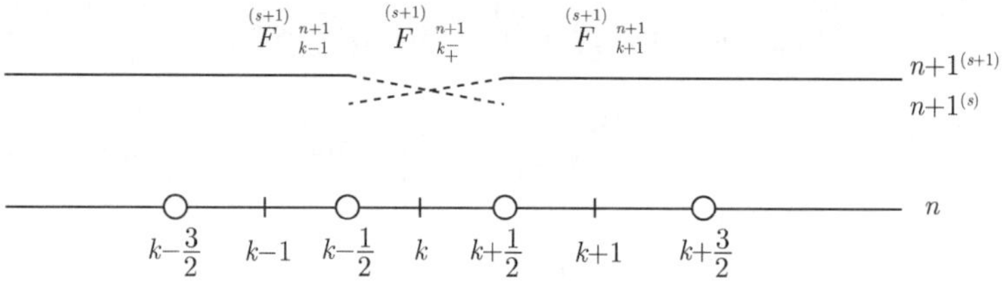

图 11.16　并行迭代格式 (11.35)–(11.37) 示意图

对于界面附近的迭代初始值, 即 $s=0$ 时, 可取 $\overset{(0)}{u}{}^{n+1}_{k+\frac{1}{2}}=u^n_{k+\frac{1}{2}}$, $\overset{(0)}{u}{}^{n+1}_{k-\frac{1}{2}}=u^n_{k-\frac{1}{2}}$, 或前两个时间层的值的组合, 也可按照格式 (N2)–(N8) 给出的界面预估方法来计算 $\overset{(0)}{u}{}^{n+1}_{k+\frac{1}{2}}$, $\overset{(0)}{u}{}^{n+1}_{k-\frac{1}{2}}$.

11.2　二维守恒型并行格式的设计方法

对于两维矩形网格上的扩散计算, 可按照与一维情形类似的方式构造并行 (迭代) 格式, 可在各个子区域中采用标准的五点格式. 在分区界面采用一维并行格式的构造思路, 在界面交叉点处采用某种 “显式” 计算, 这里不作详细讨论. 对于两维任意四边形网格上扩散格式的设计, 在子区域中如采用不同的扩散格式, 或者在分区界面采用不同的分区计算格式, 可导出不同的并行计算格式. 这里为明确起见, 仅限于简要地讨论基于单调格式[8] 的并行计算格式和基于九点格式[5] 的并行计算格式.

考虑非线性扩散方程

$$
\frac{\partial u}{\partial t}-\nabla\cdot(\kappa(x,u)\nabla u)=0
$$

的 Picard 线性化方程为

$$
\frac{\overset{(s+1)}{u}{}^{n+1}-u^n}{\Delta t^{n+\frac{1}{2}}}-\nabla\cdot\big(\overset{(s)}{\kappa}{}^{n+1}\nabla\overset{(s+1)}{u}{}^{n+1}\big)=0.
$$

在网格单元 K 上, 其有限体积格式为

$$\frac{\overset{(s+1)}{u}{}_K^{n+1} - u_K^n}{\Delta t^{n+\frac{1}{2}}} m(K) + \sum_{\sigma \in \partial K} \overset{(s+1)}{F}{}_{K,\sigma}^{n+1} = 0.$$

对于单调格式的 Picard 线性化[8], 单元 K 的边 σ 上的离散法向通量为

$$\overset{(s+1)}{F}{}_{K,\sigma}^{n+1} = \overset{(s)}{A}{}_{K,\sigma}^{n+1} \overset{(s+1)}{u}{}_K^{n+1} - \overset{(s)}{A}{}_{L,\sigma}^{n+1} \overset{(s+1)}{u}{}_L^{n+1}, \tag{11.38}$$

其中 $\sigma = K|L$ 为单元 K 与 L 的公共边, $\overset{(s)}{A}{}_{K,\sigma}^{n+1}$ 和 $\overset{(s)}{A}{}_{L,\sigma}^{n+1}$ 分别表示由第 s 个非线性迭代步的值得到的系数 $A_{K,\sigma}^{n+1}$ 和 $A_{L,\sigma}^{n+1}$ 的值, 它们非线性依赖于 σ 两端或附近的节点未知量, 而节点未知量可表示为相邻单元中心值的加权组合. 当 $\sigma = K|L$ 位于分区内边界上, 那么将 (11.38) 中的离散法向通量改为

$$\overset{(s)}{F}{}_{K,\sigma}^{n+1} = \overset{(s)}{A}{}_{K,\sigma}^{n+1} \overset{(s)}{u}{}_K^{n+1} - \overset{(s)}{A}{}_{L,\sigma}^{n+1} \overset{(s)}{u}{}_L^{n+1},$$

或

$$\overset{(s)}{F}{}_{K,\sigma}^{n+1} = \overset{(s-1)}{A}{}_{K,\sigma}^{n+1} \overset{(s)}{u}{}_K^{n+1} - \overset{(s-1)}{A}{}_{L,\sigma}^{n+1} \overset{(s)}{u}{}_L^{n+1}.$$

当 $s = 0$ 时, 对 $\overset{(0)}{u}{}_{K,\sigma}^{n+1}$ 与 $\overset{(0)}{u}{}_{L,\sigma}^{n+1}$ 可采用若干不同的取法, 通常取为前一时间层的值 u_K^n, u_L^n, 或前两个时间层的值的组合, 还可按照 11.1.2 小节中给出的界面预估方法来计算 $\overset{(0)}{u}{}_{K,\sigma}^{n+1}$ 与 $\overset{(0)}{u}{}_{L,\sigma}^{n+1}$, 如

$$\frac{\overset{(0)}{u}{}_K^{n+1} - u_K^n}{\Delta t^{n+\frac{1}{2}}} m(K) + \sum_{\sigma \in \partial K} \overset{(0)}{F}{}_{K,\sigma}^{n+1} = 0, \tag{11.39}$$

其中当 $\sigma = K|L$ 位于分区内边界上, 定义 $\overset{(0)}{F}{}_{K,\sigma}^{n+1} = A_{K,\sigma}^n \overset{(0)}{u}{}_K^{n+1} - A_{L,\sigma}^n \overset{(0)}{u}{}_L^{n+1}$; 当 $\sigma = K|L$ 不位于分区内边界上, 则取 $\overset{(0)}{F}{}_{K,\sigma}^{n+1} = F_{K,\sigma}^n = A_{K,\sigma}^n u_K^n - A_{L,\sigma}^n u_L^n$. 于是, 需要求解一个由 (11.39) 形成的以分区界面两侧的量 $\overset{(0)}{u}{}_{K,\sigma}^{n+1}$ 与 $\overset{(0)}{u}{}_{L,\sigma}^{n+1}$ 为未知量的小型代数方程组.

对于九点格式的 Picard 线性化[53], 单元 K 的边 σ 上的离散法向通量为

$$\overset{(s+1)}{F}{}_{K,\sigma}^{n+1} = -\overset{(s)}{\kappa}{}_{\sigma}^{n+1} \left(\overset{(s+1)}{u}{}_L^{n+1} - \overset{(s+1)}{u}{}_K^{n+1} - D_\sigma \big(\overset{(s+1)}{u}{}_A^{n+1} - \overset{(s+1)}{u}{}_B^{n+1} \big) \right), \tag{11.40}$$

其中 $\sigma = K|L = BA$ 的端点为 A, B, $D_\sigma = \frac{(L-K, A-B)}{|A-B|^2}$, 而 $\overset{(s)}{\kappa}{}_{\sigma}^{n+1}$ 表示 $\kappa_\sigma^{n+1} = \dfrac{|A-B|}{\frac{d_{L,\sigma}}{\kappa_{L,\sigma}^{n+1}} + \frac{d_{K,\sigma}}{\kappa_{K,\sigma}^{n+1}}}$ 在第 s 个非线性迭代步的值, $d_{K,\sigma}$ 和 $d_{L,\sigma}$ 分别为单元中心 K 与 L

到边 σ 的距离, 见图 11.17. 节点未知量 u_A^{n+1} 和 u_B^{n+1} 取为相邻单元中心值的加权组合 (参见文献 [5]). 当 $\sigma=K|L$ 位于分区内边界上, 那么将 (11.40) 中的离散法向通量改为

$$\overset{(s)}{F}{}_{K,\sigma}^{n+1}=-\overset{(s)}{\kappa}{}_{\sigma}^{n+1}\left(\overset{(s)}{u}{}_{L}^{n+1}-\overset{(s)}{u}{}_{K}^{n+1}-D_\sigma(\overset{(s)}{u}{}_{A}^{n+1}-\overset{(s)}{u}{}_{B}^{n+1})\right) \tag{11.41}$$

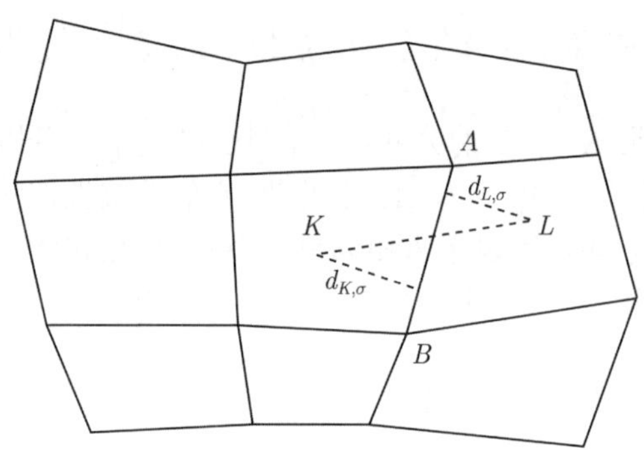

图 11.17　九点格式模板示意图

或

$$\overset{(s)}{F}{}_{K,\sigma}^{n+1}=-\overset{(s-1)}{\kappa}{}_{\sigma}^{n+1}\left(\overset{(s)}{u}{}_{L}^{n+1}-\overset{(s)}{u}{}_{K}^{n+1}-D_\sigma(\overset{(s)}{u}{}_{A}^{n+1}-\overset{(s)}{u}{}_{B}^{n+1})\right). \tag{11.42}$$

下面针对非线性扩散方程, 具体给出一种适应于任意四边形网格的守恒型并行计算方法, 该并行算法基于九点格式进行设计, 其基本构造思想是: 首先采用 Picard 非线性迭代方法对九点格式进行线性化, 然后在每个非线性迭代步, 利用区域分解算法求解多个子区域问题, 子区域的界面条件采用 Dirichlet 边界条件, 其值为上一个非线性迭代步的值. 当非线性迭代收敛后, 由界面附近计算出的值构造内边界通量, 并以此作为 Neumann 边界条件再进行一次迭代.

11.2.1　九点格式及其迭代方法

考虑非线性扩散方程

$$\frac{\partial u}{\partial t}+\nabla\cdot F=f(X,u,t),\quad X\in\Omega, t\in(0,T],$$

其中 $F=-\kappa(X,u,t)\nabla u$, 其初边值条件为

$$u(X,0)=\phi(X),\quad X\in\Omega,$$

$$u(X,t)=\psi(X,t),\quad X\in\partial\Omega, t\in[0,T].$$

这里的 $u=u(X,t)$ 是所需求解的函数, Ω 是 $\mathbf{R}^2$ 中的区域, $X=(x,y)\in\Omega$, κ 是依赖于 u 的扩散系数, 在 Ω 上可以是不连续的, f 是源.

将区域 Ω 采用四边形网格单元进行剖分, 单元标记为 $(i-\frac{1}{2},j-\frac{1}{2})$, 单元的节点用 $X_{i,j-1}$, $X_{i,j}$, $X_{i-1,j}$, $X_{i-1,j-1}$ 进行标记, 简记为 $(i,j-1)$, (i,j), $(i-1,j)$, $(i-1,j-1)$, 单元中心标记为 $X_{i-\frac{1}{2},j-\frac{1}{2}}$, 其中 i,j 为网格单元的编号, 其取值范围为 $1\leqslant i\leqslant I, 1\leqslant j\leqslant J$, I 和 J 分别是 x 和 y 方向的网格剖分数, 见图 11.18.

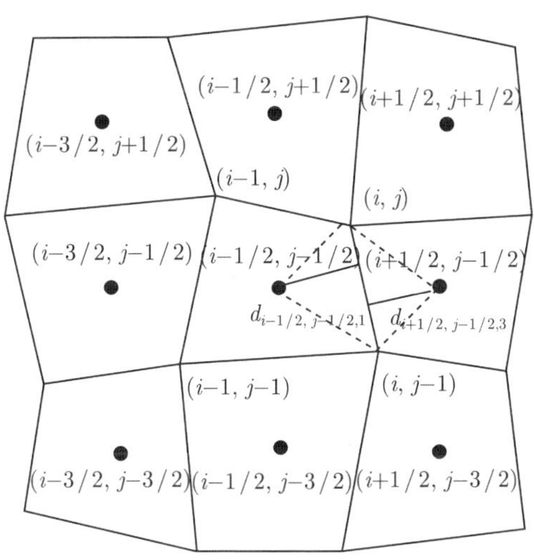

图 11.18 九点格式示意图

时间步长 $\Delta t>0$, 时间层 $t^n=n\Delta t$, 其中 $n=0,1,\cdots,N$, 并且 $t^N=T$. 针对扩散方程的有限体积格式为

$$\frac{u_{i-\frac{1}{2},j-\frac{1}{2}}^{n+1}-u_{i-\frac{1}{2},j-\frac{1}{2}}^{n}}{\Delta t}+\frac{1}{m_{i-\frac{1}{2},j-\frac{1}{2}}}\sum_{k=1}^{4}F_{i-\frac{1}{2},j-\frac{1}{2},k}^{n+1}l_{i-\frac{1}{2},j-\frac{1}{2},k}=f_{i-\frac{1}{2},j-\frac{1}{2}}^{n+1}, \quad (11.43)$$

其中 $m_{i-\frac{1}{2},j-\frac{1}{2}}$ 是单元 $(i-\frac{1}{2},j-\frac{1}{2})$ 的面积, 下标 k 表示单元按逆时针排序的边, 依次为右、上、左、下, $l_{i-\frac{1}{2},j-\frac{1}{2},k}$ 是第 k 条边的长度, $F_{i-\frac{1}{2},j-\frac{1}{2},k}^{n+1}$ 是法向通量 $F\cdot n$ 在第 k 条边上时刻 t^{n+1} 时的离散, 见图 11.19. $f_{i-\frac{1}{2},j-\frac{1}{2}}^{n+1}=f(X_{i-\frac{1}{2},j-\frac{1}{2}},u_{i-\frac{1}{2},j-\frac{1}{2}}^{n+1},t^{n+1})$.

下面只给出第一条边上离散通量的表达式, 其他边上的离散通量可以类似定义,

$$F_{i-\frac{1}{2},j-\frac{1}{2},1}^{n+1}=-\kappa_{i-\frac{1}{2},j-\frac{1}{2},1}^{n+1}\frac{u_{i+\frac{1}{2},j-\frac{1}{2}}^{n+1}-u_{i-\frac{1}{2},j-\frac{1}{2}}^{n+1}-D_{i-\frac{1}{2},j-\frac{1}{2},1}(u_{i,j}^{n+1}-u_{i,j-1}^{n+1})}{d_{i+\frac{1}{2},j-\frac{1}{2},3}+d_{i-\frac{1}{2},j-\frac{1}{2},1}},$$

$$D_{i-\frac{1}{2},j-\frac{1}{2},1}=\frac{(X_{i,j}-X_{i,j-1},X_{i+\frac{1}{2},j-\frac{1}{2}}-X_{i-\frac{1}{2},j-\frac{1}{2}})}{|X_{i,j}-X_{i,j-1}|^2},$$

$$\kappa_{i-\frac{1}{2},j-\frac{1}{2},1}^{n+1}=\frac{\kappa_{i-\frac{1}{2},j-\frac{1}{2}}^{n+1}\kappa_{i+\frac{1}{2},j-\frac{1}{2}}^{n+1}(d_{i+\frac{1}{2},j-\frac{1}{2},3}+d_{i-\frac{1}{2},j-\frac{1}{2},1})}{\kappa_{i-\frac{1}{2},j-\frac{1}{2}}^{n+1}d_{i+\frac{1}{2},j-\frac{1}{2},3}+\kappa_{i+\frac{1}{2},j-\frac{1}{2}}^{n+1}d_{i-\frac{1}{2},j-\frac{1}{2},1}},$$

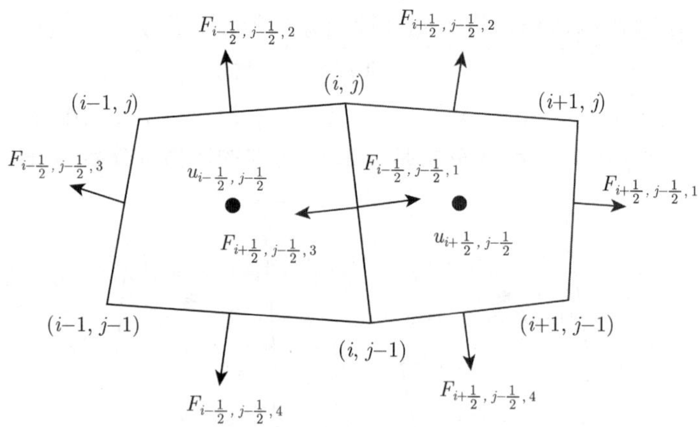

图 11.19　网格边上的通量

其中 $d_{i-\frac{1}{2},j-\frac{1}{2},k}$ 是单元中心到第 k 条边的距离, $\kappa_{i-\frac{1}{2},j-\frac{1}{2}}^{n+1}$ 是定义在单元 $\left(i-\frac{1}{2},j-\frac{1}{2}\right)$ 上的扩散系数, 即 $\kappa_{i-\frac{1}{2},j-\frac{1}{2}}^{n+1}=\kappa(X_{i-\frac{1}{2},j-\frac{1}{2}},u_{i-\frac{1}{2},j-\frac{1}{2}}^{n+1},t^{n+1})$.

求解非线性方程组 (11.43) 的 Picard 迭代方法为

$$\frac{u_{i-\frac{1}{2},j-\frac{1}{2}}^{(s+1)}-u_{i-\frac{1}{2},j-\frac{1}{2}}^{n}}{\Delta t}+\frac{1}{m_{i-\frac{1}{2},j-\frac{1}{2}}}\sum_{k=1}^{4}F_{i-\frac{1}{2},j-\frac{1}{2},k}^{(s+1)}l_{i-\frac{1}{2},j-\frac{1}{2},k}=f_{i-\frac{1}{2},j-\frac{1}{2}}^{(s)},$$

其中 $F_{i-\frac{1}{2},j-\frac{1}{2},1}^{(s+1)}$ 定义如下:

$$F_{i-\frac{1}{2},j-\frac{1}{2},1}^{(s+1)}=-\kappa_{i-\frac{1}{2},j-\frac{1}{2},1}^{(s)}\frac{u_{i+\frac{1}{2},j-\frac{1}{2}}^{(s+1)}-u_{i-\frac{1}{2},j-\frac{1}{2}}^{(s+1)}-D_{i-\frac{1}{2},j-\frac{1}{2},1}(u_{i,j}^{(s+1)}-u_{i,j-1}^{(s+1)})}{d_{i+\frac{1}{2},j-\frac{1}{2},3}+d_{i-\frac{1}{2},j-\frac{1}{2},1}},$$

$$\kappa_{i-\frac{1}{2},j-\frac{1}{2},1}^{(s)}=\frac{\kappa_{i-\frac{1}{2},j-\frac{1}{2}}^{(s)}\kappa_{i+\frac{1}{2},j-\frac{1}{2}}^{(s)}(d_{i+\frac{1}{2},j-\frac{1}{2},3}+d_{i-\frac{1}{2},j-\frac{1}{2},1})}{\kappa_{i-\frac{1}{2},j-\frac{1}{2}}^{(s)}d_{i+\frac{1}{2},j-\frac{1}{2},3}+\kappa_{i+\frac{1}{2},j-\frac{1}{2}}^{(s)}d_{i-\frac{1}{2},j-\frac{1}{2},1}},$$

扩散系数 $\kappa_{i-\frac{1}{2},j-\frac{1}{2}}^{(s)}$ 和 $\kappa_{i+\frac{1}{2},j-\frac{1}{2}}^{(s)}$ 采用前一个迭代步的值进行计算, 源项

$$f_{i-\frac{1}{2},j-\frac{1}{2}}^{(s)}=f(X_{i-\frac{1}{2},j-\frac{1}{2}},u_{i-\frac{1}{2},j-\frac{1}{2}}^{(s)},t^{n+1}).$$

在上述迭代格式中, 为描述简单省略了用来标识当前时间层的上标 $n+1$, 用 $u_{i\pm\frac{1}{2},j\pm\frac{1}{2}}$ 代替 $u_{i\pm\frac{1}{2},j\pm\frac{1}{2}}^{n+1}$.

11.2.2　守恒型并行迭代算法

本节基于守恒修正的方式给出一种在分区界面处保持守恒的并行迭代算法.

为了讨论简单, 假设 Ω 只被分割成两个不重叠的子区域 Ω_1 和 Ω_2 (图 11.20),

同时定义子区域的交界面为 $\Gamma = \overline{\Omega}_1 \bigcap \overline{\Omega}_2 = \bigcup\limits_{j=1}^{J} X_{k,j-1}X_{k,j}$. 这里所讨论的并行算法可以直接推广到多个子区域的情形.

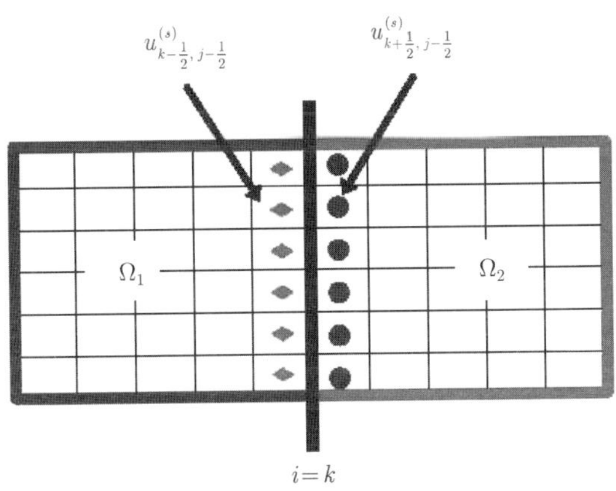

图 11.20 内界面处采用 Dirichlet 边界条件

11.2.3 在内界面处采用 Dirichlet 边界条件

为了使构造出的并行差分格式具有无条件稳定性, 首先需要在内界面上应用 Dirichlet 边界条件. 在内界面处, Dirichlet 边界条件的定义方式不同于物理区域的其他边界, 内界面处的 Dirichlet 边界值由相邻子区域在上一个迭代步中计算出的单元中心值提供. 也就是说, 当考虑子区域 Ω_1(或 Ω_2) 的单元 $(k-\frac{1}{2}, j-\frac{1}{2})$ (或 $(k+\frac{1}{2}, j-\frac{1}{2})$) 的计算格式时, 所需用到的另一个子区域 Ω_2(或 Ω_1) 中的单元中心值由其上一个非线性迭代步的值来代替. 比如, 对于单元 $(k-\frac{1}{2}, j-\frac{1}{2})$ 的右边的法向通量为

$$F^{(s+1)}_{k-\frac{1}{2},j-\frac{1}{2},1} = -\kappa^{(s)}_{k-\frac{1}{2},j-\frac{1}{2},1} \frac{u^{(s)}_{k+\frac{1}{2},j-\frac{1}{2}} - u^{(s+1)}_{k-\frac{1}{2},j-\frac{1}{2}} - D_{k-\frac{1}{2},j-\frac{1}{2},1}(u^{(*)}_{k,j} - u^{(*)}_{k,j-1})}{d_{k+\frac{1}{2},j-\frac{1}{2},3} + d_{k-\frac{1}{2},j-\frac{1}{2},1}}, \quad (11.44)$$

其中

$$u^{(*)}_{k,j} = \frac{\omega^{(s)}_1 u^{(s)}_{k-\frac{1}{2},j-\frac{1}{2}} + \omega^{(s)}_2 u^{(s)}_{k+\frac{1}{2},j-\frac{1}{2}} + \omega^{(s)}_3 u^{(s)}_{k+\frac{1}{2},j+\frac{1}{2}} + \omega^{(s)}_4 u^{(s)}_{k-\frac{1}{2},j+\frac{1}{2}}}{\omega^{(s)}_1 + \omega^{(s)}_2 + \omega^{(s)}_3 + \omega^{(s)}_4},$$

$u^{(*)}_{k,j-1}$ 采用同样方式进行计算.

在扭曲网格情形, 必须合理选择加权因子 $\omega^{(s)}_m (1 \leqslant m \leqslant 4)$. 显然, 通过公式 (11.44), 在每个迭代步形成了两个独立的子区域问题, 它们可以并行地求解.

11.2.4　在内界面处采用 Neumann 边界条件

从上边的构造可以看出, 即便非线性迭代收敛, $F^{(s+1)}_{k-\frac{1}{2},j-\frac{1}{2},1}$ 和 $F^{(s+1)}_{k+\frac{1}{2},j-\frac{1}{2},3}$ 也不精确相等. 因此, 为了确保计算结果严格守恒, 将进行守恒修正, 即在内界面处采用 Neumann 边界条件, 再进行一次迭代, 如图 11.21 所示.

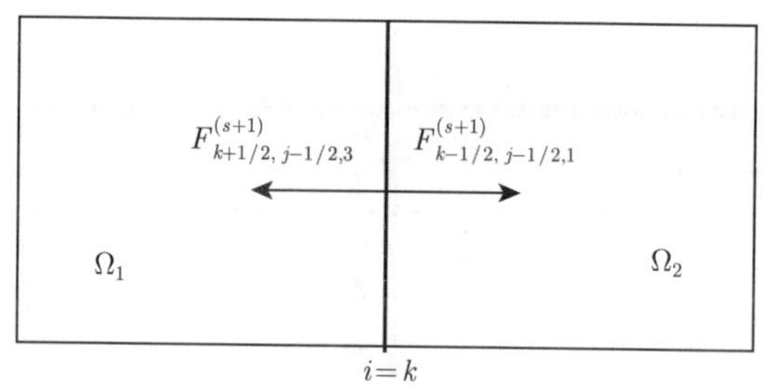

图 11.21　内界面采用 Neumann 边界条件

通过在上一个 Picard 迭代步中计算出的边界附近相邻网格的中心值, 计算得到内界面处的通量. 比如, 对于子区域 Ω_1 (或 Ω_2) 中的单元 $(k-\frac{1}{2},j-\frac{1}{2})$ (或 $(k+\frac{1}{2},j-\frac{1}{2})$) , 子区域界面 $X_{k,j-1}X_{k,j}$ 上通量的计算公式为

$$F^{(s+1)}_{k-\frac{1}{2},j-\frac{1}{2},1}=-\kappa^{(s)}_{k-\frac{1}{2},j-\frac{1}{2},1}\frac{u^{(s)}_{k+\frac{1}{2},j-\frac{1}{2}}-u^{(s)}_{k-\frac{1}{2},j-\frac{1}{2}}-D_{k-\frac{1}{2},j-\frac{1}{2},1}(u^{(s)}_{k,j}-u^{(s)}_{k,j-1})}{d_{k+\frac{1}{2},j-\frac{1}{2},3}+d_{k-\frac{1}{2},j-\frac{1}{2},1}},$$

显然, 等式 $F^{(s+1)}_{k-\frac{1}{2},j-\frac{1}{2},1}=-F^{(s+1)}_{k+\frac{1}{2},j-\frac{1}{2},3}$ 成立, 即内界面上的通量保持连续, 这意味着该算法能够保证物理量的局部守恒性. 需注意的是, 如果在每一迭代步均采用上述 Neumann 边界条件, 则算法是条件稳定的.

11.2.5　守恒型并行算法步骤

给定边界 $\partial\Omega$ 上的边界条件和 t^n 时刻的值, 并行求解 t^{n+1} 时刻的物理量值的基本步骤如下:

(1) 将计算区域剖分成互不重叠的子区域 $\Omega=\bigcup\limits_{m}\Omega_m$;

(2) 进行非线性迭代, 在外边界上使用给定的边界条件, 内边界采用 Dirichlet 边界条件, 对每个子区域进行独立求解, 每次迭代完成之后进行局部通信, 交换相邻单元数据, 直到非线性迭代收敛;

(3) 在每个子区域 Ω_m 上内边界采用 Neumann 边界条件, 再进行一次计算, 完成守恒校正.

在此算法中, 如果省略第 (3) 步, 则算法是不守恒的.

11.3 数值算例

11.3.1 守恒型并行格式的算例

对并行格式 (N9) 给出计算精度和并行可扩展性的测试结果.

考虑变系数的扩散方程测试模型:

$$\begin{cases} \dfrac{\partial u}{\partial t} = \dfrac{\partial}{\partial x}\left(a(x)\dfrac{\partial u}{\partial x}\right) + f(x), \quad x \in \Omega = (0,\ 2), \\ u(x,\ 0) = g, \\ \dfrac{\partial u(x,\ t)}{\partial x} = h_0, x = 0; \dfrac{\partial u(x,\ t)}{\partial x} = h_2, x = 2. \end{cases}$$

精确解取为

$$u = e^t(1 - \sin \pi x) + \sin(\pi x) + 5, a(x) = 2 + \cos \pi x.$$

算例 11.3.1 格式 (N9) 的计算精度和守恒性.

在每个单处理机上计算规模取定为 2000 个均匀单元, 对不同的处理机规模, 取时间步长 Δt 使得网格比为 10, 计算的终止时间为 0.1, 计算结果见表 11.1.

表 11.1 格式 (N9) 的并行精度计算结果

CPUs	1	2	4	8	16
计算时间 (秒)	0.89×10^{1}	0.36×10^{2}	0.14×10^{3}	0.63×10^{3}	0.25×10^{4}
守恒误差	-0.18×10^{-13}	-0.13×10^{-11}	-0.17×10^{-11}	-0.24×10^{-10}	0.569×10^{-10}
时间步长	0.10×10^{-4}	0.25×10^{-5}	0.625×10^{-6}	1.563×10^{-7}	3.906×10^{-8}
误差最大模	9.27×10^{-7}	2.51×10^{-7}	6.04×10^{-8}	1.68×10^{-8}	4.74×10^{-9}
收敛阶	—	1.88	2.05	1.84	1.82

算例 11.3.2 格式 (N9) 的并行可扩展性测试.

考虑固定规模（20000 单元 $\Delta x = 10^{-4}$）和固定的时间步长（$\Delta t = 10^{-7}$）, 采用多个 CPU 并行求解得到表 11.2 的结果（计算到时刻 1）.

表 11.2 格式 (N9) 固定计算规模的测试

CPUs	2	4	8	16	32
计算时间 (秒)	0.432×10^{5}	0.206×10^{5}	0.110×10^{5}	0.592×10^{4}	0.315×10^{4}
守恒误差	-0.691×10^{-10}	-0.539×10^{-10}	-0.718×10^{-10}	-0.615×10^{-10}	0.631×10^{-11}
误差 L_∞ 范数	1.506×10^{-7}	1.508×10^{-7}	1.310×10^{-7}	1.569×10^{-7}	1.656×10^{-7}
相对加速比	2	4.19	7.82	14.59	27.4

采用并行格式计算固定规模的问题, 结果表明并行加速比是线性的, 而且精度不随着处理机的增多而降低.

算例 11.3.3　格式 (N9) 计算规模可扩展性测试.

设定单处理机的计算规模为 2000 个均匀分布的单元, $\Delta x = 10^{-3}$, 时间步长 $\Delta t = 10^{-5}$, 计算的终止时间为 1. 当处理机个数为 $i = 1,4,8,16,32,64,128$, 网格比取为 $\lambda_i = 10 \times i^2$. 测试结果见表 11.3.

表 11.3　格式 (N9) 计算规模可扩展性测试

CPUs	1	4	8	16	32	64	128
计算时间 (秒)	81	86	89	91	91	92	92
守恒误差	1.6×10^{-13}	3.5×10^{-11}	-7.5×10^{-11}	-9.3×10^{-10}	-9.4×10^{-9}	-6.6×10^{-8}	3.8×10^{-7}
误差 L_∞ 范数	1.48×10^{-5}	1.51×10^{-5}	4.47×10^{-5}	1.48×10^{-4}	6.59×10^{-4}	3.46×10^{-3}	0.015

在固定时间步长和单处理机的计算规模的条件下, 格式 (N9) 保持了格式稳定性、精度和守恒性三者之间的均衡.

11.3.2　守恒并行九点格式的算例

下面的数值算例说明并行九点格式的有效性. L_∞ 和 L_2 误差的定义如下:

$$e_{L_\infty} = \max_{i,j} \left| u(X_{i-\frac{1}{2},j-\frac{1}{2}},T) - u^N_{i-\frac{1}{2},j-\frac{1}{2}} \right|,$$

$$e_{L_2} = \left(\sum_{i,j} \left| u(X_{i-\frac{1}{2},j-\frac{1}{2}},T) - u^N_{i-\frac{1}{2},j-\frac{1}{2}} \right|^2 m_{i-\frac{1}{2},j-\frac{1}{2}} \right)^{1/2},$$

其中 i, j 是 x 方向和 y 方向的网格单元编号, $u(X,T)$ 是定义在网格中心 X 处在 T 时刻的精确解, $u^N_{i-\frac{1}{2},j-\frac{1}{2}}$ 是时刻 $T = N\Delta t$ 的数值解.

离散守恒误差的定义为

$$\begin{aligned} e_{\rm dcon} = \Bigg| & \sum_{i,j} u^N_{i-\frac{1}{2},j-\frac{1}{2}} m_{i-\frac{1}{2},j-\frac{1}{2}} - \sum_{i,j} u^0_{i-\frac{1}{2},j-\frac{1}{2}} m_{i-\frac{1}{2},j-\frac{1}{2}} \\ & - \sum_{n=1}^{N} \left(\sum_i (F^n_{T_{i,i+1}} l^t_{i,i+1} + F^n_{B_{i,i+1}} l^b_{i,i+1}) + \sum_j (F^n_{L_{j,j+1}} l^l_{j,j+1} + F^n_{R_{j,j+1}} l^r_{j,j+1}) \right) \Delta t \\ & - \sum_{n=1}^{N} \left(\sum_{i,j} f(i,j,u^n_{i-\frac{1}{2},j-\frac{1}{2}},t) m_{i-\frac{1}{2},j-\frac{1}{2}} \right) \Delta t \Bigg|. \end{aligned}$$

考察如下非线性问题:

$$\begin{cases} \dfrac{\partial u}{\partial t} - \operatorname{div}(u\nabla u) = Q(x,y,t), & (x,y,t) \in \Omega \times (0,T], \\ u(x,y,0) = 2 + \sin(\pi x)\sin(\pi y), & (x,y) \in \Omega, \\ u\dfrac{\partial u}{\partial n} = -2\pi \exp(-4\pi^2 t)\sin(\pi x), & y = 0,1, x \in [0,1], t \in (0,T], \\ u\dfrac{\partial u}{\partial n} = -2\pi \exp(-4\pi^2 t)\sin(\pi y), & x = 0,1, y \in [0,1], t \in (0,T], \end{cases}$$

这里的 $\Omega = (0,1) \times (0,1)$, 源项为

$$\begin{aligned} f(x,y,t) = & -2\pi^2 \exp(-2\pi^2 t)[2 + \sin(\pi x)\sin(\pi y)] \\ & +\pi^2 \exp(-4\pi^2 t)\{[4 + 2\sin(\pi x)\sin(\pi y)]\sin(\pi x)\sin(\pi y) \\ & -\cos^2(\pi x)\sin^2(\pi y) - \sin^2(\pi x)\cos^2(\pi y)\}. \end{aligned}$$

这一问题的精确解为

$$u = \exp(-2\pi^2 t)(2 + \sin(\pi x)\sin(\pi y)).$$

首先, 考察算法的并行效率. 非线性迭代的收敛准则为

$$\max_{i,j}(|u^{s+1}_{i-\frac{1}{2},j-\frac{1}{2}} - u^{s}_{i-\frac{1}{2},j-\frac{1}{2}}|) < \varepsilon, \quad \varepsilon = 10^{-8}.$$

计算的终止时间为 0.01, 时间步长 $\Delta t = 10^{-6}$.

表 11.4 列出了在 256×256 的正交网格上并行计算的结果, 表中 $m \times n$ 表示在 x 方向上采用 m 个处理器, 在 y 方向上采用 n 个处理器. 可以看出, 并行效率没有随处理器个数的增加而降低, 这表明了方法具有很好的可扩展性, 而且对于不同个数的处理器, L_∞ 和 L_2 误差都保持不变, 而非守恒格式的计算结果略有差别, 见表 11.5.

表 11.4 守恒型并行格式的并行效率和计算误差 (256×256 的正交网格)

处理器个数	4×4	8×4	8×8	8×16	16×16
计算时间 (秒)	2304	1168	540	280	133
并行效率	1	98.6%	106.7%	102.9%	108.3%
L_∞ 误差	1.2157×10^{-5}	1.2157×10^{-5}	1.2157×10^{-5}	1.2157×10^{-5}	1.2157×10^{-5}
L_2 误差	6.0922×10^{-6}	6.0922×10^{-6}	6.0922×10^{-6}	6.0922×10^{-6}	6.0922×10^{-6}

表 11.5 非守恒型并行格式的计算误差 (256×256 的正交网格)

处理器个数	4×4	8×4	8×8	8×16	16×16
L_∞ 误差	1.2210×10^{-5}	1.2232×10^{-5}	1.2267×10^{-5}	1.2344×10^{-5}	1.2478×10^{-5}
L_2 误差	6.1094×10^{-6}	6.1222×10^{-6}	6.1431×10^{-6}	6.1849×10^{-6}	6.2591×10^{-6}

在 256×256 正交网格上, 采用 16 个处理器, 考察所设计的守恒型并行算法的精度, 表 11.6 列出了计算结果. 可以看出, 守恒型并行格式的收敛阶接近二阶.

表 11.6　守恒型并行格式的计算精度 (16 个处理器)

网格规模	16×16	32×32	64×64	128×128	256×256
L_∞ 误差	1.9053×10^{-3}	4.8249×10^{-4}	1.2133×10^{-4}	3.0700×10^{-5}	8.0210×10^{-6}
收敛阶	—	1.98	1.99	1.98	1.94
L_2 误差	8.5318×10^{-4}	2.1460×10^{-4}	5.3815×10^{-5}	1.3551×10^{-5}	3.4975×10^{-6}
收敛阶	—	1.99	2.00	1.99	1.95

表 11.7 展示了守恒型算法与非守恒型算法的守恒误差.

表 11.7　守恒误差比较

处理器个数	4×4	8×4	8×8	8×16	16×16
守恒型	1.6935×10^{-15}	9.8879×10^{-15}	1.0268×10^{-14}	8.8818×10^{-15}	2.6759×10^{-15}
非守恒型	1.5643×10^{-8}	2.7743×10^{-8}	4.7791×10^{-8}	8.7654×10^{-8}	1.5893×10^{-7}

当时间步长固定且空间网格数增加时, 表 11.8 给出的计算结果表明, 即使网格比很大, 并行格式仍给出合理的数值解, 其稳定性很好.

表 11.8　稳定性

时间步长	1.0×10^{-4}	1.0×10^{-4}	1.0×10^{-4}
网格数	128×128	256×256	512×512
L_2 误差	4.2927×10^{-4}	4.2597×10^{-4}	4.2421×10^{-4}

表 11.9 给出的是在 256×256 的随机网格上的测试结果, 随机扰动幅度为 25%, 所构造的并行格式依然具有很好的并行效率.

表 11.9　随机网格上的并行效率

处理器个数	4×4	8×4	8×8	16×8	16×16
计算时间 (秒)	2407	1132	616	268	156
并行效率	1	106.3%	97.7%	112.2%	96.4%

参 考 文 献

[1] Eymard R, Galloüet T, Herbin R. Finite Volume Methods, Handbook of Numerical Analysis, Vol. VII. Edited by P. G. Ciarlet, J. L. Lions. North-Holland, 2000.

[2] Aavatsmark I, Barkve T, O. BΦe and T. Mannseth. Discretization on unstructured grids for inhomogeneous, anisotropic media Part I: Derivation of the methods. SIAM J. Sci. Comput., 1998, 19: 1700-1716.

[3] Morel J, Roberts R, Shashkov M. A local support-operators dffusion discretization scheme for quadrilateral $r-z$ meshes, J. Comput. Phys., 1998, 144: 17-51.

[4] Breil J, Maire P. -H. A cell-centered diffusion scheme on two-dimensional unstructured meshes, J. Comput. Phys., 2007, 224: 785-823.

[5] Sheng Z, Yuan G. A nine point scheme for the approximation of diffusion operators on distorted quadrilateral meshes. SIAM J. Sci. Comput., 2008, 30: 1341-1361.

[6] 李德元, 水鸿寿, 汤敏君. 关于非矩形网格上的二维抛物型方程的差分格式. 数值计算与计算机应用, 1980, 1: 217-224.

[7] Lipnikov K, Shashkov M, Svyatskiy D and Yu. Vassilevski. Monotone finite volume schemes for diffusion equations on unstructured triangular and shape-regular polygonal meshes, J. Comput. Phys., 2007, 227: 492-512.

[8] Yuan G, Sheng Z. Monotone finite volume schemes for diffusion equations on polygonal meshes, J. Comput. Phys., 2008, 227: 6288-6312.

[9] 袁光伟. 扭曲网格上扩散方程九点格式的构造与分析, 计算物理实验室年报, 北京, 2005, 530-575.

[10] 盛志强. 扩散方程的有限体积格式及并行差分格式. 中国工程物理研究院博士学位论文, 2007.

[11] Yuan G, Sheng Z. Analysis of accuracy of a finite volume scheme for diffusion equations on distorted meshes, J. Comput. Phys., 2007, 224: 1170-1189.

[12] Yuan G, Sheng Z. Calculating the vertex unknowns of nine point scheme on quadrilateral meshes for diffusion equation, Science in China Series A: Mathematics, 2008, 51; 1522-1536.

[13] D. Berg M., V. Kreveld M., Overmars M., et al. Computational Geometry: Algorithms and Applications 2nd Edition. Berlin-Heidelberg-New York: Springer-Verlag, 2000.

[14] Chang L, Yuan G. Cell-centered finite volume methods with flexible stencils for diffusion equations on general nonconforming meshes. Comput. Methods Appl. Mech. Engrg., 2009, 198: 1638-1646.

[15] Chang L, Yuan G. An efficient and accurate reconstruction algorithm for the formulation of cell-centered diffusion schemes. J. Comput. Phys., 2012, 231: 6935-6952.

[16] Chang L. A reconstruction algorithm with flexible stencils for anisotropic diffusion equations on 2D skewed meshes. J. Comput. Phys., 2014, 256: 484-500.

[17] Agelas L, R. Eymard and R. Herbin. A nine-point finite volume scheme for the simulation of diffusion in heterogeneous media, C. R. Acad. Sci. Paris Ser. I, 2009, 347: 673-676.

[18] Herbin R, Hubert F. Benchmark on discretization schemes for anisotropic diffusion problems on general grids, in: Finite Volumes for Complex Applications V, 2008, France.

[19] Shashkov M, Steinberg S. Solving diffusion equations with rough coefficients in rough grids. J. Comput. Phys., 1996, 129: 383-405.

[20] 李德元, 陈光南. 抛物型方程差分方法引论. 北京: 科学出版社, 1995.

[21] Wu J, Gao Z. A nine-point scheme with explicit weights for diffusion equations on distorted meshes. Appl. Numer. Math., 2011, 61: 844-867.

[22] Berman A, Plemmons R J. Nonnegative Matrices in the Mathematical Sciences. Academic Press, New York, 1979.

[23] Sheng Z, Yuan G. An improved monotone finite volume scheme for diffusion equation on polygonal meshes. J. Comput. Phys., 2012, 231: 3739-3754.

[24] 袁光伟, 盛志强, 岳晶岩. 扩散方程保正的有限体积格式. 中国科学: 数学, 2012, 42: 951-970.

[25] 岳晶岩, 袁光伟, 盛志强. 多边形网格上扩散方程新的单调格式. 计算数学, 2015, 37: 316-336.

[26] Sheng Z, Yuan G. The finite volume scheme preserving extremum principle for diffusion equations on polygonal meshes. J. Comput. Phys., 2011, 230: 2588-2604.

[27] Gilbarg D, Trudinger N. Elliptic Partial Differential Equations of Second Order, 3nd ed.. Springer-Verlag, Berlin, 2001.

[28] 袁光伟. 非线性抛物型方程迭代加速计算方法. 计算物理实验室年报, 北京, 2004, 366-413.

[29] 袁光伟, 杭旭登, 盛志强, 岳晶岩. 辐射扩散计算方法若干研究进展. 计算物理, 2009, 26: 475-500.

[30] 袁光伟. 两维非线性抛物型方程加速迭代方法的构造、收敛速度与误差估计. 计算物理实验室年报, 北京, 2005, 576-613.

[31] Yue J, Yuan G. Picard-Newton iterative method with time step control for multimaterial non-equilibrium radiation diffusion problem. Commun. Comput. Phys., 10: 2011, 844-866.

[32] Zhou Y. Applications of Discrete Functional Analysis to Finite Difference Method. International Academic Publishers, 1990.

[33] Zhou Y, Shen L, Yuan G. Finite Difference Method of First Boundary Problem for Quasilinear Parabolic System (IV)Convergence of Iteration. Science in China (A), 1997, 40: 469-474.

[34] Rider W J, Knoll D A. Time step size selection for radiation diffusion calculations. J.

Comput. Phys., 1999, 152: 790-795.

[35] Bowers R L, Wilson J R. Numerical Modeling in Applied Physics and Astrophysics. Jones and Bartlett, Boston, 1991.

[36] Du Fort E. C., Frankel, S. P. Conditions in the numerical treatment of parabolic differential equations[J]. Math. Tables Other Aids Comput., 1953, 7: 135-152.

[37] Kelly Black. Polynomial Collocation Using a Domain Decomposition Solution to Parabolic PDE's via the Penalty Method and Explicit/Implicit Time Marching[J]. J. Sci. Comput., 1992, 7: 313-337.

[38] 袁光伟, 杭旭登. 抛物型方程移动界面并行差分格式 [J]. 工程数学学报, 2004, 21: 121-126.

[39] 袁光伟, 杭旭登, 盛志强. 拟线性抛物方程组具有界面外推的并行本性差分方法 [J]. 中国科学 (A 辑), 2007, 37: 145-164.

[40] Yuan G, Hang X. The Parallel Iterative Difference Schemes Based on Interface Correction for Parabolic Equations. Proceedings of the Joint Conference of ICCP6 and CCP2003, 385-388, Rinton Press 2005.

[41] Sheng Z, Yuan G, Hang X. Unconditional Stability of Parallel Difference Schemes with Second Order Accuracy for Parabolic Equation. Appl. Math. Comput., 2007, 184: 1015-1031.

[42] Dawson C N, Dupont T F. Explicit/implicit, conservative domain decomposition procedures for parabolic problems based on block-centered finite differences. SIAM J. Numer. Anal., 1994, 31: 1045-1061.

[43] Yuan G, Shen L. Stability and Convergence of the Explicit-Implicit Conservative Domain Decomposition Procedure for Parabolic Problems. Comput. Math. Appl., 2004, 47: 793-801.

[44] Yuan G, Shen L, Zhou Y. Parallel Differences Schemes for Parabolic Problem, Proceeding of 2002 5th International Conference on Algorithms and Architectures for Parallel Proceding. IEEE Computer Society, 238-242.

[45] Yuan G, Shen L. The Unconditional Stable Difference Methods with Intrisic Parallelism for Two Dimensional Semilinear Parabolic Systems. J. Comput. Math., 2003, 21: 63-70.

[46] Zhou Y, Yuan G, Shen L. The Unconditional Stable and Convergent Difference Methods with Intrinsic Parallelism for Quasilinear Parabolic Systems. Science in China (A), 2004, 47: 453-472.

[47] Zhuang Y, Sun X. Stabilized explicit-implicit domain decomposition methods for the numerical solution of parabolic equations. SIAM J. Sci. Comput., 2002, 24: 335-358.

[48] Yuan G, Hang X, Sheng Z. Parallel Difference Schemes with Interface Extrapolation Terms for Quasi-linear Parabolic Systems. Science in China Series A: Mathematics, 2007, 50: 253-275.

[49] Yuan G, Hang X, Sheng Z. The unconditional stability of parallel difference schemes with second order convergence for nonlinear parabolic system. J. Partial Diff. Eqs., 2007, 20: 1-22.

[50] Shi H S, Liao H L. Unconditional stability of corrected explicit-implicit domain decomposition algorithms for parallel approximation of heat equations. SIAM J. Numer. Anal., 2006, 44: 1584-1611.

[51] Eltgroth P G, Seager M K. The sub-implicit method: New multiprocessor algorithms for old implicit code. Parallel Computing, 1988, 8: 155-163.

[52] Basko M M, Maruhn J and An. Tauschwitz. An efficient cell-centered diffusion scheme for quadrilateral grids. J. Comput. Phys., 2009, 228: 2175-2193.

[53] Yuan G, Yao Y and Yin L. Conservative domain decomposition procedure for nonlinear diffusion problems on arbitrary quadrilateral grids. SIAM J. Sci. Comput., 2011, 33: 1352-1368.

索　引

《信息与计算科学丛书》已出版书目

1 样条函数方法 1979.6 李岳生 齐东旭 著
2 高维数值积分 1980.3 徐利治 周蕴时 著
3 快速数论变换 1980.10 孙 琦等 著
4 线性规划计算方法 1981.10 赵凤治 编著
5 样条函数与计算几何 1982.12 孙家昶 著
6 无约束最优化计算方法 1982.12 邓乃扬等 著
7 解数学物理问题的异步并行算法 1985.9 康立山等 著
8 矩阵扰动分析 1987.2 孙继广 著
9 非线性方程组的数值解法 1987.7 李庆扬等 著
10 二维非定常流体力学数值方法 1987.10 李德元等 著
11 刚性常微分方程初值问题的数值解法 1987.11 费景高等 著
12 多元函数逼近 1988.6 王仁宏等 著
13 代数方程组和计算复杂性理论 1989.5 徐森林等 著
14 一维非定常流体力学 1990.8 周毓麟 著
15 椭圆边值问题的边界元分析 1991.5 祝家麟 著
16 约束最优化方法 1991.8 赵凤治等 著
17 双曲型守恒律方程及其差分方法 1991.11 应隆安等 著
18 线性代数方程组的迭代解法 1991.12 胡家赣 著
19 区域分解算法——偏微分方程数值解新技术 1992.5 吕 涛等 著
20 软件工程方法 1992.8 崔俊芝等 著
21 有限元结构分析并行计算 1994.4 周树荃等 著
22 非数值并行算法(第一册)模拟退火算法 1994.4 康立山等 著
23 矩阵与算子广义逆 1994.6 王国荣 著
24 偏微分方程并行有限差分方法 1994.9 张宝琳等 著
25 非数值并行算法(第二册)遗传算法 1995.1 刘 勇等 著
26 准确计算方法 1996.3 邓健新 著
27 最优化理论与方法 1997.1 袁亚湘 孙文瑜 著
28 黏性流体的混合有限分析解法 2000.1 李 炜 著
29 线性规划 2002.6 张建中等 著
30 反问题的数值解法 2003.9 肖庭延等 著
31 有理函数逼近及其应用 2004.1 王仁宏等 著
32 小波分析·应用算法 2004.5 徐 晨等 著
33 非线性微分方程多解计算的搜索延拓法 2005.7 陈传淼 谢资清 著
34 边值问题的Galerkin有限元法 2005.8 李荣华 著
35 Numerical Linear Algebra and Its Applications 2005.8 Xiao-qing Jin, Yi-min Wei
36 不适定问题的正则化方法及应用 2005.9 刘继军 著

37 Developments and Applications of Block Toeplitz Iterative Solvers 2006.3 Xiao-qing Jin
38 非线性分歧：理论和计算 2007.1 杨忠华 著
39 科学计算概论 2007.3 陈传淼 著
40 Superconvergence Analysis and a Posteriori Error Estimation in Finite Element Methods 2008.3 Ningning Yan
41 Adaptive Finite Element Methods for Optimal Control Governed by PDEs 2008.6 Wenbin Liu Ningning Yan
42 计算几何中的几何偏微分方程方法 2008.10 徐国良 著
43 矩阵计算 2008.10 蒋尔雄 著
44 边界元分析 2009.10 祝家麟 袁政强 著
45 大气海洋中的偏微分方程组与波动学引论 2009.10 〔美〕Andrew Majda 著
46 有限元方法 2010.1 石钟慈 王 鸣 著
47 现代数值计算方法 2010.3 刘继军 编著
48 Selected Topics in Finite Elements Method 2011.2 Zhiming Chen Haijun Wu
49 交点间断 Galerkin 方法：算法、分析和应用 〔美〕Jan S. Hesthaven T. Warburton 著 李继春 汤 涛 译
50 Computational Fluid Dynamics Based on the Unified Coordinates 2012.1 Wai-How Hui Kun Xu
51 间断有限元理论与方法 2012.4 张 铁 著
52 三维油气资源盆地数值模拟的理论和实际应用 2013.1 袁益让 韩玉笈 著
53 偏微分方程外问题——理论和数值方法 2013.1 应隆安 著
54 Geometric Partial Differential Equation Methods in Computational Geometry 2013.3 Guoliang Xu Qin Zhang
55 Effective Condition Number for Numerical Partial Differential Equations 2013.1 Zi-Cai Li Hung-Tsai Huang Yimin Wei Alexander H.-D. Cheng
56 积分方程的高精度算法 2013.3 吕 涛 黄 晋 著
57 能源数值模拟方法的理论和应用 2013.6 袁益让 著
58 Finite Element Methods 2013.6 Shi Zhongci Wang Ming 著
59 支持向量机的算法设计与分析 2013.6 杨晓伟 郝志峰 著
60 后小波与变分理论及其在图像修复中的应用 2013.9 徐 晨 李 敏 张维强 孙晓丽 宋宜美 著
61 统计微分回归方程——微分方程的回归方程观点与解法 2013.9 陈乃辉 著
62 环境科学数值模拟的理论和实际应用 2014.3 袁益让 芮洪兴 梁 栋 著
63 多介质流体动力学计算方法 2014.6 贾祖朋 张树道 蔚喜军 著
64 广义逆的符号模式 2014.7 卜长江 魏益民 著
65 医学图像处理中的数学理论与方法 2014.7 孔德兴 陈韵梅 董芳芳 楼 琼 著
66 Applied Iterative Analysis 2014.10 Jinyun Yuan 著
67 偏微分方程数值解法 2015.1 陈艳萍 鲁祖亮 刘利斌 编著
68 并行计算与实现技术 2015.5 迟学斌 王彦棡 王 珏 刘 芳 编著
69 高精度解多维问题的外推法 2015.6 吕 涛 著

70　分数阶微分方程的有限差分方法　2015.8　孙志忠　高广花　著

71　图像重构的数值方法　2015.10　徐国良　陈　冲　李　明　著

72　High Efficient and Accuracy Numerical Methods for Optimal Control Problems 2015.11　Chen Yanping　Lu Zuliang

73　Numerical Linear Algebra and Its Applications (Second Edition) 2015.11 Jin Xiao-qing　Wei Yi-min　Zhao Zhi

74　分数阶偏微分方程数值方法及其应用　2015.11　刘发旺　庄平辉　刘青霞　著

75　迭代方法和预处理技术(上册)　2015.11　谷同祥　安恒斌　刘兴平　徐小文　编著

76　迭代方法和预处理技术(下册)　2015.11　谷同祥　徐小文　刘兴平　安恒斌　杭旭登　编著

77　Effective Condition Number for Numerical Partial Differential Equations (Second Edition)　2015.11　Li Zi-Cai　Huang Hung-Tsgi　Wei Yi-min　Cheng Alexander H.-D.

78　扩散方程计算方法　2015.11　袁光伟　盛志强　杭旭登　姚彦忠　常利娜　岳晶岩　著

彩　　图

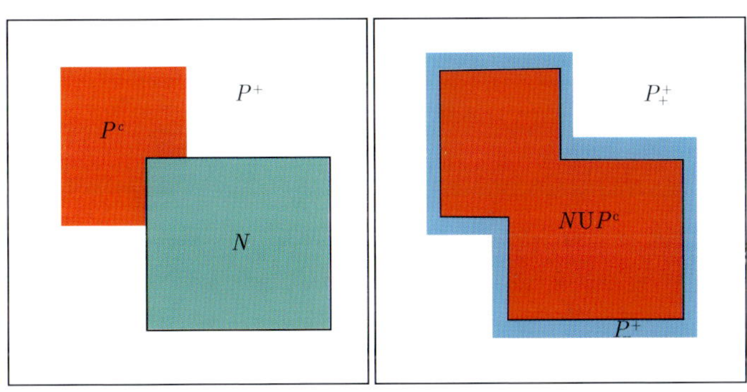

图 5.4　网格的分类

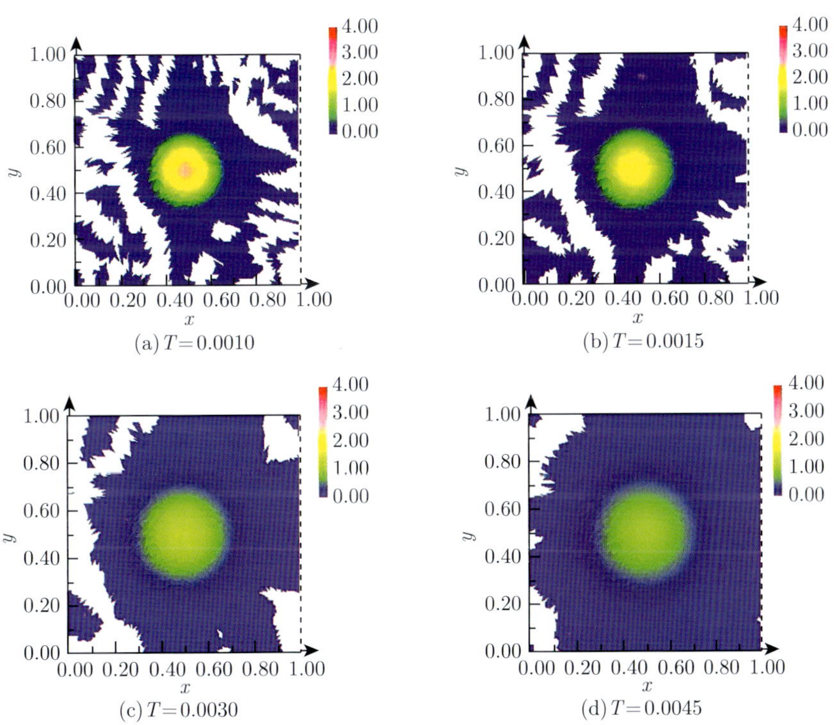

图 5.8　在 $T = 0.001, 0.0015, 0.003, 0.0045$ 时刻的解

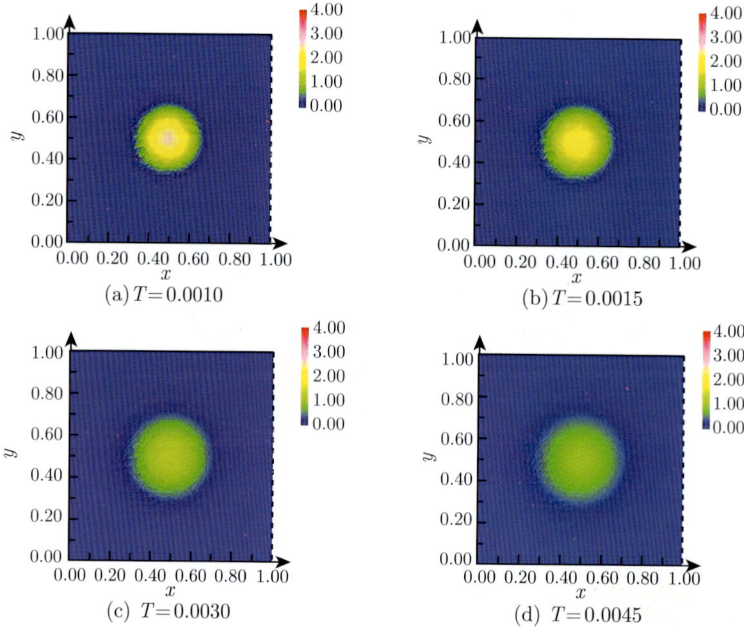

图 5.9 采用 CEPA 算法得到时刻 $T = 0.001, 0.0015, 0.003, 0.0045$ 的解

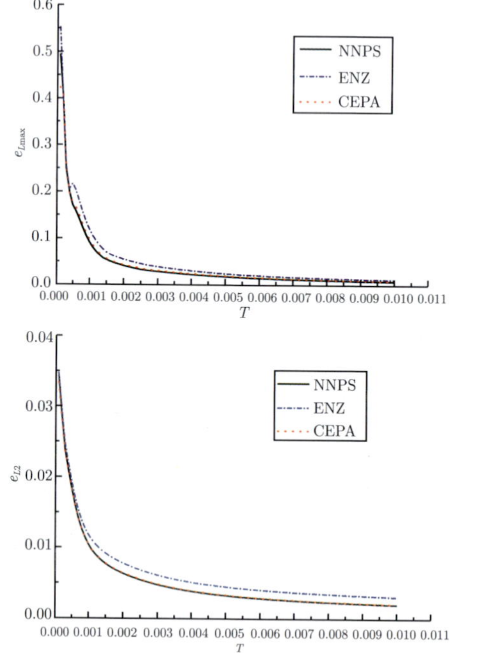

图 5.10 采用 NNPS, ENZ 和 CEPA 方法得到的 e_{L_∞} 和 e_{L_2} 误差

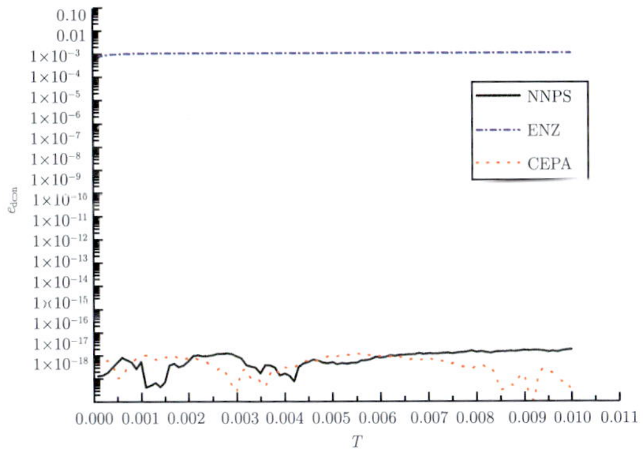

图 5.11　采用 NNPS, ENZ 和 CEPA 方法得到的离散守恒误差

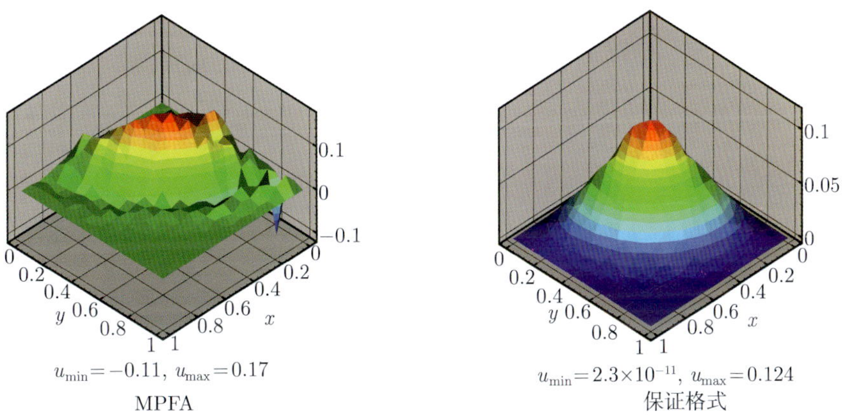

图 6.29　MPFA 和保证格式在随机四边形网格上结果的比较

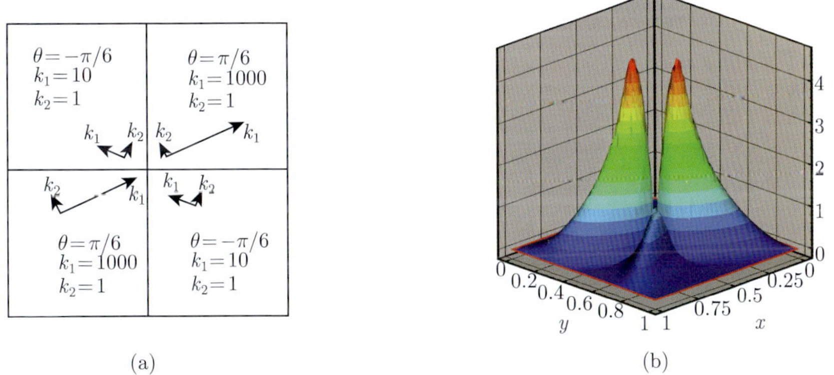

图 6.31　不同子区域取不同变量的结果

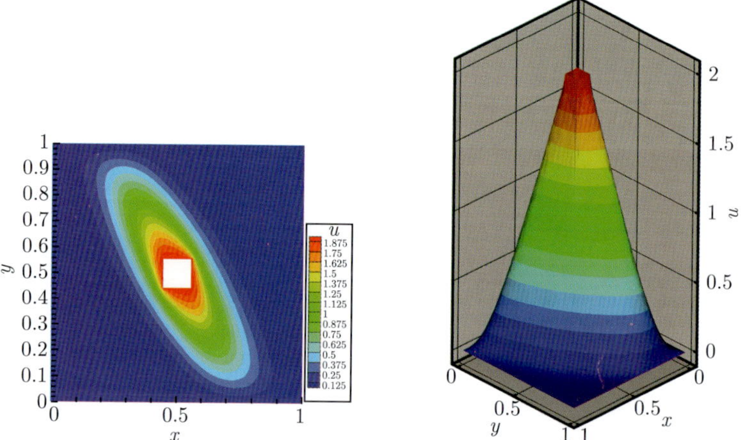

图 7.6 带洞区域上随机四边形网格上的数值结果 ($u_{\min}^{\text{in}} = 3.01 \times 10^{-10}$, $u_{\max}^{\text{in}} = 1.97$)

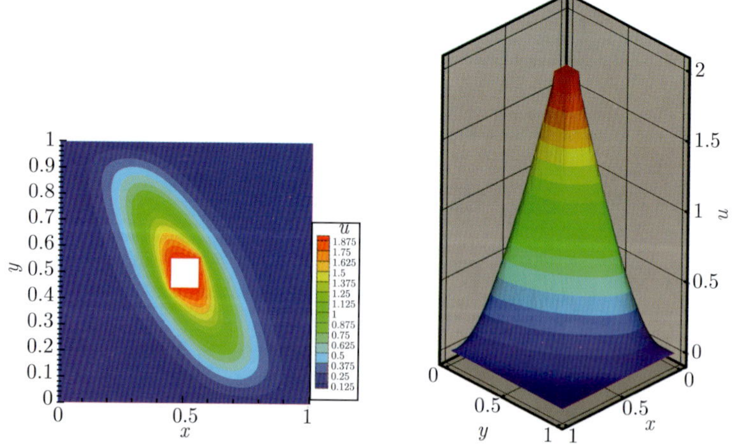

图 7.7 带洞区域上随机三角形网格上的数值结果 ($u_{\min}^{\text{in}} = 1.75 \times 10^{-8}$, $u_{\max}^{\text{in}} = 1.98$)

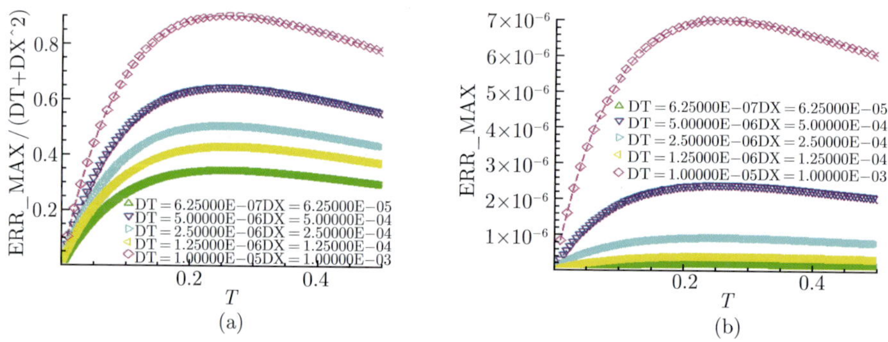

图 9.2 固定时间空间步长比的误差系数 (a), 误差的最大模范数 (b)